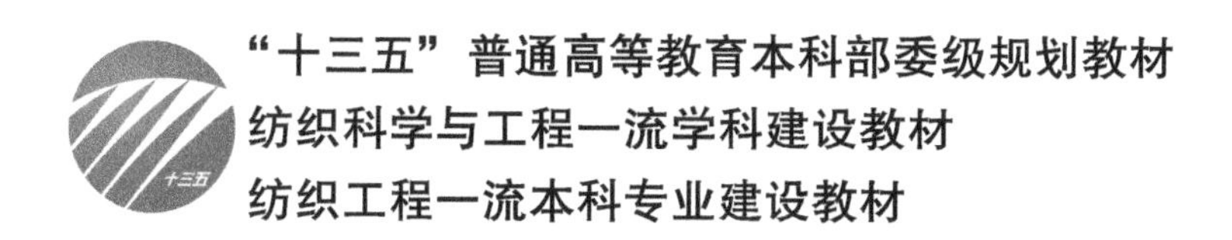

"十三五"普通高等教育本科部委级规划教材
纺织科学与工程一流学科建设教材
纺织工程一流本科专业建设教材

纺纱原理

王建坤　李凤艳　张淑洁　主编

中国纺织出版社有限公司

内 容 提 要

本书将不同纤维纺纱的基本原理与共性知识高度凝练，从纺纱过程的理论体系和学习认知两个维度总结梳理知识点，力求准确、客观、简洁。全书共九章，包含绪论、原料选配、开松、梳理、精梳、牵伸、加捻、卷绕、新型成纱等，系统地阐释了短纤维纺纱加工全流程的基本原理，并融入纺纱新工艺、新技术、新设备等方面的最新应用与研究成果；同时，本书部分章节还设立了有一定前瞻性的讨论专题，以期抛砖引玉，引领读者对现代纺纱技术的发展趋势以及环保生态纺纱加工的社会责任等进行多角度思考。

本书可作为高等纺织院校纺织工程专业教材，也可供纺织工程技术人员及科研人员阅读参考。

图书在版编目（CIP）数据

纺纱原理/王建坤，李凤艳，张淑洁主编. --北京：中国纺织出版社有限公司，2020. 9（2022.9重印）

“十三五”普通高等教育本科部委级规划教材　纺织科学与工程一流学科建设教材　纺织工程一流本科专业建设教材

ISBN 978-7-5180-7726-7

Ⅰ. ①纺…　Ⅱ. ①王…　②李…　③张…　Ⅲ. ①纺纱理论-高等学校-教材　Ⅳ. ①TS104

中国版本图书馆 CIP 数据核字（2020）第 142880 号

策划编辑：沈　靖　孔会云　　责任编辑：沈　靖
责任校对：寇晨晨　　责任印制：何　建

中国纺织出版社有限公司出版发行
地址：北京市朝阳区百子湾东里 A407 号楼　邮政编码：100124
销售电话：010—67004422　传真：010—87155801
http：//www. c-textilep. com
中国纺织出版社天猫旗舰店
官方微博 http：//weibo. com/2119887771
北京虎彩文化传播有限公司印刷　各地新华书店经销
2020 年 9 月第 1 版　2022年9月第3次印刷
开本：787×1092　1/16　印张：20. 25
字数：415 千字　定价：58. 00 元

前言

《纺纱原理》是为适应高等院校纺织专业教育厚基础、宽口径的培养要求和纺织工业的最新发展而编写的教材，是纺织工程本科专业核心课程“纺纱原理”的专用教材。

全书共分九章，第一章为绪论，概述了纺纱的基本原理、主要系统和纱线的用途与分类，使读者初步了解纺纱过程的理论体系、工艺流程和纱线。第二章至第八章分别阐述了纺纱加工中原料选配、开松、梳理、精梳、牵伸、加捻、卷绕的基本概念、基本原理及其在成纱工艺中的应用。通过高度凝练和深入分析棉、毛、丝、麻等不同纤维的不同纺纱系统基本原理，使读者掌握纺纱的共性知识，同时，通过分析其在成纱工艺中的具体应用，使读者掌握不同纺纱系统的特性知识，实现理论与实际相结合，更好地理解和掌握纺纱加工的基本原理和应用规律。第九章为新型成纱，重点阐述了新结构环锭纺纱和新型纺纱的成纱原理与实际应用，使读者进一步掌握纺纱工艺理论和技术的发展与创新。

本书编写分工为：

第一章，天津工业大学王建坤；

第二章，天津工业大学胡艳丽、李凤艳，太原理工大学轻纺美术学院刘月玲；

第三章，天津工业大学彭浩凯、张淑洁；

第四章，天津工业大学张美玲，辽东学院曹继鹏；

第五章，天津工业大学李翠玉、李凤艳；

第六章，天津工业大学王建坤、李新荣；

第七章，天津工业大学李凤艳；

第八章，天津工业大学胡艳丽、李凤艳、王建坤，中原工学院赵博；

第九章，天津工业大学张淑洁。

全书由王建坤、李凤艳、张淑洁统稿，由王建坤审定。

在本书的编写过程中，天津工业大学纺织科学与工程学院、机械工程与自动化学院的博士研究生伏立松、蒋晓东、郭晶，硕士研究生刘立东、桑彩霞等同学在画图修图等方面做了大量工作。

限于编者水平，书中难免存在缺点和错误，不妥之处敬请读者批评指正。

编　者

2020年6月

目录

第一章　绪论

本章知识点：

1. 纺纱的基本原理。
2. 各种纺纱工艺系统。
3. 纱线的分类与用途。

第一节　纺纱基本原理

纱线是由纤维按照一定要求组成的集合体，纺纱是为了实现这一要求而在长期实践中逐步形成的一门工程技术，具有很强的应用性和实践性。纤维原料的来源广泛、种类繁多、性能各异，且大部分纤维的性能会受周围温度、湿度等环境条件的影响。因此，在现代纺纱工程中除采用传统机械、气流、化学方法外，还不断应用光、电、磁和生物等新工艺新技术，以满足后续加工、实际应用及自然环境对纱线与其生产过程越来越多、越来越高的要求。

纺纱前纤维原料的状态大多具有量大、纤维间联系紧密、排列杂乱、含有杂质等特点，纺纱实质上就是将这种状态的纤维转变成为按一定要求纵向顺序排列、相互衔接抱合的纱线的工艺过程，要经过原料初步加工、选配、开松、除杂、混合、梳理、精梳、牵伸、匀整、加捻、卷绕等环节。纺纱原理就是研究纤维集合体在这些作用中，内在与外观在结构、形态、组成等方面不断变化的基本规律，主要体现为纤维运动学和动力学。

一、纺纱主要作用

要将大量而紧密纠结、杂乱无章排列且含杂质的纤维原料转变成符合要求的纱线，需要先将纤维中原有的局部横向联系彻底解除，这个过程叫做松解；然后再牢固建立首尾衔接的纵向联系，这个过程叫做集合。纤维从块状加工成单根纤维的松解过程不能一次完成，要经过开松、梳理、牵伸逐步完成，以免损伤纤维和破碎杂质；同理，纤维从杂乱无章到纵向顺序排列且粗细满足要求也不是一次完成的，要经过梳理、牵伸、加捻才能完成。

松解和集合主要是通过开松、梳理、牵伸和加捻逐步完成的，开松是松解的初步，梳理是松解的继续，牵伸是松解的彻底完成；同时，梳理又是集合的初步，牵伸是集合的继续，加捻则是集合的最终实现，其相互之间的关系如图 1–1 所示。

（一）开松作用

开松通过初步破坏纤维间的联系力将大块纤维变成小块、小束纤维，在此过程中，纤维与杂质的联系力也相应减弱，从而使包含在纤维中的杂质得以清除，开松与除杂是同时进行的，开松是除杂的前提。破除纤维间的相互联系主要是通过撕扯、打击、分割等开松作用方式完成，在纺纱过程中有多个工序的设备配置有开松部件，使开松除杂渐进实现。此外，纤

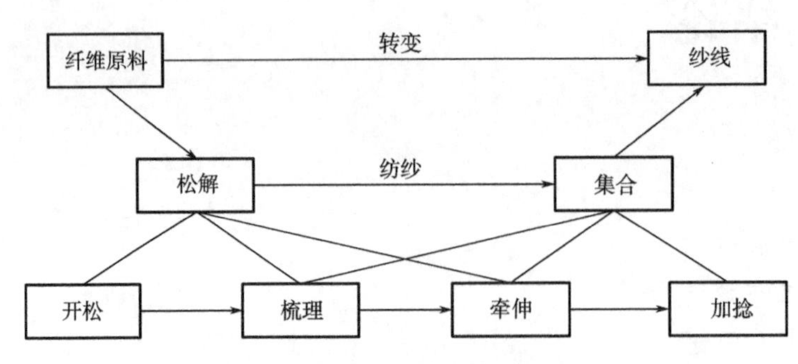

图 1-1　纺纱的主要作用及相关关系

维原料的初步加工也是开松除杂，如轧棉是通过拉扯将棉纤维与棉籽分离进而去除棉籽，而羊毛的油脂、汗渍以及草杂要通过洗涤、炭化等化学作用去除，同理，麻脱胶、绢丝精炼也是化学除杂。开松过程还可实现原料的混合，也称为散纤维混合，是纺纱工程主要混合方式之一。可见开松、除杂、混合往往同时进行，开松是手段，除杂与混合是目的。

（二）梳理作用

梳理是近代松解技术，通过梳理机机件上包覆的密集钢针或锯齿对纤维进行反复梳理，基本解除每根纤维间的横向联系，使小块、小束状纤维进一步分解成单根纤维态，在此基础上，进一步除去夹杂在纤维间的细小杂质，并实现纤维间的细致混合。梳理完善了松解，使除杂和混合作用更加充分。梳理后纤维以网状输出，可通过集束或割网使纤维沿纵向顺序排列形成细长的条子，实现初步集合，但内部纤维大多呈屈曲弯钩状，各纤维之间因相互钩结而仍具有一定的横向联系。

（三）牵伸作用

牵伸是把梳理后的条子抽长拉细、获得所需细度的加工过程，其实质是牵伸中纤维产生变速，当快速纤维被强制地一根根从慢速纤维束中抽引出来时，纤维间相互的摩擦作用使纤维的屈曲逐步伸直、弯钩逐渐消除，这将有可能彻底解除纤维之间残留的横向联系，为牢固建立有规律的首尾衔接关系奠定基础。因此，牵伸既是松解的完成，又是集合的进一步完善。但牵伸会带来纱条不匀，除了配置合理的牵伸装置和工艺参数控制牵伸不匀的产生外，还会运用匀整作用降低不匀。

（四）加捻作用

加捻是将牵伸后的纤维条（须条）绕其本身轴线加以扭转，使平行于须条轴向的纤维呈螺旋状，从而产生径向压力使纤维间的纵向联系固定下来的过程。由于牵伸，须条越来越细，截面内纤维根数越来越少，纤维更加平行顺直，但轴向联系越来越弱，容易引起须条的意外伸长，甚至造成断头无法成纱。所以，必须通过加捻将其固定，实现最终集合。须条加捻后称为纱，其性能发生了变化，具有一定的强度、弹性、耐磨性、手感、光泽等，达到了一定的使用要求。此外，根据不同应用要求，还可将两根或多根单纱合股加捻成股线。不同的加捻方法也会影响成纱的结构与性能等。

二、纺纱辅助作用

开松、梳理、牵伸、加捻是纺纱的主线，对能否成纱起决定性作用。除此以外，纺纱还包括许多对能否纺成纱线没有决定性影响的环节或作用，部分纺纱辅助作用如下：

选配可稳定生产与产品质量，合理使用原料；

除杂、混合、匀整往往与开松、梳理、牵伸等主要作用同时进行，它们可使纱线更加洁净和均匀；

精梳可去除不合要求的过短纤维和细小杂质，满足线密度细、要求高或者特殊用途纱的需要；

卷绕使前后道工序相互衔接，在当前技术条件下，是纺纱过程不可缺少的环节，包括纤维卷、纤维条、粗纱、细纱、筒子纱等的卷绕。

纺纱是一个复杂的过程，为了更好地理解纺纱的理论体系和基本原理，可将上述作用分为主线、副线和插入线，想要纺出质量优良的纱线，缺一不可。

（1）主线。开松—梳理—牵伸—加捻，它决定着成纱的可能性。

（2）副线。包括选配、除杂、混合、精梳、匀整，它与主线相配合，决定成纱的质量和加工的顺利程度。

（3）插入线。由每两个相邻的间断工序之间的卷绕构成。

第二节　纺纱工艺系统

不同用途的纺织产品需要不同种类及品质标准的纱线。纤维原料的来源广泛、种类繁多，性能差异大，需要采用不同的纺纱方法和加工工艺。生产实践中形成了各具特色、互不相同的棉纺、毛纺、麻纺、绢纺以及化学纤维纺纱等专门工艺和相应的纺纱系统，同一纺纱系统内又有普梳（粗梳）、精梳、半精梳以及混纺、废纺等不同工艺流程，其中所采用的具体设备及其排列组合存在较大差异，但纺纱的基本原理是一致的，其主要作用（如开松、梳理、牵伸、加捻）贯穿于每一种纺纱工艺系统中。

选择合适的纺纱工艺系统，关系到纤维的可纺性、利用率以及成纱质量和生产成本。纤维原料的来源和种类是选择纺纱工艺系统的重要依据之一。同时，根据纤维的物理性能和成纱要求，同一种类的纤维也会选择不同的纺纱工艺系统。

一、棉纺系统

棉纺生产所用原料有棉纤维和棉型化纤，其产品有纯棉纱、纯化纤纱和各种混纺纱等。在棉纺系统中，又根据原料品质和成纱质量要求，分为普梳系统、精梳系统和废纺系统。

（一）普梳棉纺系统

普梳系统在棉纺中应用最广泛，用以加工的纤维长度和线密度在16～40mm和1.3～1.7dtex之间。一般用于纺制粗、中特纱，供织造普通织物。其工艺流程、主要作用及半制品、成品名称如图1-2所示。

棉纺系统清梳部分有清梳联或开清棉和梳棉分开两种配置，清梳联实现了工序联合，工艺先进。下面均以清梳联表示清梳部分。

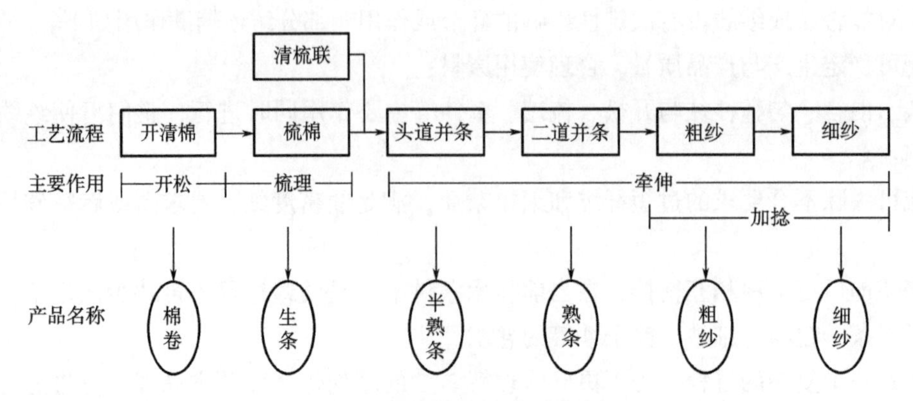

图 1-2 普梳棉纺系统工艺流程

（二）精梳棉纺系统

精梳系统用以纺制高档棉纱、特种用纱或棉与化纤混纺纱。棉纤维因其长度整齐度差、含杂较多，与化纤混纺时需在梳棉之后并条之前，加入精梳准备和精梳工序，目的是去除一定长度以下的短纤维和细微杂质，进一步伸直和平行纤维，使成纱结构更加均匀、光洁。精梳系统的工艺流程、主要作用及半制品、成品名称如图 1-3 所示。

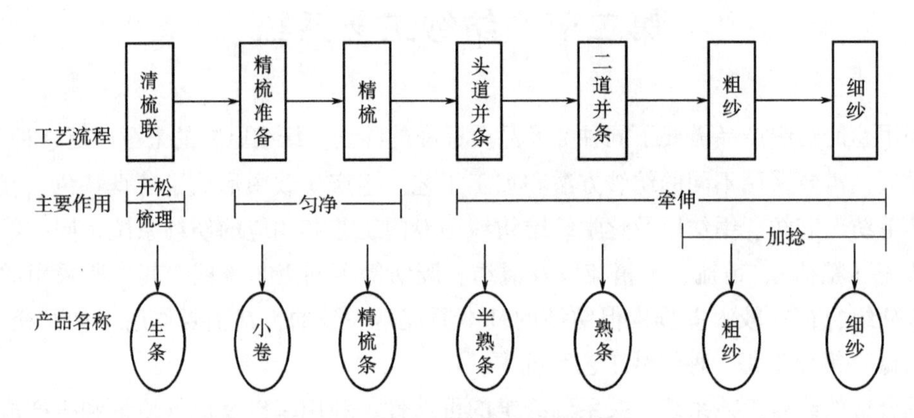

图 1-3 精梳棉纺系统工艺流程

（三）废纺系统

在纺纱生产中，不断产生一些下脚料，如破籽、梳棉抄斩花、粗纱头及回丝。为了充分利用原料，降低成本，可采用废纺系统来加工价格低廉的粗特棉纱，其流程如图 1-4 所示。

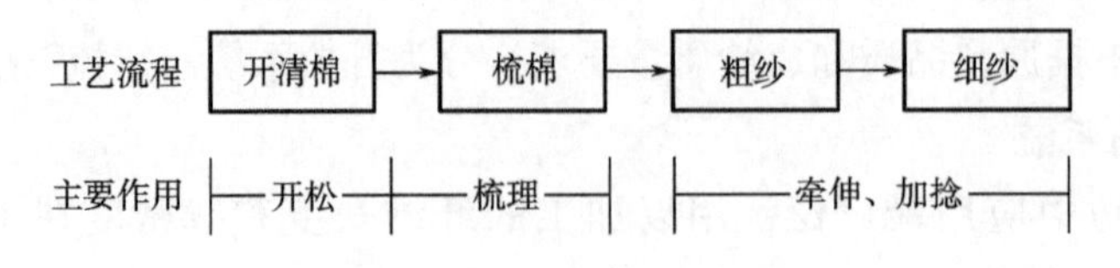

图 1-4 废纺系统工艺流程

（四）化纤与棉混纺系统

涤纶（或其他化纤）与棉混纺时，因涤纶与棉纤维的性能及含杂不同，不能在清梳工序混合加工，需各自制成条子后，再在头道并条机（混并）上进行混合，为保证混匀，需采用三道并条。其普梳与精梳纺纱工艺流程如图 1-5 所示。

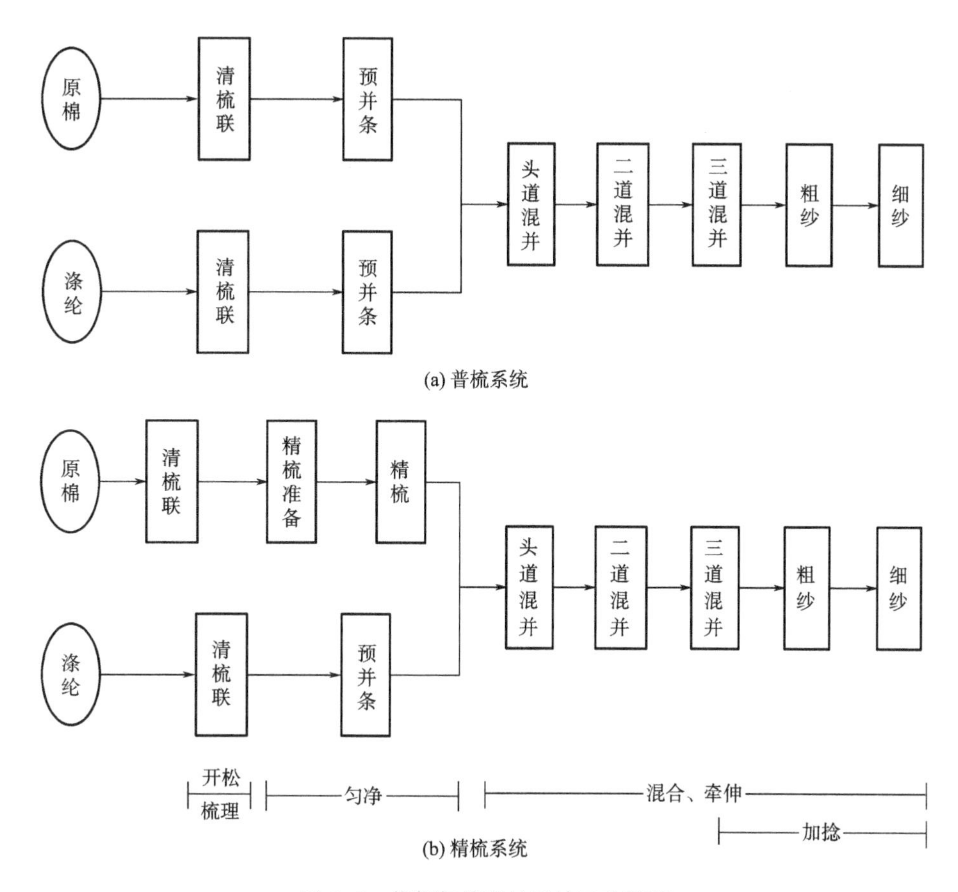

图 1-5 化纤与棉混纺系统工艺流程

棉纺系统在细纱以后的工序，根据产品的用途而不同。例如，股线需经络筒、并纱、捻线等工序；售纱需经络筒、摇纱、成包等工序。

转杯纺、喷气涡流纺、摩擦纺等新型成纱方法一般用棉条直接纺成细纱，可省去粗纱工序。

二、毛纺系统

毛纺系统是采用羊毛纤维和毛型化纤为原料，在毛纺设备上纺制纯毛纱、纯化纤纱和各种混纺纱的生产全过程。在毛纺系统中，根据产品要求及加工工艺的不同，主要分为粗梳毛纺、精梳毛纺两种纺纱系统。其中，由于绒毛原料中含有大量的杂质，必须经过分选、洗毛（开松、洗涤、烘干）、炭化等初步加工。经过初步加工的毛叫做洗净毛（炭化净毛）。

（一）粗梳毛纺系统

粗梳毛纺系统流程及主要作用如图 1-6 所示。

其中，粗纺梳毛机与棉纺梳棉机相比，主要不同在于它附有成条机，把梳理机输出的毛网分割成数十条很窄的网带，再经搓合成条，即成粗纱。因为牵伸只在细纱机上进行，纱中

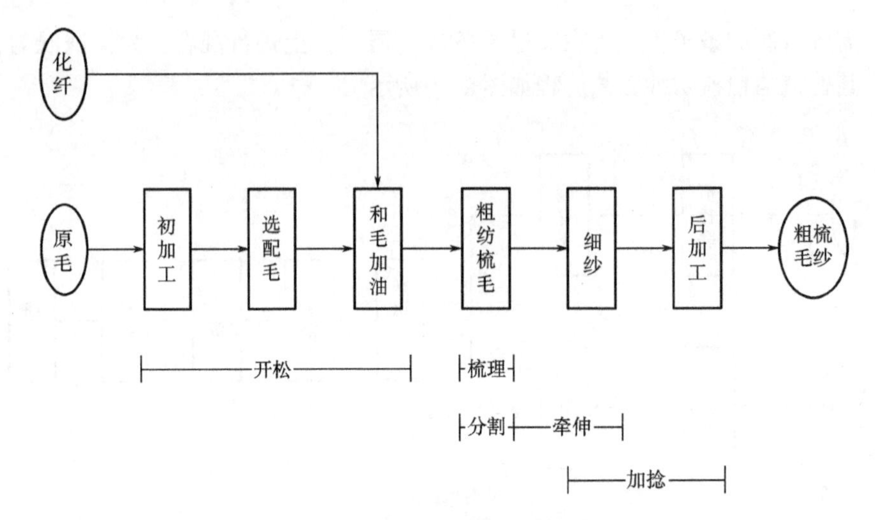

图 1-6 粗梳毛纺系统工艺流程

纤维的伸直度、整齐度较差，但有利于产品的缩绒。

粗梳毛纺系统适合纺制线密度大的较粗纱线，主要用于织造呢绒类、毯类和工业用织物以及粗纺针织物。粗梳毛纺系统对原料有很好的适应性，可用羊毛、羊绒、骆驼绒毛、牦牛绒毛、兔毛、化纤和再生毛等多种纤维开发粗纺类产品，使不同线密度和长度的纤维得到合理使用。粗纺毛织物具有缩绒性好、手感丰满、弹性好、保暖性强的特点。

（二）精梳毛纺系统

精梳毛纺工艺系统工序多，流程长，可分为制条和纺纱两大部分，其纺纱系统工艺全流程如图 1-7 所示。

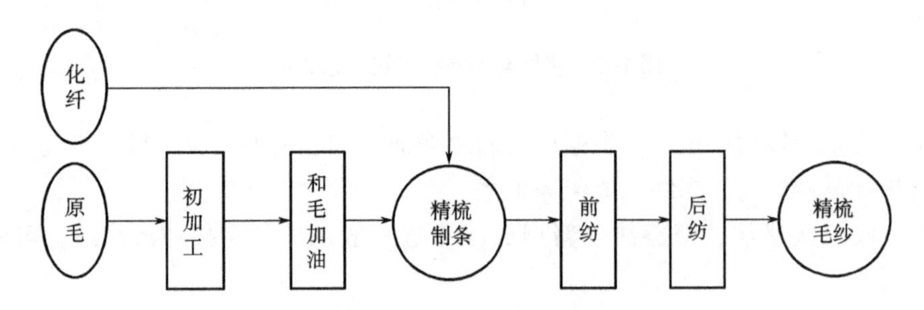

图 1-7 精梳毛纺系统工艺全流程

制条部分的生产也叫毛条制造，可单独设立工厂，其产品——精梳毛条可作为商品出售。毛条制造工艺流程如图 1-8 所示。

有些精梳毛纺厂没有制条工序，用商品精梳毛条作为原料，生产流程包括前纺和后纺，多数厂还设有毛条染色和复精梳的条染复精梳工序，复精梳是指毛条染色后的第二次精梳，复精梳工序流程和制条工序相似。不带复精梳工序时的精梳毛纺系统工艺流程如图 1-9 所示。

另外，还有一种介于精梳和粗梳之间的半精梳纺纱工艺系统，它与精梳系统的不同之处是不用精梳机。生产的纱线比精梳纱蓬松、柔软，比粗梳纱光洁、均匀，产品风格介于精纺

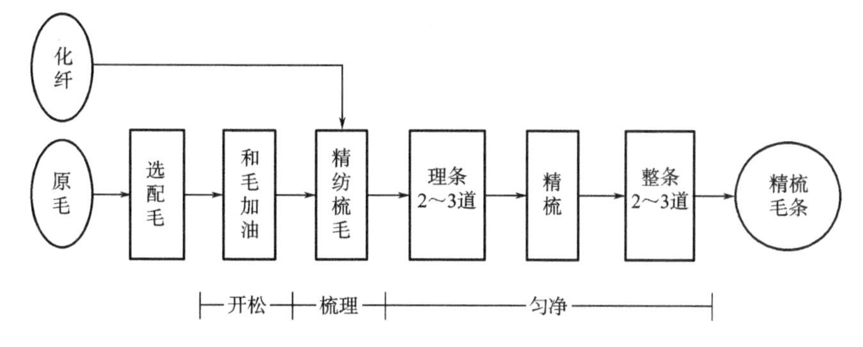

图 1-8　精梳毛纺系统制条工艺流程

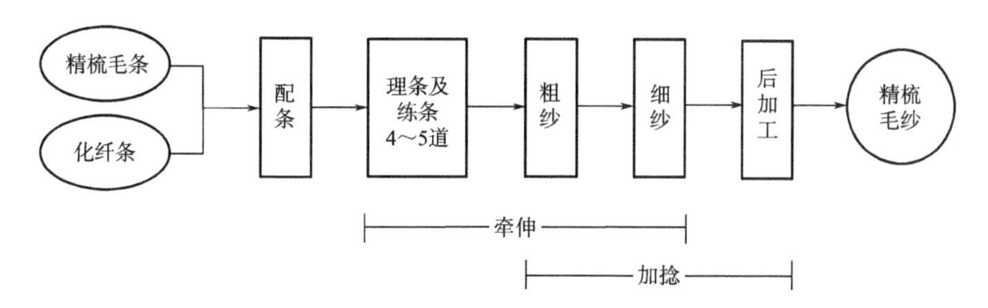

图 1-9　无制条工序的精梳毛纺工艺流程

与粗纺毛纱之间。

绒线生产一般采用精梳毛纺系统。地毯、毛毯用纱一般采用粗梳毛纺系统。特种动物纤维针织用纱也多采用粗梳毛纺系统进行生产。通过设备改造和工艺调整在精梳毛纺系统或棉毛结合的纺纱系统中生产高支绒毛针织和机织用纱，可大大提高产品的附加值。

三、绢纺系统

绢纺系统包括绢丝纺纱系统和紬丝纺纱系统。前者纺纱线密度小，用于织造薄型高档绢绸；后者纺纱线密度大，成纱疏松、有毛茸，别具风格。

（一）绢丝纺纱系统

1. 精练工程　利用不能缫丝的疵茧和废丝加工成的绢丝用于织造绢绸。由于疵茧和废丝都含有大量的丝胶、油脂和腊等杂质，需通过精练工序除去丝纤维上的油脂和大部分丝胶，使纤维洁白并呈现出固有的光泽，且易于纺纱加工过程中的松解、开松。精练也称为绢丝的初步加工，经过精练处理后的原料叫精干绵。

2. 制绵工程　制绵工程的工艺流程如图 1-10 所示。任务是对精干绵进行适当混合、细致开松和反复梳理，除去杂质、绵粒和短纤维，制成纤维伸直平行度好、分离度高且具有一定长度的精绵。绢纺的制绵工程类似于精梳毛纺系统的毛条制造。

因丝纤维很长，需要采用切绵将丝纤维切成一定的长度，以便后续工序的梳理和牵伸；然后用圆梳或精梳工艺排除短纤维、杂质和疵点。

3. 绢丝纺纱系统　圆梳制绵以后的绢丝纺纱工艺流程如图 1-11 所示，由并条工程（包括配绵、2 道延展、3 道并条）、粗纱工程（包括延绞、粗纱）、细纱工程和并捻、整理等后加工工序组成。

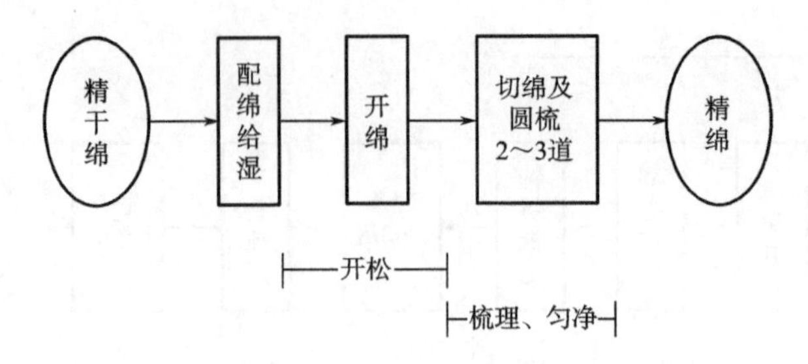

图 1-10　制绵工艺流程

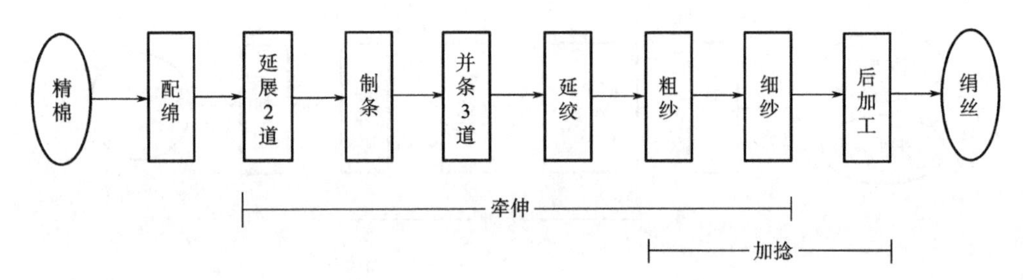

图 1-11　绢丝纺纱系统工艺流程

（二）䌷丝纺纱系统

䌷丝纺纱是以制绵工程中末道圆梳机的落绵为原料，可采用棉纺普梳纺纱系统、转杯纺纱系统或粗梳毛纺系统。䌷丝特数高，手感松软，表面具有毛茸和绵结，其织物称绵绸。䌷丝纺纱系统工艺流程如图 1-12 所示。

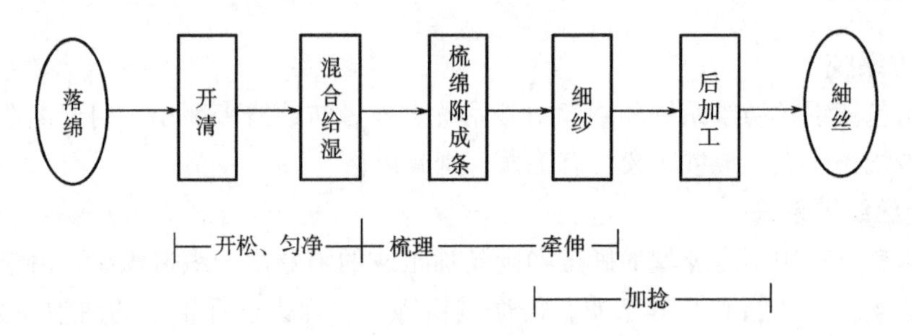

图 1-12　䌷丝纺纱系统工艺流程

四、麻纺系统

麻纺有苎麻、亚麻、黄麻三种纺纱系统。

（一）苎麻纺纱系统

一般借用精梳毛纺或绢纺系统，只在设备上作局部改进。原麻先要经预处理加工成精干麻。其纺纱工艺流程如图 1-13 所示。而短苎麻、落麻一般可在棉纺纺纱系统进行加工。

（二）亚麻纺纱系统

亚麻纺纱的原料是打成麻时，利用亚麻长麻纺纱系统加工，其纺纱工艺流程如图 1-14 所

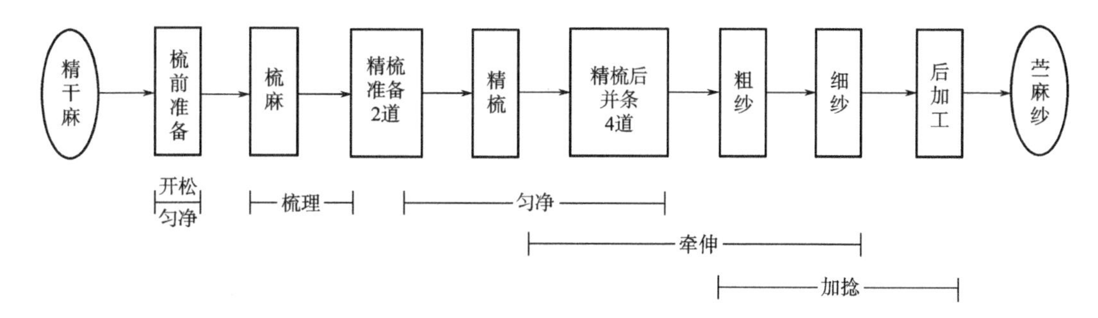

图 1-13　苎麻纺纱系统工艺流程

示，其中，长麻纺纱的粗纱要经过煮练后再进行细纱加工。长麻纺的落麻、回麻则进入短麻纺纱系统，其工艺流程如图 1-15 所示。

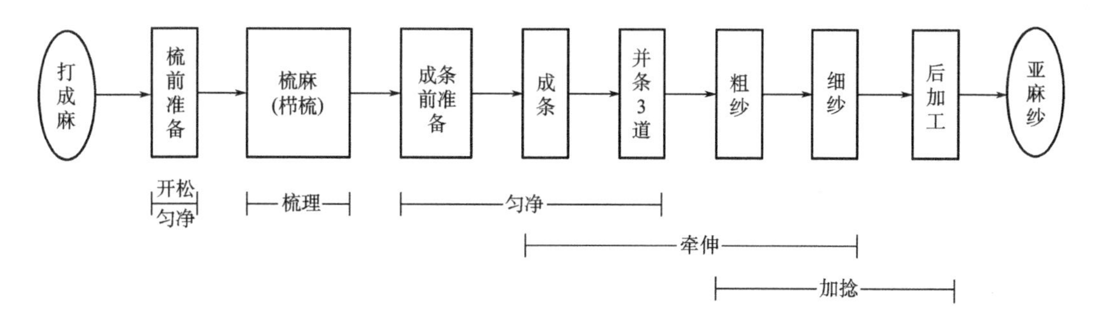

图 1-14　亚麻长麻纺纱系统工艺流程

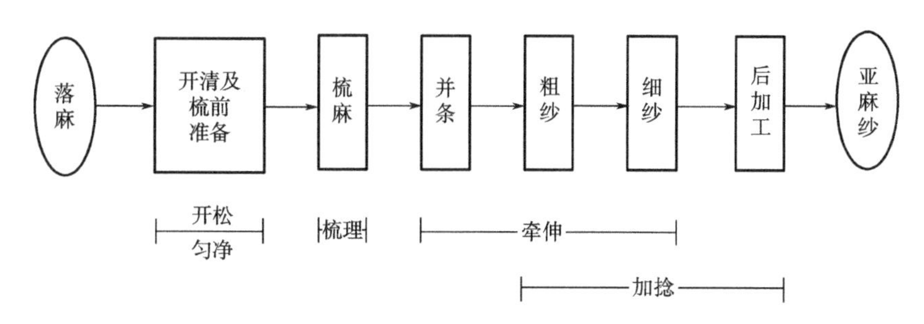

图 1-15　亚麻短麻纺纱系统工艺流程

（三）黄麻纺纱系统

黄麻纺纱的工艺流程为：原料→原料准备→梳麻→并条→细纱。

综上所述，不同纺纱系统的加工设备各异，但所有的纺纱过程都需经过开松、除杂、混合、梳理、牵伸、加捻设备的加工。

第三节　纱线的分类与用途

一般情况下，纱线是作为半制品使用的，主要可用来织造，包括机织、针织、编织以及缝纫、刺绣、制绳等，纱线必须满足下游用户继续加工以及最终产品应用的要求。

根据不同的分法，纱线可以分为许多种。

一、按纤维原料组成分类

按照组成纱线的纤维原料可将纱线分为纯纺纱与混纺纱。纯纺纱是由一种纤维纺成的纱，如棉纱、毛纱、麻纱、绢纺纱、涤纶纱等，棉纱是最大的一类纯纺纱线；混纺纱是由两种或两种以上的纤维所纺成的纱，如涤纶与棉的混纺纱称为涤棉纱，羊毛与黏胶纤维的混纺纱等。混纺纱织物可突出各种纤维的优点，扬长避短。涤棉混纺纱及其涤棉混纺织物是最大的一类混纺产品。

二、按纱线粗细分类

按纱线粗细可将纱线分为粗特纱、中特纱、细特纱和特细特纱。以棉纱为例，粗特纱指32tex及以上，或英制18英支及以下的纱线，适于粗厚织物，如粗花呢、粗平布等。中特纱指21~32tex，或英制19~28英支的纱线，适于中厚织物，如中平布、华达呢、卡其等。细特纱指11~20tex，或英制29~54英支的纱线，适于细薄织物，如细布、府绸等。特细特纱指10tex及以下，或英制60英支及以上的纱线，适于高档精细面料，如高支衬衫、精纺贴身羊毛衫等。

毛纱习惯用公制支数，粗纱、中纱、细纱的具体数值范围与棉纱不同。

三、按纱线系统分类

按纺纱系统可分为精纺纱、粗纺纱、废纺纱等。精纺纱也称精梳纱，是指通过精梳工序纺成的纱。纱中纤维平行伸直度高，条干均匀、光洁，一般为细特或特细特纱。精梳纱主要用于高档织物，如细纺、华达呢、花呢、羊毛衫等。粗纺纱也称粗梳毛纱或普梳棉纱，是通过粗纺纺纱系统或普梳纺纱系统纺成的纱。粗纺纱中短纤维含量较多，纤维平行伸直度差，结构松散，毛羽多，品质较差。用于一般织物，如粗纺毛织物、中特以上棉织物等。废纺纱是指用纺织下脚料（废棉）或低级原料纺成的纱。纱线品质差、松软、条干不匀、含杂多、色泽差，一般只用来织粗棉毯、厚绒布和包装布等低级产品。

四、按纱线的用途分类

纱线按照用途可分为机织用纱、针织用纱和其他用纱。机织用纱指加工机织物所用纱线，分经纱和纬纱两种。经纱用作织物纵向纱线，具有捻度较大、强力较高、耐磨性较好的特点；纬纱用作织物横向纱线，具有捻度较小、强力较低但柔软的特点。针织用纱为针织物所用纱线，纱线质量要求较高，捻度较小，强度适中。其他用纱包括缝纫线、绣花线、编结线、杂用线、工业用线、绳、索、缆等。根据用途不同，对这些纱的要求不同，所经过的纺纱工艺也不同。

五、其他分类方法

按纱线的染整及后加工工艺分类可分为本白纱、漂白纱、染色纱、烧毛纱、丝光纱等；

按照纺纱方法可分为环锭纱、集聚纱、复合纱、转杯纱、喷气纱、喷气涡流纱、涡流纱、自捻纱等；按照纱线的形态结构可分为短纤维纱，包括单纱、股线、绳、缆；长丝纱，包括单丝、复丝、捻丝、变形丝等；特殊纱，包括包芯纱、花式纱、膨体纱、网络丝等。

讨论专题一：智能纺纱

思考题：

1. 纺纱的主要作用都有哪些？是如何实现的？
2. 纺纱辅助作用有哪些？是如何实现的？
3. 纺纱系统如何进行分类？
4. 棉纺普梳和精梳系统的工艺流程、主要作用及半制品、成品名称？
5. 毛纺粗梳和精梳系统的工艺流程、主要作用及半制品、成品名称？
6. 纱线的分类与用途？

第二章　原料选配

本章知识点：

1. 纺纱用纤维原料特点及其主要工艺性能。

2. 原料选配的目的和原则。

3. 天然纤维的选配。重点掌握棉纤维的选配方法、精梳和粗梳毛纺纤维选配方法。

4. 化学短纤维品种的选择、混纺比例的确定以及纤维性质选配。

5. 回用原料的选配。了解回用原料来源和处理方法，重点掌握棉纺和毛纺回用原料的选配。

第一节　概述

一、纤维原料及其工艺性能

随着科学技术的发展，在原有常用纺织纤维的基础上，差别化纤维、功能纤维、高性能纤维等越来越广泛地应用于纺纱生产与产品开发；在自然资源备受保护的今天，利用生物等技术开发的生物质纤维和借助各种处理方法回收的废弃纤维，势必成为未来重要的纺织加工用纤维原料。这些纤维材料的出现，使传统的纺织加工的原料结构发生了变化，许多纺织纤维制品的技术含量大大增加，纺织产品的附加值随之提高，纺织产品的应用领域也进一步拓展，这无疑极大地推动了纺织产业的发展进步。

对于纺纱过程而言，可加工的纤维种类也日益增加，其工艺性质各异。表 2-1 所示为常用纤维的主要工艺性质。除此之外，天然纤维的含杂和产地等也是影响纺纱工艺及其产品质量的主要工艺性质。

表 2-1　常用纤维的主要工艺性质

纤维	长度（mm）	线密度（dtex）	断裂长度（km）	断裂伸长率（%）	初始模量（N/tex）	断裂强度（cN/tex）	密度（g/cm^3）	公定回潮率（%）	相对湿度65%时质量比电阻的对数（$\Omega g/cm^2$）
棉	25~39	1.2~2	20~40	3~7	600~820	22~31（湿） 19~31（干）	1.54	11.1	6.8
苎麻	60~85	4.5~90	40~52	3~4	1760~2200	60	1.54~1.55	12.0	7.5
羊毛	40~150	18~67μm	8.8~15	40~50	97~220	7~13（湿） 9~16（干）	1.32	15.0（异质） 16.0（同质）	8.4
蚕丝	长丝	1.0~2.8	30~35	15~25	400~880	19~25（湿） 26~35（干）	1.33~1.45	11.0	9.8

续表

纤维	长度（mm）	线密度（dtex）	断裂长度（km）	断裂伸长率（%）	初始模量（N/tex）	断裂强度（cN/tex）	密度（g/cm^3）	公定回潮率（%）	相对湿度65%时质量比电阻的对数（$\Omega g/cm^2$）
黏纤	任意	任意	22~27	16~22	260~620	7~11（湿） 15~24（干）	1.5~1.52	13.0	7.0
维纶	任意	任意	40~57	16~26	220~620	43（湿） 54（干）	1.20~1.30	5.0	—
涤纶	任意	任意	42~57	35~50	220~440	26~80	1.38	0.4	12
腈纶	任意	任意	25~40	25~50	220~550	22.1~48.5	1.14~1.17	2.0	12
锦纶	任意	任意	38~62	25~60	70~260	比棉纤维高1~2倍	1.14	4.5	12
天丝（Tencel）	短纤	1.1~2.4	—	16~18（湿） 14~16（干）	800	3.59	1.52	11.0	—
大豆纤维	短纤	0.9~3.0	—	18~21	700~1300	25~30（湿） 38~40（干）	1.29	8.6	—
铜氨纤维	任意	0.44~1.33	—	14~16	—	12~13（湿） 23~24（干）	—	11.0	—
醋酯纤维	任意	0.83~4.44	25~45	25~35	300~450	8~10（湿） 13~15（干）	1.32	6.5	7.28

二、原料选配的目的和原则

（一）原料选配目的

在纺纱加工过程中，纤维原料成本占纱线总成本的65%~80%，原料在投入生产之前需要进行选配。通过将不同品种、等级、性能和价格的纤维原料按照一定的比例进行搭配使用，可实现如下的目的。

1. 保持产品质量和生产的相对稳定 不同的纤维品种，其性能不同。对于天然纤维，不同产地、不同生长周期等的同种纤维，在长度、细度和品级等方面都存在差异。如果生产加工所用原料在品种、来源等各方面保持单一，由于其数量有限，能维持生产的时间短，势必导致频繁地更换原料，容易造成生产过程和产品质量的波动。因此，通过多种原料的搭配使用，可使混合料的综合性质保持稳定，从而保持产品质量和生产过程的相对稳定。

2. 合理使用原料 成纱的用途不同，对其品质和特性方面的要求也不同；不同的纺纱工艺对原料性能的要求不一样；在保证成纱质量的前提下，原料的成本宜降低。因此，通过对纤维原料进行选配，可合理使用原料，降低生产成本。

3. 增加花色品种 纺纱加工用纤维原料的种类繁多，除常用的棉、毛、丝、麻纤维和涤纶、锦纶、腈纶等外，大豆蛋白、竹、天丝等新型生物质纤维以及可水溶、导电、防辐射、抗紫外线等功能纤维相继用于纺纱生产。同时，芳纶、聚苯硫醚、聚酰亚胺等部分高性能纤维也逐步进入纺纱领域，开发出高性能短纤维纱线。因此，通过对不同纺织纤维的合理选配，利用它们的不同性能，可开发出不同特性的纱线，增加花色品种，满足服用、装饰用和产业用纱线的各种需求。

(二) 原料选配的原则

1. 根据产品用途选配原料　纺织产品的应用范围广泛，其对纱线性能的要求各不相同，因此，在纱线原料的选配方面要求也不同。一般情况下，细特纱、精梳纱、单纱、高密织物用纱、针织用纱等对原料的质量要求较高；粗特纱、普梳纱、股线、印染坯布用纱、副牌纱等对原料的质量要求较低；特种用途的纱线应根据不同的用途及产品所要求的特性选配原料。因此，需要综合考虑产品的最终用途和用户的不同需求进行原料的选配。

2. 根据工艺要求选配原料　每种原料的可纺性不同，纤维原料的长度、细度等工艺性能所适合的纺纱工艺不同；对于特定的纺纱工艺，一般情况下，混合料中各成分的纤维长度、线密度、含杂等性能彼此差异不能过大，以免造成加工困难，影响产品质量和生产效率。因此，需要根据纺纱工艺要求进行原料的选配。

三、纺纱系统中的选配

经初加工的各种纤维原料都需要通过选配后进入各纺纱系统中。对于纯纺纱线或纤维性能和加工工艺相似的混纺纱线，原料主要以散纤维形式混合，其选配一般位于各纺纱系统的开松加工之前。例如，棉纺纺纱系统的选配在开清棉工序之前进行，毛纺纺纱系统的选配在和毛加油之前完成等。对于加工性质不同的混纺纱线，各种纤维原料大都以纤维条的形式混合，其选配发生在并条工序或者针梳工序之前。

第二节　天然纤维选配

一、棉纤维选配

纺织厂一般不用单一唛头的棉纤维原料纺纱，而是将几种相互搭配使用，这种方法称为配棉。由于棉纤维原料的品种、产地、生长条件、初加工工艺等情况不同，纤维的长度、线密度、成熟度、含杂、含水、强力等情况也随之有较大的差异。棉纤维的成纱质量及纺纱过程都与以上因素有着非常密切的关系。因此，合理选择棉纤维原料，多种唛头搭配使用是纺织厂生产的一项十分重要的工作。棉纤维选配的方法有传统配棉（分类排队法）和现代配棉（计算机配棉法）两种。

(一) 传统配棉法

传统配棉法又称分类排队法，一般由配棉工程师针对某一纱线品种从数种原料中选择合适的原料并确定混用比例。这项工作面广、量大，且需依赖丰富的实践经验方能完成。

1. 分类　根据原料的性质和各种纱线的不同要求，将适合生产某种产品或某一线密度和用途纱线的原棉挑选出来划分为一类，可分为若干类。一般来讲，同一类原棉中，纤维的品级差异应在2~3级以内，长度差异在2~4mm，细度差异在0.07dtex（800公支）以内。

2. 排队　在分类的基础上，将某种配棉类别中的原棉按地区、性能、长度、线密度和强力等指标，相近的排成一队，以便接批使用。某一批号用完后，在同队中依次接替（接批）的原棉不应对混合原料性能有显著影响。一般来讲，同一队原棉中，纤维的品级差异应在1~2级，长度差异小于2mm，线密度差异在0.07~0.38dtex（500~800公支）以内；接批前后，混合棉之间的品级差异控制在1级以内，长度差异小于2mm，线密度差异在0.38dtex（500公支）以内。

3.分类排队时应考虑的问题 配棉时首先要注意：①突出主体。以性质接近的某几批为主体，一般占70%左右，但注意不可出现双峰，但允许长度以某几批为主体，而线密度以另外几批为主体；②队数适当。总用棉量大或每批原棉量少，则队数多些；原棉性质差异小时，队数可少些。一般以5~6队为好，队数少则每队混用百分率大，最大不宜超过25%；③交叉抵补。接批时，同一天内接批数不宜超过2批，其混用百分率不宜超过25%。

表2-2列出了接批时原棉主要性能差异的一般控制范围。

表2-2 原棉性质差异控制范围

控制范围	混合棉唛头间性质差异	接批原棉性质差异	混合棉平均性质差异
产地	—	相同或相近	地区变动<25% 针织纱<15%
品种（级）	1~2	1	0.3
长度（mm）	2~4	2	0.2~0.3
含杂率（%）	1~2	<1	0.5
线密度[dtex（公支）]	0.07~0.38（500~800）	0.05~0.22（300~500）	0.01~0.06（50~150）
断裂长度（km）	1~2	1	0.5

注 混合棉平均性质指标可按混合棉中各原棉性质指标和混用重量百分比加权平均计算。

此外，在传统配棉过程中，还需要考虑如下因素。

（1）到棉趋势。对存量不多而来源又少的原棉，尤其是其特性较突出的要少用，保证原料的可持续供应；存量虽多，但来源困难的原棉也要少用；存量虽少，但来源丰富的则可适当多用。

（2）纱线质量指标的平衡。成纱质量指标往往出现不平衡，如某些指标好而其他指标不好，或多项指标好而某项指标特差，则在配棉时应做相应的调整。

（3）气候变化。气候变化对纺纱工艺及成纱质量影响很大，如夏季高温高湿，加工过程中纤维易缠罗拉、胶辊和针布，断头增多，成纱外观疵点也增多，配棉时宜选用含水较低、成熟度好、杂质较少的原棉。

（二）现代配棉法

现代配棉法又称计算机配棉法，运用人工智能的方法，模拟配棉的整个过程，通过对原料性能分析和成纱质量预测，科学地选配原料，可以克服计算工作量大和因人而异的经验误差等弊病，实现配棉过程的科学管理。

1.计算机配棉系统的方法 目前，本色纤维计算机配棉系统的理论及方法主要有线性规划法、神经网络法和遗传算法。

（1）线性规划法。线性规划法的基本理论为模糊判别加线性规划。首先应用模糊数学综合评判技术，选择原料品种，即通过模糊计算确定配棉唛头；然后通过线性回归分析，动态建立原料性能与成纱质量关系的线性模型；最后采用优化算法，优化被选唛头混用比例。该方法理论严密，配棉方案能够得到优化，但这种方法的实施前提是必须获得单唛性能指标与成纱质量的具体数据（常通过单唛试纺得到），所以该方法对试验数据的依赖性非常大，同时，模糊判别对专家的依赖性非常大，而且优化的配比通常不符合整包配料要求。

（2）神经网络法。神经网络包含许多节点，每个节点都是一个函数，这个函数使用输入该节点的相邻节点值的加权总和来做运算。对于纺纱配料，由于可选原料品种多，因此，可设计一个神经网络系统，如图 2-1 所示。最初使用时，将该神经网络系统输出的方案与纺织专家设计的配料方案对比，对该神经网络系统进行训练，最终实现纺纱配料智能原料指标优化设计。值得注意的是，神经网络系统的学习训练可能需要较长的时间，所得结果一般为局部最佳值。

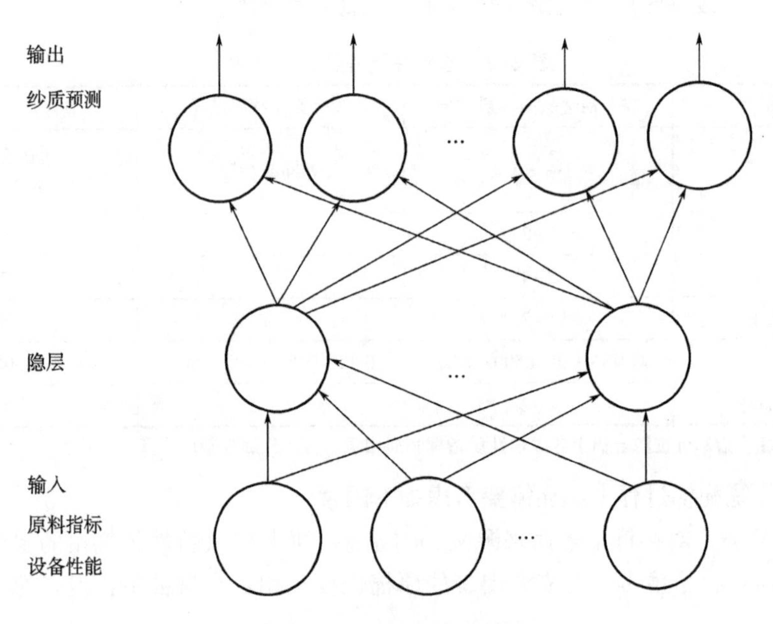

图 2-1　配棉的神经网络

（3）遗传算法。遗传算法是一种全新的最佳空间搜索法，与神经网络不同，它在产生初始种群的基础上，通过初始种群之间的交配，不断产生新的后代，再通过优胜劣汰，从新产生的后代中产生新种群。如此周而复始，不断进化新种群，直至达到预期的进化目标。因此，采用基因算法寻优的结果一般为全局最优或较优，形成的配料全局最优（较优）的方案一般不是唯一的，给决策者更大的自由度。

2. 计算机配棉系统的数学模型　为了使配棉工程最佳化，应建立经济数学模型，例如，各种混合原料成分总成本的目标函数 $Z(X)$ 为：

$$Z(X) = \sum_{i=1}^{k} \sum_{j=1}^{m} S_i X_{ij} \tag{2-1}$$

式中：S_i——混合原料中 i 成分的成本；

X_{ij}——j 配棉成分中 i 混合成分的组分。

配棉的目的是使目标函数最小化，但还必须满足以下约束条件。

（1）由 j 配棉成分纺成细纱的相对断裂强度，应不低于国家标准规定的细纱的相对断裂强度，约束条件为：

$$\sum(R_{ij}-R_j)X_{ij}\alpha_i \geqslant 0 \quad (2-2)$$

式中：R_{ij}——按 A. H. 索洛维耶夫公式确定的 j 配棉成分中 i 混合成分纺成细纱的相对断裂强度，cN/tex；

R_j——国家标准规定的细纱的相对断裂强度，cN/tex；

α_i——i 成分细纱制成率定额，%。

（2）混合原料纤维特性平均值的约束条件为：

$$\sum_{i=1} Z_i X_{ij} \leqslant Z_j \quad (2-3)$$

式中：Z_i——i 混合成分纤维特性的参数；

Z_j——j 配棉成分中纤维某一特性参数允许的平均值。

（3）库存量约束条件为：

$$\sum_{i=1}^{m} B_j X_{ij} \leqslant 0.01 A_i \alpha_i \quad (2-4)$$

式中：B_j——由 j 配棉成分生产的细纱计划任务，t；

A_i——开始计算时仓库里 i 混合成分的存量，t。

（4）j 配棉成分中 i 混合成分的约束条件为：

$$0.01\alpha_{ij} \leqslant X_{ij} \leqslant 0.01 b_{ij} \quad (2-5)$$

式中：α_{ij} 和 b_{ij}——j 配棉成分中 i 混合成分设定百分率的范围。

利用计算机求解上述方程，即可得到原棉各混合成分的合理组合，即最佳选配。

3. 计算机配棉系统的功能模块　计算机配棉系统主要包括三个模块，即原棉库存管理、自动配棉和成纱质量分析三个子系统。其中，自动配料的理论与技术最为复杂。目前，随着纺纱原料和成纱品种的多样化，计算机配料系统不但适应本色纤维自动选配，而且可对有色纤维自动选配并模拟有色纤维选配后的色纱效果；随着信息技术的快速发展，自动配料已从单目标优化选配发展到多目标优化选配。

计算机配棉各子系统下设若干个具体功能模块，各功能模块既可独立地重复自己的操作，也可返回到主控制模块请求命令执行新的操作。图 2-2 为计算机配棉管理系统框图。

（1）原棉库存管理子系统。本系统的主要功能是做好库存原棉的账目管理，为配棉提供数据和依据。它是计算机配棉的基础，其具体功能有原棉入库、原棉出库、库存查询、账目修改、月底结账。

（2）成纱质量分析子系统。本系统的主要功能是建立动态数学模型，为分析混合棉性能和工艺参数对成纱质量的影响，以及预测成纱质量提供数据。它是计算机配棉的关键环节，其具体功能有数据输入、建立动态数学模型、查询和修改、打印制表，为生产提供分析数据，供生产参考。

（3）自动配棉子系统。本系统的主要功能是根据保证质量、稳定生产和降低成本等配棉工作的基本要求，选用最佳的接替棉批，确定合适的成分百分比，完成配棉进度表。它是计算机配棉的核心，其具体功能有接批原棉选择、确定成分百分比、打印配棉表。

在实际生产中，计算机配棉已融入企业 ERP 管理系统。

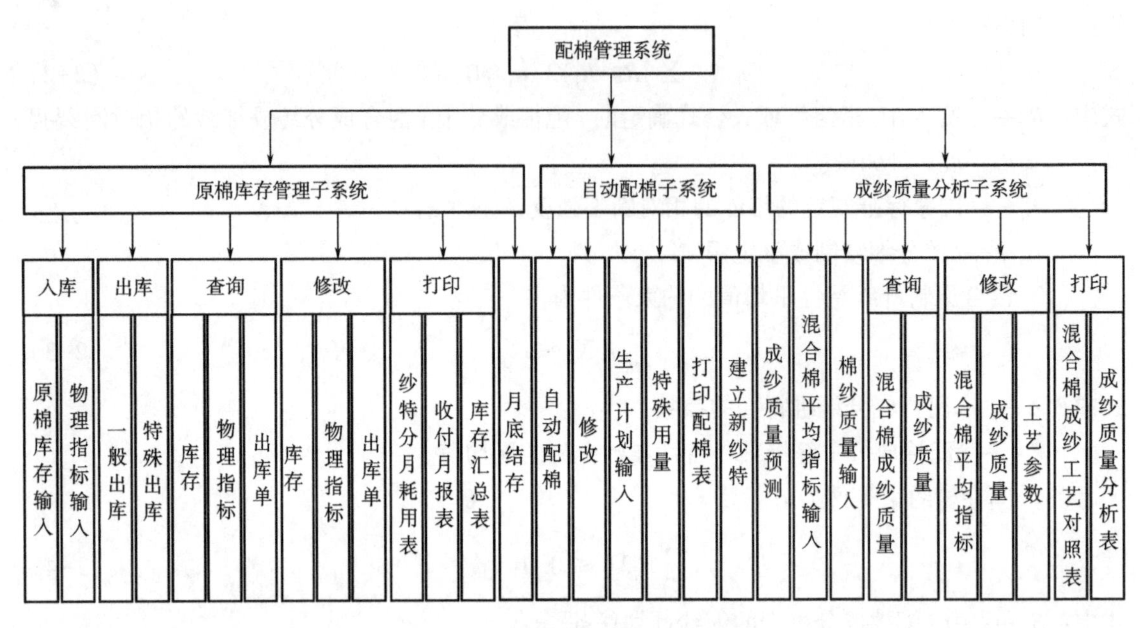

图 2-2　计算机配棉管理系统框图

(三) 配棉实例

表 2-3 为某厂纺 JC 9. 7tex 和 JC 11. 6tex 纱线时配棉成分及分类排队表。原料分 8 队，表中列出了该品种不同日期配棉接批、用棉量百分比及接批后纤维性能指标情况。

表 2-3　某厂 JC 9. 7tex/JC 11. 6tex 分类排队接批配棉表

批号	队别	产地	等级	棉纤维主要物理指标											接批混比（%）				
				技术品级	技术长度（mm）	杂质（%）	断裂强度（cN/tex）	马克隆值	上半部长度（mm）	短绒（%）	含杂	棉结	SCI	黄度值	3 月 11 日	3 月 17 日	3 月 24 日	3 月 28 日	4 月 12 日
2	3	玛纳斯	329	3. 00	29. 0	2. 7	29. 6	4. 52	29. 5	8. 6	36	245	129	11. 0	16. 5	16. 5	16. 5	16. 5	—
1	4	沙湾	329	3. 00	29. 0	2. 1	31. 6	4. 36	29. 9	8. 2	34	269	138	10. 5	16. 5	16. 5	—	—	—
72	5	巴楚	329	3. 25	28. 0	1. 6	28. 5	3. 91	28. 3	9. 4	17	167	129	12. 7	8. 0	8. 0	8. 0	—	—
74	1	阿瓦提（皮）	329	3. 00	29. 0	3. 3	24. 6	5. 00	28. 9	7. 6	28	89	113	12. 0	8. 5	8. 5	8. 5	8. 5	8. 5
8	6	阿瓦提	137	2. 00	36. 0	2. 4	42. 9	4. 59	37. 6	5. 1	54	135	195	7. 9	9. 0	—	—	—	—
81	2	沙湾	329	3. 00	29. 0	2. 4	29. 8	4. 61	29. 4	8. 2	24	255	126	10. 3	16. 5	16. 5	16. 5	16. 5	16. 5
3	1-1	乌苏	329	3. 00	29. 0	2. 1	29. 7	4. 79	28. 5	10. 0	29	196	121	10. 1	16. 5	16. 5	16. 5	16. 5	16. 5
4	2-1	托里	329	3. 00	29. 0	1. 9	30. 1	4. 71	28. 6	10. 7	27	213	120	10. 0	8. 5	8. 5	8. 5	8. 5	8. 5
11	6	阿克苏	137	2. 00	37. 0	2. 3	38. 7	4. 34	36. 9	5. 1	28	135	191	7. 3	—	9. 0	9. 0	9. 0	9. 0
7	4	乌苏	329	3. 00	29. 0	2. 0	30. 2	4. 50	28. 9	10. 3	28	241	127	10. 2	—	—	16. 5	16. 5	16. 5
61	5	巴楚	329	2. 75	28. 0	1. 0	28. 1	4. 76	28. 3	11. 1	13	171	114	11. 4	—	—	—	8. 0	8. 0
6	3	沙湾	329	3. 00	29. 0	2. 8	28. 2	4. 37	28. 6	10. 2	43	269	119	10. 9	—	—	—	—	16. 5

续表

批号	队别	产地	等级	棉纤维主要物理指标											接批混比（%）				
				技术品级	技术长度（mm）	杂质（%）	断裂强度（cN/tex）	马克隆值	上半部长度（mm）	短绒（%）	含杂	棉结	SCI	黄度值	3月11日	3月17日	3月24日	3月28日	4月12日
接批后各项物理指标加权平均值																			
接批时间		3月11日		2.93	29.6	2.4	30.7	4.51	29.7	8.6	34	218	132	10.5					
		3月17日		2.93	29.6	2.3	30.3	4.49	29.7	8.6	32	218	132	10.4					
		3月24日		2.93	29.6	2.3	30.1	4.51	29.5	8.9	31	213	130	10.4					
		3月28日		2.89	29.6	2.3	30.1	4.58	29.5	9.1	30	213	129	10.3					
		4月12日		2.89	29.6	2.3	29.8	4.55	29.4	9.3	32	217	127	10.2					

二、毛纤维选配

毛纺产品对其强力、弹性、耐磨、风格和服用性能都有一定的要求，这些性能不但与纤维原料的特性有关，而且与加工工艺有着密切的关系，因此，原料的选配还必须结合加工工艺系统进行。

（一）精梳毛纺原料选配

根据精梳毛纺织品的特征，对精梳毛纱的要求为：纱支高，一般为17～19.6tex（45～52英支），最高可达8.86tex（100英支）；纤维排列平行顺直，纱线表面光洁，条干均匀度好，纱线的捻度较高。因此，精梳毛纱对原料的品质要求也高，主要是纤维要细，细度离散系数要小，纤维长度长，长度离散系数较小。但是由于羊毛的产地、品种和性能的不同，为满足精梳毛条和精梳毛纱质量的要求，在生产中常采用配毛的方法合理地搭配和使用原料，以达到取长补短、扩大批量、降低成本、稳定产品质量的目的。我国毛纺生产实践的经验证明，精梳毛纺织品在使用国毛原料时，采取了按地区、按质量、分品种、分用途的有计划搭配（即配毛），这对提高精纺产品的质量极为重要。

在精梳毛纺系统中，原料的选配有梳条配毛（散毛选配）和混条配毛（毛条选配）两种方式。

1. 梳条配毛　梳条配毛又称散毛选配，即将几种不同纤维原料进行适当的搭配，以保证毛条成品的质量，并使同一批号毛条的质量保持稳定，达到提高精梳毛纱质量的要求。在梳条配毛设计中，应选择一批或两批品质相近的原料作为主体毛，再选择能弥补、改善和提高混合品质的其他原料作为配合毛，这种方法称为主体配毛法。主体毛的选择一般以长度和线密度作为主要依据。

（1）以细度为依据。主体毛和配合毛的细度由毛条标准的要求决定，同时要考虑使用量。当主体毛的线密度比标准毛粗时，配合毛应细些；反之，配合毛应粗些。通常主体毛与配合毛的平均细度差异不宜超过2μm。混合毛的平均细度应比成品毛条的标准平均细度细约0.5μm，以防止加工过程中由于精梳落毛的排除而造成成品毛条中纤维平均细度变粗。

（2）以长度为依据。一般选择毛丛长度较短的一种毛为主体毛，主体毛成分占总配毛成分的70%以上。再接入一部分长度较长的毛，以改善平均长度，降低短纤维含量，并减小长度的离散系数。毛丛长度超过95mm的细支毛以及过短的羊毛都不宜作为主体毛。主体毛与配合毛的毛丛长度差异一般不超过20mm。配合毛的总量不宜超过30%。若毛丛平均长度差异在10mm以内，可以不分主体毛和配合毛。

2. 混条配毛 混条配毛又称毛条选配。顾名思义，这种配毛所用的纤维半制品为毛条，即将不同颜色、不同性质的毛条进行均匀的混合，以达到增加花色品种、保证产品质量的要求。纯毛条混合配毛时主要考虑纤维的线密度指标，因为纱线截面内要保持一定的纤维根数。当成纱线密度相同时，纤维越细，成纱截面内纤维根数越多，成纱强力越高。当成纱截面内纤维根数一定时，纤维越细，成纱才能纺得越细。一般情况下，精纺纯毛纱截面内若保证有40根以上的纤维，则纺纱过程就能顺利进行。原料线密度一般按此原则进行选择。毛条品质支数与纱线实际可纺线密度之间的关系见表2-4。

表2-4 毛条品质支数与纱线可纺线密度的关系

毛条品质支数（支）	70	66	64	60	58
纤维平均直径（μm）	18.1~20.5	20.6~21.5	21.6~23.0	23.0~25.0	25.1~28.0
实际可纺线密度［tex（公支）］	14.3~17.9（56~70）	16.7~19.2（52~60）	19.2~22.2（45~52）	22.2~27.8（36~45）	29.4~31.3（32~34）

若纤维长度较长，长度离散系数较小，短毛率低，线密度离散系数也小，强度和抱合力较好时，成纱截面平均纤维根数可减少至不少于35根。

纤维长度与纱线强力以及条干有着密切的关系。纤维平均长度长，成纱强力高；长度差异大，成纱条干差。一般要求平均长度在70mm以上。若选用几批平均长度不同的毛条混合，则各批长度差异不得超过10mm，以使成纱条干不匀率不至于过大。

（二）粗梳毛纺原料选配

粗梳毛织物品种多，用途广，产品小批多变，所用纤维原料广泛，且性能差异大。因此，原料互相搭配、取长补短、充分混合尤为重要。但这也使原料选配相较于其他产品复杂，需要在了解粗梳毛纺原料特点的基础上，依据产品的不同要求、风格特点、生产成本及加工工艺等合理选用。

1. 粗梳毛纺用纤维原料 粗梳毛纺加工流程短、所纺毛纱支数低、细纱牵伸小，对原料适应性高，故大部分纤维都可在粗梳毛纺流程上加工。仅就羊毛而言，就有改良毛、外毛、土种毛、精梳短毛、下脚毛以及再生毛等；除羊毛纤维外，通常长度在20mm以上的羊绒、马海毛、驼毛、兔毛等其他动物纤维，黏纤、锦纶、涤纶、腈纶等化学纤维以及麻、棉纤维等，均可作为粗纺原料，与羊毛纤维进行混纺。不但扩大了毛纺加工的原料资源，降低了产品成本，而且通过混纺，还可以利用其他纤维较均匀的物理性质，弥补羊毛纤维某些性能的不足，改善工艺条件和产品质量，提高混料的纺纱性能，增强织物的坚牢度等。

2. 粗梳毛纺用纤维原料的选配

（1）根据纤维原料特性进行选配。

①不同品种羊毛的混纺。不论改良毛及土种毛，不同地区、不同品种的羊毛，其性质差异很大。在设计织物选择原料搭配时，应尽量选用线密度相近的纤维。除线密度外还应考虑

品种产地、长度、强力、手感、弹性、缩绒性能、光泽、含杂等因素。如果是纺制高支、薄型、轻缩绒、不拉毛织物，必须选用线密度均匀、长度稍长的纤维相混合。

②与化学纤维混纺。在选用化学纤维与羊毛进行混配时，化学纤维参数的选择及混用比例与产品质量及加工工艺有很大的关系，选用时需要考虑化学纤维的长度、线密度和混用比例。

化学纤维长度整齐度好，选用得当可以提高混料中纤维长度分布的均匀性，有利于改善牵伸条件，提高细纱质量。生产中随着与之混纺的羊毛长度不同，化学纤维的长度也有不同的规格，当与细羊毛混纺时，化纤长度可用55~65mm；当与半粗毛混纺时，化纤长度以60~70mm为宜。

化学纤维线密度均匀，而羊毛纤维的线密度离散性较大，二者混合后可使混料中纤维线密度的离散程度降低，比单独使用羊毛时均匀性提高。纺纱性能与纤维线密度有着密切关系，纤维越细，可纺支数越高。为了提高混料的可纺支数，往往采用比羊毛细的化学纤维，但差异不能过大，否则混料中纤维线密度的均匀度降低，从而影响条干均匀度。另外，化纤过细，梳毛钢丝针布梳理不开，毛粒增多。因此，选用时要根据两方面因素加以考虑。通常与细毛混纺的化学纤维线密度为2.25~3.6dtex，与半粗毛混纺的化学纤维线密度为3.6~5.4dtex。

化学纤维在混料中可以提高混纺纱的某些物理机械性能，但也会降低某些性质，如缩绒性、柔软性、外观等。因此在选用混纺比例时，除考虑产品用途、成本外，还应考虑织物的风格、手感等。一般纺重缩绒织物时，化纤比例应偏小掌握；用于轻缩绒织物时，化纤比例则较大。生产实践证明，化纤混用量在30%以内，织物仍可保持毛型感。

③与其他动物纤维混纺。粗纺产品中还常混用一定的兔毛、山羊绒、驼绒、牦牛绒等特种动物纤维，生产高档产品。

例如，兔/羊毛产品。兔毛的特点是柔软，光泽好，充气的毛髓层发达，纤维轻，保暖性好，其保暖性能比绵羊毛好得多。但没有卷曲（兔毛绒毛有浅波状卷曲），加上毛髓层发达，因而抱合力很差，如果掺用比例过大，纺纱比较困难。兔毛的单纤维断裂强度远较羊毛低，如果混合比例大，会降低纱线的强力。通常兔毛掺用40%~50%，就能使产品显示出柔软、光泽好、美观的特点。

又如，山羊绒大衣呢。山羊绒光泽亮，线密度好，绒毛平均直径为14.5~16.5μm，有不规则的卷曲。绒毛纤维由鳞片层和皮质层组成，没有毛髓，因而手感柔软。一般在混料中山羊绒可掺入50%~60%或更低一些。

④与天然纤维素纤维混纺。在混料中使用棉纤维可以增加纱和织物的强力，但会降低织物的缩绒性和伸长率，过去只是某些产品（如法兰绒）中稍掺入一些，近年来已很少使用。在混料中掺入部分麻纤维能增加产品强力，但伸长率、缩绒性、手感、弹性均会降低，因此，在使用时，应控制在30%以内。

（2）根据织物的风格特征和品质要求选配原料。对不同种类、用途和风格的织物，混料成分有不同的要求。

在细毛呢类织物中，如麦尔登呢，用细支羊毛制成，重缩绒、不拉毛、质地紧密的织物，要求呢面丰满，细洁平整，不露底，身骨紧密挺实，富有弹性，耐磨，耐起球。因此，纯毛麦尔登呢所用的原料应为64支或品质支数接近64支的毛占80%以上、精梳短毛占20%以下；

混纺麦尔登所用的原料为 64 支或品质支数接近于 64 支的毛占 50%以上，精梳短毛占 20%以下，化纤占 30%。海军呢，一般用细支羊毛制成，经缩绒或缩绒后轻拉毛的素色织物，要求呢面丰满平整，基本不露底，手感挺实有弹性，耐起球。纯毛海军呢所用的原料应为 60 支毛或一~二级毛占 70%~90%，精梳短毛占 10%~30%，混纺海军呢的原料应为 60 支毛或一~二级毛占 40%以上，精梳短毛占 30%以下，化纤占 30%。

在粗毛呢类织物中，如制服呢是由较粗的原料经过缩绒或缩绒后轻拉毛的素色织物，要求呢面平整，可有不明显的露底，手感挺实不板，耐起球。因此，纯毛制服呢所用的原料为三~四级毛占 70%~85%，精梳短毛占 15%~30%；混纺制服呢所用的原料为三~四级毛与精梳短毛合占 70%，化纤占 30%。大众呢是由细支精梳短毛、再生毛混纺制成的缩绒织物，要求呢面细洁平整，基本不露底，质地较紧密，耐起球。因此，纯毛大众呢使用二级以上毛占 40%~60%，精梳短毛与下脚毛合占 40%~60%；混纺大众呢用二级以上毛占 30%以内，精梳短毛、下脚毛占 35%以上，化纤占 35%以上。

在重起毛长绒织物中，如顺毛大衣呢，经缩绒并拉毛的织物，质地丰厚、保暖性好，要求绒面密顺整齐、定型好、有膘光、手感柔软不松烂。因此，纯毛顺毛大衣呢所用的原料为四级以上毛占 80%以上（要求长度长，并有较好光泽，通常掺入一些马海毛）、精梳短毛在 20%以下。混纺顺毛大衣呢，采用四级以上毛 50%以上，精梳短毛 20%以下，化纤 30%。

水纹提花毛毯是质地丰厚、表面有水波纹、光泽好的重起毛织物。在选用原料时，应以较长的纤维为主要原料（平均长度在 65mm 以上），占 80%，并要求纤维光泽好。

不缩绒或轻缩绒不拉毛产品，应选用细度均匀、手感好、长度中等偏长的原料。

（3）根据纱线用途要求选配原料。因织造时对经纬纱线强力要求不同，所以对经纬纱的混料成分有不同的要求。经纱原料的断裂长度应比纬纱原料高。一般在配毛时经纱采用强力较大和长度较长的纤维，以保证经纱有足够的强度；对纬纱可以利用一些比较短的纤维，如掺用一些精梳短毛，以改进织物手感，增加缩绒性。对于纬纱还要注意纤维的光泽。

（4）根据加工工艺要求选配原料。在选择原料时，必须考虑能否保证加工工艺过程的顺利进行。如纺纱支数高，所选原料的线密度应细，线密度离散系数要小，长毛比例要大些，否则会增加纺纱断头。如所纺纱支较低，使用原料可差些，短毛含量可大些，并可掺用一些再生毛。如混料中下脚料及再生毛较多，可掺入一定量的黏胶纤维，以提高混料的平均线密度，增加强力，减少断头。组成混合原料的各种纤维，其长度、线密度不宜相差太大，否则会增加加工的难度。

（5）根据产品色泽要求选配原料。就毛织物色泽而言，有素色织物及花色织物之分；就织物染色讲，有匹染和散毛染之分。通常所说的素色织物（即单一色）多为匹染，花色织物多为散毛染。近年来也有根据不同纤维对不同染料的着色力不同的性质，在织造时用不同纤维组成织纹，匹染后得到花色。

混色混料是指混料中的纤维部分或全部已染过色，一般包括两种以上的颜色，称为色纺，在纺织行业中，色纺纱占 15%左右。用混色混料制成的毛纱及织物不必再经过染色。此方法也适用于棉纺色纺纱生产。

在根据成品色泽配置混色混料时，必须注意以下几点：

①混色混料中不得加入纠结成块的原料，因为它不易与其他纤维混色均匀；

②织物上要特别显示的颜色，应染在色泽光亮的羊毛上，其长度应短些，细度应粗些；

③为了保证在混料中的均匀分布，有色成分应在梳理机上预梳一次；

④由于梳毛机落毛量的关系，需先做小量配毛，进行试梳，核定色泽，使其符合成品要求；

⑤在染整工艺中，由于洗、缩、炭化等工序需要经皂、碱、酸等化学药剂反应，会引起色泽变化，混料设计时必须加以考虑。

（6）根据纤维原料成本选配原料。毛纺织品的原料成本通常占总成本的75%以上，混合原料的成分对毛纺织品的成本高低影响极大，因此，在选配原料时应加以考虑。在保证产品质量的前提下，尽量选用较低级的原料，用较低级原料织造较高档产品。

三、其他天然纤维选配

（一）麻纤维选配

麻纤维原料的选配主要根据单纤维或工艺纤维的线密度、强度、脱胶和斑疵等情况进行。

1. 亚麻纤维的选配　亚麻纤维的选配基本上采用分类排队法。亚麻纤维包括打成麻（长纤维和短纤维）和梳成麻（长纤维和短纤维）。分类就是将打成麻和梳成麻按产地、麻号和色泽分类堆放。排队与棉纤维选配中的排队基本相似。亚麻纤维的选配分长麻纺配麻和短麻纺配麻。

（1）长麻纺配麻。

①配麻方案内各成分之间的差异控制的范围为：分裂度（线密度）差异不大于100dtex（100公支），强力差异不大于58.8N（6kgf），长度差异不大于100mm，可挠度差异不大于10mm。

②排队采用的配麻方案与接替方案之间的差异指标为：分裂度差异不大于200dtex（50公支），强度差异不大于9.8N（1kgf），长度差异不大于50mm，可挠度差异不大于5mm。

③湿纺长麻纱要配用分裂度高的纤维，即小于20dtex（高于500公支）的纤维。而干纺长麻纱可选用细度大于20dtex的纤维。

④长麻配麻的注意事项如下：

a. 梳成长麻的分裂度应为2.5tex（400公支）左右；

b. 湿纺纱时麻屑的含量不宜过多；

c. 梳成长麻纤维强力与分裂度之间折合关系为：纤维9.8N（1kgf）强力相当于33.3tex（30公支）分裂度，配麻时可参考这一指标进行调整；

d. 纤维的可挠度1mm折合强力0.98N（0.1kgf）；

e. 麻束长度相差悬殊时，要单独在成条机成条后，在并条机上进行配麻。

（2）短麻纺配麻。

①配麻方案内各成分之间的差异控制的范围为：分裂度差异不大于10tex（100公支），强力差异不大于49N（5kgf），长度差异不大于40mm，可挠度差异不大于10mm。

②短麻排队采用的配麻方案与接替方案之间的差异指标为：分裂度差异不大于20tex（50公支），强度差异不大于0.49N（0.5kgf），长度差异不大于20mm，可挠度差异不大于5mm。

③短麻配麻的注意事项如下：

a. 亚麻原料厂来的粗麻或沤不透的麻，湿纺工艺可纺低支纱；

b. 梳成短麻纤维强力与分裂度之间折合关系为：纤维 9.8N（1kgf）强力相当于 40tex（25 公支）分裂度，配麻时可参考这一指标进行调整；

c. 应严格控制 50mm 以下的短纤维的含量；

d. 湿纺短麻纱应考虑麻粒子（麻结）指标，而干纺短麻纱则可不考虑。

总之，亚麻纤维的选配以梳成麻的线密度为选用标准，同时考虑纤维长度。细特纱应选用梳成麻分裂度高、线密度细、长度长、含杂少、强度高的纤维。精梳纱应选用长度整齐度好、短纤维含量少的麻纤维。用于原色酸洗布的麻纱，应选用色泽一致的纤维纺纱，以免产品产生花式斑点等疵点。

2. 苎麻纤维的选配 从苎麻杆上将皮层（包括麻皮和韧皮）剥下，称为剥皮。再将麻皮剥下，称为刮青。经剥皮和刮青后取得的韧皮经晒干后称为原麻，即苎麻纺织原料。不同产地、品种、等级和收获季节的原麻，其质量有很大差异，即使同一株麻的根、中、梢等不同部位也有差异。因此，需对原麻进行科学管理，合理使用，以满足不同产品的需求。原麻选配是原麻管理的最主要的环节，对稳定生产和降低成本有着重要的意义。

（1）根据纤维线密度选配原料。选配时，首先考虑纤维的线密度，结合考虑其长度。因为线密度细、长度长的纤维能纺制细特纱，生产轻薄型的高档织物；中等线密度的纤维用于中档织物；粗纤维常用于工业用纱和厚重织物。

一般情况下，细特纱在 20tex 以下（50 公支以上），纤维线密度选用 5.56dtex 以下（1800 公支以上）的原麻，中特纱在 21.7tex 以上（46 公支以下），纤维线密度选用 6.25~7.14dtex（1400~1600 公支）；粗特纱在 62.5tex 以上（16 公支以下），纤维线密度选用 7.14~10.00dtex（1000~1400 公支）的原麻。

在考虑纤维线密度的同时，还要考虑所纺纱线是衣着用还是非衣着用，是用于纯纺、混纺还是交织，经纱还是纬纱等。所选用的各批原麻的线密度、强力等性能差异应尽量减少。

（2）根据加工工艺选配原料。苎麻的选配与加工工艺直接相关。若采用毛纺工艺，则各种精干麻单独开松成卷，在梳麻机上喂入时采用麻饼按比例搭配混合。若采用绢纺工艺，则各种精干麻单独梳理后在延展机上按比例搭配混合。混合成分的更换交替要单一进行，同时更换的比例不宜过大，并且接替麻的品质应力求接近。

（二）绢绵纤维选配

绢纺绵选配俗称调和，绢纺绵的选配通常分两个阶段进行。第一阶段为精干绵选配，第二阶段为精绵选配。

1. 精干绵选配 各种绢纺原料分别经过精练脱胶制成精干绵。精干绵选配是根据原料的来源、性质和所纺绢丝的质量要求，将若干种精干绵（包括茧衣）按一定的比例配成混合绵，以供精绵使用。混合绵的种类多少主要取决于工厂规模、产品品种、原料供应和制绵工艺。

（1）工厂规模。采用圆梳制绵工艺的大型工厂，机台多、原料用量大，可同时生产多品种的绢丝，因此，混合绵的种类可多些。而小型工厂可少些。

（2）梳理工艺。采用圆梳工艺时，高、低档原料的梳折和纤维长度差异较大，根据原料特性，混合绵的品种可多些。一般情况下，大厂的精干绵配成 3~4 种混合绵，小厂配成两种。采用精梳制绵工艺时，高、低档原料的梳析和纤维长度差异不明显，所以，不论工厂的规模大小，通常只配成两种混合绵。

(3) 配绵方法。为了控制定量，适应开绵机间歇工作的特点及较好的混合，精干绵大都采用小量配棉法。按配绵工艺数量的要求，分别称取各种成分的精干绵，配成一份份混合绵，每份为一只调和绵球，桑蚕绢纺原料每球重400~500g，用开绵机进行单独加工。按所用原料的优劣，将调和绵球依次分特级、甲级、乙级、丙级和丁级数种。特级球以长吐为主体，丙球和丁球都以低级原料配合而成。

柞蚕绢纺原料较单纯，且生产的绢丝又少，因此，混合绵大都配成两种。调和绵球的重量也可稍重些。

2. 精绵选配　精干绵经过2~3道圆梳机梳理后制成精绵。这些精绵的品质差异较大，不仅在长度、整齐度、短绒率等方面有明显差异，而且在色泽、绵粒、纤维强力等方面也存在差异。因此，为稳定绢丝品质、减少质量波动，必须进行精绵选配。

目前精绵选配的方法还是以经验为主，初步确定配绵成分，通过试纺，再根据试纺产品的品质调整配绵成分，直至达到规定的品质指标。精绵选配中，主要考虑纤维平均长度、长度整齐度和短纤维率等因素，细特绢丝的混合绵以甲级球Ⅰ号精绵为主，视绢丝品质要求可以适当混入一些Ⅱ号精绵；中特绢丝的混合绵以甲级球Ⅱ号精绵或乙级球Ⅰ号精绵为主，可酌情少量混入甲级球Ⅰ号精绵；粗特绢丝可用低特精绵。

第三节　化学短纤维选配

化学短纤维是纺纱原料中的一大类，可以纯纺，可以与各种天然纤维混纺，也可以选用不同的化学短纤维混纺。其目的是充分发挥各种纤维的优良特性，取长补短，满足产品不同用途的要求，增加花色品种，扩大原料来源并降低成本。化学短纤维的选配包括纤维品种的选择、混纺比例的确定和纤维性质的选配。

一、纤维品种的选择

化学纤维品种的选择对混纺产品起着决定性的作用，因此，应根据产品的不同用途、质量要求及化学纤维的加工性能，选用不同的品种。化学纤维品种繁多，但在纺纱中应用最多的还是涤纶、黏胶纤维、腈纶、锦纶等短纤维。

(一) 根据产品用途选择纤维

不同产品其用途不同，需要的织物风格和服用性能也不同。例如，针织内衣用纱要求柔软、条干均匀、吸湿性好，宜选用黏胶纤维、维纶或腈纶与棉混纺；运动休闲外衣用料，要求坚牢耐磨、柔软塑形，多选用涤纶、锦纶、氨纶和棉混纺；粗纺呢绒要求呢面丰厚细洁、手感柔软，可选用黏纤、腈纶与毛混纺。

(二) 根据产品性能要求选择纤维

产品因使用环境、条件不同，对一种或几种性能要求不同，选择合适的纤维可以起到改善和增强的作用。例如，毛产品因价格昂贵，人们往往希望提高毛纺纱性能和织物耐磨性能，可采用两种以上化学纤维和羊毛混纺，以取长补短，降低成本；为改善麻织物的抗皱性和弹性，可采用涤纶与麻混纺或涤纶、富强纤维（高强力黏胶纤维）与麻混纺；铜氨纤维纯纺或与羊毛、合成纤维混纺，其织物风格近似于丝绸，极具悬垂感，且服用性能极佳，适合做针织和机织内衣、衬衣、风衣、外套等。此外，通过选择差别化纤维，还可获得特殊性能的产品，如选用阳离子涤纶与毛纤维混纺，可在常温常压下染色，其产品具有不同的麻灰染色效果，同时还降低了面料成本。

二、混纺比例的确定

（一）根据产品用途和质量要求确定混纺比

确定混纺比要考虑多种因素，主要是产品用途和质量要求。例如，外衣用料要求挺括、耐磨、保型、免烫、抗起毛起球等，而内衣用料则要求吸湿、透气、柔软、光洁等。此外，还要考虑加工和染整等后加工条件及原料成本等。

含涤纶的产品，随着涤纶比例的增大，其强度、耐磨、挺括性、保型性、免烫性均有所改善，但同时其吸湿性、透气性、耐污性、染色性、抗起毛起球性均变差，而且纺纱难度也增大。涤纶与棉纤维混纺时比例大多采用65%涤纶、35%棉，其织物综合服用性能最好；含涤纶80%以上时，织物透气性显著变差，纺纱性能也差；含涤纶40%~50%时，吸湿透气性较好，但免烫性显著比含涤纶65%时差，适宜做内衣；含涤纶35%时容易染色和起绒，适于做起绒织物；含涤纶低于20%时，涤纶的性质就显现不出来。涤纶与毛混纺时，能显著改善褶皱恢复性、耐磨性和缩水率等。同样，涤纶与麻混纺，若含涤纶比例过高，混纺织物的吸湿和舒适性能变差。

在黏胶纤维与其他纤维的混纺产品中，黏胶纤维的比例一般为30%左右。此时，毛/黏织物仍有毛型感；含黏纤50%时毛型感变差；含黏纤70%时，显现黏胶产品的风格，抗皱性极差，易形成袋状。涤纶中混用黏胶纤维，可改善织物的吸湿性和穿着舒适性，缓和织物熔孔性，减少起毛起球和静电现象。

腈纶和其他纤维混纺，可发挥腈纶蓬松轻柔、保暖和染色鲜艳的特性，混用比例一般为30%~50%。随着混用比例的增加，织物耐磨性、褶皱恢复性都变差。

锦纶与其他纤维混纺时，虽然混用比例很小，也能显著提高织物的强力和耐磨性。棉/锦、黏/锦混纺以含锦纶15%~30%为宜，如含量超过50%，起毛起球和静电现象将加剧。毛/锦混纺以含锦7%~10%为好，含锦超过20%时，织物拉伸性能变差，易起毛起球且不耐烫熨。

维纶与其他纤维混纺时，棉/维、黏/维以含维纶50%为好，如含维纶过多，则织物发硬，纺纱性能也差。

氨纶与棉、毛、涤纶等纤维混纺，面料柔滑更具有弹性和弹性回复性能，面料的延伸性好，穿着更舒适。但氨纶一般混用比例很小，低于10%，大多产品比例在5%左右，却使织物具有15%左右的舒适弹性。同时，在毛纺产品中5%氨纶与毛混纺产品可以用纯毛标志，降低原料成本。

（二）混纺比对纱线性能的影响

混纺纱的强力除取决于各纤维成分的强力外，还取决于各纤维成分的断裂伸长率的差异。断裂伸长率不同的纤维相互混纺，在受外力拉伸时，组成混纺纱的各纤维成分同时产生伸长，但纤维内部所受到的应力不同。首先是初始模量大的纤维承受应力，继续拉伸到伸长超过伸长率较低的纤维的断裂伸长时，该种纤维首先断裂。此时，负荷全部由未断裂的伸长率较大的纤维承受。很快，这种纤维随之断裂。各成分纤维断裂的不同时性，使混纺纱的强力通常比各成分纯纺纱强力的加权平均值低很多。因此，混纺比会对混纺纱的强力、断裂伸长等性能产生影响。

同样的混纺成分，混纺比不同时，在某一混纺比处存在混纺纱最低强力点，此时的混纺比称为“临界混纺比”，其数值要通过实验确定。例如，涤纶与棉混纺时，当涤纶含量低于50%左右时，混纺纱强力随涤纶含量的增大而降低；当涤纶含量高于50%左右时，两种纤维性能差异大，混纺纱强力却随涤纶含量的增大而提高；当涤纶含量为50%左右时，混纺纱强力处于最低值，如图2-3所示。图中曲线1为14.5tex涤/棉纱（高强低伸型涤纶），曲线2为14.5tex涤/棉纱（普通型涤纶）。但随着人们生活水平提高，更多关注产品的风格和舒适性，而不再追求产品耐磨耐用，以及随着加工技术提高，市场上涤/棉产品中混纺比在50∶50左右的应用很多。

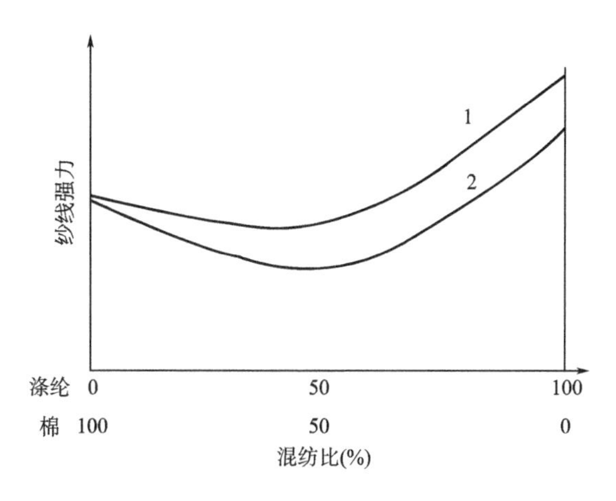

图2-3　涤/棉混纺比例与其混纺纱强力的关系

从提高混纺纱强力的角度考虑，各混纺成分纤维的强力和伸长的选择应越接近越好。选用高强低伸型涤纶与棉混纺时，因涤纶的强度与初始模量比棉高，能提高纤维强力利用率，成纱强力高，能提高纺纱和织造生产效率；选用普通型涤纶与棉混纺时，因涤纶的断裂伸长和断裂功比棉大，能提高织物的强韧性与耐磨性，但纤维强力利用率则降低，成纱强力也降低。目前多采用中强中伸涤纶与棉混纺。若涤纶与毛混纺，应当采用低强高伸型，使其强伸度与毛接近。

三、纤维性质选配

化学短纤维的品种和混纺比例确定后，还不能完全决定产品的性能，因为混纺纤维的各种性质，如长度、线密度等指标的不同都会直接影响混纺纱产品的性能。

（一）化学短纤维长度的选择

化学短纤维的长度分棉型、中长型和毛型等不同规格。棉型化学纤维的长度为32mm、35mm、38mm和42mm等，接近棉纤维而略长，可以在棉型纺纱设备上加工；中长型化学纤维的长度为51mm、65mm和76mm等，通常在棉型中长设备或粗梳毛纺设备上加工；毛型化学纤维的长度为76mm、89mm、102mm和114mm等，一般在毛精纺设备上加工。

纤维长度还影响其在成纱截面中的分布。通常较长的纤维容易集中在纱线的芯部，所以选用长于天然纤维的化学纤维混纺，其成纱中天然纤维会大多处在外层，使成纱外观更接近天然纤维。

（二）化学短纤维线密度的选择

棉型化学纤维的线密度为1.1～1.7dtex，与棉纤维接近；中长仿毛化学纤维的线密度为2.2～3.3dtex；毛型化学纤维的线密度为3.3～13dtex。中长型与毛型化学纤维均略细于与其混纺的毛纤维。纤维越细，同特纱的横截面内纤维根数越多，纤维强力利用率越高，成纱条干越均匀，但纤维过细容易产生结粒。细且牢度好的纤维容易在织物表面形成小粒子（起球）。

一般认为，化学短纤维线密度与长度之间符合如下关系式时，化学纤维的可纺性和成纱较好：

$$L = 230H \tag{2-6}$$

式中：L——纤维长度，mm；

H——纤维线密度，tex。

（三）热收缩性

热收缩性包括干热收缩和沸水中收缩。如果批与批之间化学纤维的热收缩性差异较大，混合又不均匀，则当产品在染整过程中受到热处理时，会因收缩程度不一而在布面上形成皱纹和不平整的疵点。因此，要求化学纤维每批的热收缩率要小而且批与批之间差异也要小。但在毛纺中就利用羊毛、兔毛、黏胶纤维等和腈纶热收缩性能的差异，纺制蓬松、丰满、富有弹性的腈纶膨体纱。

（四）化学纤维染色性

同一名目的化学纤维由于生产中聚合成分或纺丝工艺不稳定，纤维性能会产生差异，其中，染色性能特别敏感。因此，在配料时，同种化学纤维不同牌号的不能随意增减混用比例，或互相替代，否则容易造成色差。

（五）化学纤维其他性质的选配

许多化学纤维兼具导电、阻燃、抗菌等性能，与棉、毛等纤维混纺时，可以选用不同的混纺比获得产品要求的性能指标，用于特殊环境下的工作服、作战服和防护材料等。总之，化学纤维品种多、性质各异，充分利用纤维的特殊性质可以得到风格和功能不同的产品。例如，天丝G100型具有原纤化特性，通过初级原纤化、酶处理和二次原纤化，可以生产出桃皮绒风格的产品；而天丝A100型无原纤化特性，在酶处理后可生产出表面整洁的光洁面织物。

第四节 回用原料选配

随着我国经济的不断发展和自然资源的短缺，业界对纤维原料回用技术的研究越来越重视。在纺纱加工过程中充分利用这些可纺的回用纤维，一方面可降低生产成本；另一方面可减少碳排放，保护环境，构筑可持续发展的循环社会。

回用原料可广泛应用于家具装饰、服装、家纺、玩具和汽车工业等各行业领域。比如，将再生棉纤维与其他纤维混纺，制作纱支较粗的牛仔布等。对于长度较短的不能纺纱的再生纤维，可作为工业用非织造布的原料，用于汽车的隔热保温和沙发坐垫等方面。再生纤维经处理后还可以用作复合材料的骨架材料。

一、回用原料来源

（一）纺纱加工

在各种纺纱系统中，纤维原料经过不同工序的加工处理时，会产生含纤维的杂质、回花、回丝和下脚料等可再用的纤维。

1. 回花类 回花类指成纱前各工序断头、接头等过程中的半成品，以及不合规格或试验取出的半成品，包括棉纺加工过程中产生的碎棉卷、碎棉条、碎棉网、粗纱头、皮辊花，以及毛纺加工过程中产生的各种未加捻的废毛纤维等。表 2–5 具体列出了棉纺加工过程中的回花来源及特点。

表 2–5 棉纺回花来源及特点

回花名称	来源	有效纤维	疵点杂质
回卷	棉卷头、棉卷尾、坏棉卷、轻重卷	同混用原棉	略有杂质
回条	接头棉条、坏棉网、坏棉条	同混用原棉	少量疵点
粗纱头	接头粗纱、坏粗纱	接近混用棉	少量疵点
皮辊花	罗拉皮辊花、断头吸棉花	接近混用棉	少量疵点

可见，这些回花类纤维均经过了初步的纺纱加工过程，总体性能较好，只要经过分类及简单开松，即可回用。

2. 落杂类 落杂类指纺纱加工过程中除去的含纤维的杂质，包括棉纺加工过程中的斩刀花、锡林道夫针花、精梳落棉、清棉机下的统破籽和品质良好的地脚花等，以及毛纺加工过程中的精梳短毛、扫地毛，抄针毛、车肚毛及各种落毛等。表 2–6 具体列出了棉纺加工过程中的落杂类回用原料（包括再用棉和下脚）来源。

表 2–6 棉纺再用棉和下脚来源及特点

<table>
<tr><th colspan="2">名称</th><th>来源</th><th>有效纤维</th><th>疵点杂质</th></tr>
<tr><td rowspan="4">再用棉</td><td>统破籽</td><td>各种打手尘棒下落杂</td><td>20%～40%</td><td>60%～80%</td></tr>
<tr><td>斩刀花</td><td>剥取盖板花</td><td>65%～80%</td><td>8%～15%</td></tr>
<tr><td>抄针花</td><td>锡林道夫抄针时剥下的棉花</td><td>70%～85%</td><td>6%～12%</td></tr>
<tr><td>精梳落棉</td><td>精梳梳理后排除的短纤</td><td>75%～90%</td><td>微量疵点</td></tr>
<tr><td rowspan="6">下脚</td><td>破籽</td><td>统破籽处理后落杂</td><td>—</td><td>杂质为主</td></tr>
<tr><td>地弄</td><td>尘笼中排除的短绒</td><td>—</td><td>尘屑极多</td></tr>
<tr><td>车肚</td><td>刺辊下、少量锡林道夫下落杂</td><td>少量</td><td>35%～55%</td></tr>
<tr><td>绒板</td><td>绒板上积附短绒</td><td>少量</td><td>尘屑略多</td></tr>
<tr><td>油花</td><td>飞花和落地花</td><td>—</td><td>尘屑略多</td></tr>
<tr><td>回丝</td><td>接头少、坏纱</td><td>—</td><td>少量疵点</td></tr>
</table>

由表2-6可知，这些落杂类纤维中含有杂质，有的纤维强力、弹性等加工性能受到损伤，有的纤维长度过短，其总体性能比回花类纤维差，须经过处理后才能作为回用原料在纺纱加工过程中再使用。

3. 回丝类 回丝类指成纱及后加工工序中产生的纤维废料，包括细纱、络筒、并纱和股线等加工过程中因接头、换筒等而产生的散落的纤维，以及针织纱回丝等。

这些纤维均具有一定的捻度，一般为不可纺原料，但是经过处理后，大部分可用于粗纺加工。

（二）服装加工

在服装加工过程中，如毛纺服装加工过程中的洗呢、煮呢、蒸呢、剪裁等会产生各种边角料，这些边角料需经过一系列复杂的加工过程，才能获得清洁的单纤维状原料，作为再生纤维应用于纺纱加工过程。

（三）废旧纺织品

废旧纺织品主要来源于消费环节，如完成使用寿命周期以后淘汰的废旧服装和家用纺织品等。我国每年产生废旧纺织品近3500万吨，但其中只有5%得到了回收利用，其他均作为废品被填埋或焚烧，这不仅造成了资源浪费，而且由于废旧纺织品中大部分纤维的可降解性差，留在地表数千年都不会腐烂，大大加重了环境负担。因此，废旧纺织品的回收再利用符合国家循环经济发展的重要战略，也关系到我国纺织工业的可持续发展。

二、回用原料处理

回用原料因来源广泛，其性能差异很大，目前除部分回用纤维原料可直接使用外，大部分回用原料都需要经过特殊的处理后才可作为各用途产品的加工原料使用。常见的处理方法包括机械法、化学法、物理法、能量法等。但目前能用于纺纱加工的回用原料以机械法与化学法处理为主。

（一）机械法

机械法回收是将未经过分离的纺织废料，不改变纤维原有的形态，开松排除杂质和短纤后，直接加工成再生纤维后纺成纱线，织造出可用的纺织制品。图2-4所示是机械方法处理纺织原料回用的一般流程。

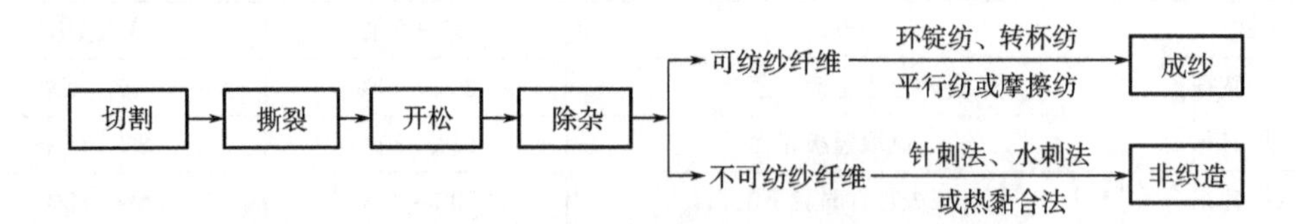

图2-4 机械方法处理纺织原料回用流程

1. 棉纺回用原料处理 一般生产纯棉和混纺纱为主的棉纺厂设有废棉车间，通常所配机械有破籽机（俗称威罗机）、立式开棉机、皮辊花机、纤维杂质分离机、粗纱头机等。

考虑到提高处理效果和车间环境的洁净，有些在开清棉工序使用的开松除杂效率较高的设备也用于废棉处理系统，如轴流式开棉机、三刺辊清棉机等，其流程一般为：抓棉机→金属除杂→轴流式开棉机或三刺辊清棉机→废棉处理机组→打包机。其中废棉处理机组由凝棉器、上储棉箱、打手除杂器和纤维杂质分离器四部分组成，具有除杂效率高、占地少、密封好、生产环境好、能耗少等优点。

2. 毛纺回用原料处理　毛纺回用原料的主要来源是服装加工过程中产生的各种边角料，通过湿法及干法两种方法进行机械撕扯进行处理。

湿法工艺适合毛织品及结构较紧密的织物，使织物在冷水中浸渍状态下撕裂，可以减少纤维损伤，其工艺路线是：原料→预处理→湿撕→脱水→烘干。

干法适用于羊毛及化纤等松结构织物，其工艺路线是：原料→预处理→干撕。

干法的工艺设备比较简单，而湿法工艺需要充足的水源（因织物依靠水源流动），设备较庞大，且要配备脱水、烘干等设备，一般按照不同的下脚原料类别，分别进行加工，其工艺路线如下。

（1）衣片类。包括新片、旧呢片、刀口、呢坯头子等，其工艺路线是：预处理→混合加油闷放→开片机→回丝机→梳毛机（弹回丝后纱筋多时适用）。

（2）回丝类。包括精粗纺回丝及针织纱回丝等，其工艺路线是：分类→给湿→剪断→混合加油闷放→回丝机→梳毛机（弹回丝后纱筋多时适用）；或：分类→切割→浸水→弹碎→脱水→烘干。

（二）化学法

化学法是利用化学试剂处理可回用的纺织品，即对高分子材料进行降解或解聚成小分子、中间体或反应单体，然后再重新聚合成高分子的方法。

聚酯纤维等废弃的高分子材料的回收有两个途径：一是采用熔融或溶解的方法回收这些高分子材料，直接作其他用途；二是把回收的高分子材料进一步裂解成高分子单体，重新聚合再纺制成纤维。例如，美国涤纶短纤维现约有30%是利用再生原料生产的。再生聚酯纤维的价格低，仅为常规聚酯纤维价格的60%~70%，且用途广、品质指标接近或达到常规聚酯纤维的标准，在纺织、化纤市场上供不应求。

含草杂较多的毛纺下角，如精梳落毛等，可采用炭化去除草杂后再回用，羊毛炭化也属于化学方法。其工艺路线为：分类→除尘→（洗毛）→（炭化）。

三、回用原料选配

目前来看，回用纤维原料主要在棉纺与粗梳毛纺系统得到再次利用。因此，回用原料的选配主要以棉纺和毛纺回用原料为主。

（一）棉纺回用原料

棉纺回花纤维长、杂质少，几乎没有捻度，质量与混用原料较接近，除粗纱头和皮辊花外，均可以扯碎后直接与混合原料混用。在生产中，工厂通常仍回用本支进行原料混配。棉纺回花回用须经打包后使用，一般在配棉时按比例排入抓棉机的棉堆，高低应与其他棉包接近，放在居中位置，以避免混棉不匀，混用量一般不宜超过5%。

棉纺精梳落率在20%左右，精梳落棉中有效纤维占80%左右，也直接回用，但回用时一般降支使用于18.4tex以上的中粗支纱，混用量不超过20%，否则织物表面易起球。例如，在粗特纱中混用5%~20%，在中特纱中混用1%~5%。

在棉纺纺纱过程中，清花落率在3%左右，梳棉落率在6%~7%。这些再用棉中可纺纤维少、纤维短、含小杂多，采用不同的机械处理后常混于线密度较大的纱或副牌纱中；而梳理机的斩刀花一般降支混用，用于非织造、地毯和转杯纺纱生产的袜子等低品质产品中；粗纱头、皮辊花因其纤维整齐、捻度低，用粗纱头机和皮辊花机开松处理后纤维损坏少，长度整齐度保持较好，一般本支回用，回用量一般不超过2%。另外，如油花、回丝等下脚，含尘屑、疵点较多，纤维含量极少，经机械处理后也不可用，不可直接售卖。

（二）毛纺回用原料

毛纺回用原料中，精梳加工落下的短纤维长度一般小于30mm，对于这部分纤维可在棉纺纺纱系统中进行回用。除此之外，其他大部分纤维以应用于粗纺加工为主。为了降低成本且提高制成率，在不影响产品质量的情况下，要尽量采用本批回条、落车毛等。掺用再生毛要适当，注意其含杂、色泽、纯纺还是混纺等情况。表2-7列出了毛纺回用原料的质量要求。

表2-7　毛纺回用原料的质量要求

类别	原料名称	用途	等级	长度（mm）	弹松率（%）	毛筋率（%）	毛粒（只）
回丝	精纺国毛回丝	粗纺	1	23	94	4	2
		粗纺	2	17	90	7	0
衣片	进口新片	粗纺	1	14	88	10	2
		粗纺	2	11	85	12	3
	国内新片	粗纺	1	11	82	14	2
		粗纺	2	9	78	19	4
	化纤新片	粗纺	1	11	82	14	2
		粗纺	2	9	78	18	4
	精纺双股回丝	粗纺	1	22	88	8	2
		粗纺	2	19	86	11	3
	精纺单纱回丝	粗纺	1	28	93	8	2
		粗纺	2	19	90	11	3
	衣片刀口	粗纺	1	22	90	8	2
		粗纺	2	19	86	11	3
	衣片直条	粗纺	1	10	85	13	2
		粗纺	2	16	81	15	4
针织绒	精纺针织绒线回丝	粗纺	1	22	94	5	1
		粗纺	2	18	90	8	2
	精纺针织绒线衫片刀口	粗纺	1	16	93	6	1
		粗纺	2	13	89	9	2
	精纺针织绒线衫片直条	粗纺	1	13	92	6	2
		粗纺	2	11	88	9	3
	粗纺针织绒线回丝	粗纺	1	12	96	3	1
		粗纺	2	10	92	6	2
	粗纺针织绒线衫片刀口	粗纺	1	10	94	5	1
		粗纺	2		90	8	2

续表

类别	原料名称	用途	等级	长度（mm）	弹松率（%）	毛筋率（%）	毛粒（只）
回丝	精纺双股回丝	粗纺 粗纺	1 2	19 16	92 88	6 9	2 3
	精纺单股回丝	粗纺 粗纺	1 2	24 21	96 92	3 6	1 2
	精纺紧捻双股回丝	粗纺 粗纺	1 2	18 15	90 85	8 11	2 3
	精纺混纺双股回丝	粗纺 粗纺	1 2	17 14	92 88	6 9	2 3
	精纺混纺单股回丝	粗纺 粗纺	1 2	23 20	96 92	3 6	1 2
	精纺紧捻双股回丝	粗纺 粗纺	1 2	16 13	90 86	8 11	2 3
	精纺外毛回丝	粗纺 粗纺	1 2	22 18	94 90	4 7	2 3

毛纺纺纱过程中产生的回毛，因未加捻度，只要经过分类及简单撕扯开松，即可在粗梳毛纺回用，根据织物的风格特征和品质要求不同，回用量不等。

精梳短毛和落毛中含有大量的可用纤维，经机械处理后可回用于粗梳毛纺产品，用于生产毛呢类厚重面料，在有的粗梳毛纺产品中混用原料可占30%以上。

衣片和回丝经机械处理后纤维长度短（一般长度为10~20mm），也回用于粗梳毛纺产品中，但所生产的大部分毛纱用于生产袜子、毛毯等产品，或梳理后用作絮填类材料，如制作羊毛保暖被。

（三）麻纺回用原料

苎麻精干麻、亚麻打成麻长度整齐度较差，在梳理加工过程中不可避免地产生许多落麻，将这些落麻按长度分类进行回用尤为重要。

苎麻精干麻经过精梳梳理，从长纤维中分离出的短纤维即为精梳落麻，苎麻精梳落麻纤维长度在45mm以下，故一般多用在棉纺纺纱系统中回用，也可在苎麻纺纱系统中纺制对品质要求较低和细度较粗（支数较低）的苎麻纱线。而亚麻在打成麻梳理过程中，栉梳机梳理时梳下的短纤维，以及亚麻原料初加工在制取打成麻时获得的粗麻（一粗和二粗），经过回收除杂处理后，重新分离出亚麻短纤维，用于短麻纺纱系统，占亚麻纱的55%~65%。而精梳机所产生的精梳落麻，一般没有利用价值，不再回用纺纱。

（四）绢纺回用原料

在绢丝的加工过程中，无论是采用圆梳制绵工艺，还是采用精梳制绵工艺，都会产生相当数量的下脚落绵。这些落绵纤维平均长度短（25~45mm）、整齐度差、线密度小、绵粒和屑杂质多，尤其是精梳落绵更甚。但就其纤维而言，仍具有天然丝的优良特性，实际生产中，将这些下脚充分回用于紬丝纺纱系统，以扩大丝纤维产品品种。紬丝可纺特数一般在33tex以上（30公支以下），柞蚕丝在5tex以上（20公支以下），制成机织物或针织物，一般单纱织成的绵绸手感柔软丰满，织物风格粗犷，适用于作衣料、装饰布等，但表面有明显的结粒。

讨论专题二：纺纱原料的回用与环境保护

思考题：

1. 纤维原料选配的目的是什么？选配的原则是什么？
2. 什么是分类排队法？什么是计算机配棉法？
3. 什么是梳条配毛和混条配毛？
4. 粗梳毛纺纤维原料的选配依据有哪些？
5. 化学短纤维的混用比例对混纺纱线性能的影响如何？
6. 回用的纤维原料来源有哪些？简要叙述棉纺和毛纺所用的回用纤维原料机械处理设备及处理过程。
7. 棉纺和毛纺回用纤维原料如何进行选配？

第三章　开松

本章知识点：

1. 开松的目的与要求。
2. 撕扯、打击、分割开松原理，影响开松作用的因素，开松效果的评定。
3. 化学除杂、物理除杂的原理和除杂效果的评定。
4. 混合料的指标计算，混合方法，混合效果的评定。

第一节　概述

纺纱用的原料，多数以紧压包形式运进工厂，纤维呈大块、大束状，且相互纠缠、排列紊乱，并含有各种杂质和疵点（化学纤维原料中含有少量的硬丝、并丝、超长纤维等疵点）。因此，为了顺利纺纱并获得优质纱线，首要任务是对原料进行开松，并去除各种杂质和疵点，同时实现原料的初步混合。

一、开松的目的与要求

（一）开松的目的

（1）初步松解原料。将打包紧密的纤维原料初步松解，使原料中呈大块、大束状的纤维转变成小块、小束状，降低其单位体积的重量，为梳理工序进一步将纤维原料松解成单纤维创造条件。

（2）清除纤维原料中的大杂和部分小杂。开松使夹杂在原料中体积较大、重量较重且与纤维间黏附力较弱的杂质（大杂）暴露，有利于将其清除，而部分小杂也会随少量纤维的掉落被清除，提高了后道工序的可纺性和产品质量。

（3）初步将不同的纤维原料混合。开松越好，纤维束越小，混合程度越高，半制品在成分、比例、结构等方面就越均匀，质量越高。

（二）开松的要求

（1）开松作用要适宜。开松作用如果太剧烈，则易损伤纤维或将杂质打碎；若太缓和，则开松除杂效果不好。开松的要求是既要充分开松，又要减少损伤纤维和破碎杂质。因此，在开松过程中应遵循“先缓后剧、渐进开松、少伤少碎”的工艺原则。在具体实施中宜采用先自由开松，后握持开松的顺序。

（2）除杂应根据杂质的特点和排除的难易程度有先有后。较重较大且易破碎并与纤维黏附较弱的杂疵，应尽早排除，以免增加落棉和损伤纤维，因此，在排杂过程中应按“早落少碎”的工艺原则进行。

（3）在对纤维原料充分开松与除杂的同时，将不同性状（纯纺）、种类（混纺）甚至颜色（色纺）的纤维进行初步混合。

开松作用是纤维松解的手段，纤维的松解是除杂和混合的前提条件，伴随着原料的开松，不断排除杂质，实现纤维原料混合。

二、纺纱系统中的开松作用

依据纤维的种类和性质差异，在不同的纺纱系统中其开松作用的步骤、工艺、设备等不尽相同，其主要工序包括原料初加工、开清棉、和毛、开麻、开绵以及梳理的喂入部分等。

（一）棉纺系统

棉纺中原料的开松作用主要是在轧棉、开清棉、梳棉等工序完成的。籽棉经过皮辊轧棉机或锯齿轧棉机，通过皮辊与刀片，或者锯齿的作用，使棉籽和纤维相互分离，所得到的纤维分别称为皮辊棉和锯齿棉，之后打包进行储存和运输；棉包由抓棉机械抓取同时被开松成小块，再经过以混合作用为主的混棉机械和以开松作用为主的开棉、清棉机械，得到进一步的松解，棉块逐渐减小为小棉束；梳棉机的喂入部分利用刺辊锯齿在握持状态下对棉束进行分割，初步使纤维达到单根状态。在开松过程中伴随有除杂、混合作用，大部分杂质、短绒和疵点被除去。

（二）毛纺系统

毛绒纤维的杂质较多，拣选后的毛绒虽然经过手工撕扯，纤维间联系减弱，并且捡选出部分杂质，但纤维间仍较紧密，并且夹有大量杂质。为了保证洗毛的顺利进行，应在洗毛前先由开毛机械对毛块进行开松，并最大限度地去除砂土、粪污等杂质，以减轻洗毛的负担。初步加工（洗毛）后的绒毛纤维在进入梳理机前，首先需要加入适量的助剂（和毛油），以改善洗涤烘干后原毛的表面性能，使纺纱顺利。此时，为使和毛油与原毛混合均匀，需要经过1~3次和毛机械的开松混合作用，使毛块得到进一步的开松，将大毛块变为较小的毛块或毛束，混合更均匀。同理，在梳毛机的喂入部分通过锯齿可以进一步开松纤维。

（三）麻纺系统

苎麻经过脱胶得到的精干麻纤维过长，长度不匀率大，纤维板结，经软麻、给湿加油、堆仓储放之后，虽然精干麻的回潮率提高，柔软度增加，但仍不适合纺纱要求。遵循逐渐开松的原则，首先需对精干麻进行初步开松，使过长的纤维扯断为合适的纤维长度，并制成一定定量的麻条，卷成麻卷，以适应梳麻机的喂入要求。亚麻纺纱厂所使用的亚麻长纤维为脱胶得到的打成麻，在梳理前要经过初梳。初梳的目的是从加湿给油、养生、分束的打成麻中梳出长而整齐的梳成麻及短而紊乱的梳成短麻（机器短麻）；将打成麻进一步分劈成较细的工艺纤维，清除部分麻屑、麻皮等杂质；从而改善亚麻的纤维状态和结构。

（四）绢纺系统

绢纺系统的开松作用主要是在精练与开绵工序中完成的。精练主要是去除绢纺原料中含有的丝胶、油脂及其他杂质，制成洁净、疏松的精干绵。开绵则是利用开绵机的锯齿对经配绵组成调和球的各种精干绵进行开松，使大块精干绵变为小块、小束，并使纤维具有一定平行顺直度，去除精干绵中的部分杂质，使调和球中的各种精干绵进行混合，最后制成一定规格、厚薄均匀的开绵绵张。

第二节 开松作用基本原理

开松作用是利用表面带有角钉、锯齿、刀片或梳针的运动机件对纤维块进行撕扯、打击、分割，将大的纤维块分解成小的纤维束的作用。

根据纤维原料喂给开松机件方式的不同，开松可分为自由开松和握持开松两种形式，自由开松是原料处于自由状态下接受开松机件的作用；握持开松是原料在被喂给机件（多为一对喂给罗拉或一根喂给罗拉与喂给板的组合）握持的状态下，受到开松机件的开松作用。按机械作用方式的不同可分为撕扯、打击、分割三种开松形式。

一、撕扯开松

撕扯开松包括由一个运动着的角钉机件或者两个相对运动着的角钉机件对原料产生的撕扯作用，扯松的先决条件是角钉具有抓取纤维的能力。

（一）一个角钉机件对原料的扯松作用

当自动混棉机或者自动喂毛机角钉帘上的角钉刺入由水平帘输入的原料堆时，破坏了原料块间及纤维间的联系力，并且随着角钉帘的运动，将其撕扯成较小的块或束，角钉的受力情况如图 3-1 所示。图中 P 为原料压向角钉面的垂直压力，与植钉平面平行；A 为角钉帘向上运动时原料给予角钉的阻力，与植钉平面平行；T 为水平帘输送的原料对角钉帘的水平推力，与植钉平面垂直。

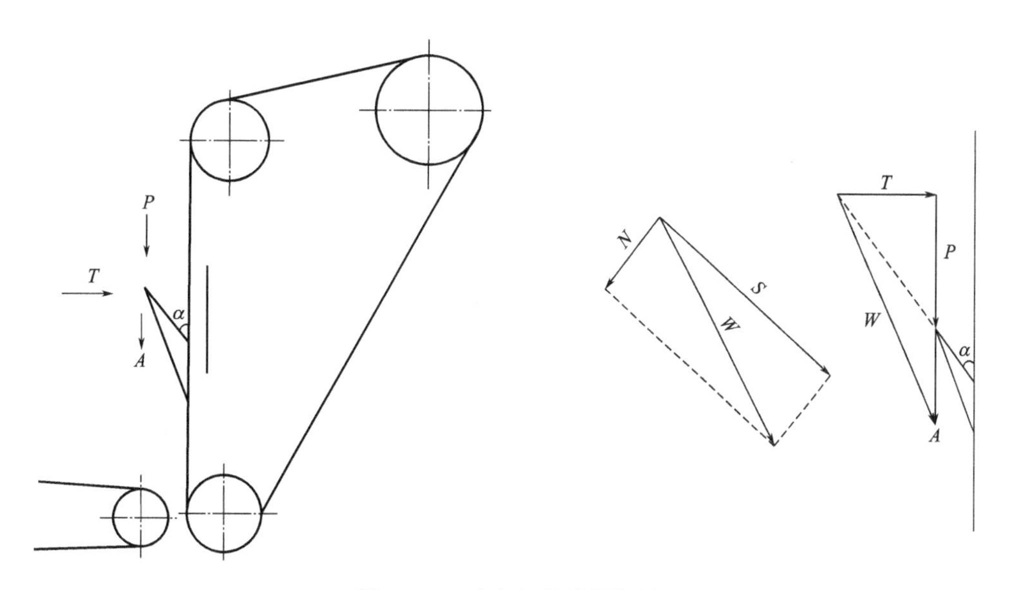

图 3-1　一个角钉的扯松作用

设三力的合力为 W，它可以分解为沿着角钉工作面方向的分力 S 和垂直角钉工作面的分力 N。其中，分力 S 指向钉内，称为抓取力，分力 N 与角钉及纤维块的摩擦作用形成抓取阻力。若角钉工作面与植钉平面间的夹角为 α，也称为角钉的工作角。

则有：

$$S = P\cos\alpha + A\cos\alpha + T\sin\alpha$$
$$N = P\sin\alpha + A\sin\alpha - T\cos\alpha \qquad (3-1)$$

由式（3-1）可知：当 α 减小时，抓取力 S 增加，N 减小，有利于角钉刺入。

（二）两个角钉机件对原料的扯松作用

自动混棉机或者自动喂毛机的角钉帘子和均棉（毛）罗拉之间的开松作用为两个相对运动着的角钉对纤维块产生的撕扯作用。如图 3-2 所示，混棉机角钉帘子抓取的棉块向前运动遇到均棉罗拉时，当棉块的厚度大于均棉罗拉与角钉帘之间的隔距时，均棉罗拉的角钉便抓住棉块，两个相对运动着的角钉对棉块进行撕扯，棉块被分成两部分，一部分由角钉帘带走，另一部分由均棉罗拉借离心力抛回棉箱，这种对棉块的开松属于扯松。图 3-2 中 a、b 两点分别代表均棉罗拉与角钉帘对棉块的作用点。

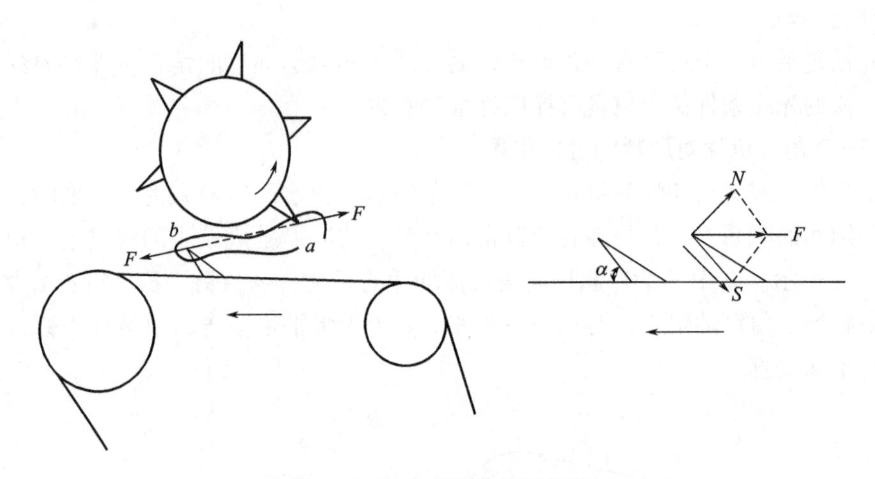

图 3-2　两个角钉的扯松作用

在扯松过程中，对棉块的撕扯力为 F。由于角钉帘与均棉罗拉之间隔距较小，力 F 的方向可以近似地认为是沿着角钉帘运动的方向。将力 F 分解为沿角钉方向的分力 S（抓取力）和垂直角钉方向的分力 N（正压力），其大小为：

$$S = F\cos\alpha$$
$$N = F\sin\alpha$$

式中：α——角钉与水平帘子的夹角，即角钉的工作角；

S——使棉块沉入角钉根部的分力；

N——棉块压向角钉产生的正压力。

P 是由 N 引起的摩擦阻力，阻止棉块向角钉根部移动。P 值为：

$$P = \mu N = \mu F\sin\alpha$$

式中：μ——棉块与角钉之间的摩擦系数。要使角钉具有抓取能力，则必须使 $S>P$，即：

$$F\cos\alpha > \mu F\sin\alpha$$

因此：
$$\cot\alpha > \mu \qquad (3-2)$$

由式（3-2）可见，为加强角钉对棉块的抓取作用，就应当减小 α 角，但 α 角过小，棉块嵌入角钉过深，则影响纤维脱离角钉帘。由于纤维长度和状态的差异，角钉帘抓取难易程度不同，因此，不同纺纱系统中，角钉的 α 角不同。棉纺中，纤维较短，不易被角钉抓取，一般 α 角采用 30°～50°。毛纺中，由于纤维较长且卷曲多，容易被角钉抓取，一般 α 角取 45°～60°。

二、打击开松

打击开松是装有刀片、翼片、角钉或针齿的高速回转的打击机件（也称打手）对原料进行打击，破坏纤维之间和纤维与杂质间的联系力，达到松解纤维块和除杂的目的。

（一）自由打松

纤维块在自由状态下受到高速打击机件的打击作用而实现纤维块松解的过程，称为自由打松。自由打松作用的基本原理是纤维块在打击区域（打手室）由气流负压驱动而运动，但由于打击机件的运动速度远远大于纤维块的速度，因此，产生自由打击作用，引起振荡，使纤维块松解。

图 3-3 所示为纤维块在受到自由打击时的受力情况。设纤维块是由彼此相互联系着的质量为 m_1 和 m_2 的两部分纤维块组成，质量中心分别在 A、B 点处。如在 A 点处有打击力 P 的作用，其方向是沿打手运动轨迹的切线方向。将该力 P 分解为 P_1 和 P_2，P_1 的方向是沿着 A、B 之间的连线方向，在力 P_1 作用下，质量为 m_1 的纤维块受到瞬时撕扯，力图将纤维块撕开。若此时纤维块 m_1 和 m_2 之间的联系力较小，则纤维块被开松成两部分。若纤维块 m_1 和 m_2 之间有足够大的联系力而不能撕开时，纤维块或沿打手速度方向运动或在力 P_2 作用下绕 B 点旋转，避开打手的作用，因而可减少纤维损伤。由于自由状态下开松作用缓和，纤维损伤和杂质的破碎程度较小，因此适于开松的初始阶段。

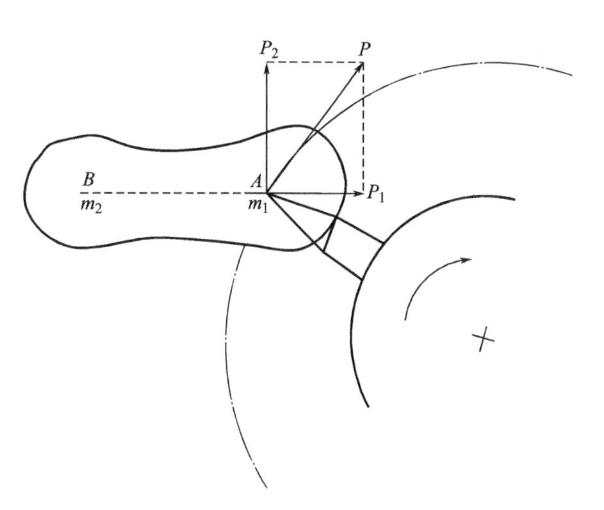

图 3-3 纤维块在自由打击时的受力分析

棉纺轴流式开棉机的轴流辊筒、多辊筒开棉机的多个辊筒以及毛纺三锡林开毛机的锡林之间的作用均属于自由式打击开松。

（二）握持打松

采用高速回转的刀片打手对握持的喂入原料进行打击，使原料获得冲量而被开松，叫握持打松。握持式打击作用的基本原理是原料的一端被控制，受到打击时不能获得可以自由转动的惯量，对打击作用只能承受，不能避让，因此打击作用强烈，但刀片不能刺入原料，其开松作用不够细致。

图 3-4 所示是棉纺清棉机上给棉罗拉与打手刀片间的打击开松情况。给棉罗拉慢慢将棉层喂入，高速回转的打手打击喂给钳口外露的棉层，打击力 P 沿打手运动轨迹的切线方向。

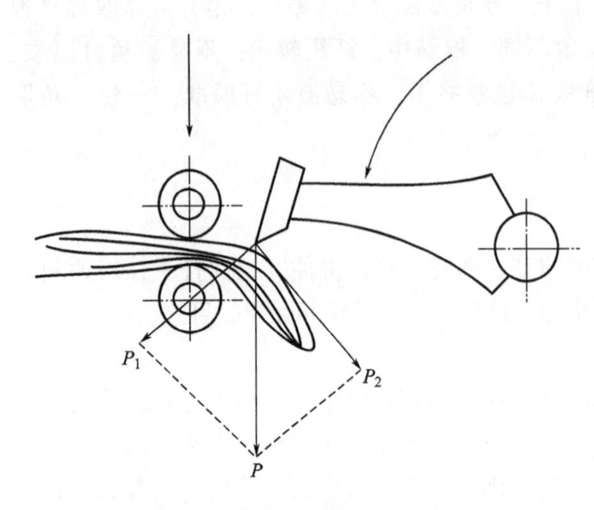

图 3-4 握持状态下打手打击力分析

棉层受到打手的打击，使外露纤维须丛获得打击强度而被松解为较小的纤维束，一些比较细小的杂质被分离出来。打击强度通常用打击冲量和打击次数指标来衡量。

1. 打击冲量 打击冲量表示打击力与打击时间的乘积。为了破坏纤维之间的联系力，就要有较大的打击冲量。设作用于任意小段喂入须丛上的打击冲量 J_i 为：

$$J_i = P_i \Delta t$$

那么，整个喂入须丛上的打击冲量 J 等于作用于须从上所有部分上的冲量和：

$$J = \sum J_i = \sum P_i \Delta t = (\sum P_i) \Delta t = P \Delta t \tag{3-3}$$

式中：P——整个须丛上的打击力；

P_i——小段须丛上的打击力；

Δt——打击时间。

由式（3-3）可知，J 随着打击力 P 的增加而增大，随着打手速度的提高，打击力将增加，开松作用加强，但易损伤纤维，并且杂质容易破碎。因此，根据打手的位置和形式，开松强度要适当配置。

2. 打击次数 打击次数是指喂入的单位重量的纤维上受到刀片的打击次数。打击次数多，则开松作用好，其计算式为：

$$S = \frac{K \times n}{v_n \times W} \tag{3-4}$$

式中：S——打击次数，次/g；

K——打手刀片数；

n——打手转速，r/min；

v_n——纤维层每分钟喂入长度，cm/min；

W——喂入纤维层每厘米重量，g/cm。

由式（3-4）可以看出，打击次数与打手转速、刀片数成正比，与纤维层每分钟喂入重量成反比。每次喂入的定量轻，长度短，则扯下的纤维束小，有利于开松，但产量会降低。

棉纺清棉机的翼式打手和豪猪开棉机的豪猪打手属于握持式打击开松作用。

三、分割开松

分割开松是靠锯齿或梳针刺入纤维层内，对纤维进行分割，使纤维束获得较细致的开松。通常锯齿或梳针是在纤维层被握持的状态下刺入，并对其进行分割，因此属于握持开松。分割开松在绢纺开绵机、毛纺与麻纺罗拉式梳理机以及棉纺盖板式梳理机的喂入部分应用。分割机件常采用表面包覆金属锯齿或植有梳针的打手或滚筒。

（一）分割开松作用过程

如图 3–5（a）所示，在开绵机上绢绵在喂绵刺辊与持绵刀握持状态下喂入，由开绵锡林进行分割开松；图 3–5（b）所示为梳毛机（梳麻机）上，毛（麻）纤维层在一对罗拉握持状态下喂入，由刺辊或开毛（麻）辊、胸锡林进行分割开松；图 3–5（c）所示为梳棉机上，棉层在给棉罗拉与给棉板握持状态下喂入，由刺辊进行分割开松。

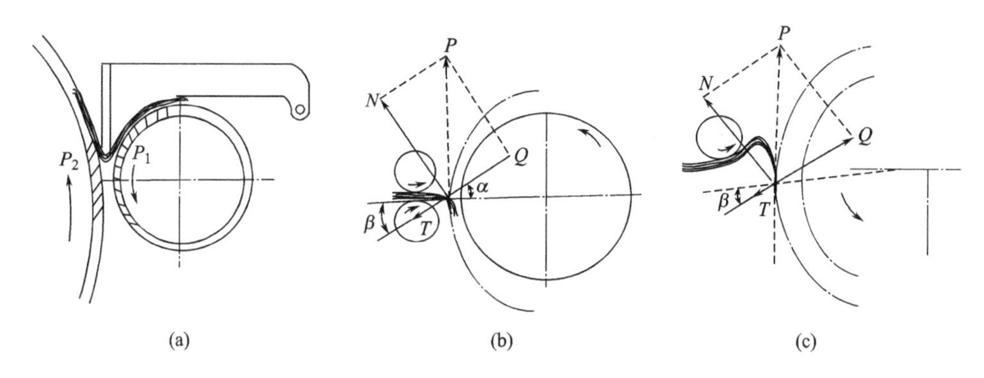

图 3–5　分割开松作用过程

如图 3–5（a）所示，以开绵机为例说明分割开松的作用过程。绵层在喂绵刺辊与持绵刀握持状态下喂入，由开绵锡林的梳针抓取喂入绵层中的纤维束（块）进行撕扯，绵层便受到开松作用。在开松过程中，若开绵锡林的梳针对纤维束（块）的抓取力 P_2 小于喂给机构对纤维束（块）的控制力 P_1，且二者又都小于纤维束的强力时，纤维露出端便受到开绵锡林梳针的作用，使大的纤维束分解为较小的纤维束；当力 P_2 和 P_1 均大于纤维束强力时，纤维束就被扯断，一部分被开绵锡林带走，留下部分继续受开绵锡林的作用；当开绵锡林的抓取力和纤维束强力都大于控制力时，该纤维束就从喂给机构中抽出而转移到开绵锡林上。

（二）分割开松作用分析

1. 锯齿的分割作用

（1）锯齿刺入纤维层的条件。锯齿能否顺利刺入纤维层，是决定分割效果的首要条件。图 3–6 所示为刺辊锯齿刺入纤维层时的受力情况。当锯齿刺入纤维层时，纤维层对锯齿有沿刺辊圆周切向的反作用力 P，可分解为垂直于锯齿工作面的分力 N 和平行于锯齿工作面的分力 Q。分力 Q 有使纤维沿锯齿工作面向针根推进的趋势，当纤维沿锯齿工作面运动时，分力 N 便会产生阻止纤维运动的摩擦阻力 T。若 $Q \geqslant T$ 时，纤维沿锯齿工作面向齿根运动，锯齿能刺入纤维层进行撕扯。

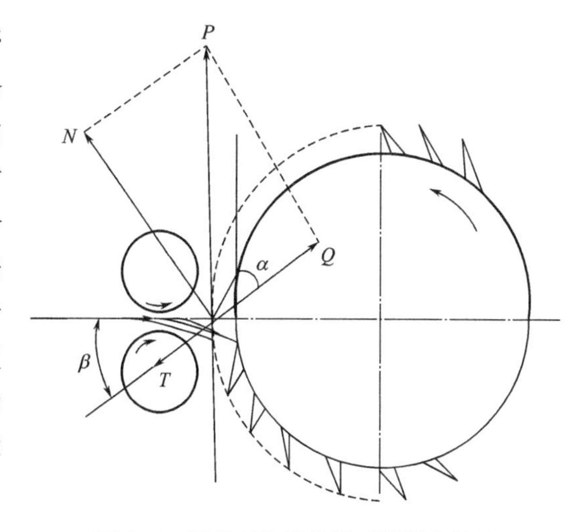

图 3–6　锯齿刺入纤维层时的受力情况

因为：

$$T = \mu N$$

$$N = P\cos\beta$$

$$Q = P\sin\beta$$

式中：μ——锯齿与纤维间的摩擦系数；

β——锯齿工作面角度。

α 为锯齿工作角，$\alpha+\beta=90°$。

要使锯齿顺利刺入纤维层进行撕扯，必须满足 $Q \geqslant T$。因此：

$$P\sin\beta \geqslant \mu P\cos\beta$$

$$\tan\beta \geqslant \mu$$

$$\tan\beta \geqslant \tan\phi$$

则：

$$\beta \geqslant \phi \tag{3-5}$$

式中：ϕ——锯齿与纤维间的摩擦角。

可见，减小工作角 α（即增大 β），对锯齿刺入纤维层进行开松有利，但 α 过小，对锯齿排杂和纤维转移不利，易造成返花（即纤维随着刺辊的回转又回到喂入处）。选择工作角 α 时，既要考虑锯齿分割效果，又要保证不返花。因此，纺化纤采用的工作角 α 要比纺棉大，以利于纤维的转移并减少返花。

（2）锯齿握持纤维的条件分析。锯齿不仅对纤维层进行分割，而且还要求锯齿能携带纤维向前输送，避免脱离锯齿成为落纤。要实现锯齿携带纤维前进，则锯齿必须具有握持纤维的条件。

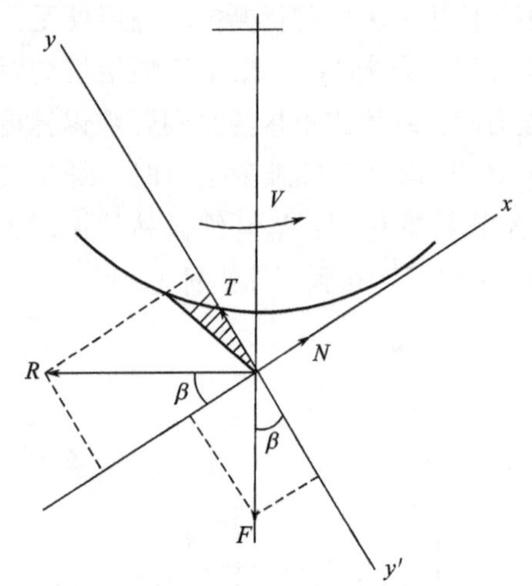

图 3-7 锯齿握持纤维的受力情况

锯齿握持的纤维束的受力分析如图 3-7 所示。

其中，F 为离心力，沿刺辊半径方向；R 为空气阻力，垂直于刺辊方向；N 为由力 R 产生的锯齿对纤维的反作用力，方向与锯齿工作面垂直；T 为摩擦力，纤维抛出时，在运动方向上受到的摩擦阻力，其最大值为 μN。

由平衡方程可知：

$$F\sin\beta + R\cos\beta = N$$

$$R\sin\beta + T = F\cos\beta$$

锯齿能握持住纤维束的条件为：

$$R\sin\beta + T \geqslant F\cos\beta \tag{3-6}$$

将 $T=\mu N$ 和 N 代入式（3-6），得：

$$R\sin\beta + \mu F\sin\beta + \mu R\cos\beta \geqslant F\cos\beta$$

因为：

$$\mu = \tan\phi$$

则：

$$\tan(\beta + \phi) \geqslant \frac{F}{R}$$

$$\beta \geqslant \arctan\frac{F}{R} - \phi \tag{3-7}$$

式（3-7）即为锯齿握持纤维的条件。

因此，当锯齿工作角 $\alpha \leqslant 90° - \arctan\dfrac{F}{R} + \phi$ 时，有利于锯齿握持住纤维。

罗拉式梳理机与盖板式梳理机刺辊部分的开松作用为典型的锯齿分割开松。

2. 梳针的分割作用　梳针刺入纤维层的条件也应满足$\beta \geqslant \phi$，因为梳针上部为圆锥形，刺入纤维层要比锯齿容易。梳针刺入纤维层后分割情况如图 3-8 所示。设相邻两梳针的中心距为h_0，相邻两梳针的侧面距为h。梳针刺入纤维层后，纤维受到挤压，相对压缩变形为$\frac{h_0-h}{h_0}$。纤维受到的挤压力为R，压缩变形越大，挤压力R越大。由于挤压力的存在，增加了梳针与纤维的摩擦力，从而对纤维层产生分割撕扯力S，可用下式表示：

$$S = \mu \times R + C \tag{3-8}$$

式中：μ——梳针与纤维间的摩擦系数；

R——纤维受到的挤压力；

C——纤维层内因纤维紊乱而产生的附加阻力，其大小与纤维层结构有关。

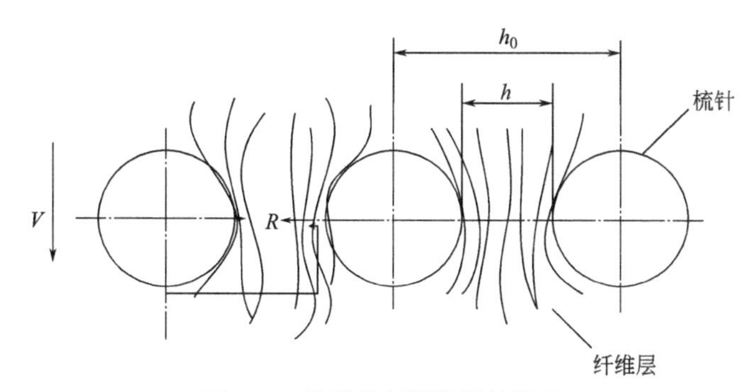

图 3-8　梳针分割纤维层的情况

当S大于纤维层内纤维间的联系力时，较小的纤维块便从纤维层中撕扯出来被分解开松；当S小于纤维层内纤维间的联系力时，梳针也会对与其接触的纤维产生分割，破坏纤维层横向纤维间的联系力，同样使纤维块得到松解。

绢纺系统中的开绵机为典型的梳针分割开松。

四、影响开松作用的因素

影响开松作用的因素很多，其中主要因素有：喂入装置，开松机件的形式，开松机件的速度，工作机件之间的隔距，开松机件的角钉、梳针、刀片、锯齿等的配置。

（一）喂入装置

喂入装置的目的是在尽可能减少纤维损伤的前提下有效地握持纤维，为握持分割创造条件。喂入装置对纤维层的握持作用直接影响开松工作机件的开松质量。对喂入装置的基本要求是握持牢靠，横向握持均匀，握持力大小适当。喂入装置的结构和喂入罗拉加压对纤维层的握持有很大影响。

1. 喂入装置的结构　喂入装置的结构根据梳理机的种类不同而不同。

罗拉梳理机主要加工长度较长的纤维，喂入装置不仅应该具有较好的握持能力，同时，部分较长的纤维又可以顺利滑脱，以尽可能地减少损伤，如毛纺罗拉梳理机的喂入装置为一对握持罗拉［图 3-5（b）］。

盖板梳理机的喂入装置为给棉罗拉与给棉板［图 3-5（c）］。棉层在给棉罗拉和给棉板共同握持下喂入，受到刺辊的分割作用，这就要求对棉层的握持逐步加强，并在最后握持点 B（即给棉板鼻尖）达到最强握持，故给棉板和给棉罗拉之间应形成一段隔距逐渐减小的圆弧$\widehat{AB}$，这是由它们的相互位置关系所决定的，给棉板的圆弧（以 O 为圆心）直径（$\phi72$）大于给棉罗拉（以 O'为圆心）的直径（$\phi70$），如图 3-9 所示。

给棉板可以在给棉罗拉下方或上方，给棉板与给棉罗拉位置的相对变化，形成了不同的喂给方式，如图 3-10 中的（a）和（b）所示。顺向给棉，可以使纤维须丛从给棉罗拉和给棉板形成的握持钳口中抽出时更顺利，从而减少纤维损伤；逆向给棉，棉层必须经过一个较大的弯曲，刺辊才能刺入并进行分割，这种弯曲不利于纤维的柔和开松。

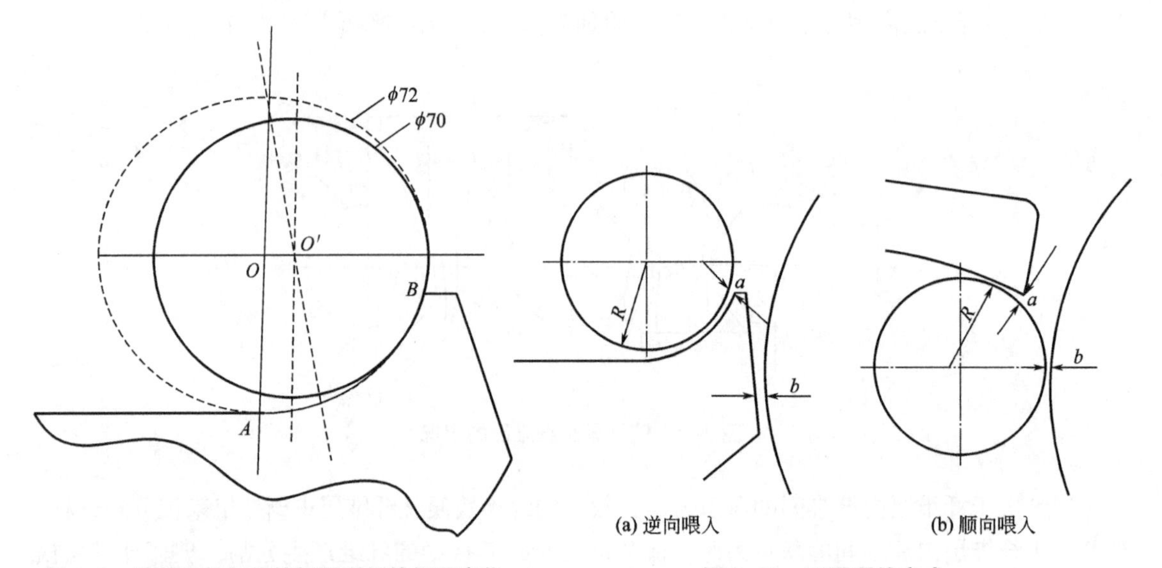

图 3-9　给棉罗拉与给棉板圆弧间的间隔变化

图 3-10　不同喂给方式

2. 喂入罗拉加压　喂入装置对纤维层的握持力是靠加压实现的，喂入罗拉加压要适当。过小则达不到握持纤维的效果；过大则易使喂入罗拉产生挠度，即中间凹陷，致使罗拉对中部纤维层握持不良；过大或者过小都会使开松不良，整块或者整束的纤维被锯齿抽出，造成后车肚落纤量增多。

加压大小应根据喂入量、结构、纤维种类、罗拉形式等综合考虑。例如，加工棉纤维时，当喂入纤维层厚，纤维同喂入装置之间的摩擦系数小时，加压量应加大；加工化学纤维时，因纤维长度长、整齐度好、纤维间摩擦系数大，在锯齿分割时，纤维和锯齿的摩擦力大，当加压不足时，整束的纤维会被锯齿抽出，因此，加工化学纤维时的加压量要大。

（二）开松机件的形式

开松机件的形状大多为圆柱形滚筒，其表面装嵌有不同形式的角钉、刀片、梳针、锯齿等，此外，棉纺开清棉的豪猪开棉机和清棉成卷机上，分别采用豪猪打手和三翼综合打手，但在清梳联流程中已不再采用。

部分打击机件的作用面形态如图 3-11 所示。

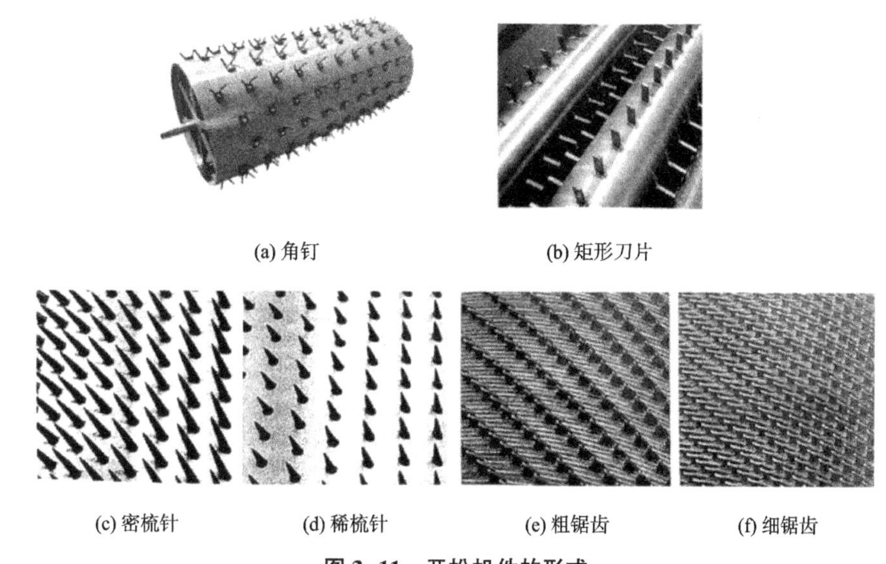

(a) 角钉　(b) 矩形刀片

(c) 密梳针　(d) 稀梳针　(e) 粗锯齿　(f) 细锯齿

图 3-11　开松机件的形式

不同形式的打击机件，对纤维块（层）的作用类型和效果不同。锯齿、梳针可以刺入纤维层内部，通过分割、梳理实现开松，松解作用细致、柔和，但打击作用力不足；角钉、刀片能对纤维块（层）施加较大的冲击与撕扯，作用较剧烈，开松除杂能力强，但对纤维的损伤大。开松机件形式一般根据所加工原料的性质、紧密程度、含杂情况以及开松流程中开松机所处的位置等而定。

棉纺生产一般遵循先松后打、多松少打、松打交替、早落少碎的原则。开始时使用开松作用较缓和的棉箱机械，如混棉给棉机，用角钉帘子与角钉滚筒对棉块进行扯松和混合；随着加工的深入，使用植钉密度较小的角钉滚筒，如轴流开棉机，利用自由状态下的开松作用减小棉块和除去较大的杂质；再随着棉块的逐渐变小，依靠锯齿或梳针滚筒在握持状态下，进一步开松棉块，并借助尘格的作用，除去较小的杂质。

毛纺生产中原毛的开松，一般使用 2~3 个角钉滚筒开毛机，然后进行洗毛和烘毛。洗净毛的开松混合是在和毛机上进行的，该机采用植有较密角钉的锡林和工作辊，使洗净毛进一步开松混合。此外，也可利用多滚筒梯形开松机来开松混合。毛纺中纤维的开松机件使用角钉较多。

在麻纺和绢纺中大多使用梳针滚筒开松，滚筒上包覆有针布或针板。根据麻、绢原料中纤维大多集合成束状、块状、纤维束不完全平行伸直的特点，用梳针滚筒对纤维束进行分扯和梳理，开松作用缓和、细致，可减少纤维的损伤。梳针的密度随着开松的进行，逐渐增大，以增强开松程度。

（三）开松机件的速度

随着开松机件速度的增加，喂入原料单位长度上受到开松作用（撕扯、打击、分割）的次数将增加，开松作用力也相应增大，因而开松作用增强，同时除杂作用也加强。但纤维易于受到损伤，杂质也可能被打碎。因此，纤维块较大，开松阻力较大时，开松机件速度不宜过高。随着原料的逐步开松，开松阻力也逐渐减小，开松机件速度可相应提高，使原料得到更细致的开松，除去更细小的杂质。

如梳理设备的刺辊速度影响每根纤维平均受到刺辊作用的齿数，把每根纤维平均受到刺辊的作用齿数称为刺辊分割度，用 C 表示。C 值可由同一时间内的刺辊作用齿数与喂入纤维根数相比求得：

$$C = \frac{n \times Z \times L \times N_t}{W \times V_g \times 1000} \tag{3-9}$$

式中：n——刺辊转速，r/min；

Z——刺辊表面总齿数；

L——纤维平均长度，m；

W——纤维卷定量，g/m；

V_g——给棉罗拉速度，m/min；

N_t——喂入纤维平均线密度，tex。

由式（3-9）可看出，增加梳理机产量时，为保持一定的 C 值，应适当提高刺辊转速。刺辊转速的大小除与分割效果有关外，还与除杂、纤维损伤程度和纤维向锡林转移作用有关。因此，要根据加工纤维的性能合理选定刺辊转速，在高性能梳理机上，纺棉时，刺辊转速一般在 800~2000r/min，而纺合成纤维时，刺辊转速一般在 600r/min 左右。

（四）工作机件之间的隔距

工作机件之间的隔距减小，开松作用增强。喂给罗拉与角钉滚筒或打手之间隔距越小，角钉、打手等深入纤维层的作用越强烈，因而开松作用越强烈，但易损伤纤维。因此，当纤维层较厚、纤维间紧密和纤维较长时，喂给罗拉与开松机件隔距不宜过小。且随纤维块逐渐松解和蓬松，开松机件与尘棒之间的隔距由入口到出口应逐渐加大，以适应纤维块的逐渐松解和体积的逐渐增大。

（五）开松机件的角钉、梳针、刀片、锯齿等的配置

角钉、梳针、刀片、锯齿等的植列方式对开松也有影响，合理的植列方式应能保证喂入纤维层在宽度方向上各处均匀地受到开松作用，并且角钉、梳针、刀片、锯齿等在滚筒表面应均匀分布。植列方式通常有平纹排列、斜纹排列、缎纹排列等数种。平纹排列时角钉在滚筒表面均匀分布，有利于开松；斜纹排列时角钉分布不够均匀，而且角钉排列呈螺旋线状，如图 3-12 所示，其中单螺纹、双螺纹排列易产生轴向气流，造成喂入纤维的横

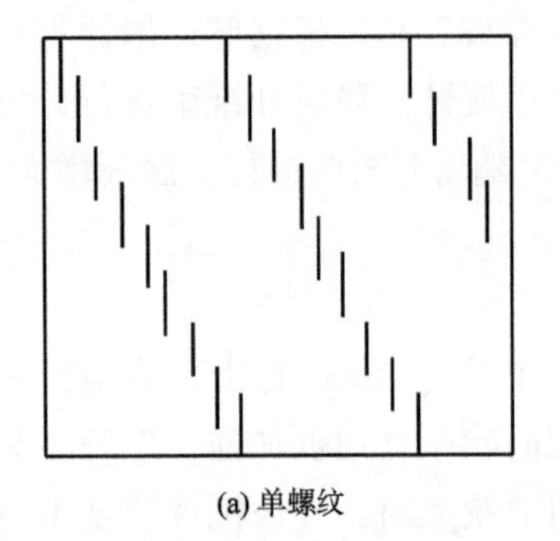

(a) 单螺纹

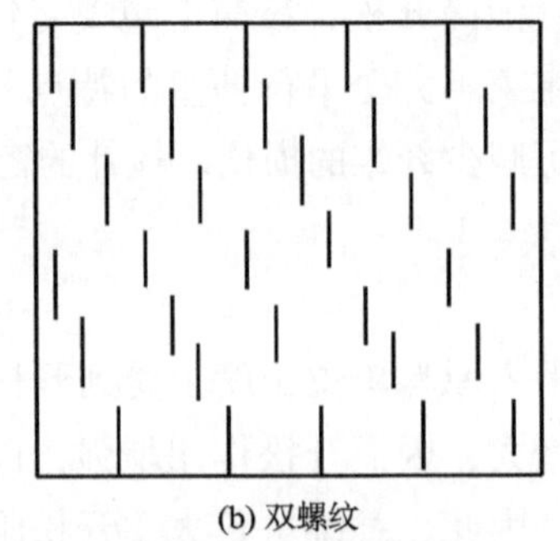

(b) 双螺纹

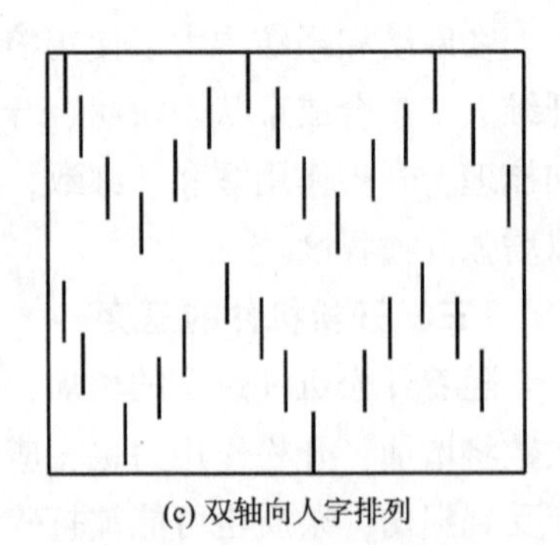

(c) 双轴向人字排列

图 3-12　角钉植列方式

向流动；为防止纤维移动，一般采用双轴向人字排列；缎纹排列较为均匀，通常用于梳针打手。植针密度对开松的影响也很显著，密度加大，开松作用加强。植针密度应根据逐步开松的原则来选择，纤维块大时植列密度要小，随着开松的进行，密度逐渐加大，但密度过大，易损伤纤维。

五、开松效果的评定

开松的实质是降低纤维原料单位体积的重量，把大纤维块松解为较小的纤维块或纤维束。为了鉴别开松的效果，一般采用下列方法。

（一）重量法

从开松原料中拣出纤维块，进行称重，求出纤维块的平均重量，计算最大和最小纤维块所占重量的比例，进行比较分析。

（二）比容法

在一定容积的容器内放入一定高度的开松原料，加上一定重量的压板，经一定时间压缩后测定其压缩高度，并测量试样重量，计算单位重量的体积，即比容。开松度定义为比容乘以试样纤维的比重。开松度越大，纤维开松越好。

（三）速度法

测定纤维块在静止空气中自由下降的终末速度。纤维块在静止空气中初速度为零，然后垂直下落，纤维块逐渐加速，经过一段时间或一定距离后速度不再增加，以等速下降，此速度称为终末速度，它决定于纤维块的重量、形状和开松程度等因素。

（四）气流法

将一定重量的开松原料放在气流内，在同样气流下观察其压力，压力值高，开松度好。或在同样气压下观察透气量，透气量小，开松度好。开松度好的原料对气流阻力大。

第三节　开松过程中的除杂作用

除杂作用是利用纤维与杂质的成分、体积密度、大小、质量、光学性质、电学性质等性状差异，将纤维和杂质进行分离，是在开松作用的基础上进行的。随着原料的不断松解，原来包裹在纤维块、纤维束中的杂质逐渐暴露出来，并且随着松解作用的持续，纤维与杂质之间的联系力也不断减小，为杂质的去除提供了必要条件。因此，除杂作用是伴随松解作用实现的。纺纱原料的除杂方法主要有化学除杂与物理除杂。化学除杂主要是在原料的初加工阶段，利用纤维与杂质的化学成分不同，使用化学助剂去除原料中的杂质；物理除杂主要是利用纤维与杂质体积密度、质量、大小、光学性质、电学性质等的不同，依靠机械部件、气流、机械+气流、电磁感应等作用除去原料中的杂质。

除杂的目的是清除原料中的杂质、疵点及部分短绒，使原料变得较洁净，提高可纺性和产品质量。除杂过程中还要注意可纺纤维的损失问题，即在排除杂质过程时，尽可能减少可纺纤维的损失，这需要通过合理配置各机台除杂工艺来实现。

一、化学除杂

（一）棉纤维脱糖

棉花上附着的昆虫分泌物和有些纤维在成熟过程中没有完全转换成纤维素的营养物质，均以糖分的形式存在，形成含糖棉。含糖棉带有黏性，在纺纱过程中易产生绕胶辊、绕罗拉等现象，严重影响纺纱生产的正常进行，因此，必须在纺纱前将其糖分除去。对含糖棉的测定方法见表3-1。生产实践证明，含糖量在0.3%以下时，纺纱生产可正常进行。

表3-1 含糖棉的测定方法

测定方法	不含糖棉	少含糖棉	多含糖棉
721分光光度计（%）	<0.3	0.3~0.7	>0.7
柠檬酸钠比色法（级）	1~2	3~4	>4

目前应用最广泛的含糖棉预处理方法为防黏助剂法，防黏助剂也称消糖剂、油剂等。作用机理是使纤维表面生成一层极薄的隔离膜，并以纤维为载体不断地在纺纱通道上形成薄薄的油膜，起到隔离、平滑、减少摩擦、改善可纺性能的作用，且对纤维内在品质不会造成损害。防黏助剂的用量视原棉含糖量的多少而定，一般为原棉量的0.5%~2%。使用时，对于低含糖棉，可将助剂喷洒于松解棉包（或分层）表面；对于高含糖棉，可在原棉抓取开松过程中，同时喷入助剂。助剂处理后的原棉需放置24h后使用。防黏助剂价格适中，使用方法简便，消除含糖棉黏性效果明显。

其他脱糖方法有喷水给湿法、汽蒸法、水洗法、酶化法等，因对纤维性能影响较大、成本高等原因，应用范围受到一定限制。

（二）洗毛和炭化

1. 洗毛

（1）洗毛的目的与方法。羊在生长过程中，由于自身代谢作用产生的分泌物和长期野外生活而夹杂的砂土、植物性杂质，加上为区分羊群所做的印记以及医病用的药物等，使得原毛中含有多种杂质，必须经过洗涤，才能获得符合质量要求的洗净毛。

洗毛的方法主要有乳化法和溶剂法，后者设备、加工费用昂贵，现在生产中基本不使用。乳化洗毛法根据原料性能的差异，需采用不同的处理工艺，但洗涤原理及设备基本相同。

（2）乳化洗毛原理。羊毛上黏附脂汗和土杂的性质各异，要去除这些物质，必须根据所含脂汗和土杂的性质，采用一系列化学方法，并伴随机械的作用才能去除。

欲将羊毛上的脂汗和土杂等去除，首先要破坏污垢与羊毛的结合力，降低或削弱它们之间的引力。因此，去污过程的第一阶段是润湿羊毛，使洗液渗透到污垢与羊毛联系较弱的地方，降低它们之间的结合力，这个阶段称作引力松脱阶段。第二阶段为污垢与羊毛表面脱离，并转移到洗液中去。这主要是由于洗剂的存在以及机械作用的结果。第三阶段为转移到洗液中的油脂、土杂稳定地悬浮在洗液中而不再回到羊毛上去，防止羊毛再沾污。这要求所用洗剂溶液必须具有良好乳化、分散、增溶等作用。最后再经清水冲洗，即得到洗净毛。通过高倍显微镜观察，羊毛去污的动态过程如图3-13所示。

总之，洗涤是一个复杂的化学、物理、机械作用过程，它是洗涤剂降低洗液表面张力和界面张力以后产生的润湿、渗透、乳化、分散等一系列作用的综合结果，而机械作用则是脂

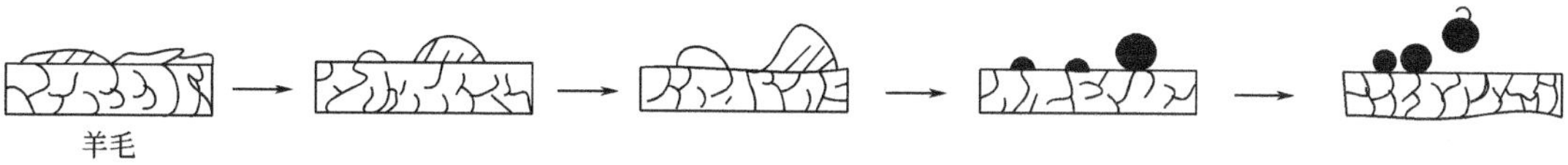

图 3-13　羊毛去污的动态过程

杂与羊毛最终分离必不可少的手段。

(3) 乳化洗毛工艺过程。乳化洗毛工艺过程包括开松、除杂、洗涤、烘干等。洗涤可分为浸渍、清洗、漂洗、轧水等加工程序。乳化洗毛工作一般在开洗烘联合机上进行，该机主要由开毛、洗毛、烘毛三部分组成，中间以自动喂毛机连接。羊毛从喂入到输出都是连续进行的，其中洗毛部分有若干个洗毛槽，每个洗槽中洗液的温度、加入助剂的种类和数量各不相同，以适应不同的工艺要求。

2. 炭化

(1) 炭化的目的与方法。羊在草原放牧中常黏附各种草籽、草叶等植物性杂质，它们有的在加工过程中易于去除，有的与羊毛紧密纠缠在一起，不易去除，会给后道加工增加困难。因此，必须在羊毛初步加工过程中设法将草杂除去。

去草有机械和化学两种方法。机械去草法由于去草不彻底，对纤维长度损失较大，同时产量也低，所以，此方法在初加工中很少采用。通常用的是化学去草方法，即炭化。在粗梳毛纺中常对含草杂多的羊毛用硫酸和助剂处理。

(2) 炭化原理。酸虽然对羊毛纤维也有破坏作用，但相对于草杂而言，羊毛纤维更耐酸，利用这一特性，用酸处理含草杂的羊毛纤维，从而达到去除草杂的目的。

植物性杂质就其本质来说是纤维素物质，其分子式为 $(C_6H_{10}O_5)_n$。在炭化过程中，应用的是稀硫酸，但经高温烘焙后，酸变浓，可以将植物性杂质脱水成炭：

$$(C_6H_{10}O_5)_n \rightarrow \xrightarrow[H_2O]{H_2SO_4} n6C$$

实际上，炭化后的草杂并非全部变成炭质。但未完全炭化的草杂，经烘焙后会变成易碎的物质，它们在机械作用下易于除掉。

(3) 散毛炭化工艺过程。此工艺常用于粗梳毛纺，使用散毛炭化联合机，主要有以下几个阶段。

①浸酸、轧酸。使草杂吸收足够的硫酸溶液以利炭化，但要尽量减少羊毛的吸酸量，轧去多余酸液。

②烘干与烘焙。去除水分，脆化草杂。

③轧炭、打炭。粉碎炭化了的草杂，用机械及风力将其从羊毛中除去。

④中和。清洗并中和羊毛上的硫酸。

⑤烘干。烘去过多的水分，使纤维达到所要求的回潮率。

(三) 麻的脱胶

在田间拔取麻株后，取麻的茎，然后从茎的韧皮中获取纺织用纤维的过程，称为麻的初步加工。初步加工的目的是对韧皮经过脱胶，除去原麻中含有的胶质和其他杂质，制成柔软、松散的精干麻。因此，麻纤维的初加工主要就是脱胶。

目前麻脱胶主要有化学脱胶和微生物脱胶两种方法。

1. 化学脱胶 化学脱胶是根据原麻中纤维素和胶质成分化学性质的差异，以化学处理为主去除胶质的脱胶方法。由于纤维素和胶质对烧碱作用的稳定性差异最大，因此，化学脱胶采用以碱液煮练为主的方法进行。其他化学药剂的处理，如氧化剂的处理以及物理机械方法的处理等，可以作为辅助手段帮助脱胶。化学脱胶可以较快且较稳定地去除原麻中绝大部分胶质，达到脱胶的要求。所以，目前国内外苎麻工业脱胶基本上采用化学脱胶的方法。

2. 微生物脱胶 微生物脱胶是利用微生物来分解胶质，主要有两种途径：一种是将某些脱胶细菌或真菌加在原麻上，它们以麻中的胶质为营养源而大量繁殖，在繁殖过程中分泌出一种酶来分解胶质；另一种是直接利用酶进行脱胶，即将酶剂稀释在水中，再将麻浸渍其中来进行脱胶。由于微生物脱胶的彻底性、快速性、稳定性等仍有不足，因此，目前微生物脱胶一般都与化学后处理相结合进行脱胶。

近来，蒸汽爆破技术、超声波技术等现代物理技术应用于麻纤维的脱胶已引起人们的注意，这些新的脱胶方法简便快捷、无化学污染、对纤维损伤小，但尚处于实验探索阶段。

(四) 绢丝的精练

绢纺是将养蚕、制丝及丝织业的下脚料（疵茧和废丝）纺成绢丝纱线的过程。绢纺原料一般含有丝胶、油脂、尘土等杂质，在梳理和纺纱之前须对原料进行精练。精练的目的是去除绢纺原料上大部分杂质，制成较为洁净、蓬松、有一定弹性的精干绵。

目前绢纺原料精练主要有化学精练和生物酶精练两种方法。

1. 化学精练 化学精练是利用化学药剂的作用，促使绢纺原料脱胶、去脂。

（1）化学精练基本原理。丝胶易溶于水，抵抗化学药剂的能力较弱。茧丝上的丝胶以凝胶状态存在，在水溶液中，丝胶中的亲水基团与水分子发生水化作用，在水分子作用下丝胶中的一部分氢键发生断裂，从而使丝胶发生有限膨润。随着温度上升，水分子热运动的动能增加，大量的水分子进入到茧层的丝胶中，继续断裂丝胶间的氢键，直至其全部破坏，丝胶便溶于水中而形成均匀的丝胶溶液。

蛹油是高级脂肪酸甘油酯的混合。碳酸钠对油脂有一定的皂化作用，但主要是通过表面活性剂的乳化作用而除去。洗涤的基本原理同洗毛的作用原理。影响化学精练质量的因素为：练液的温度、浴比、浓度、pH 以及精练时间、练液中丝胶浓度。

（2）化学精练方法。根据精练时加入的化学药剂，可分为皂碱精练和酸精练。

皂碱精练：精练时在练液中加入碳酸钠或硅酸钠等碱性盐和表面活性剂等，使丝胶油脂去除。练液温度为 60~70℃时称为低温练，90~98℃时称为高温练。根据精练的次数，可分为一次练和二次练等。

酸精练：精练时在练液中加入硫酸等，使丝胶去除。由于丝胶的等电点偏酸性，即 pH 小时有利于脱胶，但太小又影响纤维强力，故酸精练的脱胶效果较差。

2. 生物酶精练

（1）生物酶精练原理。利用酶使丝胶油脂水解而去除，即丝胶或油脂+酶→中间络合物→肽、氨基酸或脂肪酸、甘油+酶。影响生物酶精练质量的因素有：温度、pH、酶浓度值、活化物或抑制物。

（2）生物酶精练方法。根据生物酶的来源，可分为腐化练和酶制剂练。腐化练是常用的除油效果较好的一种方法，它利用微生物的新陈代谢作用所分泌出的酶，使丝胶、油脂水解。酶制剂练是将生物体中的酶做成制剂，直接作用于原料，使丝胶、油脂水解。

二、物理除杂

（一）机械除杂

1. 机械除杂过程 机械除杂是伴随着打手机械的开松作用同时进行的。杂质一般是黏附在纤维之上或包裹于纤维之中，纤维块的开松使纤维与杂质之间的联系减弱。在打手打击力的作用下，如果杂质获得的冲量比纤维大，杂质便脱离纤维而逐渐被分离出来，并通过打手周围的排杂通道（如尘棒间隙、漏底的网眼等）落下。打手的周围配置有尘棒间隔排列组成的尘格，其主要作用有三个：一是托持纤维，使之随打手回转及前方机台气流的吸引向前运动；二是尘棒间形成排杂通道，排除外形尺寸小于尘棒间隙的杂质及部分短纤维；三是对纤维向前运动形成一定阻力，辅助打手对纤维进行开松。被松解的纤维块在打手携带过程中受离心惯性力的作用而被抛向尘棒受到撞击，从而得到进一步的松解与除杂，因此，打手和尘棒是打手机械开松除杂的主要机件。杂质在尘棒间排除，有三种不同的情况。

（1）打击排杂。如图 3-14（a）所示为打击排除杂质的情况。在打手室内，原料受到打手的打击开松使纤维块与杂质获得分离。因杂质体积小，密度大，所以，在较大打击力的作用下，易克服打手室空气阻力，抛向尘棒工作面，在其反射作用下而排出。

（2）冲击排杂。如图 3-14（b）所示为冲击排杂的情况。若原料经打手的打击开松后，杂质与纤维未被分离，则共同以速度 V 沿打手切向被抛向尘棒，设 M_1 为纤维块的质量，M_2 为杂质的质量，当纤维块撞击到尘棒时，尘棒的冲击使纤维块静止，而杂质在较大冲击力的作用下冲破松散的纤维块，从尘棒之间排出。

（3）撕扯分离排杂。如图 3-14（c）所示为撕扯分离排杂的情况。当纤维块的一端受到打手刀片的打击，另一端接触尘棒而受到阻力时，受到两者的撕扯而被开松，使杂质与纤维分离，分离后的杂质靠本身重力由尘棒间落下。

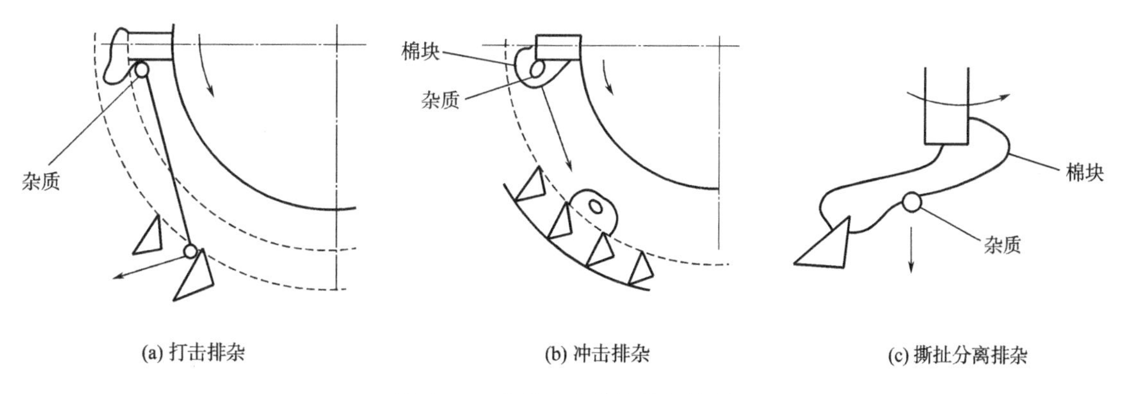

图 3-14 打手与尘棒的排杂作用

2. 影响机械除杂的因素

（1）尘棒形式的选择。尘棒的形状和配置对除杂效果有着显著的影响。尘棒截面形状有三角形和圆形两种，前者大多用于棉纺，后者大多用于毛纺。在长纤维加工中一般不宜采用三角形尘棒而宜用圆形尘棒，这主要是三角形尘棒会造成长纤维的钩挂、翻滚和损伤纤维等。

（2）三角形尘棒及其配置。三角形尘棒及其安装角如图 3-15 所示。图 3-15（a）中，平面 *abef* 为尘棒顶面，用以托持纤维，避免原料下落；平面 *acdf* 为尘棒工作面，当杂质撞击其上时，利用反射作用被排出；平面 *bcde* 为尘棒底面，与相邻尘棒工作面构成尘棒隔距，形成排杂的通道，以利于排出杂质。图 3-15（b）中的 α 角为尘棒清除角，一般为 40°~50°，其大小与开松除杂作用有关。α 角小，打手与尘棒作用强，开松与除杂效果好，但尘棒对开松纤维的托持作用减弱。

设尘棒工作面顶点与打手中心线的连线的延长线和尘棒工作面之间的夹角 θ 为尘棒安装角。尘棒顶面与底面的交线 *be* 至相邻尘棒工作面间的垂直距离称为尘棒间隔距。改变 θ 角的大小，则尘棒之间的隔距随之改变。安装角 θ 的变化对落棉、除杂和开松作用都有影响。即在一定范围内，θ 增大，尘棒间隔距减小，顶面对棉块的托持作用好，尘棒对棉块的阻力小，则开松作用较差且落杂减少；反之，θ 减小，尘棒间隔距增大，顶面托持作用削弱，易落杂和落棉，但尘棒对棉块的阻力增大，开松作用加强。为了兼顾这两方面的作用，一般尘棒的安装要使尘棒顶面与打手对棉块的打击投射线接近重合，图 3-15（b）中的 *DE* 线为打手打击的投射线，β 为投射线与打手中心和尘棒顶点连线的夹角，即要求 $\theta=\beta-\alpha$。R 为打手半径，r 为打手与尘棒间的平均隔距，则：

$$\beta = \sin^{-1}\frac{R}{R+r} \tag{3-10}$$

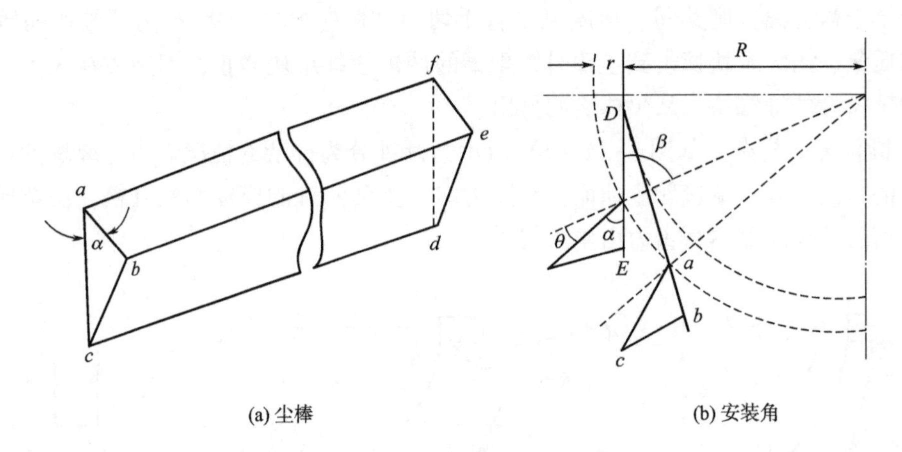

(a) 尘棒　　(b) 安装角

图 3-15　三角形尘棒及其配置

尘棒之间的隔距一般由原料入口至出口由大变小，这是因为原料入口处棉块较大，当打手对原料开始打击时，原料向尘棒的冲击速度较大，开松效果明显，杂质排除较多，应充分发挥原料输入口处尘棒的除杂作用。随着原料的逐步开松，大棉块逐步松解成小棉块（束），落杂量也逐步减少且杂质逐步减少，尘棒之间的隔距逐渐减小，以防止长纤维的落出。

（二）气流除杂

1. 尘笼的除杂作用　在开清棉机、开毛机和和毛机中，可以利用凝聚器和管道将各单机相互联接，组成一套连续的加工系统。凝聚器由尘笼、风扇等机构组成，如图 3-16 所示，尘笼由冲孔（孔径约 3mm）的钢板或钢丝编结成网眼板卷成圆筒，圆筒两端开口并且与机架墙板相通，两侧机架墙板构成通道与下风扇相连接。尘笼内表面周围有一定形式的隔板，使其表面只有一部分可吸附纤维，在机架上装有挡板，可以调节吸风量的大小。风扇回转时，向除尘室排风，在尘笼表面形成一定负压，吸引打手室中的气流向尘笼流动。纤维被吸附在尘笼表面形成纤维层，而砂土、细小杂质和短绒等则随气流通过小孔或网眼进入尘笼，经风扇排入尘道。当滤网上凝聚纤维时，形成孔径更小的过滤层，只有直径或尺寸比纤维层孔隙小的尘杂和短绒，才能透过孔隙而与可纺纤维分离。尘笼转速对尘杂的排除有影响，若提高其转速，尘笼表面凝聚的纤维层薄，对排除尘杂有利，但速度过高，气流急，纤维易形成块状积聚，严重时造成堵车。若尘笼速度过低，尘笼表面凝聚的纤维层厚，对吸除细小杂质不利。

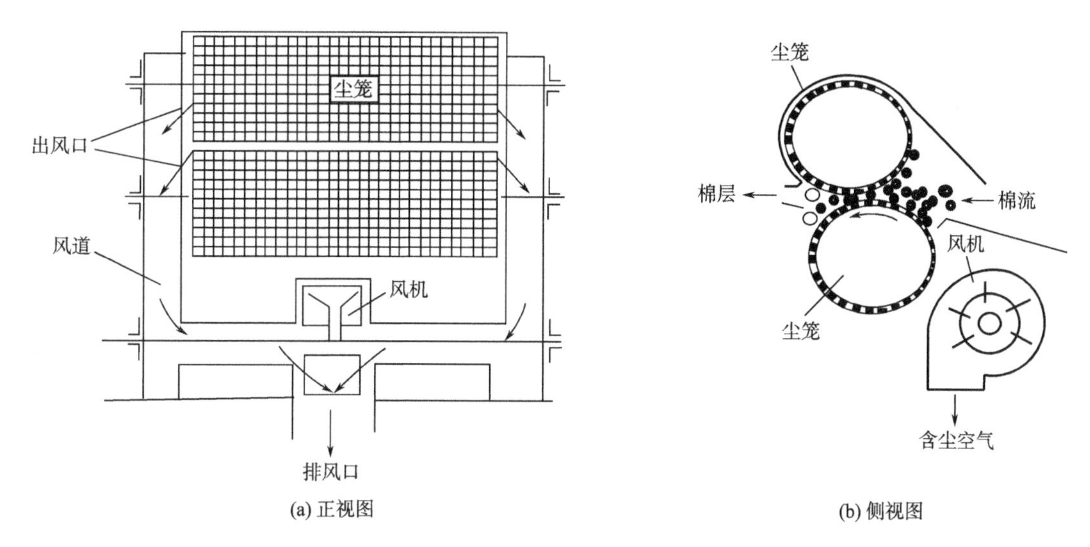

图 3-16　尘笼与风机的结构

2. 气流喷口的除杂作用　气流喷口除杂主要应用于棉纺，其作用原理如图 3-17 所示。棉块经打手开松除杂后，在其向外输送的梳棉管道中设置一段气流喷口管道，其截面逐渐减小，使纤维流逐渐加速，为增大棉流速度，可采用增压风机进行补风，当流速达到一定数值时，管道突然转折 60°，使气流发生急转弯，管道在转弯处开有喷口。由于杂质与纤维相比，体积小，密度大，惯性大，在高速气流中不易改变方向而从喷口逸出；而纤维体积大，密度小，惯性小，则随高速气流继续向前输送，气流喷口的除杂作用即完成。气流除杂机的加工特点是纤维损失较少，能去除较大杂质，如棉籽、籽棉等。另外，采用此种方法除杂，要求原料应有一定的开松程度，以便能使纤维与杂质由于离心惯性力的不同而彼此分离，充分发挥喷口的除杂作用。

3. 网眼板（除微尘机）除杂　除微尘机（强力除尘机）结合了尘笼除杂和气流喷口除杂的作用原理，利用气流吸附和气流换向除杂，如图 3-18 所示。纤维与气流在机器内的运动路线如箭头所示。风机 1 将后方机台输出的纤维吸入本机并沿着管道向上输送，纤维获得了风机的增压，换向后在两片摆动门 2 的作用下，撞击分散到网眼板 3 上，此时部分含尘空气透过网眼板的孔眼排出（通过管道输送到滤尘机组处理），部分杂质和短绒得以排出。被阻隔在网眼板表面的纤维在风机 4 形成的气流作用下沿着输出管道输出。

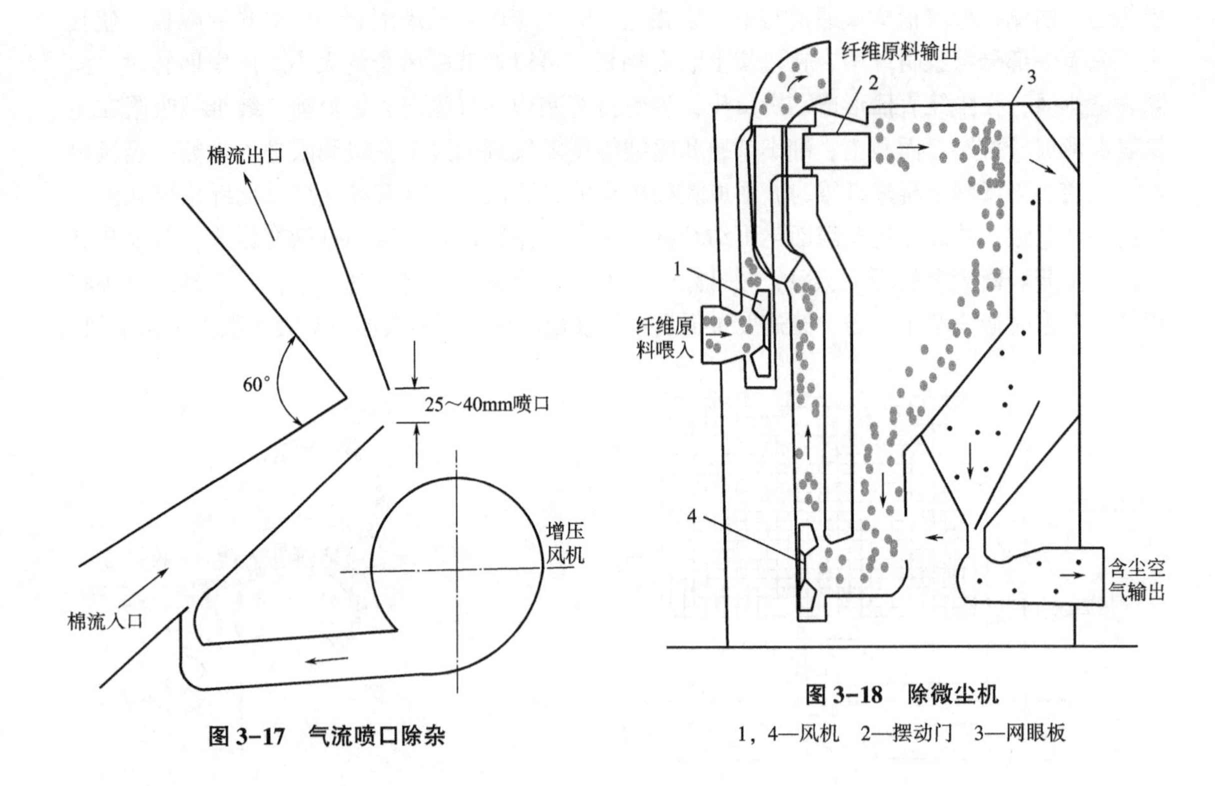

图 3-17 气流喷口除杂

图 3-18 除微尘机

1，4—风机 2—摆动门 3—网眼板

（三）机械与气流结合除杂

1. 打手室除杂 打手室中的气流流动，是前方凝棉器的风扇和打手的高速回转共同造成的。气流的流动状态和气流速度，直接影响打手机械的除杂作用。由于气流对纤维块和杂质的阻力不同，则促使纤维块和杂质分离。杂质的相对密度大而体积小，受气流阻力小，容易从尘棒间落出，而纤维块体积大且密度小，易受尘棒阻滞和气流的托持作用而不易落出，即使落出，也还有可能随流回打手室的气流再次返回打手室，这种现象称为回收。通常希望形成这种理想的气流状态，既能使杂质充分下落，而可纺纤维不会落出。因此，必须了解气流的基本规律，并对其加以控制，以便发挥机械的效能，从而进一步提高开松除杂作用，减少可纺纤维的损失，达到节约用料和提高产品质量的目的。

（1）打手室的气流规律。以豪猪式开棉机为例，根据试验得出，打手室全部尘棒区纵向气流压力分布规律如图 3-19 所示。在给棉罗拉附近的 2～3 根尘棒处，由于打手回转而带动气流流动，但因有喂入棉层，形成封闭状态，因此，该处是负压区。如在此处开设后进风补风口，气流由外向打手室补入。在死箱（封闭状态，与外界没有气流交换）处，由于打手的高速回转带动气流流动，气压逐渐增加，并达到最大值，使得该区气压为正值，气流主要是沿尘棒工作面向外流动，也有少量气流沿尘棒底面补入。

在靠近活箱处，因前方凝棉器风扇的影响，压力逐渐降低，有些地方会出现负压，特别在死活箱交界处，气流压力非常不稳定。在活箱区，由于凝棉器风扇的作用，越靠近出口处，负压越大，如在该区开设补风口，气流将不断补入。根据流体力学定律，气流在管道内流动时，各截面的流量应相等。因此，对打手机械而言，风扇的吸风量应和打手室排风量相等。

设打手回转形成的风量为 Q_1'，尘棒间有一部分气流流出，流出量为 Q_1''，则打手的剩余风量 Q_1 的值为：

$$Q_1 = Q_1' - Q_1''$$

通常为使原料在打手室出口处均匀地向前输送，要求风扇的吸风量 Q_2 略大于打手的剩余风量 Q_1，此时应在打手室尘棒间进行补风，设补风量为 Q_3，则可得到下列平衡式：

$$Q_2 = Q_1 + Q_3$$

即：
$$Q_2 = Q_1' - Q_1'' + Q_3 \qquad (3-11)$$

式（3-11）中补风量 Q_3 一般由三部分构成，一部分自尘棒的间隙补入，一部分自打手轴的两侧轴向补入，一部分由不同位置的补风门补入，这些都可以调节和控制。

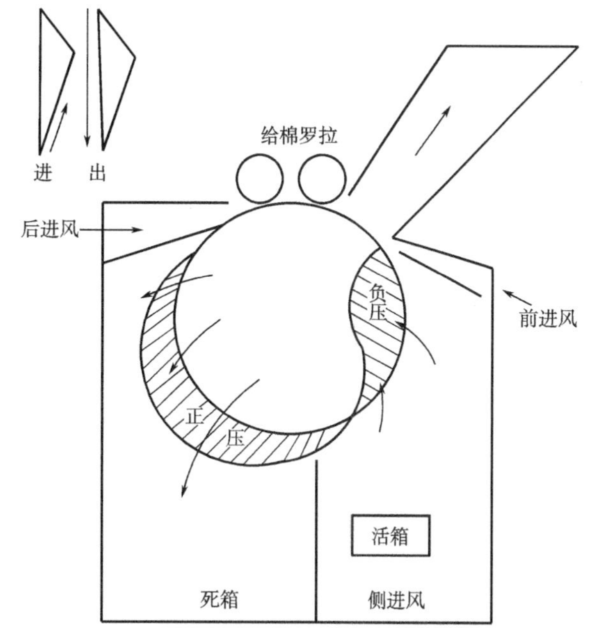

图 3-19　豪猪开棉机打手室纵向气流压力分布

由式（3-11）并且结合打手室气流分布规律看出，增加 Q_1'，会使打手室入口附近负压值增加，导致死箱部分正压值增加并向前扩展，从而引起其他气流量的变化，其中 Q_1''将显著增加，增加 Q_2 会使打手室出口附近负压值增加并向后扩展，也会引起其他气流量的变化，其中 Q_3 将显著增加。

（2）落物控制。在打手机械对原料的开松过程中，尘棒间既有气流流出又有气流流入，但在不同部位的流出量和流入量可以进行调节，流出气流有助于除杂，而流入气流对纤维有托持作用。运用气流对落物控制，应该从以下几方面考虑。

①合理配置打手和凝棉器（或风机）风扇速度。因打手和风扇速度直接影响打手室的纵向气流分布，因此要求风扇的吸风量大于打手的剩余风量。风扇速度增加，吸风量大，使打手室回收区加长，尘棒间补风量增加，回收作用加强，落物减少，除杂作用减弱，特别是减弱了细小杂疵的排除。随打手速度增加，打手产生的气流量以及尘棒间流出的气流量都增加，落物增加。在纤维块密度大、含杂多时，可适当提高打手速度。若打手速度不变，在原料正常输送的情况下，适当降低风扇速度，则落杂区加长，纤维在打手室内停留的时间延长，开松和除杂作用也会加强。

②合理调整尘棒间隔距。尘棒间隔距的大小，不但影响对原料的托持作用和落物的排除，而且会改变气流在尘棒间的流动阻力。根据除杂原则，尘棒间隔距从入口到出口应由大到小。在入口处，因气流回收作用强及迅速排杂的需要，可以按杂质的大小来调节隔距。因在此处的纤维块较大且有气流回收，故隔距放大有利于大杂质的排除，而且气流易于补入，使以后尘棒间气流补入量减少而增加落杂。在进口回收区之下是主要落杂区。在此区尘棒间因为排出的气流较急，所以一些能够落出的杂质多数由此区落出。而以后落下的杂质较少、较小，纤维块在此区已逐渐开松变小。因此，尘棒隔距应收小，以减少纤维的损失。在出口回收区，纤维块更小，落下的杂质也更小，故此处尘棒间隔距可更小些。但也可以采用加大此处隔距

的方法，使补入气流增多，以减弱主落杂区的气流补入，充分发挥主除杂区的除杂作用。如果将出口处尘棒反装，会使尘棒对纤维的托持作用加强，补入气流增加，纤维回收作用也增强。

③合理控制各处进风方式和路线。根据流体的连续性原理，在气流总量不变时，改变上、下进风量的比例或补风口位置，就会改变纵向气流分布，从而影响落棉。控制尘棒各区补风量，原则上应是落杂区少补，回收区多补。因此，生产中将车肚用隔板分割成两个落杂区，靠近原料的入口处为主要落杂区，其周围封闭，很少有气流流入，做成“死箱”，其中大多数气流由打手室流出，因而排出较多的杂质。靠近原料的出口部分，侧面装有补风口，做成“活箱”，其中有较强的气流由尘棒间流入，能使落出的部分纤维和细小杂质又返回打手室，成为主要回收区。增加前后进风或减少侧进风，会使车肚落杂区扩大，由尘棒间排出的气流量增加，落棉增加，除杂作用增强，但落纤也会增加；反之，则作用相反。

2. 刺辊除杂 刺辊除杂主要是利用纤维和杂质的物理性质及它们在高速旋转的锯齿上及周围气流中受力的不同进行除杂。锯齿上的纤维和杂质在刺辊高速回转时会受到空气阻力和离心力的作用。其中的杂质因离心力大而空气阻力小，易脱离锯齿落下，长而轻的纤维正相反，不易落下。在通过除尘刀时，露出锯齿的纤维尾部受刀的托持，杂质被刀挡住而下落。进入分梳板后，由于分梳板与刺辊针面的分梳配置，加强了对纤维的梳理（弥补了刺辊对棉层里层分梳的不充分），使得细小杂质和短绒更好地排出。由于刺辊部分有着良好的分梳作用，纤维与杂质得到充分分离，为刺辊除杂创造了极为有利的条件。

分离后的单纤维或小棉束，其运动也易受气流的影响。若控制不当会产生后车肚落白花、落杂少、小漏底塞网眼等不良情况，所以必须掌握刺辊部分的气流规律，加以控制使之有利于除杂和节约用棉。

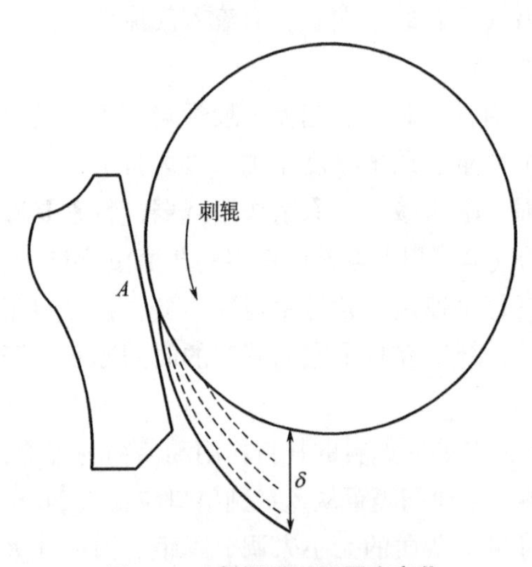

图 3-20 刺辊附面层厚度变化

(1) 刺辊附面层气流的性能。刺辊高速回转时，锯齿会带动周围空气流动，由于空气分子间的摩擦和黏性，里层空气带动外层空气，层层带动，在刺辊周围形成气流层，称刺辊附面层。

①刺辊附面层厚度。在一定范围内，附面层厚度 δ 与离附面层的形成点 A 的距离有关，如图 3-20 所示。离形成点 A 越远，则附面层厚度越厚。在附面层形成过程中，其厚度变化可表示为：

$$\delta = Cx^{m} \tag{3-12}$$

式中：C——视具体条件而定的常数；

m——与附面层性质（紊流附面层还是层流附面层）有关的指数；

x——离附面层形成点的距离。

当 x 达到一定值后，附面层的厚度也达到正常，厚度即为一常数。

②刺辊附面层内径向压力变化。在刺辊带动气流一起回转过程中，附面层内气体受到离心力的作用，在附面层内，层与层之间存在着径向压差，外层压力大于里层压力，最外层压

力值近似等于大气压力，附面层内表压力均为负值。由实验数据可知，刺辊速度增加，径向压差加大，附面层厚度也有所增加。

③刺辊附面层内速度分布。附面层内各点上的气流速度随其距刺辊表面距离不同而不同，在刺辊表面，气流速度接近刺辊表面速度，距刺辊表面越远，气流速度越小。刺辊附面层内气流速度分布如图 3-21 所示。图中附面层内任一点的气流速度 V_y 可用下式表示：

$$V_y = V_T\left[1 - \left(\frac{\delta_y}{\delta}\right)^{\frac{1}{n}}\right] \tag{3-13}$$

式中：V_T——刺辊表面速度，m/s；

δ_y——附面层中任一点与刺辊表面距离，m；

n——与附面层性质有关的指数。

（2）刺辊附面层内纤维或杂质的运动特点。图 3-22 所示为脱离刺辊而存在于附面层内的纤维或杂质的受力情况。其中，F_e 为离心力，沿刺辊的法向方向，使纤维或杂质抛出附面层；F_d 为气流作用力，沿附面层气流流动的方向，使纤维或杂质随附面层一起回转；P_f 为是附面层内径向压差；F_c 为纤维向外运动时的空气阻力。F_c、P_f 与 F_e 的方向相反，能阻止纤维或杂质脱离附面层；m_g 为纤维或杂质的重量。受到以上力作用后，纤维或杂质在附面层内的运动发生变化，有的离开附面层成为落杂（落棉），有的随附面层一起运动。

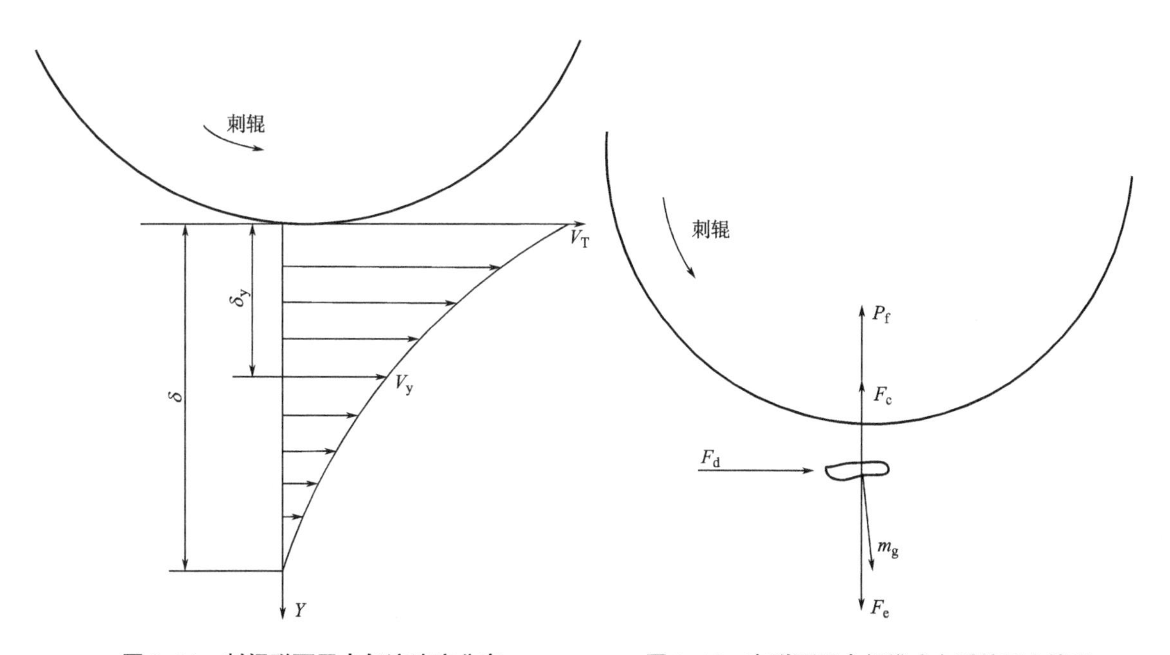

图 3-21　刺辊附面层内气流速度分布　　**图 3-22　在附面层内纤维或杂质的受力情况**

由于附面层中具有速度分布，使悬浮在附面层的纤维总是倾向于流线方向。图 3-23 所示为在附面层内的一根纤维 AB 的运动情况，其运动速度为 V_f，取纤维微段 dl，该处的气流速度为 V_y，则在 x 方向该段上的气流作用力 F_{dx} 应为：

$$F_{dx} = \frac{1}{2}C_0 \cdot \rho \cdot (V_y - V_f)^2 \cdot A$$

$$=\frac{1}{2}C_0\cdot\rho\cdot(V_y-V_f)^2\cdot d_f\cdot dl\cdot\sin\theta \tag{3-14}$$

式中：ρ——空气密度；

C_0——空气阻力系数；

d_f——纤维直径；

θ——纤维与流线方向夹角；

A——纤维的投影面积。

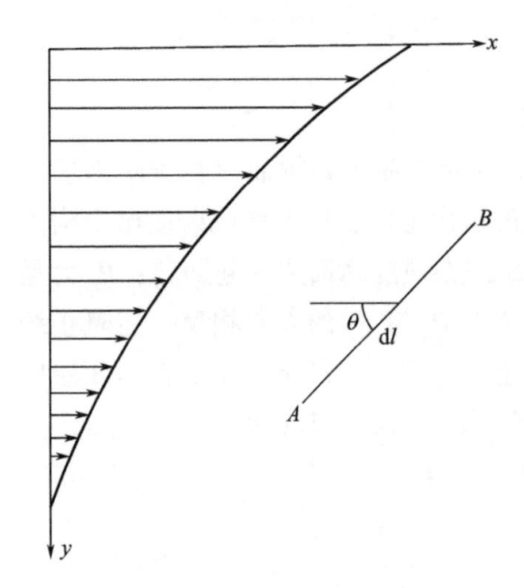

图 3-23 在附面层内流动的纤维

因附面层的速度分布由内向外是逐渐减小的，可使纤维 AB 各点的 F_{dx} 不同，从而会使纤维某一段上的气流速度 V_y 等于纤维速度 V_f，即该段上的 F_{dx} 为零，则该段上部和下部的作用力 F_{dx} 方向不同，使纤维上作用着回转力矩，直到纤维转至流线方向为止，这样就导致纤维受到的径向压差 P_f 加强。又由于纤维质量小，受到的离心力 F_e 小，重力 m_g 也小，因此，不易脱离附面层，而易随附面层气流一起运动并多数分布在附面层内层。杂质相对于纤维其质量大，投影面积小，在附面层内受到气流作用力 F_d 及径向压差 P_f 较小，而受到离心力 F_e 较大，重力 m_g 也大，则杂质易冲破附面层气流而落下。杂质的大小及形状不同，在附面层内受到作用效果也不一样，较大较重的杂质受附面层作用弱，会直接冲过附面层落下。而较小较轻的杂质，就不易冲过附面层，还要在附面层内悬浮，但多数分布在附面层的外层。因此，悬浮在附面层内的纤维与杂质，受附面层作用后，会造成分层现象，纤维多数分布在内层，杂质多数分布在外层。造成这种分层现象，除了在附面层中受力外，还决定于在附面层内的悬浮时间（悬浮长度）。悬浮时间越长，纤维与杂质分层越清晰，杂质落下的概率就越大。

在附面层内，纤维与杂质的运动也是互相影响的。有些纤维与较大杂质粘连较紧会随杂质一起落下，一些纤维也会被大杂直接冲下成为落棉，也有些细小杂质与纤维的附着力较强而随纤维继续在附面层内前进。因此，要充分利用刺辊附面层对纤维与杂质的作用特点，合理控制刺辊落棉。

（3）刺辊周围气流的流动规律。如图 3-24 所示，刺辊与给棉板隔距很小，且有纤维须丛，故该隔距点可以看作刺辊带动附面层的起点。在给棉板与除尘刀间的第一落杂区，刺辊带动的气流逐渐增加，附面层厚度也随之增加。附面层的形成与增厚，要求从给棉板下补入定向气流，这对刺辊上的纤维有托持作用。增厚的附面层至除尘刀处，因刀与刺辊间的隔距很小，大部分气流被刀背挡住，形成沿刀向下的气流。部分气流进入第一分梳板，顺导棉板流出后，附面层又开始逐渐增厚，至第二分梳板处（第二落杂区）其间气流情况与第一落杂区情况类似，附面层开始处的导棉板背有气流补入，在第二分梳板入口除尘刀处，部分气流沿刀向下，小部分气流进入第二分梳板。由于位于第二分梳板与三角小漏底间的第三落杂区长度很短，附面层厚度很小，此处落出的细小杂质和短绒比第二落杂区量少。

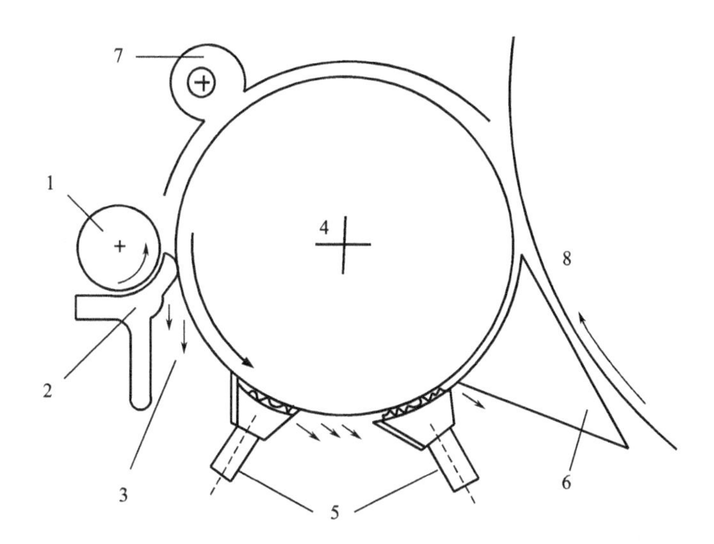

图 3-24 刺辊周围气流的流动规律

1—喂给罗拉 2—给棉板 3—气流 4—刺辊
5—分梳板 6—三角漏底 7—吸尘罩 8—锡林

(4) 刺辊除杂作用分析。刺辊部分的除杂主要发生在给棉板和除尘刀之间的第一落杂区及第一分梳板和第二分梳板之间的第二落杂区两个区域，此外还有部分短绒和尘屑从小漏底尘格和网眼中排入后车肚。在刺辊高速回转时，较重的杂质离心惯性力大，而空气阻力较小，易脱离锯齿而下落。长而轻的纤维则离心惯性力小而空气阻力较大，在通过除尘刀时，露出锯齿的纤维受到除尘刀的托持，而杂质则由除尘刀挡住，脱离刺辊而下落。小漏底是利用漏底内气压的作用，借尘棒和网眼排除部分小尘杂，而较长的纤维很少会成为落棉。刺辊部分的三个除杂区中，第一除杂区以排除较大、较重杂疵为主，落棉率最高；第二除杂区以排除重量较轻和表面附有蓬松纤维的小杂疵为主，落棉率较第一除杂区少；小漏底除杂区以排除短绒和细小杂疵为主，落棉率最少。在正常情况下，刺辊部分能除去棉卷含杂的 50% ~ 60%，落棉含杂率达 40%左右，但是分离后的单纤维或小棉束，其运动也容易受气流的影响。如果气流控制不当，落棉会不正常，如后车肚落白花、落棉或落杂太少，除尘刀、小漏底入口处集结纤维甚至挂花，小漏底塞网眼等。

(5) 影响刺辊除杂的因素。影响落棉率及除杂效果的因素可归纳为两大类：一类是刺辊分割效果对除杂的影响，刺辊分割效果好，纤维与杂质分离程度好，除杂效果也会显著；另一类是合理采用机械方式控制刺辊部分气流来达到除杂目的。

①刺辊速度。提高刺辊速度，有利于分解棉束和暴露杂质，故落杂增加，除杂作用加强，但刺辊速度受到刺辊分割度的限制，不能过快，否则纤维损伤多，还会因抛落作用加强而易产生后车肚落白花。

②除尘刀工艺与落杂区的长度。除尘刀工艺包括除尘刀高低、安装角度和其与刺辊的隔距。当采用低刀、大角度、隔距适当时，有利于第一除杂区的除杂作用。但除尘刀的高低位置改变后，会同时使第一与第二除杂区长度发生变化，对两个除杂区落棉都有影响。放低除

尘刀位置，第一除杂区落棉增加，第二除杂区减少。但第一除杂区落棉增加量比第二除杂区落棉减少量要多，使后车肚的落棉率仍然增加。抬高除尘刀位置与上述情况相反。

除尘刀工艺要根据喂入原料的含杂种类和含杂率等进行合理调整。例如，棉卷含大杂较多、含杂率较高时，应采用低刀工艺。

③小漏底与刺辊间的隔距。小漏底与刺辊间的隔距自入口至出口逐渐缩小，气流流动顺利，气压变化较平稳，气流从尘棒间和网眼中排除均匀而缓和，有利于排除短绒和细小杂质。小漏底内静压的大小，影响漏底落杂区的落棉量，压力高，落棉量增加，但压力过大，易产生网眼堵塞。小漏底进、出口隔距的大小，影响进入小漏底的气流量以及带出漏底的气流量，因此同样影响落棉率和落棉含杂率的多少。

④漏底弧长。小漏底弧长大小直接影响第三除杂区的长度。小漏底弧长短时，第三除杂区长度增加，隔距条件相同时，切割附面层厚度加厚，除杂作用加强。

⑤结构改进。如图 3-25 所示，通过增加刺辊个数提高刺辊的开松除杂作用，同时减少纤维损伤，纤维在转移过程中，多刺辊的针布密度和角度是相互关联的，并且要求在纤维流的方向线速度逐渐增大，600r/min（第一刺辊）经过 1200r/min（第二刺辊）增大到 1800r/min（第三刺辊）。同时取消了刺辊下面的漏底，所有刺辊被密封在一个罩壳内，由于这些罩壳内配有分梳板和除尘刀，因而有开松和除杂作用，经除尘刀除去的杂质和短绒被吸风管道吸收到废物收集器中。

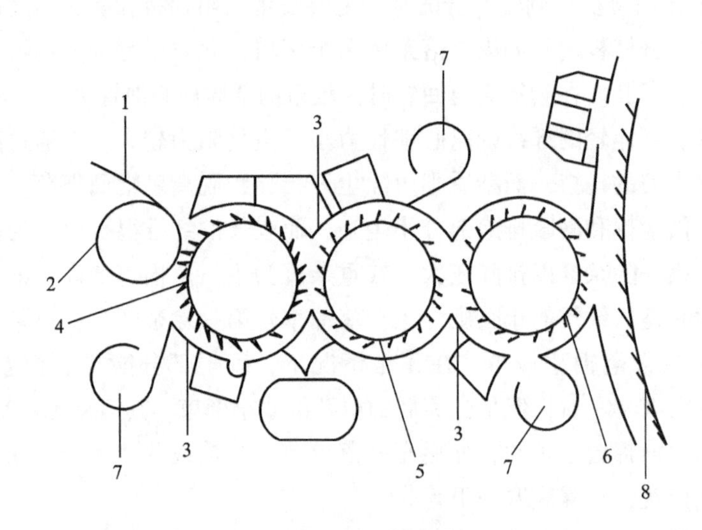

图 3-25　三刺辊梳棉机

1—给棉板　2—给棉罗拉　3—除尘刀、分梳板　4—第一刺辊　5—第二刺辊　6—第三刺辊　7—吸风管道　8—锡林

（四）感应除杂

随着传感技术的发展，可利用纤维和杂质性状的差异，采用电容式、电磁式、光电式等传感器检测杂质并去除，目前感应排杂主要有以下几种装置。

1. 除金属杂质装置　除金属杂质装置如图 3-26 所示，在输棉管的一段部位装有电子探测装置，当探测到棉流中含有金属杂质时，由于金属对磁场起干扰作用，发出信号并通过放大系统使输棉管专门设置的活门1短暂开放(图中虚线位置)，使夹带金属的棉块通过支管道2，落入收集箱3内，然后活门立即复位，恢复水平管道的正常输棉。棉流仅中断2~3s，而经过收集箱的气流透过筛网4，进入另一支管道2，汇入主棉流。

此外，还有一种直接安装在管道上的桥式除铁杂装置，如图3-27所示。装有永久性磁铁部分输棉管道呈倒V字形，棉流自右向左运动，当棉流中有铁杂时，永久性磁铁可将其吸住。被磁铁吸附的铁杂可定期清除。

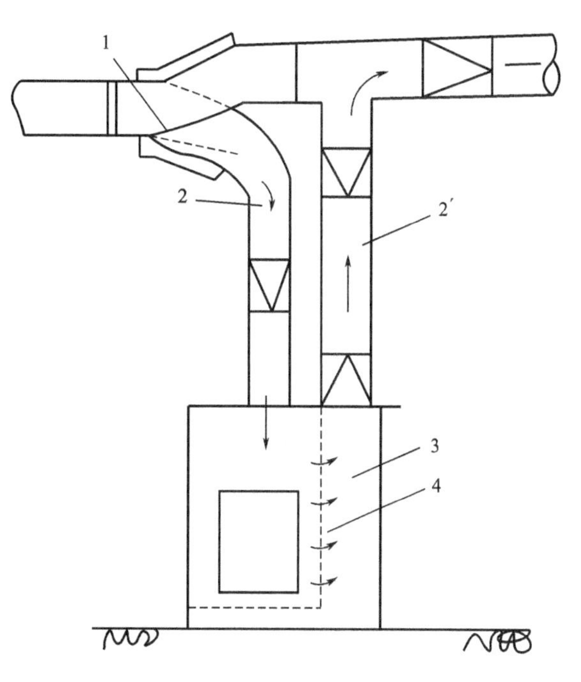

图3-26 金属除杂质装置

1—活门 2—支管道 3—收集箱 4—筛网

2. 火星探除装置 纤维原料中的火星(一般为机件间或机件与金属杂质间碰击产生)是引起车间火灾的严重隐患。火星探除装置就是用于管道中输送的纤维原料内可能存在的火星进行探测与排除。该装置外形如图3-28所示，由火星探测控制箱1、金属探测装置2和排杂执行机构3组成，火星探测装置采用红外线探测传感器探测快速运动的棉流中可能存在的火星，如果发现棉流中存在火星，则执行机构的旁路活门打开，将带有火星的棉流排除，然后再关闭旁路活门，继续生产。

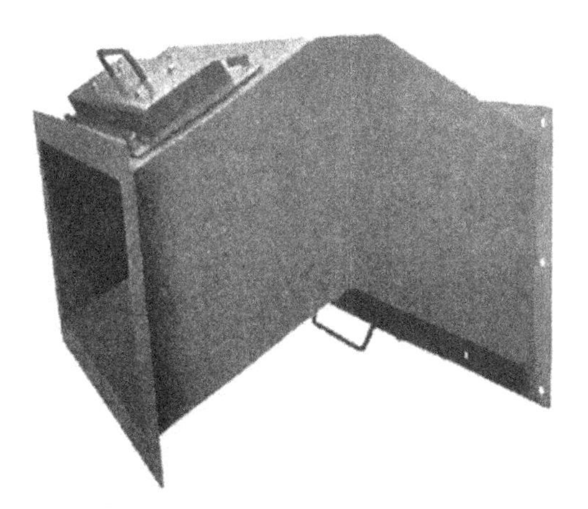

图3-27 桥式吸铁装置

3. 异性纤维探除装置 异性纤维是指与在加工的纤维性质与类型不同的纤维，这些纤维由于染色性质与所加工的纤维不同，最终会在织物染色后形成布面疵点，影响织物外观质量，必须在纺纱加工过程中去除。异性纤维探除装置如图3-29所示。棉流由入口1进入，由出口5输出。光电感应器方阵2实时辨别异性纤维和异类杂质，发现异性纤维或异类杂质后，由高速气流喷嘴喷射的气流将含有异性纤维或异类杂质的棉流经排出通道3吹落到落棉收集箱4中。该装置可以排除与在加工的纤维光学性质不同的异物或纤维，包括毛发、纸、丙纶丝、羽毛、叶屑、染色纤

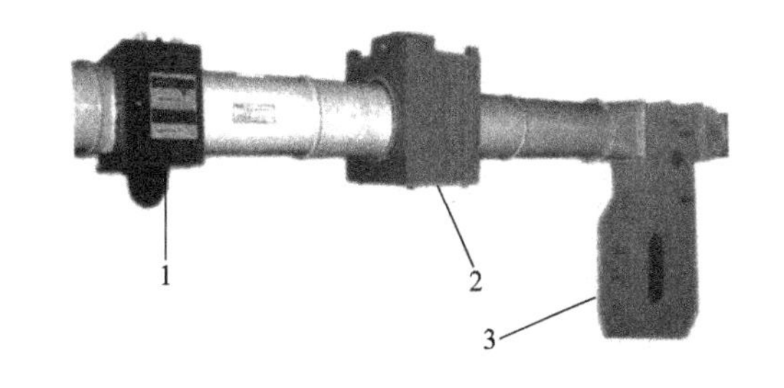

图3-28 火星探除装置

1—火星探测控制箱 2—金属探测装置 3—排杂执行机构

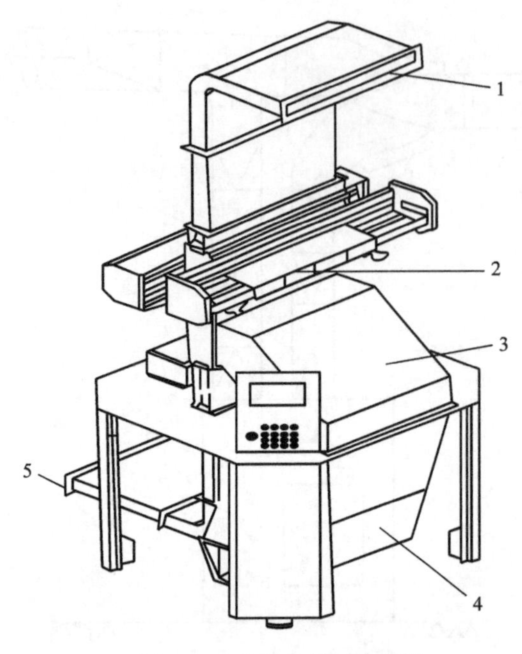

图 3-29 异性纤维探除装置

1—入口 2—光电感应器方阵 3—排出通道 4—收集箱 5—出口

维等。

4. 重杂分离装置 重杂分离装置是利用纤维与密度大的重杂的性质差异排除重杂，原理类似前述气流除杂。图 3-30 所示为重杂分离器工作原理图。高速纤维流入 U 形弯道时，在离心力的作用下撞击底部尘格，重杂便从尘棒间隙落入收集箱中，一般与桥式吸铁组合，以去除金属杂物。

三、除杂效果的评定

原料经过开松除杂机械处理后，为了比较除杂的效果，应定期进行落物试验和分析。表示除杂效果的指标有以下几个。

（一）落物率

它反映开松除杂机的落物数量。通过试验称出落物的数量，按下式计算：

$$落物率=\frac{落物重量}{喂料重量}\times100\%$$

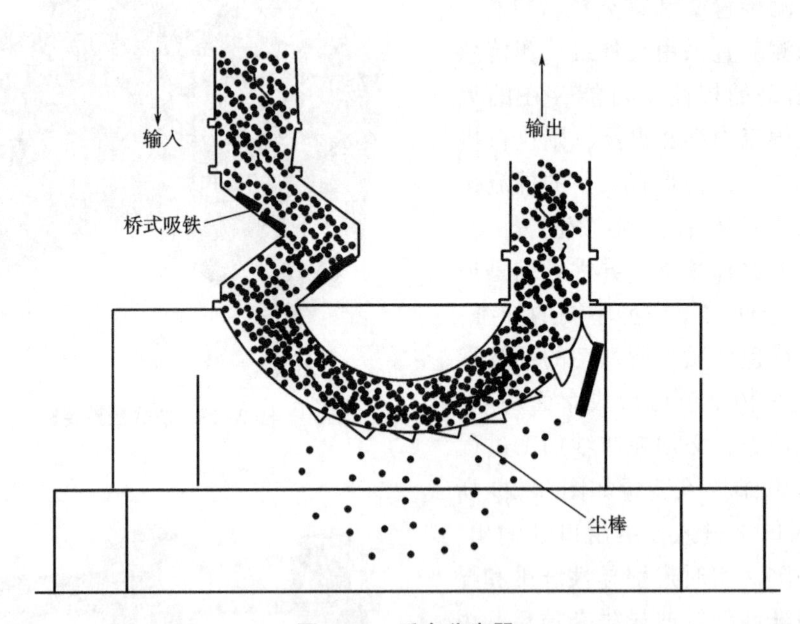

图 3-30 重杂分离器

（二）落物含杂率

它反映落物的质量。用纤维杂质分析机把落物中的杂质分离出来，进行称重，按下式计算：

$$落物含杂率=\frac{落物中杂质重量}{落物重量}\times100\%$$

（三）落杂率

它反映喂入原料中杂质被去除的数量，也称绝对除杂率，按下式计算：

$$落杂率=\frac{落物中杂质重量}{喂入原料重量}\times100\%$$

（四）除杂效率

它反映除去杂质的效能大小，与原料含杂率有关，可按下式计算：

$$除杂效率=\frac{落物中杂质重量}{喂入原料中杂质重量}\times100\%=\frac{落杂率}{喂入原料含杂率}\times100\%$$

（五）落物含纤维率

为了分析落物中好纤维的数量，有时要算出落物含纤维率，可按下式计算：

$$落物含纤维率=\frac{落物中纤维重量}{落物重量}\times100\%$$

第四节　开松过程中的混合作用

一、原料混合的目的与要求

如第二章的介绍，纺纱厂使用的原料是经过选配的混合料。原料混合的主要目的是赋予最终产品所需特性，如化学纤维与天然纤维混合可使产品具有易护理特性；稳定产品质量，如同一产地的原棉，其性能也存在不同，因而必须混合使用；控制原料成本，如不同价格、性能相近的原料搭配使用；对原料的加工性能产生有利影响，如通过与可纺性好的纤维混合，可改善短纤维原料的加工性能；增加产品花色品种，如通过纤维颜色、性能等的变化，使产品获得花色效果。

均匀混合包括满足“含量正确”和“分布均匀”两种要求，即要使各种混合原料在纱线任意截面上的含量与设计的比例相一致，而且所有混合原料在纱线任意截面上的分布呈均匀状态。均匀混合的前提是混合原料被科学地排包和细致地松解。松解越好，纤维块越小，混合就越完善。在混合的初始阶段，原料混合是在大小不等的纤维块之间进行的，所以混合是不充分的。只有当纤维块被进一步松解直至成单纤维状态时，才有条件在单纤维之间进行充分的混合。因此，在纤维块被松解成纤维束、纤维束又被松解成单纤维的过程中，原料的混合是逐渐完善的。

二、混合料的指标计算

（一）重量比率和根数比率

几种成分的纤维组成混合原料时，其中某一种成分的混合比率，可用重量比率或根数比率来表示。

1. 重量比率

$$g_i = \frac{w_i}{\sum_{i=1}^{m} w_i} \tag{3-15}$$

式中：g_i——第 i 成分的重量比率；

w_i——第 i 成分的重量；

m——成分个数。

2. 根数比率

$$f_i = \frac{n_i}{\sum_{i=1}^{m} n_i} \tag{3-16}$$

式中：f_i——第 i 成分的根数比率；

n_i——第 i 成分的根数。

重量比率与根数比率之间的关系可从以下的分析中得出。

设第 i 成分纤维平均长度为 $\overline{l_i}$，单根纤维单位长度平均重量为 w_0，则：

$$w_i = n_i \overline{l_i} w_0$$

如果各成分纤维的单根单位长度重量接近，则：

$$g_i = \frac{n_i \overline{l_i} w_0}{\sum_{i=1}^{m} n_i \overline{l_i} w_0} = \frac{n_i \overline{l_i}}{\sum_{i=1}^{m} n_i \overline{l_i}} \tag{3-17}$$

即当各成分纤维的线密度非常接近时，某一成分的重量比率与该成分纤维总长度在整个混料纤维总长度中所占比率相等。如果把这批混料制成条子（暂不考虑制成率），可得到 L 长度的条子，则此条子截面内，第 i 成分的纤维根数 n_i' 为：

$$n_i' = \frac{n_i \overline{l_i}}{L}$$

于是，条子截面内各成分纤维的根数比率 f_i' 为：

$$f_i' = \frac{n_i'}{\sum_{i=1}^{m} n_i'} = \frac{n_i \overline{l_i}}{\sum_{i=1}^{m} n_i \overline{l_i}} = g_i f_i' \tag{3-18}$$

由此可以得出结论：在纤维线密度基本相同的条件下，条子截面内的根数比率与混料中散纤维的重量比率基本相同。

（二）混合比率指标的应用

如果要计算混料中纤维的平均长度，可以把混料中的纤维取一定范围的长度将其阶梯分组，则每一组的量可以是根数，也可以是重量。其第 i 组有根数比率，也有重量比率。以根数比率加权求出的长度叫做算术平均长度，用 $\bar{l}$ 表示；用重量比率加权求出的长度叫做重量加权平均长度，以 $\overline{l_g}$ 表示。一般对同一批混料而言，重量加权平均长度比算术平均长度大，并且纤维长度的离散性越大，两者的差异也越大。

$$\overline{l_g} = \bar{l}(1 + C^2) \tag{3-19}$$

式中：C——纤维长度按根数计算时的离散系数。

如果知道纤维的以上两种长度值，就可以估算出其长度离散情况。

（三）混合料技术指标的计算

混料的纤维长度、细度、回潮率等技术指标，可以用各组分纤维相应指标的重量百分率加权平均计算。如各组分混用重量比率（混纺比）为 k_i（$i=1$，…，m），各组分纤维某指标的平均值为 x_i，则混合原料的该指标的平均值为 X：

$$X = \sum_{i=1}^{m} k_i x_i \tag{3-20}$$

如果第 i 成分的 x_i 指标的离散系数为 C_i，则混料纤维该指标的离散系数为 C：

$$C^2 = \sum_{i=1}^{m} k_i \left[\left(C_i \frac{x_i}{X} \right)^2 + \left(\frac{x_i}{X} - 1 \right)^2 \right] \tag{3-21}$$

（四）投料比的计算

由于混纺纱生产中，各种成分的制成率各不相同，投料时的混纺比率到成纱时往往会发生变化。例如，生产 45%和 55%涤纶的毛/涤混纺纱，由于生产中羊毛易落，所以投料时羊毛应略高于 45%（如 47%），而涤纶应略低于 55%（如 53%），为了使成纱保持既定的混纺比，必须对投料时的混纺比进行适当的调整。

设 A、B 两种成分的成纱混纺比要求为 K_1'、K_2'，A、B 两种成分的投料比相应为 K_1、K_2，则：

$$K_1' + K_2' = 1,\ K_1 + K_2 = 1$$

设 A、B 两种成分单独纺纱时的制成率分别为 Q_1、Q_2，则 A 成分的成纱混纺比为：

$$K_1' = \frac{Q_1 K_1}{Q_1 K_1 + Q_2 K_2}$$

由此可解得：

$$K_1 = \frac{1}{1 + \dfrac{Q_1}{Q_2}\left(\dfrac{1}{K_1'} - 1 \right)}$$

投料比与成纱混纺比之差值即为投料混纺比的调整量：

$$\Delta K = K_1 - K_1' = \frac{1}{1 + \dfrac{Q_1}{Q_2}\left(\dfrac{1}{K_1'} - 1 \right)} - K_1' = \frac{1 - K_1'}{1 + \dfrac{1}{\left(\dfrac{Q_2}{Q_1} - 1 \right) K_1'}} \tag{3-22}$$

由式（3-22）可见，投料比调整量与以下两个因素有关。

1. 两成分制成率的比值 $\dfrac{Q_1}{Q_2}$　调整量只与制成率的比值有关，而与各成分制成率的绝对值无关。若 $Q_1 = Q_2$，则 $\Delta K = 0$，即若两成分的制成率相同，则不需调整投料比。当两成分制成率相差越大，则投料比的调整量就越大。

2. 纱的混纺比　对确定的两种成分，当在成纱中的混纺比接近相等时，则投料比的调整量达到最大值。若要增加含量较小的成分的混纺比率，则其投料比的调整量要相应增大；而若要增加含量大的成分的混纺比率，则其投料比的调整量要相应减小。

对式（3-22）取微分，并令：

$$\frac{\partial \Delta K}{\partial K_1'}=0$$

在 $Q_1 \neq Q_2$ 时，可解得：

$$K_1' = \frac{1}{\sqrt{\frac{Q_2}{Q_1}}+1} \tag{3-23}$$

当 K_1' 值符合式（3-23）时，投料比调整量为最大。

混纺纱的混纺比是指纱中各纤维组分的干重百分比，但各组分的回潮率可能不等，所以生产中要根据干混比与回潮率计算出各组分在原料中的湿重百分比，以便生产时确定铺放到抓棉机的各种成分原料的重量，故湿重投料比应按下式计算：

$$\frac{K_1''}{K_2''}=\frac{K_1}{K_2}\times\frac{1+W_1}{1+W_2} \tag{3-24}$$

式中：W_1——A 成分纤维的实测回潮率；

W_2——B 成分纤维的实测回潮率。

三、混合方法

在纺纱过程中，原料选配之后，应按选配的比率将各种成分进行混合以使产品达到所要求的各项指标，这种有计划、有规则、强制性的按设计比率进行的混合称为“强制混合”；而在纺纱加工过程中，受机械中的部件或气流等作用的纤维块、纤维束及单纤维做不规则运动形成的混合称为“随机混合”，随机混合是提高混合效果的必要补充。按混合时纤维的形态又分为散纤维混合（原料混合）和纤维条混合，本章主要介绍原料混合。

（一）直放横取法混合

将原料并排放置，然后从上至下一层层取出，进行混合，这种方法称为直放横取法。直放横取法每次取出的原料的混合比例应该与设计的比例相符。棉纺自动抓棉机上采用此方法，如图 3-31 所示。根据抓棉机的类型，按配棉比例计算出各成分的棉包拆开，并按一定规则排

(a) 环行式自动抓棉机

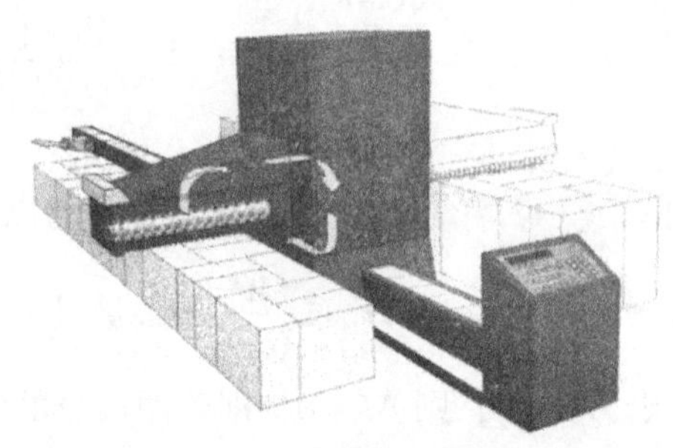

(b) 直行往复式抓棉机

图 3-31 自动抓棉机

在棉包台上，由抓棉机的抓棉打手依次抓取各棉包顶层，抓棉打手走完一个行程或运行一周（取决于抓棉机类型），则按照各成分的重量百分比抓取原棉，边抓取边由气流输送至与其联接机台的凝棉器上，实现进一步的混合。这种混合方法一般是在混合纤维的性质相近时采用，如纯棉纺纱、纯化纤纺纱等的纤维混合。

直放横取法的优点是方法简单，管理方便，效率高。缺点是配棉成分受到棉包数和棉包重量的限制，抓棉量受棉包密度的影响，难以保证混合比例的准确。另外，上包还需人工，排包工作也较麻烦，劳动强度较大。为达到均匀混合的目的，要注意以下几点。

（1）棉包排列。制定棉包排列图的原则是避免同一成分重复抓取，因此，要根据抓棉机类型安排好棉包排列。在直行往复式抓棉机上进行排包时，对于同一成分的棉包要做到“横向叉开、纵向分散”，保持横向并列棉包质量相对均匀。在环行式自动抓棉机上排包时，对于同一成分的棉包要做到在打手“轴向叉开、周向分散”，如图3-32所示（图中1～8表示来自不同队中的原棉）。同时要尽量减小在打手轴向不同位置的各成分的平均等级差异，使抓棉小车在各个位置抓取的原棉平均等级接近。棉包高低不平时要削高填缝，低包松高，使其高度一致。

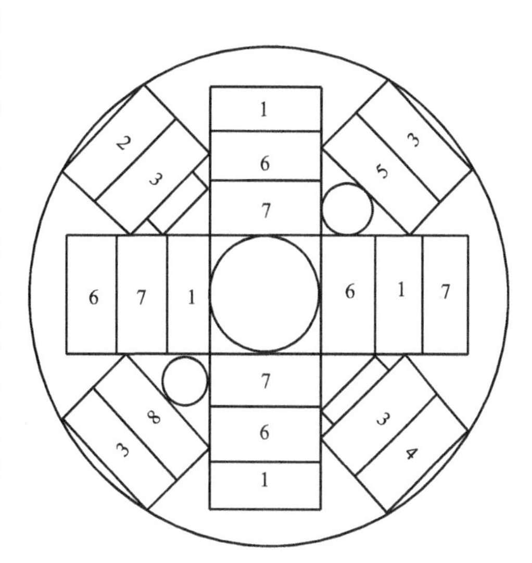

图3-32 环行抓棉机排包图

（2）工艺配置。小车的运行速度、打手伸出肋条的距离以及抓棉小车或棉包台每次升降动程要合理选择。在满足产量的前提下，适当提高抓棉机小车运行速度，减少打手每一回转的抓棉量，使抓取的棉块小而均匀，做到“勤抓少抓”。并应尽量提高抓棉机的运转效率。抓棉机的运转效率一般要求达到80%以上。

（二）横铺直取法混合

首先根据混合比例确定各种原料的重量，然后根据原料铺放面积、每层铺放厚度等决定铺层数量。铺层时各成分要交错进行，每层厚度要均匀，然后从铺层的垂直方向同时抓取所有各层原料，每次取下的原料应当符合各成分原料的配比，再将取下的原料进行开松混合。原料性质差异大时，要反复经过数次横铺直取。使用横铺直取法混合时，铺层数越多，每层均匀度越好，则混合效果就越好。

用于毛纺中的大仓式混合机的作用原理是横铺直取。大仓有方形和圆形两种，图3-33所示为方形大仓式混合机，大仓1的上部有一锥形圆筒铺层装置2，由气流输送的原料沿铺层装置2的切向进入，旋转下落，利用可伸缩的输送管3的往复移动，使原料一层一层地铺放。铺放结束后，启动大仓一端的垂直角钉帘4，垂直抓取原料并缓缓地向大仓的另一端移动，由剥取辊5剥取角钉帘上的原料，通过管道由气流输出。该机两只大仓同时工作，即一只在铺层，另一只在清仓（输出原料），这样可以达到连续混合。

用于棉纺的自动混棉机也是采用横铺直取法混合，如图3-34所示。原料随气流输送并凝聚在凝棉器1上，将棉层通过摆斗2的左右摆动，铺放在输棉帘3上形成多层的混棉堆，压

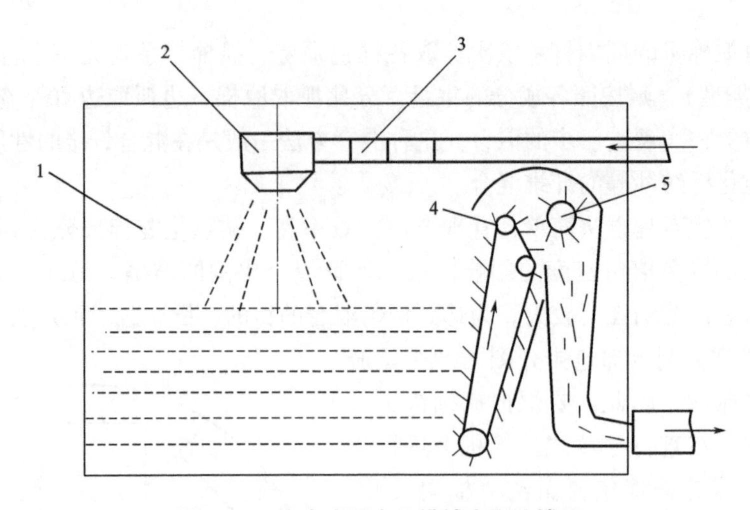

图 3-33　大仓式混合机横铺直取法铺层

1—大仓　2—铺层装置　3—输送管　4—角钉帘　5—剥取辊

棉帘 4 和输棉帘 3 共同夹持棉堆送给角钉帘 5，角钉帘对棉堆垂直方向抓取，即横铺直取，从而实现不同原料的充分混合。

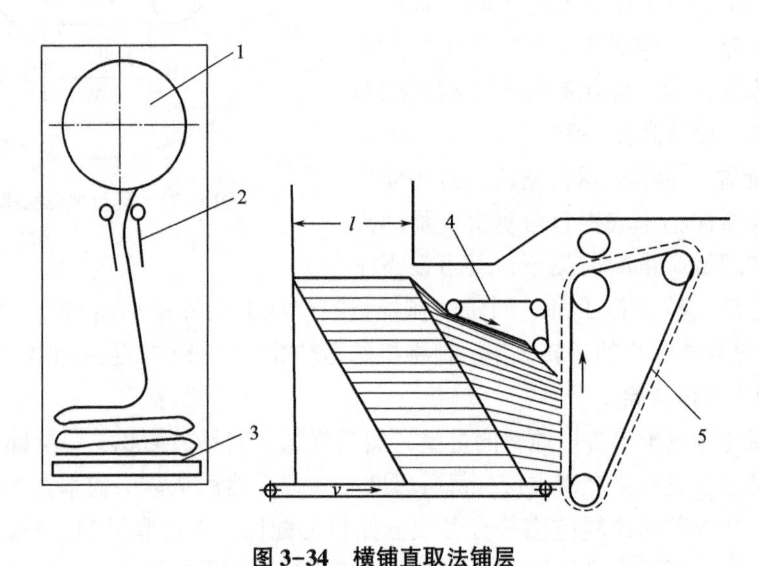

图 3-34　横铺直取法铺层

1—凝棉器　2—摆斗　3—输棉帘　4—压棉帘　5—角钉帘

图 3-35 所示为棉层铺放情况，图中 X 轴为棉层铺放方向，Y 轴为输出帘的运行方向，Z 轴为角钉帘的抓取方向。若将凝棉器尘笼的圆周分为 8 等份，尘笼一转原棉铺放 4 层，则其中 1、4、5、8 重叠在一起，2、3、6、7 重叠在一起。如当以 Y 轴方向喂入角钉帘时，则可使角钉帘在任何时间都抓取尘笼一周内的各种原棉成分，混棉均匀。棉堆所铺层数 m 可按下式计算：

$$m = 2n \frac{l}{v} \tag{3-25}$$

式中：n——摆斗摆动速度，次/min，设定摆动 1 次铺两层；

l——输棉帘长度方向的铺层长度，m；

v——为输棉帘速度，m/min。

从式（3-25）可知，适当加快摆斗的摆动速度或者减慢水平输棉帘速度，均可增加铺放层数。

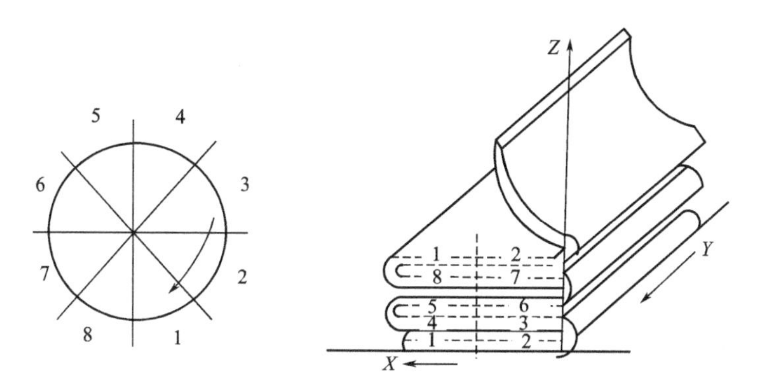

图 3-35　棉层铺放情况

(三) 多仓铺放法混合

多仓铺放法混合主要分为两种类型：一种是各仓不同时喂入的原料，同时输出形成时间差实现混合，即“时差混合”；另一种是各仓同时喂入原料，因在机器内经过的路程长短不同（路程差），因而不同时输出实现混合，即“程差混合”。一般来说，形成的时间差异（或路程差异）越大，则混合效果越好。

1.“时差混合”多仓混棉机　根据需要，“时差混合”多仓混棉机有6仓、8仓或10仓三种形式（图3-36所示为6仓）。纤维原料经输棉管道1进入机器，自右（第一仓）至左（第

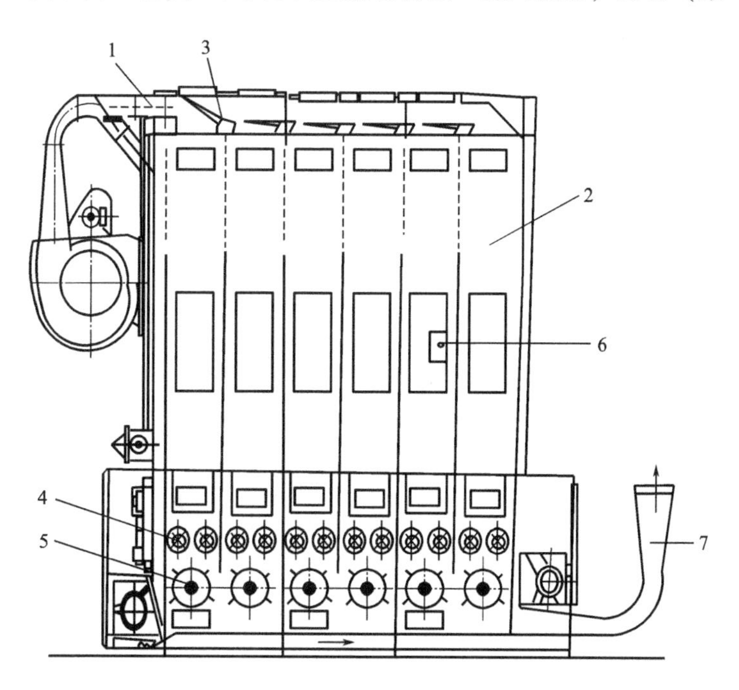

图 3-36　“时差混合”多仓混棉机

1—输棉管道　2—第一仓　3—活门　4—给棉罗拉　5—打手　6—光电管　7—输出管道

六仓）逐仓喂入原料。除第一仓外，各仓上部均设有活门，可以关闭或打开。仓门打开，则本仓喂棉，仓门关闭则下一仓活门打开、喂棉。各棉仓间隔板上部为网眼板，进入棉仓的棉气混合体中的气流，可通过各仓网眼板从第六仓与机器罩壳间的排气通道进入各仓下部的混棉通道，实现棉气分离。棉仓中棉量的逐渐增加会堵塞部分隔板上的网眼，导致仓内气压增大，当棉仓中原棉达到预定容量后（仓内压力增大到设定值），由微压差开关控制气动机构关闭活门，同时下一仓的活门自动打开，开始喂入下一仓。各仓底部均装有一对给棉罗拉和一只打手，纤维经罗拉持续输出，由打手开松后落到混棉通道内混合，随气流经输出管道 7 输出。该机在第二仓位上装有光电管 6，当第六仓喂入达到设定仓压后，如果第二仓内棉量已因持续输出下降至光电管以下，则进行下一轮次喂棉，即再次从第一仓开始逐仓喂棉，否则将控制后方喂入机台暂停喂入，以防止堵车。“时差混合”多仓混棉机在开机生产之前，应首先从第一仓到第六仓按阶梯形逐渐增加进行装仓，才能保证设备的正常运行。

该机的混合特点是利用时间差混合，即通过逐仓喂入、阶梯储棉、同步输出等手段使在混棉通道内不同时间喂入的原料得到混合。影响混合作用的主要因素包括仓内原料储存量、仓数、光电管安装位置等。

2.“程差混合”多仓混棉机 如图 3-37 所示，经初步开松混合的原料，由气流输送经本机的输棉管 1，均匀地分配给各棉仓 2（共 6 个）。各仓的隔板沿原料流动方向逐渐缩短，且下部呈弧形，使各仓的原料转过 90°，由输棉帘 3 和导棉罗拉 4 将棉层呈水平方向喂入角钉帘 5 抓取向前输送，均棉罗拉 7 将角钉帘带出的较大棉块和较厚棉层打落到混棉室内，以保证角钉帘输出的棉层均匀，角钉帘携带的纤维层被剥棉罗拉 8 剥下后落入储棉箱 9，储棉箱 9 底部装有尘格，原料中的杂质和短绒可由尘棒间落入废棉箱 10，在前方风机的吸引下，储棉箱中的纤维由出棉口 11 输出，输送到下一机台。棉箱中的气流由排气口 12 排出。

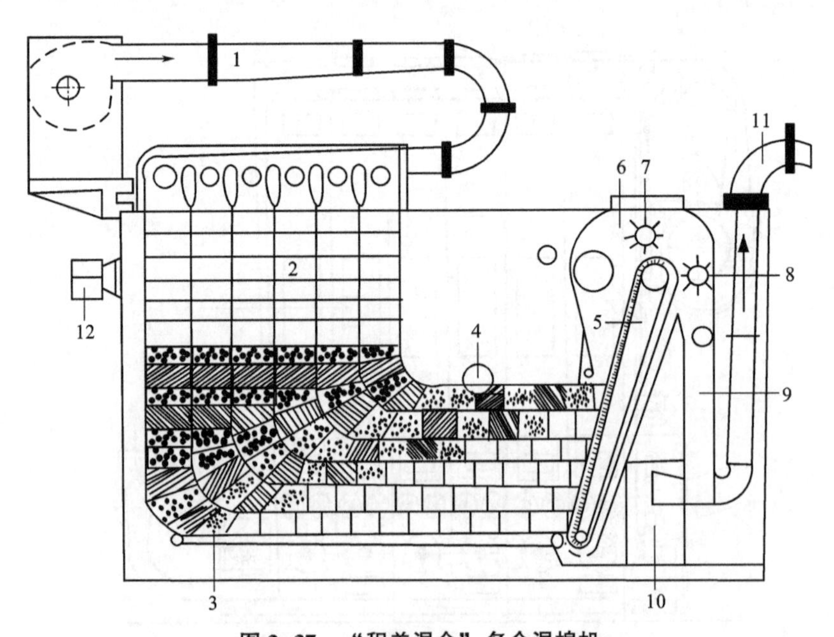

图 3-37 “程差混合”多仓混棉机

1—输棉管 2—棉仓 3—输棉帘 4—导棉罗拉 5—角钉帘 6—混棉箱
7—均棉罗拉 8—剥棉罗拉 9—储棉箱 10—废棉箱 11—出棉口 12—排气口

由此可知，各仓原料到达角钉帘所经过的路程长短是不同的，靠近输棉管入口的棉仓路程短，而远离输棉管入口的棉仓路程长。因此，各个棉仓的棉层相互错位，形成路程差（实际上也是因同时喂入各仓的原料不同时输出而形成了时间差），使不同成分的原料充分混合。

同时喂入的原料中最先到达抓取线和最迟到达抓取线的原料间隔的总时间 T 为：

$$T = \frac{h(n-1) \times \gamma \times F}{G} \tag{3-26}$$

式中：h——各仓之间路程差，m；

n——仓数；

γ——仓内原料密度，kg/m^3；

F——棉仓的截面积，m^2；

G——原料的输出速度，kg/min。

由此可见，路程差越大、仓数越多、纤维密度越大，则时间差越大，混合效果越好。

四、混合效果的评定

混合的均匀性可从两个方向进行评定：纵向和横向。在有纵向不匀的地方，原料的个别成分在纱线的不同部分具有不同的比例分布，如图 3-38 所示，这会在织物上产生径向条花疵点。在有横向不匀的地方，纤维在纱线截面中会分布不匀，如图 3-39 所示。混合不匀会导致最终产品外观不匀。

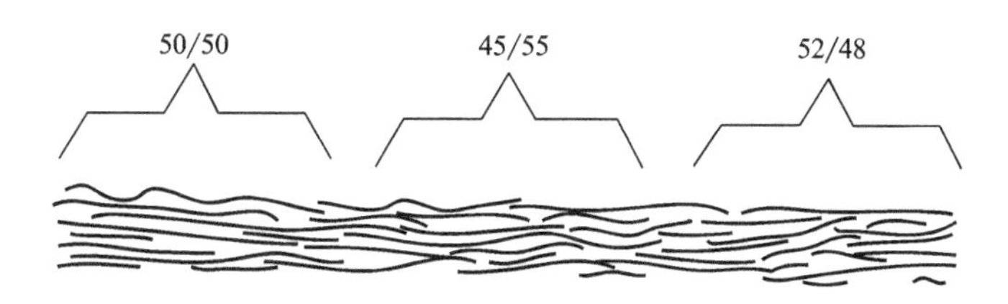

图 3-38 纵向混合不匀

（一）评定指标

1. 混合度 多种组分的原料混合，其混合比例正确与否可以用混合度来衡量。混合度即表示实际混比达到设计混比的程度，当混合度为 100%时，则表示实际混比与设计混比相等。

如各组分的实际含量分别为 W_1、W_2、…、W_k；设计含量分别为 P_1、P_2、…、P_k；各成分含量偏差百分率分别为 Δ_1、Δ_2、…、Δ_k。

$$\Delta_k = \frac{|W_k - P_k|}{P_k} \times 100\%$$

那么，混合度 S 可以表示成：

$$S = 100\% - \frac{1}{k}\sum_{i=1}^{k} \Delta_k \tag{3-27}$$

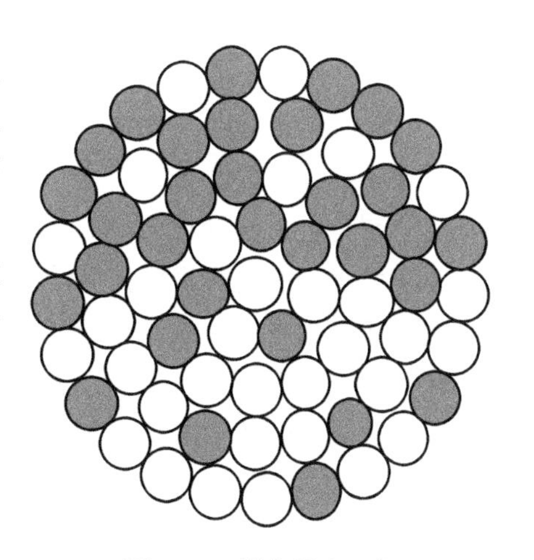

图 3-39 横向混合不匀

2. 混合不匀率 每一种原料的混合程度可以用混合不匀率表示，主要有均方差系数 C 值、平均差系数 U 值、极差系数。

（二）检验方法

检验混合效果一般可以采用下列几种方法。

1. 混入有色纤维法 在混合原料中混入一定数量的有色纤维，经混合机械处理后取样，用手拣出有色纤维并称重。求出有色纤维的百分率，并计算出有色纤维百分率的平均值、均方差合变异系数等指标，进行分析对比。此法常用于梳理后的混合效果评定中，可以用来比较不同梳理机械的混合效果。

2. 切片法 将制成的条子或细纱进行切片，在显微镜下观察纤维分布情况，分析混合效果。

3. 化学分析法 用化学试剂将混合原料中某一种成分溶解掉，将剩下的成分烘干称重，然后计算出每一种成分的含量及含量平均值、均方差和变异系数等指标。

4. 染色法 将成纱或制成的织物进行染色，由染色结果分析对比混合效果，多用于化纤混纺。

思考题：

1. 开松的目的和要求是什么？
2. 根据纤维原料喂给开松机件方式的不同，开松可分为哪两种形式？按机械作用方式的不同，开松可分哪三种形式？
3. 分析撕扯开松的作用机理。
4. 分析打击开松的作用机理。
5. 分析分割开松的作用机理。
6. 影响开松作用的因素有哪些？
7. 开松效果评定有哪些方法？
8. 化学除杂和物理除杂都有哪些方式？
9. 打手和尘棒间的排杂有哪几种情况？
10. 三角尘棒的工作角和安装角如何影响除杂效果？
11. 作图表示并说明气流喷口排杂的机理。
12. 除杂效果评定有哪些方法？
13. 分析混合料技术指标的计算过程。
14. 分析混合料投料比的计算过程。
15. 分析直铺横取法的混合作用机理。
16. 分析横铺直取法的混合作用机理。
17. 分析多仓铺放法的混合作用机理。
18. 混合效果的评定指标与检测方法有哪些？

第四章　梳理

本章知识点：

1. 梳理的目的与要求。
2. 金属针布和弹性针布的主要参数、特点、命名及基本要求。
3. 梳理机工作机件针面上纤维的受力及纤维在针齿上的运动。
4. 相邻两针面的作用原理、分析及影响因素。
5. 梳理机上锡林的负荷种类、作用及分布，纤维层负荷的分配及意义。
6. 梳理过程中的均匀、混合与除杂作用。

第一节　概述

一、梳理的目的与要求

（一）梳理的目的

1. 梳理　梳理是纺纱生产中的一个重要和必不可少的工序。经过开松作用，纤维间的横向钩结得到一定的松解，但纤维集合体依然是小块、小束状，还需要通过梳理机上包覆的密集钢针或锯齿，将原料分离成单根纤维。

2. 除杂　在将纤维梳理成单根状态的同时，夹杂在纤维间或黏附在纤维上的比较细小的杂疵也会充分暴露或与纤维分离，因此，通过梳理作用，这些细小的杂疵会尽可能地被去除。梳理为清除单纤维之间的杂质提供了条件。

3. 混合与均匀　梳理可实现单根纤维间的混合，依靠针面的吸放作用，制成均匀的纤维网。

4. 成条　将输出的纤维网通过集束，制成一定线密度的均匀条子，由于纤维大多呈弯钩状，横向相互钩结，伸直平行度还很差，称为生条。在粗梳毛纺系统中，将纤维网通过割网、搓捻制备为粗纱。

（二）梳理的要求

1. 单纤维化　尽可能将小块、小束纤维集合体分离成单根纤维。单根纤维分离得越彻底，除杂与混合作用越充分。单纤维的分离度直接与牵伸过程中纤维的正常运动、成纱的强力和条干等有密切关系。同时，还应尽可能保护纤维不受损伤，以免造成生条中短纤维增多，影响后道工序的顺利进行和成纱质量。

2. 避免杂质破碎　在尽可能多地去除残留杂质的同时，要避免杂质破碎。杂质一旦破碎，后道工序将更难去除。而且除精梳系统外，梳理之后很少有除杂作用。因此，梳理机的除杂作用很大程度上决定成纱的杂疵和条干。

3. 控制均匀度及落纤　控制较好的生条或粗纱均匀度，可为将来成纱的均匀奠定基础。梳理加工落物较多，且含一定量的可纺纤维。合理控制落纤量及落物的质量至关重要，这关系到原料成本及制成率，因此，要在落纤控制及条子质量间寻求平衡，以争取更大的经济效益。

4. 减少纤维结的产生 纤维结是在梳理过程中产生的小的纤维纠结体，大量纤维结的存在，不仅使纱线和织物质量降低，而且会使纱条的牵伸条件恶化，给纺纱造成困难。

二、纺纱系统中的梳理

在各种纺纱系统中，因纤维种类较多，性能各异，加工工艺过程和开发产品的不同，对梳理、混合及除杂的要求程度不同，因此梳理机在机构组成上有较大差异。但主要有适于加工棉、棉型化纤为主的盖板梳理机和加工毛、麻、绢及毛型化纤为主的罗拉梳理机两类，即棉纺纺纱系统中的梳棉机为盖板梳理机，而毛、麻、绢纺纱系统中的梳毛机、梳麻机和梳绵机主要采用罗拉梳理机。

梳理机的梳理作用主要发生在喂入、预梳和主梳三个部分。其中喂入部分主要是利用滚筒上装嵌的锯齿或梳针对握持状态的纤维集合体进行分割开松；而预梳和主梳部分是由两个针面对自由状态的纤维集合体进行反复梳理作用，也称为自由梳理。本章主要讨论两个针面对纤维的自由梳理作用，即预梳与主梳部分。

盖板梳理机的预梳部分是由1~3个刺辊和分梳板组成，实现渐增松解纤维，各个刺辊与锡林间均为剥取转移。主梳部分是由后固定盖板梳理区、锡林活动盖板梳理区和前固定盖板梳理区组成，起到分梳和除杂作用。活动盖板的回转方向有两种：一种是工作盖板移动方向与锡林转向相同，称为正向盖板；另一种是工作盖板移动方向与锡林转向相反，称为反向盖板。高产梳棉机在保证梳理效果的同时，为适应高产，采取了一系列增加梳理的措施，如采用多刺辊、在刺辊下方加装分梳板，以及采用反向盖板、固定盖板等措施。纤维受到刺辊、分梳板、锡林、活动盖板、固定盖板等两针面的反复、细致梳理与混合，再随锡林经过锡林道夫梳理区，锡林上的一部分纤维返回，另一部分转移至道夫输出后剥取集束成条。此外，为提高梳理区排除杂质短绒的能力，提高环境清洁程度，盖板梳理机还普遍采用除尘吸杂装置配套系统。

罗拉梳理机的预梳和主梳部分都是由锡林、工作辊和剥取辊组成。每个锡林上都会配置不同对数的工作辊和剥毛辊，进行充分的梳理、混合，使得小块、小束基本变为单根纤维。在各个锡林之间会有运输辊转移纤维。最后道夫将大锡林上的部分纤维剥取输出。在精梳毛纺系统的罗拉梳理机上会装有打草辊去除草杂。在粗梳毛纺系统罗拉梳理机的大锡林上还装有风轮，可以将大锡林针隙较深部位的单纤维起出，以利于针齿清晰和向道夫转移纤维。

第二节　梳理用针布

梳理是纺纱工艺的心脏，而针布则是梳理的核心。针布分为弹性针布和硬性针布两大类。弹性针布由底布和植于其上的许多梳针制成。硬性针布包括钢针植于木板上的针板和类似锯条状的金属针布。各类针布包覆在机件表面形成平整而锋利的针面，两两针面间的较小区域成为对纤维的作用区域。针板主要用于黄麻和亚麻栉梳机，本章不做主要介绍。以下主要介绍金属针布和弹性针布，金属针布广泛应用于各种梳理机的刺辊、锡林、道夫等梳理部件，而弹性针布主要用在粗纺梳毛机、开绵机、圆梳机和梳棉机的盖板上。

一、金属针布

金属针布也称金属锯条，是采用先进的高频退火技术和先进的冲、淬、卷生产线所生产的产品，其针齿与基部是一体的，结构简单，耐磨性好，基部柔软，包卷顺利，适纺高、中、低支纱及化纤，是配用高产、高速梳理机理想的梳理元件。根据齿尖的形式分为锯齿和梳针两种，齿尖大的如锯齿形，小的如细针形。密度比弹性针布高，但齿深较浅，适纺性能强，使用范围广。

（一）主要参数

金属针布的齿形和主要几何参数如图 4-1 所示。α 表示齿面角，是齿前面与底面间的夹角，也称工作角。β 为齿背角，是齿背面与底面间的夹角。γ 为齿尖角，是齿前面与齿背面间的夹角。H 为总高，是底面与齿顶面的高度。h 为齿深，是齿顶面与齿底面的高度。W 为基部宽，是侧面到基部侧面的宽度。D 为基部高，从底面量起的基部高度。a 为齿部宽，从侧面到齿部斜面间的最大宽度。d 为齿顶宽，是齿顶面横向宽度。c 为齿顶长，是齿顶面纵向的长度。P 为齿距，是相邻两齿对应点间的距离。

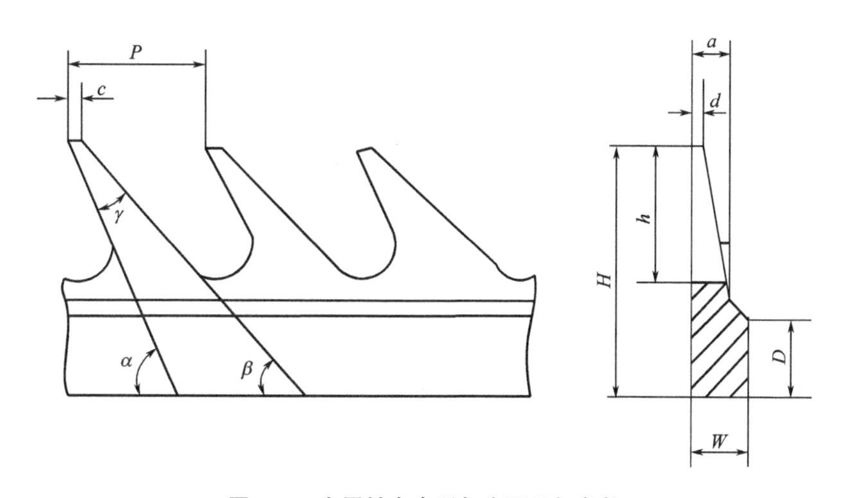

图 4-1　金属针布齿形与主要几何参数

金属针布的几何参数对分梳、转移等性能有重要影响。如工作角、齿高、齿尖角和密度等主要决定于原料性能、滚筒性能、滚筒速度、所纺纱线线密度和产量等因素。

1. 工作角　工作角 α 的大小，决定了针齿的倾斜程度，其直接影响梳理过程中纤维的受力和运动。工作角小，梳针握持纤维能力强，分梳作用强；但工作角过小，纤维易沉入齿隙，分梳和转移困难。工作角大，握持差，纤维易脱落，分梳作用弱。如锡林速度大时，离心力大，要使针齿能有效地握持纤维，工作角应减小，以提高针布对纤维的分梳和握持能力，从而改善成纱质量。即锡林针布的工作角随着锡林转速的提高而变小。如锡林转速为 175～200r/min，针齿工作角为 80°；当锡林转速为 400r/min，针齿工作角为 62°～65°；当锡林转速为 550r/min 时，针齿工作角选择以 50°～55°居多。

如为了提高工作辊、道夫握持纤维的能力，提高梳理效能，工作角应比锡林针布的小一些。例如，精纺梳毛机锡林针布的工作角一般为75°~86°，工作辊金属针布的工作角为65°左右，道夫在50°~55°之间。对梳理设备，纤维原料由后向前，随着开松作用的逐渐进行，纤维的分离度越来越好，为增强锯齿的握持作用，工作角应小。在粗纺梳毛机中，由于纤维原料长度较短，且整齐度差，因此，锡林针布的工作角一般为65°~69°，工作辊金属针布的工作角为60°~65°，道夫角度更小一些。如加工化纤，纤维摩擦系数大，可配置较大的工作角；如加工中长纤维，由于纤维与针齿的接触机会较多，摩擦力较大，可采用较大的工作角。

2. 齿尖角 γ 和齿背角 β 齿尖角影响穿刺能力、耐磨性、光洁度。齿尖角小，穿刺性强，分梳好，但齿尖脆弱易断。$\beta=\alpha-\gamma$，α 一定时，γ 小则齿背角大，使齿高变高或变薄，纤维易沉入针隙。增大了齿隙的容量，但缩短了针布的寿命，降低了纤维的转移能力。一般棉纺和化纤纺要求齿尖角小些，毛、麻纺为了防止针齿损伤，齿尖角可随其用途适当加大。

3. 齿尖密度 齿尖密度影响针布对纤维的抓取、分梳、转移和除杂等能力。它是以一平方英寸（2.54cm×2.54cm）内的齿尖数或号数来表示。如以号数来定，指一平方英寸内有5齿为1号；如有500齿，为100号。目前，市场上主要以每平方英寸的齿数来表示针布密度。齿尖密度与针布的横纵向齿密有关。横向齿密，以 W 决定；纵向齿密以齿距 P 来定。一定范围内，齿密增加，可提高对纤维的握持分梳能力，提高梳理度，增加对每根纤维的作用齿数。但要保持针齿间有一定的空隙，针齿太密反而不易抓取纤维，而且易嵌杂质，因此，不能无限地增加密度，而应适当配置。

化纤摩擦系数大，易缠绕，齿密宜小，或用浅齿等；细特纱与中特纱相比，其纤维原料等级高，成纱质量要求高，对分梳的要求程度高，因此，齿密大。棉纺用金属针布的密度较毛纺、麻纺等高。在多联梳毛机上，针布的配置为先稀后密，使梳理程度逐步加强并防止损伤纤维。

4. 齿深和总高 金属针布的总高 H 由齿深 h 和齿根高度 D 决定。齿深小，可减少纤维充塞，利于纤维的释放；但太小，会使齿隙内纤维储存量减少，不利于混合均匀。道夫和工作辊针布的齿深应比锡林的大，以利于有较多的纤维被抓取，从而提高梳理效能。但 h 太深时，针齿抗轧性能差，不利于延长针布使用寿命。针布的齿根高度 D 影响针布的包卷质量。齿深与齿密有关，密度高的齿较浅。用于棉纺时，为防止嵌入破籽和短绒，针齿较浅。

一般棉纺比毛纺、麻纺等锡林针布密度较高，工作角较小，齿深较浅。道夫的工作角比锡林的小，密度较稀，齿也较深，有利于转移作用。

（二）命名方法及实例

金属针布的命名由产品名称、标准号、梳理机类型代号、包覆部件代号、总高、工作角余角、齿距、基部宽和基部型式代号等顺序组成。在梳理机类型中，A表示梳棉机齿条，B表示梳毛机齿条，Z表示苎麻梳理机齿条，K表示梳绢绵机齿条等。在包覆部件代号中，C表示锡林，D表示道夫，T表示刺辊，W表示工作辊，S表示剥取辊，R表示转移辊，M表示除草辊。根据基部型式，齿条分为普通基部齿条（代号为A，通常省略）和自锁基部齿条（代号为V），如梳棉机锡林针布的标记为“齿条 FZ/T 93038-AC3215×01370”。齿条是产品名称，FZ/T 93038是标准号。A是梳棉机类型代号，C表示包覆部件为锡林。数字32表示总高 H 的10倍数，表示总高为3.2mm。数字15表示工作角的余角，表示工作角为75°。数字013表示齿距 P 的10倍数，表示齿距为1.3mm。数字70表示基部宽，当基部宽 $W<1.00$mm时，70表示基部宽 W 的100倍数，表示基部宽为0.70mm；或者当基部宽 $W\geq1.00$mm时，

70 表示基部宽的 10 倍数，表示基部宽为 7mm。

二、弹性针布

弹性针布由钢针及底布组成，是把钢丝截切弯成 U 形穿过底布而成。底布要求坚实、富有弹性、对钢针握持力强，并且植针后不会弓起。底布一般是由 3~9 层织物胶合而成，织物主要是棉、毛和麻布。用于棉纺时表面覆加一层硫化橡皮，用于毛纺时表面覆加一层较厚的毛毡或耐油合成橡胶。钢针的截面有圆形、三角形、椭圆形和扁形等多种，用中、高碳钢丝制成，表面镀锌或镀锡，以防生锈。针尖需淬火，使之耐磨，钢针表面必须光洁。针布包卷后为使针面平整和锋利，需经平磨和侧磨。植针要求排列整齐，纵、横、斜线清晰。

（一）主要参数

弹性针布的外形，如图 4-2 所示。h_1 为弹性针布的总高，是植在底布上的梳针针尖到针根平面的距离。植角 δ 为植入底布的针身轮廓线与底布平面间的夹角。针宽 b_3 为梳针两针尖的中心距。α 为弹性针布的工作角，是针尖前轮廓线与底布平面线间的夹角。h_2 为上膝高，是植在底布上的梳针针尖到针膝的垂直距离。h_3 为下膝高，是植在底布上的梳针针膝到针根平面的距离。

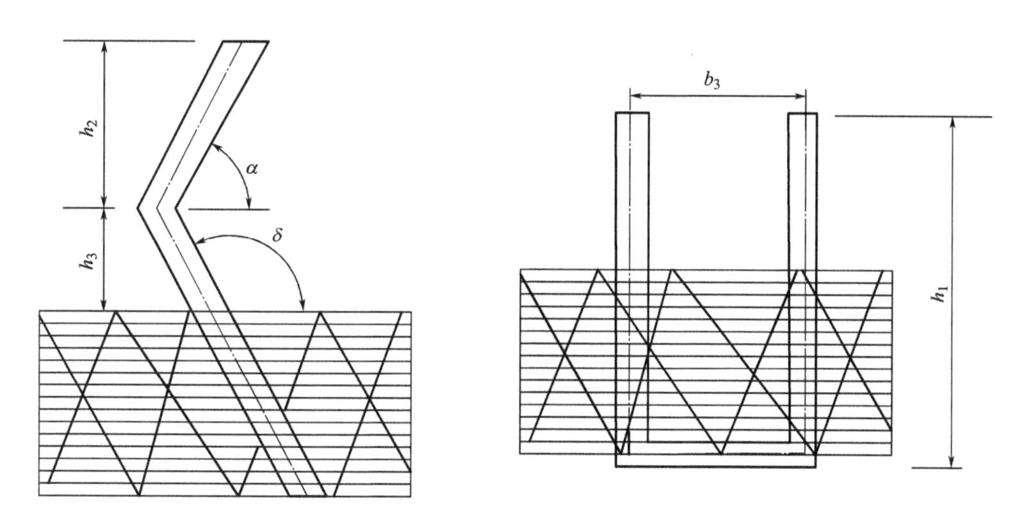

图 4-2 弹性针布的外形图

由于弹性针布在梳理力作用下易变形，所以，锡林梳针倾斜角一般采用 65°~69°。工作辊、道夫、剥毛辊的主要作用是要求对纤维有较大的握持能力，所以它们的倾斜角度比锡林小些，一般采用 60°~65°。风轮钢针是利用针背起作用的，要求它能从锡林针隙中将纤维提升到针面，又不带走纤维。由于针布有一定弹性，所以其工作角采用 70°。弹性针布应用于对混合均匀要求较高的罗拉梳理机上，梳针高度高于金属针布的齿高。总之，在配置针布、确定工作角度时，必须根据加工纤维的性状、梳理机产量、速度等方面综合考虑、恰当选择。

（二）命名方法及实例

弹性针布的命名由产品名称、标准号、使用功能代号、包覆部件代号、针身型代号及线规号顺序组成。根据使用功能，弹性针布分为起毛用弹性针布（代号 Q）、梳理用弹性针布（代号 W）和辅助用弹性针布（代号 H）。根据被包覆部件，弹性针布分为弯角起毛针布（代号 R）、锡林针布（代号 A）、道夫针布（代号 B）、工作针布（代号 G）、剥取针布（代号 H）、弯角风轮针布（代号 L）和直角风轮针布（代号 M）等。根据针身横截面形状，针身型为圆形（代号 R）、三角形（代号 T）和菱形（代号 D）。例如，弹性针布命名为“弯角起毛针布 FZ/T 93020-QRT-28/32”，弯角起毛针布表示产品名称，FZ/T 93020 表示标准号，Q 表示使用功能为起毛用弹性针布，R 表示包覆部件为弯角起毛针布，T 表示针身横截面形状为三角形，28/32 表示梳针线规号。

三、金属针布与弹性针布的比较

（一）变形

金属针布能适应高速高产的要求。由于金属针布锯齿较短而硬，齿隙上小下大，在梳理力作用下基本不变形，特别是可以保持隔距的稳定，从而为紧隔距、强分梳提供了条件，而弹性针布容易变形。

（二）纤维运动

金属针布的结构上小下大，纤维下沉阻力大，易浮在针面，可有效防止纤维充塞和改善梳理效能。而弹性针布上下相同，纤维易嵌入针隙。

（三）风轮

采用金属针布的梳理机可以不用风轮，简化了机器结构，降低了机器震动。弹性针布必须使用风轮，及时起出锡林针布嵌入的短纤杂质。

（四）抄针周期

对于针布残留或充塞的纤维，可以采取连续或定期的方法抄针。如果采取定期抄针，由于金属针布齿隙残留纤维少，抄针周期长，节省人力物力，节约原料。弹性针布针间容易充塞纤维，降低梳理效能，抄针周期短。

（五）返回负荷

金属针布齿形短，针面返回负荷小，混合均匀差。短纤维易飞扬，影响车间环境。弹性针布具有较好的握持、储存作用，返回负荷大，能够缓和重量和质量的波动，不会发生骤变，对出机条干不匀有缓冲作用，有利于均匀混合作用。

（六）可修复性

金属针布的适纺性强，但也有缺点。如针面不够平整，针齿易被杂物杂质、纤维块等硬物轧伤，且不易修理，产生飞花较多等。弹性针布的针齿弹性大，一般轧伤容易修复。

四、纺纱工艺对针布的基本要求

为了实现梳理的任务，纺纱工艺要求针布对纤维要有良好的穿刺力和一定的握持力。当两针面作用于纤维时，必须具有一定的握持能力，才能有效地穿刺或发生分梳作用；设计适当的参数，使针布具有容纳和吸放纤维的能力，以提高对纤维的分梳效能和均匀混合作用；纤维需要从一个滚筒的针面转移到另一个滚筒的针面上；钢针或针齿应锋利、光洁、耐磨、平整，有利于正确校正隔距，提高梳理和转移效率，适应高速高产的要求。

第三节 梳理作用基本原理

一、梳理过程中纤维的受力和运动

（一）梳理过程中纤维的受力

为了分析纤维在针齿上的运动规律，首先研究纤维集合体在梳理过程中受到的主要作用力，如图4-3所示。

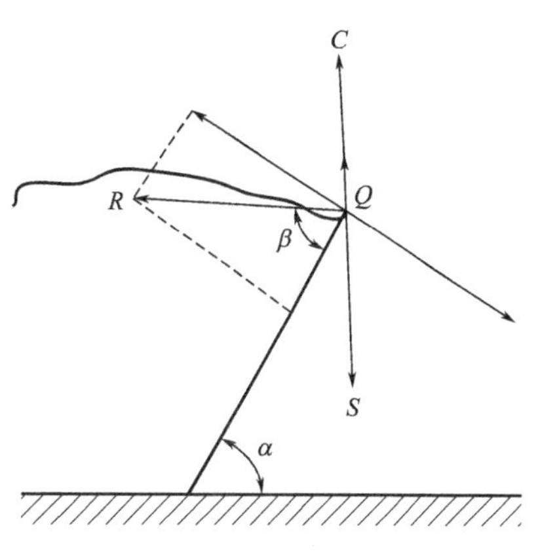

图4-3 梳理过程中纤维的受力

1. 梳理力 *R* 一束纤维（或一块混料）在作用区内同时受到两个工艺部件上针齿的作用，由于它们速度的差异，则接触同一纤维集合体的两个针面的齿尖拉开距离，纤维必然受到一定张力，使纤维集合体张紧、伸长，这个力工艺上叫做梳理力 R。而纤维也以同样大小的阻力 R 作用于针齿上。梳理力是沿纤维轴向所受的力，它的大小与针齿的结构、工作机件的相对速度、纤维相互间的联系力等因素有关。

2. 离心力 *C* 梳理机上大部分工艺部件都做回转运动，当机件做高速回转时，被针齿抓取的纤维受到离心力 C 的作用。其值可按下式表示：

$$C=\frac{mv^2}{r} \tag{4-1}$$

式中：v——梳理机件的表面速度；

m——纤维质量；

r——工作机件的回转半径。

离心力有使针齿上的纤维及其间的杂质脱离工艺部件的趋势。生产上希望好的纤维不要脱离工艺部件，以防止纤维脱离变成落纤，但希望尽可能多的杂质（如砂土、草屑及粗杂纤维等）能在离心力的作用下脱离针齿的作用，由于纤维之间以及纤维与针齿间摩擦力的存在，正常条件下可以抵消离心力的作用，纤维并不易脱离针齿。

在离心力的作用下有助于纤维从梳针根部向梳针尖部发生位移或从一个针面向另一个针面针齿内转移。

3. 工作层的挤压力 *S* 和弹性反作用力 *Q* 当较厚纤维层进入隔距很小的两针面间时，纤维间产生挤压力 S。挤压力迫使纤维进入针隙之内，有利于增加针齿对纤维的握持力。挤压力的方向指向针根，而针隙内的纤维会对上层纤维产生弹性反作用力 Q。弹性反作用力阻止纤维深入齿隙，方向指向针尖。离心惯性力、工作层的挤压力和弹性反作用力都是在回转机件的法线方向。

4. 空气阻力 当工作机件回转时，纤维会受到空气的阻力，其方向沿运动机件相反的方向。由于空气阻力数量级极小，通常可以忽略不计。

5. 摩擦力 F 当纤维在隔距很小的两回转针面间受以上诸力作用时，有运动的趋势，此时纤维会受到针齿阻碍其运动的摩擦力 F 的作用，摩擦力的方向平行于针面。最大静摩擦力的大小直接影响到纤维与针齿的相对运动。

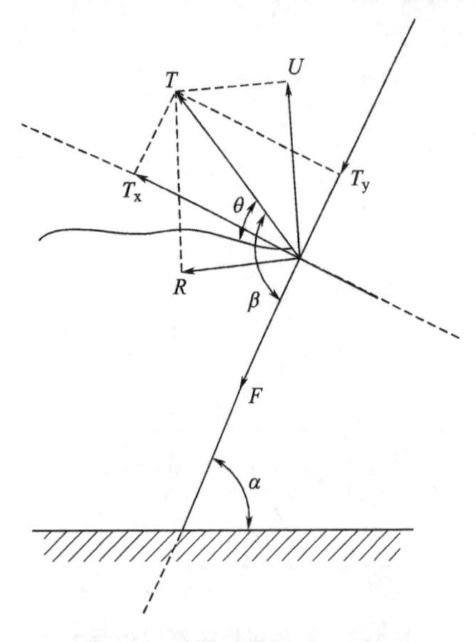

图 4-4 沿针运动时力的关系

(二) 梳理过程中纤维的运动

1. 运动条件 为便于讨论，设离心力、工作层的挤压力和弹性反作用力的合力为 U，即 $U=C+Q-S$，合力的方向、大小取决于 C、Q、S 三个力的关系，当其方向沿针齿工作面指向针根时，为负值；指向针尖时，为正值。U 和 R 的合力设为 T，如图 4-4 所示。

设 T 与梳针间的夹角 β 为梳理角，T 力可以分解为与针齿工作面方向平行的分力 T_y 及与针齿工作面方向垂直的分力 T_x。T_y 力有使纤维沿针齿向针尖移动的趋势，但是，实现这种移动，必须克服纤维与针齿间的最大静摩擦力 F，即 $T_y>F$。以 μ 表示纤维与针齿间的当量摩擦系数（因纤维与针齿的摩擦面不是平面，该摩擦系数并不等于针齿材料与纤维间的平面摩擦系数），因：

$$T_y=T\sin(\beta-90°),\ T_x=T\cos(\beta-90°),$$

$$F=\mu T_x=\mu T\cos(\beta-90°)$$

纤维若要沿针齿运动，必须克服纤维与针齿间的摩擦力 F，即：

$$T_y=T\sin(\beta-90°)>F=\mu T\cos(\beta-90°)$$

$$\tan(\beta-90°)>\mu=\tan\varphi$$

$$\beta>90°+\varphi \tag{4-2}$$

式中：φ——摩擦角。

由式（4-2）可以看出，只有梳理角大于 $90°+\varphi$ 时，纤维才会沿针齿向针尖移动。

梳理角小于 90°的情况，如图 4-5 所示。同理可得：

$$T\cos\beta>\mu T\sin\beta$$

即：

$$\tan(90°-\beta)>\tan\varphi$$

$$\beta<90°-\varphi \tag{4-3}$$

由式（4-3）表示，当梳理角小于 $90°-\varphi$ 时，纤维会沿着针齿工作面向齿根移动。

根据上述分析可得出如下结论：

①当 $\beta<90°-\varphi$ 时，纤维沿针齿工作面向针根移动；

②当 $\beta>90°+\varphi$ 时，纤维沿针齿向针尖移动；

③当 $90°-\varphi<\beta<90°+\varphi$ 时，纤维被阻留在梳针上，即所谓“自制现象”。

2. 作用分析 通过以上力的分析可以看出，当纤维在两针面内受到 T 力作用后，如果两个针面的β都小于$90°-\varphi$时，纤维将分别沿两针面向齿根方向移动，使两针面都具有握持纤维的能力，所以，受作用的纤维束有被分扯成两部分的趋势。当某一个针面的作用力不仅大于纤维束的抱合力，而且比另一针面对纤维的作用力更大时，纤维将被该针面握持，其尾端在另一针面上沿梳针做绕针运动，得到另一针面的梳理。当纤维束的抱合力小于针面的握持力时，纤维束被分解成两部分，分解后的尾端分别受到对应针面梳针对纤维的分梳作用。当两针面的β都大于$90°+\varphi$时，纤维束将分别沿两针面向齿尖方向移动，两针面都有失去纤维的条件时，则发生起出作用。当一个针面$\beta<90°-\varphi$，另一针面$\beta>90°+\varphi$时，纤维束在β角小的针面上沿针面向针根方向移动，具有握持纤维的条件，在β角大的针面上沿针面向针尖方向移动，具有失去纤维的条件，从而实现剥取作用。

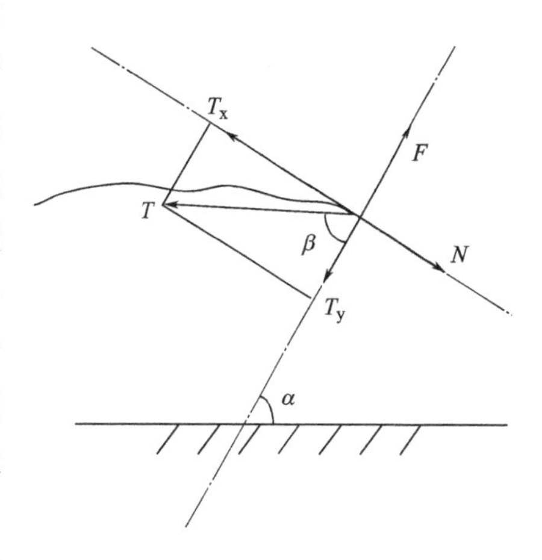

图 4-5 梳理角小于 90°时的作用力分析

不论是纤维的沿针运动还是绕针运动，在梳理过程中都是不可缺少的。沿针运动是剥取和提升的基础，绕针运动则是分梳的基础。没有沿针运动，纤维就不能沉入针根或提升到针面，就不能脱离一个针面而转移到另外一个针面上去。绕针运动可以把束纤维分解成小束，直至分解成单根纤维状态。在梳理过程中，纤维的沿针运动和绕针运动经常是同时发生的。

二、两针面对纤维的作用原理

梳理机上有许多相互接近的包缠有梳针或锯齿的针面，每两个相邻的针面之间构成一个对纤维的作用区，主要有分梳、起出和剥取三种作用。分梳作用是两个部件都使纤维束由针尖向针根运动，各自带走一部分纤维。起出作用是通过一个部件使另一个部件的纤维原料由针根向针尖方向运动。剥取作用是将纤维从一个部件转移到另一个部件。决定这三个作用的基本条件是针向关系、转向关系与速度关系。前面通过分析纤维集合体受到的梳理力、离心力、工作层的挤压力和弹性反作用力，来分析纤维的分梳、起出和剥取作用。由于纤维束是柔性的，运动随机性强，稳定性差，为便于分析，对刚性的、运动稳定的针齿进行受力分析。

（一）分梳作用

A、B针面为两个足够靠近的针面，针齿的倾斜方向为平行配置。设纤维束ab是一个整体，由纤维束a和纤维束b两部分组成。当接触纤维束ab的两个针面拉开距离时，纤维束ab张紧，纤维束a对纤维束b产生作用力，纤维束b对纤维束a产生反作用力，便产生了纤维束a对针齿A的作用力和纤维束b对针齿B的作用力。该力称为纤维对锯齿或梳针的梳理力R。要注意，只有使得纤维丛发生张紧作用了，才能判断纤维束对针齿产生了作用力R。如果纤维束没有发生张紧作用，则纤维束不会对针齿产生作用力R。纤维束的张紧与否决定于针齿的转向与速度的关系。

由于两针面的距离足够近，力R的方向近似为与针齿的底面平行。将力R分解为平行于

针齿方向的力 P 和垂直于针齿方向的力 Q。平行于针齿方向的力 P 如果指向针根方向，将会使得纤维沿着针齿工作面向针根方向移动，使得针齿具有抓取纤维的能力。如果力 P 沿着针齿工作面指向针尖方向，将会使得纤维沿着针齿工作面向针尖方向移动，使得针齿具有释放纤维的能力。分力 Q 垂直于针齿工作面，使得纤维对针齿工作面有压力，阻止纤维沿着针齿工作面方向的移动。

针齿产生分梳作用的配置，如图 4-6（a）所示。针面 A 的速度为 V_1，针面 B 的速度为 V_2，设 α、β 为针面 A 和针面 B 的工作角，$V_1>V_2$，因此，纤维束 ab 发生了张紧作用，两针齿受到了梳理力 R 的作用。将梳理力 R 沿针面 A 分解为 P_1 和 Q_1，沿针面 B 分解为 P_2 和 Q_2。

$$P_1=R\cos\alpha$$

$$Q_1=R\sin\alpha$$

$$P_2=R\cos\beta$$

$$Q_2=R\sin\beta$$

由于 P_1 和 P_2 都是指向针根方向，针面 A 和针面 B 都具有抓取纤维的能力，因此，张紧的纤维束 ab 被 A、B 两针面均握持。当梳理力大于纤维束的强力时，纤维束被一分为二，A、B 两针面各得纤维束的一部分，这即为分梳作用。这种分梳作用，对于 A、B 两针面间的纤维束会随机发生，A 针面会抓取纤维束，受到 B 针面的梳理；B 针面也会抓取同样或不同的纤维束受到 A 针面的梳理。抓取和梳理作用反复交替进行，实现了对纤维的分梳作用。

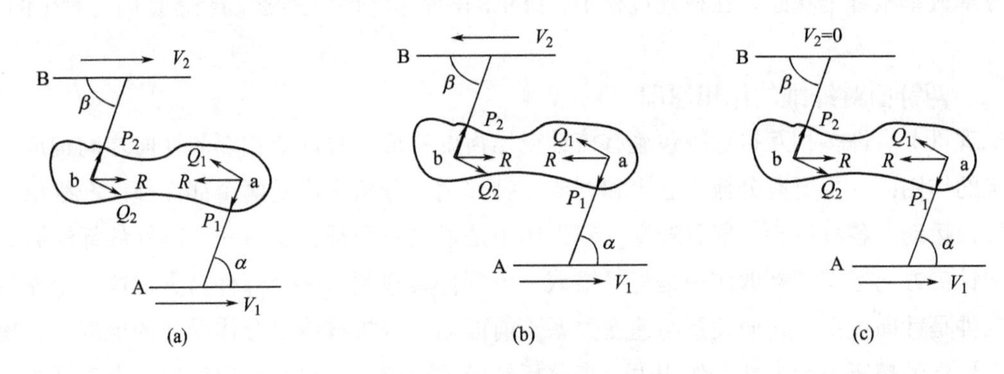

图 4-6　两针面间的分梳作用

对于图 4-6（b）和（c），分析方法相同，同样会发生分梳作用。因此，产生分梳作用的条件是，两针面平行配置，具有足够小的隔距，两针面具有相对速度，梳理力 R 与两针面的夹角都为锐角。

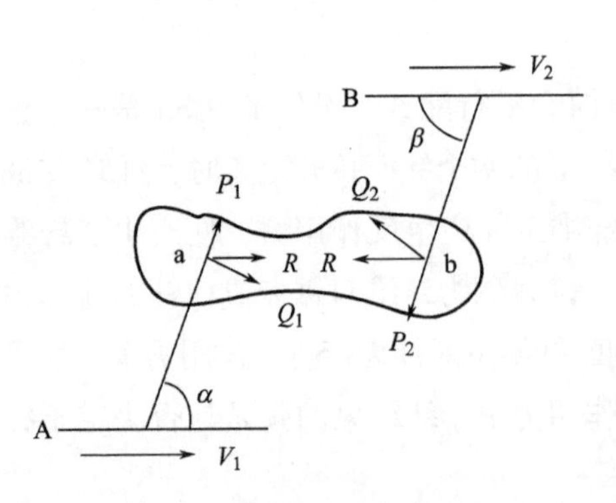

图 4-7　两针面间的起出作用

（二）起出作用

针齿产生起出作用的配置，如图 4-7 所示。A、B 针面为两个足够靠近的针面，针齿的倾斜方向为平行配置，设 $V_2>V_1$。纤维束 ab 发生张紧作用，将受到的梳理力 R 分解为力 P 和力 Q。可知，P_1 和 P_2 都是指向针尖方向，针面 A 和针面 B 都具有释放纤维的能力。这种作用会使纤维从针根向针尖方向移动，并处于针尖上。

因此，产生起出作用的条件是，两针面平行配置，具有足够小的隔距，两针面具有相对速度。梳理力 R 与两针面的夹角都为钝角。

（三）剥取作用

针齿产生剥取作用的配置，如图 4-8 所示。A、B 针面为两个足够靠近的针面，针齿的倾斜方向为交叉配置。同样两针面会对接触的同一纤维束发生张紧作用，产生了作用于针齿的张力 R。力 R 与针齿的底面基本平行。将梳理力 R 分解为平行于针齿方向的力 P 和垂直于针齿方向的力 Q。

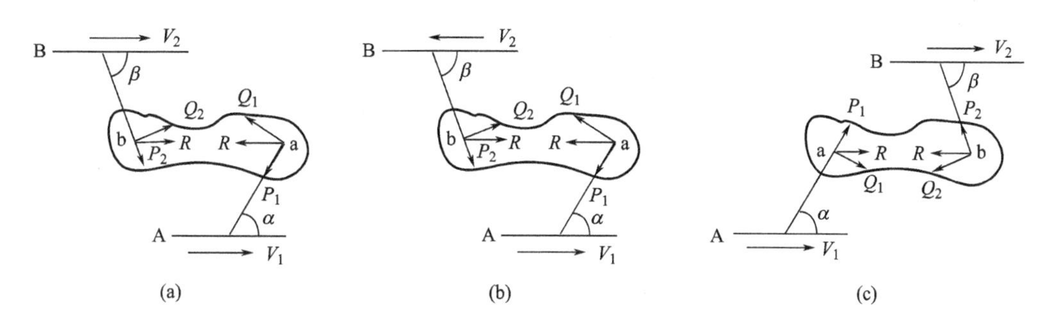

图 4-8 两针面间的剥取作用

如图 4-8（a），$V_1>V_2$，纤维束 ab 发生张紧作用。将力 R 沿着针面 A 和针面 B 分解，P_1 指向针根方向，P_2 指向针尖方向，针面 A 具有抓取纤维的能力，针面 B 具有释放纤维的能力。因此，针面 A 会剥取针面 B 的纤维，针面 B 的纤维会转移到针面 A 上。对于图 4-8（b）和（c），分析方法相同，图 4-8（b）也是针面 A 剥取针面 B；在图 4-8（c）中，$V_2>V_1$，针面 B 剥取针面 A 的纤维。

因此，产生剥取作用的条件是，两针面交叉配置，具有足够小的隔距，两针面具有相对速度。与梳理力 R 的夹角为锐角的针面会剥取与梳理力 R 的夹角为钝角的针面。

三、作用区工作分析

（一）分梳作用区工作分析

分梳作用区是指对纤维产生分梳作用的空间。在盖板梳理机上主要发生在锡林与盖板、锡林与道夫以及刺辊与分梳板之间。在罗拉梳理机上主要发生在锡林与工作辊、锡林与道夫之间。

1. 分梳作用区的特点

（1）锡林与盖板。锡林与活动盖板和固定盖板间都会发生分梳作用，纤维连续受梳理的区域长，也称为大分梳区。

首先，讨论锡林和活动盖板组成的分梳区，如图 4-9 所示。工作盖板移动方向与锡林转向相同，它具有以下特点。

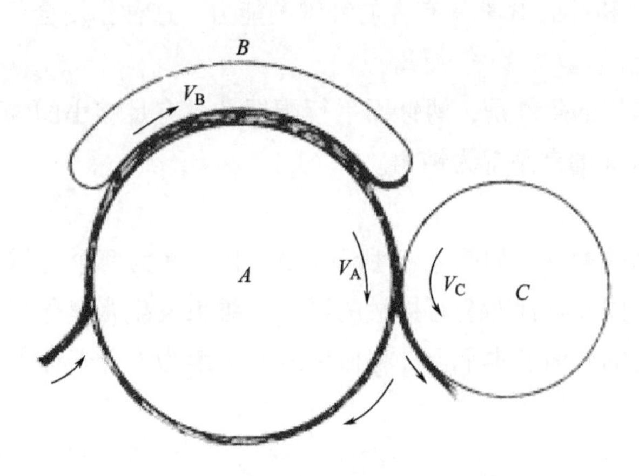

图 4-9　锡林与活动盖板组成的分梳区

①纤维在两针面间多次反复交替转移。由于锡林针面 A 和盖板针面 B 间的隔距很小，针齿为平行配置，转向相同时 V_A 远大于 V_B（盖板反转时 V_A 和 V_B 反向），因此，纤维在针面 A 和针面 B 间发生分梳作用。在梳理力的作用下，针面 A 上的部分纤维能很快转移到针面 B 上，结果使针面 B 抓取的纤维受到针面 A 上梳针的梳理。被针面 A 携带的纤维受到针面 B 上梳针的梳理。在锡林和盖板的连续梳理过程中，纤维受到的梳理力也在改变，因此，使纤维在两针面间反复转移，多次交替调头。

②部分纤维能再次受到梳理区的梳理。针面 A 上的纤维层走出盖板梳理区后，进入由锡林和道夫组成的作用区内。针面 A 和针面 C 的针布平行配置，V_A 远大于 V_C，二者发生分梳作用。因此，一部分纤维分配给道夫，另一部分纤维仍然滞留在大锡林针面上，随针面 A 返回，并与喂入的新纤维合并，再次进入盖板梳理区进行梳理。锡林和道夫之间的作用不仅使分梳较充分，而且伴随着一定的均匀混合作用。

③两针面具有不同的纤维层结构。纤维层结构可以分为两部分，一部分为充塞在针齿内部，不参与梳理和转移的内层纤维，称为残留层；另一部分为参与梳理和转移的外层纤维，称为工作层。针面 A 采用金属针布速度快，离心力大，在针面 A 上的杂疵易被抛向针面 B。由于针面 B 采用的是弹性针布，速度慢，这些杂疵不易再回到针面 A 上，因此，在针面 B 上从后区向前区的残留层厚度逐渐增加，工作层纤维逐渐减少。盖板反转时，从前区到后区的残留层厚度逐渐增加，工作层纤维逐渐减小。针面上多数纤维为工作层纤维，只有少量杂疵充塞在针齿内部。随着梳理时间的增长，因挤压力作用，也需抄针去除针面 A 上的杂疵等，以确保梳理效果。

其次，现在的高产梳理机多采用反向盖板，并增加前后固定盖板，以增加梳理区域。如后固定盖板对喂入锡林针面的纤维和纤维束进行预分梳作用，减轻锡林盖板的梳理负荷。前固定盖板增加梳理，提高了纤维单根化程度，适当降低了道夫上的纤维转移率，有利于减少棉网中仅经一次梳理的纤维数。前后固定盖板需要具有梳理纤维的能力，能够分梳纤维；同时具有自洁能力，即固定盖板锯齿梳理纤维后，有部分纤维握持在固定盖板针齿上，随后由锡林不断带走，保持固定盖板不充塞纤维。这与固定盖板的针齿规格有关，如工作角、齿深、齿形和齿密等，固定盖板锯齿工作角可取 90°~85°之间。刺辊与分梳板的作用特点类似锡林与固定盖板，只是分梳区域短，起到预梳作用。

（2）锡林与工作辊或道夫。二者的分梳特点类似，且梳理区域相较于锡林与盖板小，也称为小梳理区。

①分梳范围。梳毛机具有多个工作辊，达到对原料的梳理效果。锡林 A 与工作辊或道夫 B 之间的分梳作用区，如图 4-10 所示。横向长度等于毛层宽度，纵向长度为$\overline{abcd}$构成的区间。当锡林携带纤维层接近工作辊时，纤维层首先与工作辊针面的 a 点处接触，这些纤维的另一端为锡林上的 b 点，$\overline{ab}$ 线就是分梳作用区的开始边界。$\overline{cd}$ 是分梳作用区的最终边界。当纤维走出$\overline{cd}$ 位置时，一部分纤维随锡林继续向前运动，另一部分纤维随工作辊回转。

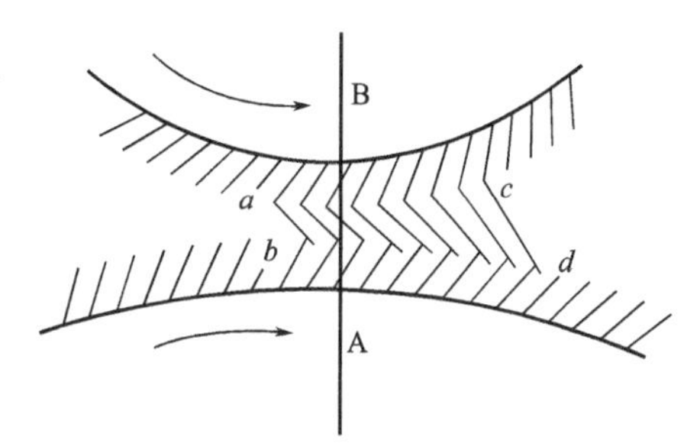

图 4-10　锡林与工作辊或道夫的分梳作用区

②分梳过程。大致分为两个阶段：第一阶段是分撕阶段，当锡林携带的纤维进入作用区时，一部分纤维挂在工作辊或道夫上，另一部分仍留在锡林上，从而实现把纤维束分撕成小的纤维束、更小的纤维束或单根纤维。第二阶段是分劈阶段，也就是使挂在道夫或工作辊上的纤维，在由 a 到 c 的时间内，受到锡林钢针的梳理，有利于把纤维束分成单根纤维状，并使之尽量平行伸直。而锡林上挂的纤维也受到道夫或工作辊钢针的梳理。

③梳理弧长及其他特点。工作辊或道夫和锡林针面能梳理纤维的弧长叫做梳理弧长，工作辊或道夫的梳理弧长最大为 $\widehat{ac}$，大锡林的梳理弧长可以计算出来。设工作辊的速度为 V_B，大锡林的速度为 V_A，在一个分梳作用区内的梳理时间为 t，大锡林的梳理弧长为 L，则：

$$t=\frac{\widehat{ac}}{V_B}$$

$$L=t\times V_A=\frac{\widehat{ac}\times V_A}{V_B} \tag{4-4}$$

由于 V_A 远大于 V_B，锡林的速度远大于工作辊或道夫的速度，一般为 20~40 倍，锡林的梳理弧长比工作辊或道夫的梳理弧长大几十倍。因此，工作辊和道夫的梳理作用是有限的，主要起握持纤维的作用。大量的梳理工作主要靠锡林对工作辊或道夫所握持的纤维进行梳理来完成。

另外，由于锡林速度快，原料在道夫、工作辊表面都会有凝聚作用。因为慢速工作辊或道夫在一个单位面积上的纤维是从快速锡林许多个单位面积上转移过来的，因此，在慢速工作辊或道夫上会发生凝聚作用，并且工作辊或道夫一转仅凝聚锡林纤维层中的部分纤维，不是全部纤维，这也正是两针面间分梳作用的实质所在，其使锡林与工作辊、锡林与道夫间具有很好的均匀混合作用。

从道夫输出的纤维网中大部分纤维呈弯钩状，而且以后弯钩居多。由道夫握持的纤维被快速锡林梳理，锡林梳理的一端为前端，道夫握持的一端为后端，因此，随道夫输出时，生条中含有较多的后弯钩纤维。

2. 分梳作用区的影响因素

(1) 锡林与盖板。就盖板梳理机而言，锡林与盖板之间是很重要的梳理区域，影响因素如下。

①隔距。隔距的设置直接影响对纤维梳理强度的大小。“紧隔距，强分梳”是锡林与盖板间的设计原则，也是梳理的工艺原则。锡林与活动盖板的隔距点设置有3~8个，多采用5点隔距。隔距配置如下：

平滑隔距工艺：入口隔距大，中间由大至小平滑过渡或不变，出口隔距稍大，如5点隔距分别为0.20mm、0.18mm、0.15mm、0.15mm、0.18mm；4点隔距分别为0.23mm、0.20mm、0.20mm、0.23mm；

渐缩隔距工艺：入口隔距大，其他点隔距渐减或中间变小至出口不变，如3点隔距为0.28mm、0.25mm、0.23mm；6点隔距为0.30mm、0.30mm、0.28mm、0.28mm、0.25mm、0.25mm；

不变隔距工艺：入口至出口隔距保持不变，如5点隔距均为0.18mm。

波浪隔距工艺：入口、出口隔距稍大，中间点时大时小，呈波浪状态，如7点隔距为1.00mm、0.28mm、0.25mm、0.30mm、0.25mm、0.25mm、0.69mm，主要用在加工大豆蛋白复合纤维等原料上，目前很少有这种配置。

传统梳理机多采用活动盖板正转，“平滑隔距工艺”配置较多。分析原因为活动盖板出口处与盖板传动机构比较接近，由于盖板容易上下走动，采用较小的出口隔距，可能会造成碰针现象；还可以使锡林针面上纤维上浮，有利于锡林与道夫间纤维的凝聚和转移；出口隔距增加，进入前上罩板上口附近的附面层增厚，较多的气流在前上罩板上口溢出，使盖板花的数量增加，从而有利于除杂；在出口处盖板负荷已经饱和，出口隔距略大一些对梳理质量影响不大。

高产梳理机多采用活动盖板反转，“渐缩隔距工艺”配置较多。分析原因为出口部分不存在盖板传动机构，因而不会发生碰针问题；出口部分盖板是清洁的，因此，隔距大小对盖板花数量没有影响，但是隔距小对纤维的分梳作用加强；高产梳理机活动盖板块数是减少的，使得分梳区长度缩短，因而出口隔距小一些，可以充分发挥分梳作用。“不变隔距工艺”和“波浪隔距工艺”不符合“紧隔距，强分梳”的工艺原则，使用较少。

总体隔距较小，刺入纤维会深，接触纤维较多，分梳作用强。两针面间挤压力大，浮于两针面的纤维少，不易被搓纠成纤维结，但易造成纤维损伤。依据紧隔距的工艺原则，高产梳理机锡林与盖板间的隔距可以随针布等技术的发展进一步减少。

②锡林速度。产量一定的情况下，锡林速度大，离心力大，排杂能力强，梳理作用强。但生产一旦选定，锡林速度很少改变。如果产量提高，锡林速度会增大，以保证纤维的梳理度，同时也要考虑针布密度与速度的配合使用。如纤维长度长，强力低，锡林速度要降低。尤其在加工色纺纱时，由于纤维强力变低，锡林速度通常要低一些选择。

③盖板速度与转向。提高活动盖板速度，每块盖板在作用区的时间变短，每块盖板的负荷减少，有利于分梳作用。当活动盖板正转时，分梳作用主要在后区，前区由于纤维充塞，作用微弱；当活动盖板反转时，分梳作用主要在中前区。

④盖板的梳理弧长。为了适应高产梳理机，需要增加梳理弧长，尤其是增加固定盖板梳理区的梳理弧长，使固定盖板数量进一步增加，如图4-11所示。梳理机增加的弧长主要体现在后固定盖板梳理区1和前固定盖板梳理区2。如活动盖板梳理区3为1.2m，后固定盖板梳理区1和前固定盖板梳理区2由0.4m或0.5m增加到0.8m。通过增加前后固定盖板的数量，增加了梳理弧长4，提高了纤维受到分梳的机会，可以保证高产梳理机的梳理质量。

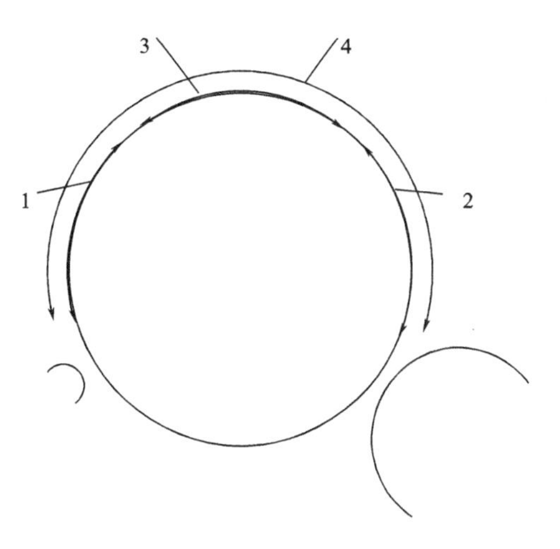

图4-11　梳理机的梳理区分布

刺辊与分梳板之间的分梳作用类似于锡林与固定盖板间的分梳，都会受到锡林速度、二者之间的隔距、梳理弧长等因素的影响。

（2）锡林与工作辊或道夫。

①隔距。减少隔距，两针面刺入纤维深，抓取强，梳理效果好。但隔距过小，工作辊或道夫针面负荷增加，增加纤维损伤。当超出握持纤维能力时，梳理力下降，揉搓纤维粒增加。如果产量增加，隔距应适当放大。隔距与原料的种类和性质有关，细而卷曲的羊毛，隔距小；粗羊毛，隔距大。隔距与原料的松解程度有关，由后向前，随着原料的逐渐分梳，小块变得更小，最后分解为单根纤维。原料在分梳区域的状态，开始变化快，随后变化逐渐减慢。隔距的变化也是逐渐变小，开始变化大，随后变化小。锡林和道夫的隔距，小于最末工作辊和锡林隔距，利于梳理和转移。当原料不同时，纺纱支数越高，隔距相对越小；纺纱支数低，原料差，隔距放大。

②工作辊或道夫速度。罗拉梳理机主要靠多组梳理区完成。同一组梳理机上，由后向前，工作辊速比逐渐增加，以增强分梳作用。工作辊速比或道夫速比是指锡林线速度与工作辊线速度或道夫线速度之比。因此，在多组梳理机中，由后向前，工作辊的速度是逐步降低的。

（3）其他影响因素。

除了隔距和速度，其他因素也会影响分梳效果，如针布的规格和针面状态。针布是完成梳理工作的最主要元件，针布规格中的工作角、齿密、齿高等都影响梳理效能。在罗拉梳理机上，由于纤维块和纤维束的细致开松是逐步实现的，所以沿纤维进机到出机，针布号数由低到高，钢针的直径由粗到细，针尖的密度由小到大。在使用弹性针布的粗纺梳理机上，一般有2~4个大锡林和相应的工作针面，根据加工原料状态和性能，要首先选配大锡林针布，然后合理搭配其他元件上的针布。除此之外，针布的平整度和锋利度等针面状态也是提高针齿穿刺能力、增强梳理、减少挂花和疵点的重要因素。因此，要认真做好保修、保养，定期抄车、磨车。在使用弹性针布的梳理机上，各工艺部件在生产过程中，因挤压力而使一些短纤和杂疵沉入针根部形成抄针毛层。它虽不参加梳理，但占用针隙空间，因此影响梳理效能。如梳理机配置盖板清洁装置清洁盖板花，配置吸风罩清除短纤和杂疵。在运转过程中，根据梳理设备清除杂质的方法和效果可采取连续或定期抄车。

在锡林速度不变的情况下，锡林单位面积上喂入纤维的多少是梳理机生产效率高低的标志。单位面积上喂入的纤维多，产量大。但是喂入纤维过多，增加梳理负担，降低纤维的梳理效果。

（二）起出作用区工作分析

起出作用区主要发生在锡林与风轮之间。在粗纺梳毛机的大锡林上会包有弹性针布，因此，在大锡林的最后一道工作辊和道夫之间，一般会配置风轮。

1. 起出作用区的特点

（1）起出作用的必要性。起出的产生主要是由弹性针布引起的。弹性针布的特点是易使纤维充塞针齿内，不易转移。该特点影响了梳理效果和针齿握持纤维的能力。由于针齿不能保持清晰，纤维不容易向工作辊或道夫转移。因此，设置风轮，利用风轮钢针的起出作用将锡林携带的纤维由针根向针尖方向移动。保持了针齿的清晰，增强了分梳效能，有利于纤维转移，从而使锡林上的纤维能比较容易且均匀地转移到道夫和工作辊上。

但是弹性针布不容易转移纤维的特点，会使得从道夫单位时间返回到大锡林上的纤维量增加，可以改善原料的混合效果。因此，在粗纺梳毛机的工作辊和锡林上多包有弹性针布。主要是由于粗梳毛纺系统流程短，原料经过和毛机、粗纺梳毛机直接进入细纱工序，没有经过针梳机的并合混合作用。通过植有弹性针布的罗拉梳理机，弥补了粗梳毛纺中的混合不足。

另外，如盖板梳理机中的盖板利用弹性针布易使纤维充塞针齿内的特点，可以去除细小的杂质和短绒。针对不易转移的不足，设置了盖板清洁系统清除杂质，达到了协调统一。

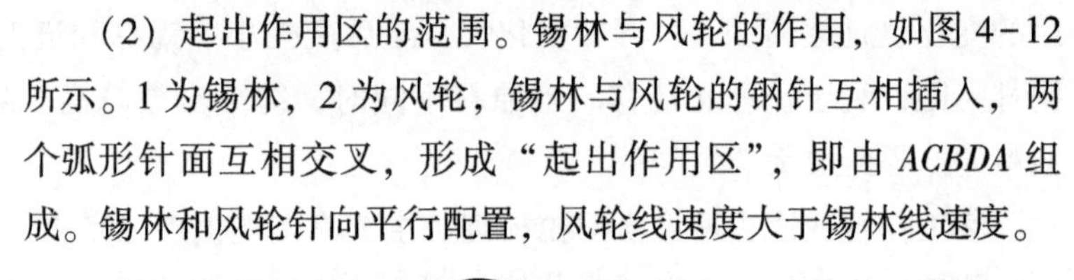
（2）起出作用区的范围。锡林与风轮的作用，如图 4-12 所示。1 为锡林，2 为风轮，锡林与风轮的钢针互相插入，两个弧形针面互相交叉，形成“起出作用区”，即由 *ACBDA* 组成。锡林和风轮针向平行配置，风轮线速度大于锡林线速度。

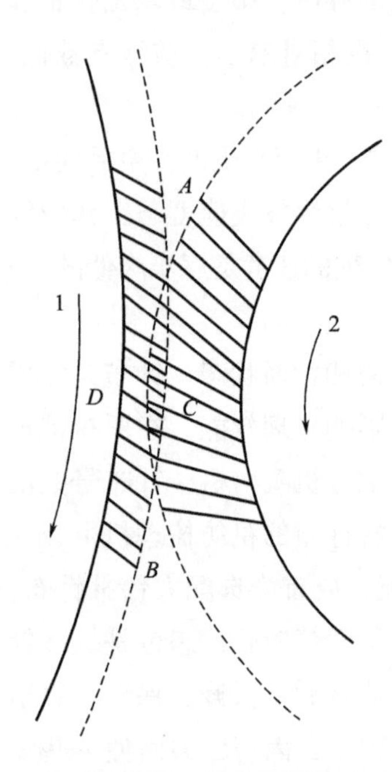

图 4-12　起出作用区

在锡林针面上的弧长 $\overset{\frown}{ACB}$ 叫做接触弧长，*C* 点为锡林、风轮的中心连线与锡林针面的交点，*D* 点为中心连线与风轮针面的交点，$\overline{CD}$ 为锡林与风轮两针面的交叉深度。它们之间的关系可以用下式计算：

$$\overline{CD}=(R+r)-\left[\sqrt{R^2-\frac{\overline{AB}^2}{4}}+\sqrt{r^2-\frac{\overline{AB}^2}{4}}\right]$$

可简化为下式：

$$\overline{CD}=\frac{\overline{AB}^2}{4}\left(\frac{1}{D}+\frac{1}{d}\right) \tag{4-5}$$

式中：$\overline{CD}$——交叉深度，mm；

D（R）——大锡林直（半）径，mm；

d（r）——风轮直（半）径，mm；

$\overline{AB}$——接触弦长 $\widehat{ACB}$ 对应的弦长，mm。

由简化计算式（4-4）可以看出，插入深度 $\overline{CD}$ 与接触弦长 $\overline{AB}$ 的平方近似成正比。接触弦长，是风轮的重要工艺参数之一。

2. 起出作用区的影响因素 风轮的起出作用必须适当。起出不足达不到预期目的，但起出作用过分强烈，会破坏毛网结构，增加飞毛。不但不能得到均匀的毛网，而且会降低制成率，增加动力消耗与机器磨损。因此，要很好地掌握风轮的工艺条件，具体如下。

（1）锡林与风轮的速比。速比是风轮表面线速度与锡林表面线速度的比值。由于风轮表面线速度大于锡林表面速度，所以比值大于1。一般速比是利用改变风轮速度来调节，速比越大，风轮与锡林钢针对纤维的作用力越大，起出的作用越显著。但速比过大，意味着风轮速度的提高，风轮钢针对锡林的冲击力大，对纤维层有破坏作用，而且飞毛多，机器振动大，风轮钢针的变形也大。在实践生产中，速比一般掌握在1.2~1.4为宜。如在粗纺梳毛机中，由于前、中、后车的混料状态不同，前车混料松散状态好，纤维易沉入齿根，所以速比适当大些。

（2）风轮与大锡林的接触弦长或插入深度。插入深度过深，破坏毛网并且损伤针布；插入过浅，起出作用太弱。因此，应根据原料种类、原料状态等合理选择。在实际生产中，用接触弦长 $\overline{AB}$ 表示插入深度，一般 $\overline{AB}$ 在20~40mm之间。纯毛由于长短不齐，插入较深。化纤长度整齐度好，插入可浅一些。如在粗纺梳毛机的前、中、后车，后车插入深度浅，前车插入深度深。

（3）速比与接触弦长的配合。接触弦长和风轮速比是互相关联的。在速比较大的情况下，接触弦长可以小一些；反之，在接触弦长较大时，可以选择较小的速比。在生产实践中，这两个工艺条件应该仔细调试后确定。

（三）剥取作用区工作分析

在盖板梳理机上，剥取作用发生在1~3个刺辊、刺辊与锡林、道夫与剥取罗拉之间。在罗拉梳理机上，发生在工作辊与剥取辊、剥取辊与大锡林、运输辊与大锡林、道夫与斩刀之间。剥取作用除了可以完成纤维由一个工艺部件向另一个工艺部件的转移外，还可使纤维层逐渐减薄，同时伸直纤维和排除尘杂。

1. 剥取作用区的特点

（1）同向剥取和异向剥取。根据在作用区内两个回转机件的回转方向可分为同向剥取和异向剥取两种。如剥取辊与大锡林、胸锡林和运输辊以及运输辊和大锡林之间，运动方向相同，均为同向剥取。而工作辊与剥取辊、道夫和剥取罗拉、胶圈、斩刀的回转方向相反，属异向剥取。

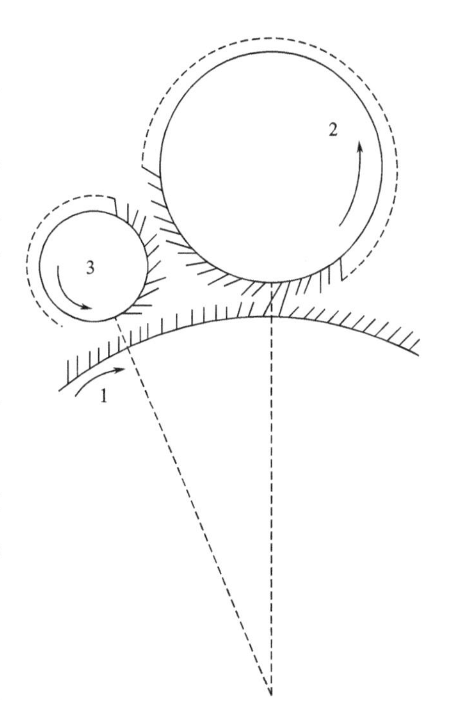

图4-13 工作辊与剥取辊组成的梳理环

图4-13所示为由罗拉梳理机锡林1、工作辊2、剥取辊3组成的梳理环。其中，速度关系为 $V_1>V_3>V_2$，

2—3、3—1 作用区的针布交叉配置，都为剥取作用。但在剥毛辊与锡林作用区内，3—1 针面的运动方向相同，称为同向剥取；在工作辊与剥取辊作用区内，2—3 针面的运动方向相反，称为异向剥取。

剥取作用的实质是使原来携带握持纤维的工艺部件失去握持能力。同时在剥取过程中，纤维层分解减薄，在离心力的作用下，部分杂质和短纤维有可能被排除。特别在剥取辊处，由于剥取辊直径较小，速度较高，离心力的作用更明显。

（2）输出剥取装置。纤维经梳理机梳理后，由道夫凝聚。道夫携带的纤维层由剥取装置的剥取完成输出任务。最常见的剥取装置有罗拉剥取、胶圈剥取和斩刀剥取方式。任何一种剥取装置都必须满足道夫输出的纤维网能被连续不断地稳定输出；被剥取的纤维网应保持其结构均匀；机构简单，使用和维修方便。目前，在盖板梳理机上基本使用罗拉剥取、胶圈剥取装置。罗拉剥取是利用表面包有一定规格锯齿的罗拉做连续圆周运动完成的，有三罗拉和四罗拉剥取装置之分。胶圈剥取是借回转胶圈的摩擦作用剥取输出的。在罗拉梳理机上主要是采用斩刀剥取装置。

2. 剥取作用区的影响因素

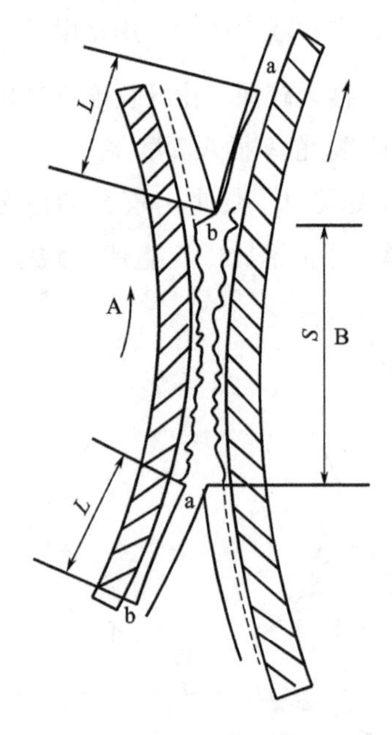

图 4-14　锡林与刺辊的剥取区

（1）速比。锡林与刺辊二者的线速度比值，直接影响纤维的转移效果，要求是纤维顺利转移和不返花。如图 4-14 所示，纤维 ab 的转移是在刺辊 A 与锡林 B 靠近的弧面间 S 区内进行的。在相同的时间内，纤维 ab 要顺利从刺辊转移到锡林 B 上，在转移开始时，纤维 ab 的头端 a 被锡林 B 抓取。转移结束时，纤维 ab 的尾端 b 需要在接近后罩板底边之前转移。因此，锡林转过的长度至少为 $S+L$，刺辊转过的长度为 S。即当刺辊 A 通过转移区 S 时，锡林 B 通过的长度要比刺辊多一个纤维长度 L。

因此，纤维从刺辊转移到锡林，最小速比可用下式计算。

$$\frac{V_C}{V_T}=\frac{S+L}{S} \tag{4-6}$$

式中：V_C——锡林表面速度，mm/min；

V_T——刺辊表面速度，mm/min；

L——纤维长度，mm。

当锡林与刺辊速比较小时，如果在开车、关车时，刺辊还没有形成正常速度，此时容易形成返花。如果刺辊处于正常的运转速度，依靠刺辊的离心惯性力和气流作用，即使速比较小，也不影响纤维转移。因此，在生产中，速比要偏大掌握。化纤与棉相比，长度长且与刺辊锯齿的摩擦系数较大，转移较难，因此速比比纺棉时大。随着产量的提高，国产盖板梳理机纺棉时，通常速比宜在 1.7~2.4 之间，纺化学纤维时宜在 2.0 以上。国外盖板梳理机锡林与刺辊的速比多在 2.0 以上。

锡林刺辊速比对生条中纤维结和杂质的影响也较大，采用较高的锡林刺辊速比对于降低生条中纤维结和杂质的含量是有利的。对于成纱质量而言，当所纺纱线线密度较低时，宜采用较大的锡林刺辊速比；当所纺纱线线密度较大时，则并不是速比越大越好。锡林刺辊的速比需要与锡林、刺辊速度综合考虑，首先合理选择锡林和刺辊速度，然后考虑速比的合适性。

（2）隔距。隔距小，锡林抓取刺辊锯齿上的纤维机会多，纤维与锡林针尖接触的数量多，有利于纤维转移。在正常情况下，以偏小掌握。

第四节　针面纤维层负荷和分配

一、针面负荷的意义及种类

在梳理机上，除风轮和斩刀之外，凡是对纤维发生作用的针面或针齿上都负载有纤维层。单位面积上纤维层的平均重量称为针面负荷。针面负荷的单位一般以克/平方米表示，盖板梳理机的盖板负荷则以克/块表示。负荷的大小，反映了纤维层的厚薄，影响梳理质量。如纤维喂入量大，针面负荷就大；如工作辊或道夫速比大，隔距小，则工作辊或道夫的负荷大。合理控制负荷大小，有利于高产、高质，降低消耗，延长针布寿命。负荷过小，不利于均匀混合；负荷过大，梳理不充分，对纤维和针布有损伤。

负荷有两种，一种为参与梳理作用的，称为工作负荷；另一种为不参与梳理作用的，称为抄针负荷。在使用弹性针布的梳理机上，这两类负荷同时存在，而在使用齿条及金属针布的梳理机上，不考虑抄针负荷。

二、针面负荷形成的过程及其作用

（一）喂入负荷

指喂入梳理机的混料分布在各工艺部件每平方米面积上的纤维重量，如下式所示。

$$K=\frac{Q}{VB}(1-Y) \tag{4-7}$$

式中：K——喂入负荷，g/m^2；

Q——喂入机构单位时间喂入量，g/min；

V——工艺部件的速度，m/min；

B——工艺部件上纤维层的宽度，m；

Y——由喂入机构到该梳理机件的过程中混料的损耗（%）。

由式（4-6）可以看出，喂入负荷与每分钟的喂入量成正比，而与工艺部件的速度成反比。喂入负荷的大小，直接反映喂入量或产量的高低。喂入负荷是梳理机上最基本的负荷，其他各种负荷都是由它派生出来的。

（二）罗拉梳理机上锡林的负荷

1. 大锡林上的喂入负荷　开车后，混料通过开毛辊、胸锡林和运输辊转移到大锡林上，分布在大锡林上每平方米的混料重量，以 α_1 表示。

当大锡林携带纤维转到与工作辊形成的分梳作用区时，依次将携带的纤维分配给工作辊，工作辊上的纤维转移给剥取辊，剥取辊的纤维转移给大锡林。在大锡林、工作辊和剥取辊三者之间形成梳理环。当大锡林转到与道夫的分梳作用区时，大锡林上的部分纤维分配给道夫，经剥取装置剥取输出。未被道夫转移的纤维随大锡林返回并与从运输辊上喂入纤维混合，继续进行梳理、分配。开车一段时间后，锡林及各机件的纤维负荷趋于稳定，基本上不再增长。

2. 交工作辊负荷与剥取负荷 指在正常运转时，锡林每平方米针面转交给工作辊的纤维量，以β表示。工作辊上的纤维转移给剥取辊之后又转交回大锡林，称作剥取负荷。这部分纤维在大锡林上每平方米的重量等于大锡林每平方米交给工作辊的纤维重量，都用β表示。它们在量上和成分上是相同的，但其状态和位置发生了变化，起到了在大锡林上再铺层的混合作用。

3. 出机负荷 负荷量稳定后，锡林每平方米交给道夫的纤维量叫做出机负荷，以α_2表示。对于罗拉梳理机，出机负荷α_2与喂入负荷α_1数量上基本相等，但在组成上有很大区别。喂入负荷是由喂入罗拉，经开毛辊、胸锡林及运输辊直接喂入到大锡林上的，而出机负荷是由多种纤维负荷经过反复多次梳理和混合后分配一部分给道夫的。

4. 返回负荷 在稳定生产时期，锡林上的纤维层分配给道夫之后留在锡林上每平方米的纤维量为返回负荷，以α_3表示。它是由锡林与道夫的分梳特点决定的。返回负荷要经过反复多次的梳理、分配，所以返回负荷是由许多次喂入负荷中的部分纤维组成的。出机负荷α_2的成分基本上与返回负荷α_3一样。

5. 抄针负荷 在粗梳毛纺系统中连接过桥机的罗拉梳理机上，锡林、工作辊和剥取辊采用弹性针布。由于针布的钢针高度高，针隙深且大，纤维容易进入针隙深处。特别是一些短纤维和杂质，不容易再露出针面。经过较长时间的积累，就形成了抄针负荷。大锡林上的抄针负荷以α_4表示。

由于抄针纤维要占据一定的针隙，在开车时间不长时，不影响钢针对纤维的握持作用和分梳作用。但当抄针负荷相当大时，就会妨碍钢针对纤维的握持与分梳作用。随着开车时间的延长，抄针负荷不断增长。刚开车时，抄针负荷的增长速度很快，以后逐步减慢，达到饱和状态。各梳理机件形成抄针纤维层的速度也不相同，一般后车比前车快些。只要有一个梳理机件的抄针纤维层超负荷时，就会影响到全机的梳理效能。因此，粗纺梳毛机的大锡林上会配置风轮，及时清除抄针纤维层，以及定期清除残留层。

（三）罗拉梳理机上负荷分布

罗拉梳理机分为三个区域，如图4-15所示。区域Ⅰ为道夫与运输辊之间，锡林负荷由返回负荷α_3和抄针负荷α_4组成。

区域Ⅱ为剥取辊、工作辊与锡林组成的梳理环，其中运输辊的作用与剥取辊作用相同。在保留返回负荷α_3和抄针负荷α_4之外，还有喂入负荷α_1及剥取负荷β。

区域Ⅲ为工作辊和下一个剥取辊之间，即梳理环和梳理环之间。与区域Ⅱ相比较，唯一的不同是区域Ⅲ减少了交工作辊负荷β，只有喂入负荷α_1、返回负荷α_3及抄针负荷α_4三种负荷。

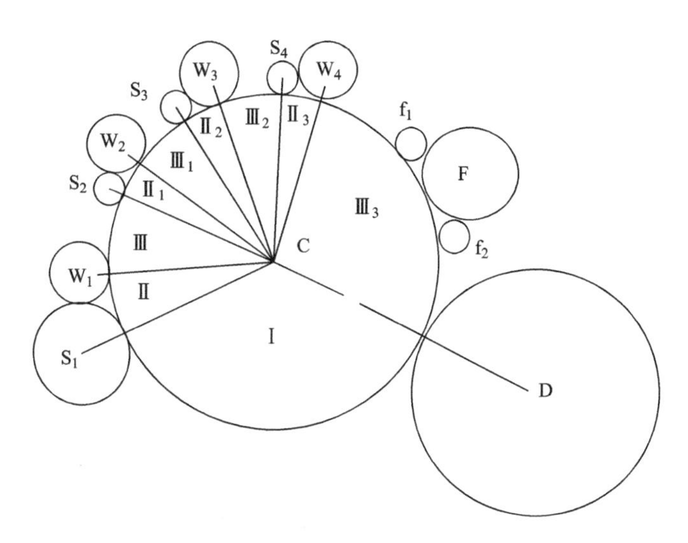

图 4-15 罗拉梳理机的负荷

可以看出，大锡林各部位的负荷种类和负荷量是不同的。在区域Ⅰ处有两种负荷，在区域Ⅱ处有四种负荷，在区域Ⅲ处有三种负荷。在工作辊与大锡林之间除了抄针负荷不参与梳理，其余的三种负荷（即喂入负荷 α_1、交工作辊负荷 β 和返回负荷 α_3）都是参与梳理的。在道夫与锡林之间除了抄针负荷不参与梳理，其余的两种负荷（即喂入负荷和返回负荷）参与梳理。

（四）盖板梳理机上锡林的负荷

1. 大锡林上的喂入负荷 开车后，混料通过喂给罗拉、喂给板以及刺辊转移到锡林上，分布在锡林上每平方米的混料重量，以 α_1 表示。

当大锡林携带纤维转移到盖板，二者发生分梳作用，纤维在锡林盖板间反复转移梳理。由于盖板采用弹性针布，大锡林线速度快，短纤维和杂质甩向盖板针布，并嵌入盖板针布间隙。当原料走出盖板作用区时，清洁装置去除嵌入盖板针隙的短纤和杂质。当大锡林转到与道夫的分梳作用区时，大锡林上的一部分纤维分配给道夫，另一部分随大锡林返回。

2. 盖板负荷和盖板花 盖板针布的纤维层，如图 4-16 所示。

盖板负荷 G_f 为图 4-16 中的曲线 1。在正常工作时，由后向前，盖板上纤维总量逐渐增加，并趋于稳定。盖板花为图 4-16 中的曲线 2，即为残留层纤维量 G_{f1}，变化趋势同曲线 1。曲线 1 和曲线 2 之间表示每根盖板上自由纤维量。可以看出，盖板工作层从后向前逐渐减小，当盖板接近前区时，盖板上的纤维层基本为残留层，且多数为杂疵和短纤维；在盖板走出前区时，被盖板清洁系统清洁，称为盖板花。残留层纤维量即为输出的盖板花量。当盖板反转时，工作区盖板由道夫至刺辊，从前向后，盖板上纤维量与残留层纤维量逐渐增加，盖板上工作层逐渐减少，并趋于稳定。到盖板走出后区时，残留层纤维量即为输出的盖板花量。

3. 出机负荷 负荷量稳定后，锡林每平方米给道夫的纤维量叫做出机负荷，以 α_2 表示。当锡林离开盖板作用区后携带的纤维为 $\alpha_3+\alpha_1-G_{f1}$，经过道夫，锡林分配给道夫的出机负荷量

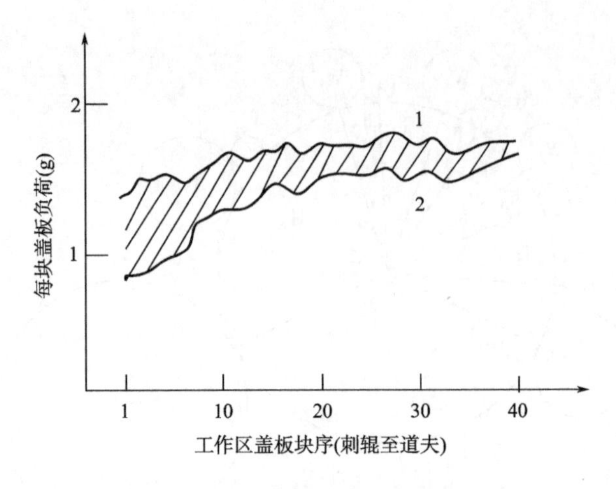

图 4-16 盖板针布的纤维层

为 α_1-G_{f1}，因此，出机负荷 α_1-G_{f1} 和喂入负荷 α_1 不仅组成不同，在数量上也有差异。

4. 返回负荷 在稳定生产时期，锡林上的纤维层分配给道夫之后留在锡林上每平方米的纤维量，以 α_3 表示。组成同出机负荷。

(五) 盖板梳理机上负荷分布

盖板梳理机分为四个区域，如图 4-17 所示。

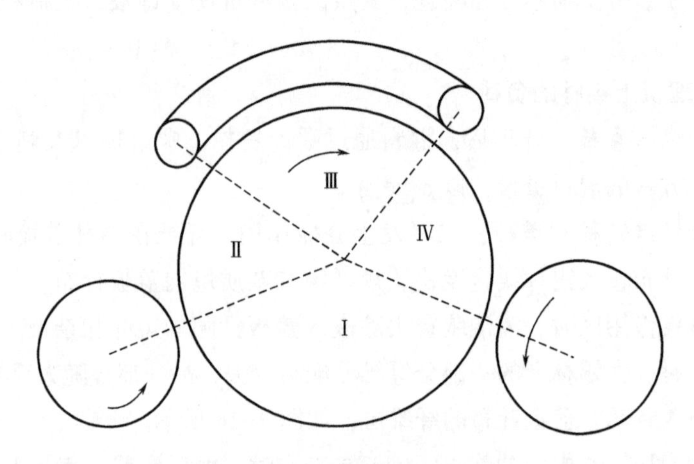

图 4-17 盖板梳理机的负荷

可以看出盖板梳理机的锡林针面负荷在不同位置时是不相同的。在道夫与刺辊之间的Ⅰ部分，不考虑抄针负荷，只有返回负荷 α_3。刺辊与盖板之间的Ⅱ部分，有两种负荷，即返回负荷 α_3 和喂入负荷 α_1。锡林盖板区间的Ⅲ部分，有三种负荷，即返回负荷 α_3、喂入负荷 α_1 和盖板负荷 G_f。盖板与道夫间的Ⅳ部分，负荷为 $\alpha_3+\alpha_1-G_{f1}$。

三、分配系数

分配即纤维在梳理作用区内被相互作用的两针面分成两部分的现象。分配系数有两种，一种是工作辊分配系数，另一种是道夫分配系数。

（一）工作辊分配系数

在罗拉梳理机上，工作辊分配系数表示锡林每平方米针面交给工作辊的纤维重量与锡林每平方米针面上纤维重量之比。胸锡林上只有喂入负荷 α_1 与剥取负荷（即交工作辊负荷）β 两种参与梳理。大锡林上有喂入负荷 α_1、剥取负荷 β 和返回负荷 α_3 三种。胸锡林与大锡林的工作辊分配系数分别以 F_{p1} 及 F_{p2} 表示，可用下式计算。

$$F_{p1}=\frac{\beta}{\alpha_1+\beta} \tag{4-8}$$

$$F_{p2}=\frac{\beta}{\alpha_1+\beta+\alpha_3} \tag{4-9}$$

在实际中，返回负荷 α_3 比喂入负荷 α_1 大得多，但是实际参与梳理的纤维并不多。主要参与梳理作用的是喂入负荷 α_1。因此，工作辊分配系数应以式（4-8）表示。

（二）道夫分配系数

道夫分配系数，也称为道夫的转移率，是指锡林向道夫转移的纤维占参与梳理作用纤维的百分率。

在罗拉梳理机上，锡林和道夫之间参与梳理作用的纤维有出机负荷 α_2 和返回负荷 α_3。在正常运转时，罗拉梳理机的出机负荷 α_2 与喂入负荷 α_1 在量上相等（不计消耗），则其转移率或称道夫的分配系数 R，可用下式计算。

$$R=\frac{\alpha_1}{\alpha_2+\alpha_3} \tag{4-10}$$

在盖板梳理机上，道夫转移率通常是以锡林一转交给道夫的纤维量占锡林一周带向道夫的纤维总量的百分率。锡林一周带向道夫的纤维总量可以用锡林盖板针面自由纤维量或者锡林走出盖板与道夫作用前的针面负荷折算成锡林一周针面的纤维量来表示。因此，道夫转移率可用下式表示。

$$R_1=\frac{q}{Q_0}\times100\% \tag{4-11}$$

$$R_2=\frac{q}{Q_c}\times100\% \tag{4-12}$$

式中：q——锡林一转，转移给道夫的纤维量，g；

Q_0——锡林盖板针面自由纤维量，g；

Q_c——锡林走出盖板与走出道夫作用前的针面负荷折算成锡林一周针面的纤维量（g）。

其中 Q_0 是自由纤维量，Q_c 是针面负荷，二者的区别是 Q_c 包含抄针负荷。当针布采用金属针布，可以忽略不计。当针布采用弹性针布，必须考虑抄针负荷。实际中多采用金属针布。

其中，q 可以用下式计算，即：

$$q=\frac{1000\times p}{n\times60} \tag{4-13}$$

式中：p——梳理机产量，kg/（台·h）；

n——锡林转速，r/min。

Q_0 可以实际测出，停止喂给纤维，在输出部位的喇叭口处，快速作颜色标记，收集标记后所有梳出纤维，去除喇叭口与锡林道夫隔距点间的一段须条，所余的纤维量即为 Q_0。由于 Q_0 测定方便，金属针布的盖板梳理机通常采用 R_1 来计算，R_1 为 6%~15%。目前，高产梳理机上采用了一些加强转移的措施，如采用新型横纹道夫针布，以加强纤维的转移，转移率可高达 20%~30%。

（三）分配系数和梳理效能的关系

在一般情况下，提高分配系数意味着锡林单位面积交给工作辊或道夫的纤维量增加，有利于提高纤维网质量。如工作辊携带的纤维量越大，纤维接受梳理的机会越多。道夫分配系数大，转移给道夫的纤维量增加，返回负荷减少。从另一角度看，纤维重复梳理次数降低，梳理质量也会下降。但返回负荷过大，会使锡林针面不清晰，影响盖板、工作辊、道夫对纤维的梳理效能。如锡林工作辊间的隔距小，有利于抓取纤维，有利于分配。工作辊或道夫速度增加，分配系数大。针布的种类和规格也会影响分配系数，如采用金属针布，返回负荷小，以提高梳理效能。在精纺梳毛机、梳麻机、盖板梳理机上，由于并条机和针梳机可以起到混合均匀作用，采用金属针布，以提高梳理效能。如工作辊工作角小，利于纤维的分配等。

第五节　梳理过程中的其他主要作用

一、均匀作用

（一）均匀现象

梳理机的均匀现象，如图 4-18 所示。横坐标代表时间，纵坐标代表单位长度须条重量。如将正常运转的梳理机突然停止喂给，如曲线 1—2。可以发现输出的纤维网并不立刻中断，条子只是逐渐变细，如曲线 2—7，而不是曲线 3—4。这就说明梳理机具有放出纤维的能力。当在曲线 4 位置，开始喂入原料，发现条子并没有立即达到正常生产的重量，而是逐渐变粗，如曲线 7—6，而不是曲线 5—6。这就说明梳理机具有吸收纤维的能力。

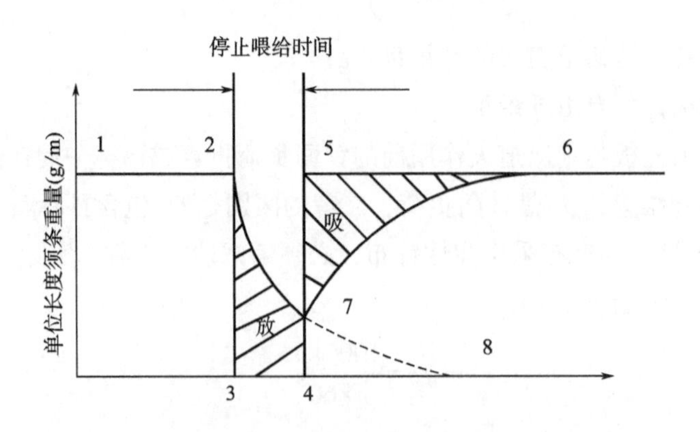

图 4-18　梳理机的吸放纤维

由此可见，在机器停止喂给和恢复喂给的过程中，条子并不按曲线1—2—3—4—5—6那样变化，而是按1—2—7—6变化。这表明，在停止喂给时，针齿放出纤维，放出量为2—3—4—7阴影处的面积；在恢复喂入后，针齿吸收纤维，吸收量为5—7—6阴影处的面积。这种吸放的纤维能够缓和喂入量波动对输出量不匀的影响，所以梳理机具有一定的均匀作用。

（二）均匀作用分析

通过观察均匀现象，当喂入量增加时，可吸收纤维；当喂入量减少时，可放出纤维，特别是短片段的均匀度较好。当喂入纤维量的不匀片段较长时，条子的重量就会随之波动。这种吸放纤维的作用是由返回负荷的性质决定的。返回负荷大，均匀作用好。

梳理机可以解决前进方向（即纵向）的不匀，但不能解决梳理机的横向不匀。在粗梳系统的罗拉梳理机上，要采用过桥机构来解决纤维网的横向不匀问题，同时也改进纵向不匀。当加工混色或数种纤维混纺的产品时，梳理机上具有两个或两个以上的过桥机，混合均匀作用就更为完善。在毛纺精梳系统或棉纺系统中，一般要通过针梳机或并条机来解决纤维网的横向不匀问题。

二、混合作用

（一）混合现象

梳理机的混合现象，如图4-19所示。在正常生产的白棉卷后整齐地接上红棉卷，观察输出的棉网，并不是立即变为红色，而是先出现红白相混的淡红色棉网，随后逐渐加深，最后输出红色棉网。红白相混说明梳理机具有混合纤维的能力。

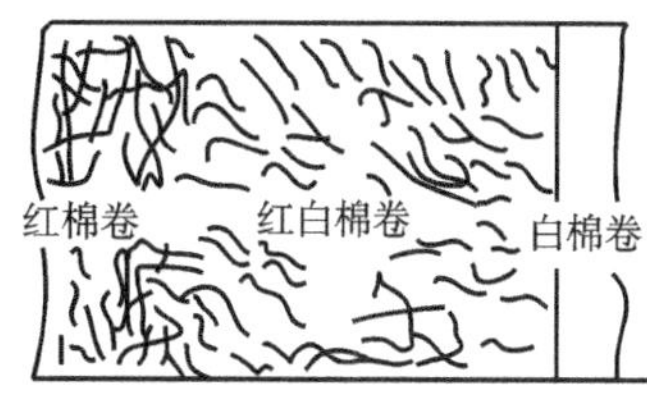

图4-19 梳理机的混合现象

（二）混合作用分析

1. 盖板梳理机的混合作用

（1）纤维在锡林与盖板间经反复梳理和转移，促使纤维在这些部件上不断交换，从而产生了纤维层之间以至单纤维之间的细致混合。

（2）锡林与道夫分梳，产生了返回负荷。与刺辊转移给锡林的喂入负荷铺层叠合，发生混合作用。

（3）锡林与道夫的速比使得锡林针面上的纤维转移给道夫后，在道夫上发生了纤维凝聚。即道夫上一个单位面积的纤维量为锡林多个单位面积的纤维量，凝聚比为速比，产生了混合作用。

这说明当红色棉卷接着白色棉卷喂入梳理机后，锡林从刺辊剥取的红纤维，与锡林返回的白纤维相遇，一起转移到锡林盖板作用区进行梳理，盖板的白色纤维转移给锡林，红白纤维在锡林盖板间反复转移。初步混合后，经过锡林道夫作用进一步混合梳理。

2. 罗拉梳理机的混合作用

（1）剥取辊剥取工作辊上的纤维，并与锡林携带的纤维铺层，发生混合作用。

（2）为了增强分梳能力，在罗拉梳理机上，工作辊速比由后向前逐渐增大，工作辊速度逐渐降低。工作辊的速度差异形成了混合，且工作辊抓取纤维的能力越强，混合作用越好。

如图4-20所示，各个工作辊直径相同，各个剥取辊直径和速度相同。当锡林带着纤维进入工作辊的作用区时，其上的一部分纤维A被工作辊 W_1 带走，余下的纤维B通过工作辊 W_2 时，其中又有部分纤维C被工作辊 W_2 带走。如各工作辊的速度相同，那么纤维A和纤维C回到锡林上时，正好又与原来的重合在一起，不会发生混合作用。而实际情况是，各个工作辊速度逐渐降低，因此，纤维A和纤维C并不能同时回到锡林上，实现了错位铺层，发生了混合作用。可以看出，工作辊速比大，有利于分梳作用，而且纤维错位铺层，混合效果好。

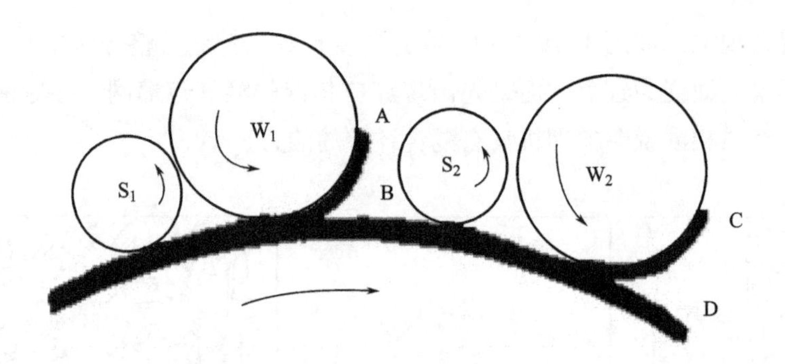

图4-20 纤维在工作辊上的分布

此外，同盖板梳理机一样，锡林与工作辊或道夫间纤维的凝聚、返回负荷与喂入负荷的铺层叠合等都使得梳理过程中纤维间发生了很好的混合作用。

总之，混合作用使得同一时间喂入的纤维，分布在不同时间输出的纤维网内。而不同时间喂入的纤维，却凝聚在同时输出的纤维网内，使得不同时间喂入的纤维得到混合。

梳理机的混合作用表现在输出产品同喂入原料相比，成分和色泽更为均匀一致。在同一位置，负荷种类多，混合量大，混合好。它是细致入微的混合，是单根纤维与单根纤维之间的混合。这种混合是与纤维的梳理同时进行的，不是单独设置的混合。

（三）影响均匀混合作用的因素

均匀与混合作用是同一现象的两个方面，这实质是各滚筒上的负荷变化形成的，其主要影响因素如下。

1. 工作辊回转系数 工作辊回转系数是指大锡林的纤维分配到工作辊上之后，又返回大锡林表面时，锡林所转过的转数以 M 来表示，可以用来描述这两个针面间的混合效果，计算式如下：

$$M=n_c\frac{3}{4}\left(\frac{1}{n_w}+\frac{1}{n_s}\right) \tag{4-14}$$

式中：n_c——锡林转速，r/min；

n_w——工作辊转速，r/min；

n_s——剥取辊转速，r/min；

$\frac{3}{4}$——工作辊和剥取辊上覆盖纤维层的弧长同相应滚筒圆周长的近似比值。

对于罗拉梳理机，如工作辊的回转系数 M 大，纤维在工作辊和剥取辊上停留的时间长，有利于均匀混合作用；工作辊分配系数大，则工作辊的负荷大，混合均匀效果好。

2. 工作辊或道夫与锡林隔距 工作辊与锡林隔距减小，增进分梳和转移能力，混合、均匀作用好；锡林与道夫隔距增大，不利于道夫转移，返回负荷大，出机负荷小，混合均匀好。

3. 返回负荷 返回负荷大，混合均匀效果好。但是要注意返回负荷大，会影响梳理效能，因此生产中应统筹兼顾。对于盖板梳理机，锡林与盖板间的自由纤维量大，混合均匀好；针齿间隔距减小，分梳转移好，均匀好。

三、除杂作用

（一）锡林和盖板的除杂作用

1. 锡林与活动盖板的除杂 锡林与盖板的除杂属于机械结合气流除杂，利用高速锡林产生的离心力将大部分杂质甩到盖板上，再利用弹性针布盖板容纤大、易充塞的特点容纳杂质和短纤维，当每块盖板走出工作区后，将充塞在盖板上的纤维杂质剥离，得到盖板花，即为锡林与活动盖板的落率。

根据盖板花的检验，其中大部分杂质为带纤维籽屑、软籽皮和僵瓣，还有一部分纤维结。短纤维不易被锡林针齿抓取，而较多存在于盖板花中，其中短于16mm的纤维占盖板花的40%以上。盖板正转时，工作区盖板的含杂情况，如图4-21所示。盖板上纤维层的含杂率和含杂粒数都随着盖板在工作区内工作时间的延长而增加，后区盖板增加较快，到盖板走出工作区时达到饱和状态。这种变化曲线类似于盖板负荷的曲线，这说明盖板上杂质的多少和盖板负荷有着密切的关系。盖板反转时，盖板上纤维层的含杂，前区盖板增加较快，后区逐渐达到饱和状态。

盖板花的多少关系到盖板梳理机除杂程度的好坏，其影响因素主要如下。

(1) 盖板速度。盖板速度较快时，盖板在工作区内停留的时间短，每块盖板的针面负荷略有减少，盖板花含杂率也略有降低，但是单位时间内进入工作区的盖板数量增加，因此，总的盖板花和除杂效率是增加的。但盖板花量增多，不利于节约原料。

实际生产中，盖板速度的选择要结合原料含杂情况、所纺纱线的线密度及质量要求、盖板针布的配置来综合考虑。如果原料杂质含量高或除杂要求高，盖板速度需要增加。通常随

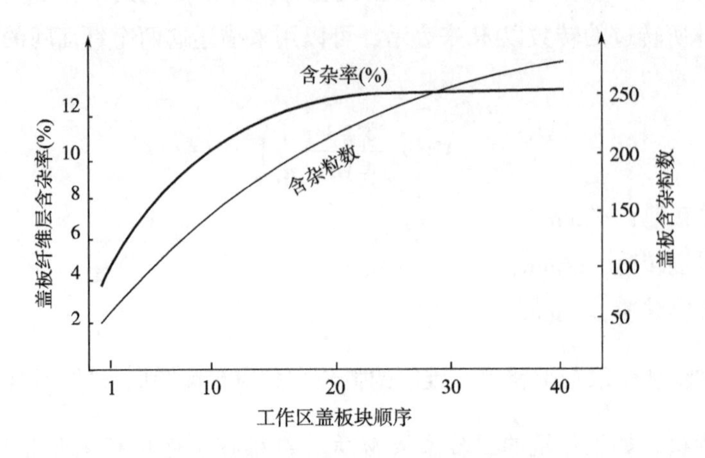

图 4-21 工作区盖板含杂检验的结果

着所纺纱线密度的增加，原料含杂质多，因此盖板的速度要增加。化纤含杂质少，因此盖板速度低。

（2）前上罩板。如图 4-22 所示，当盖板 C 正转时，前上罩板 B 上口与锡林 A 间隔距以及前上罩板 B 位置的高低等因素也会影响盖板 C 除杂。前上罩板 B 上口与锡林 A 间隔距对盖板花影响很大，如图 4-22（a）所示。当隔距减小时，纤维被前上罩板压下，使纤维与锡林针齿的接触数较隔距大时多，锡林针齿对纤维的握持力增大，纤维易于被锡林针齿抓取，从而使盖板花减少；反之，隔距增大，盖板花会增多。前上罩板 B 位置高低也会影响除杂，如图 4-22（b）所示。前上罩板 B 位置较高时，使盖板花减少；前上罩板 B 位置较低时，会使盖板花增加，除杂效果增强，但不利于节约原料。当盖板反转时，后上罩板上口与锡林间隔距以及后上罩板位置的高低等因素分析同前上罩板。

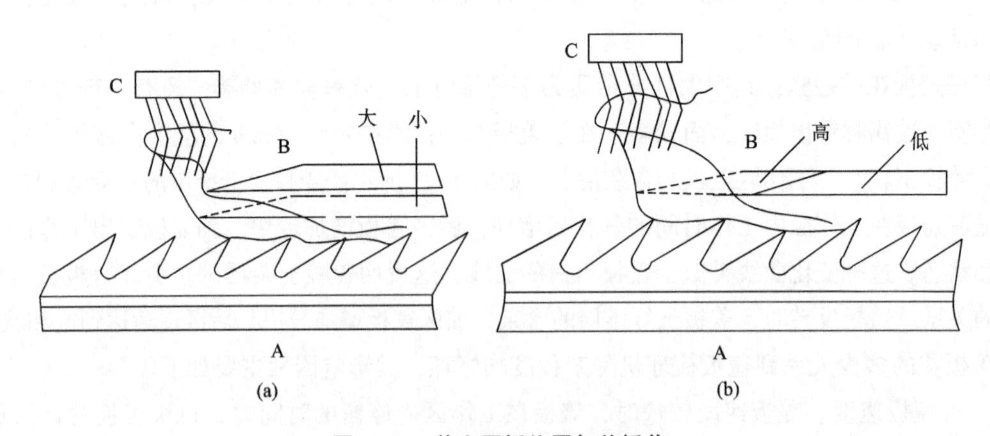

图 4-22 前上罩板位置与盖板花

2. 锡林与固定盖板的除杂 在高产梳理机上，在前后固定盖板上都会采用清洁系统去除杂质，结构如图 4-23 所示。由固定盖板 1、除尘刀 2、吸风罩 3、控制件 4 和导板件 5 组成。

锡林与固定盖板1组成分梳区，破坏杂质与纤维间的联系力，在高速离心力、气流附面层和除尘刀2的作用下，促使杂质、短绒与纤维分离。由吸风罩3中的负压把杂质、短绒、微尘一起吸走。在除尘刀2前面有一控制件4，可以根据需要进行插板式调节。控制开口大小，可使纤维更好地被锡林针齿握持，尾端浮起，在前进至除尘刀2前的开口区，更有利于除尘刀2刮除杂质、托持纤维。另外，根据梳理需要，将固定盖板由导板件5来代替，导板件5具有高精度的铝制外形，可提供更加光滑的表面，避免产生空气涡流和不必要的纤维摩擦。

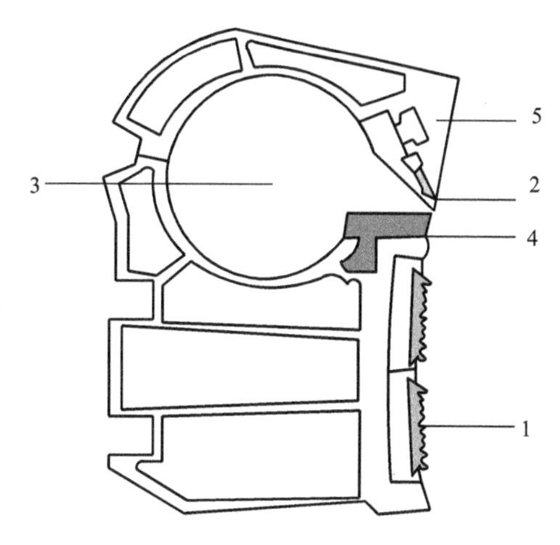

图4-23　固定盖板分梳除杂系统

一般纤维经过一个分梳区后，就会设置一个吸风罩和除尘刀装置，达到吸除杂质、短纤维和微尘的目的。固定盖板梳理区是模块化的，依据不同的原料以及纺纱方式，可以自由配置前后固定盖板分梳除杂系统。

此外，在盖板式梳理机上，还有锡林的抄针花，是从锡林针布抄下的落纤。但在金属针布梳理机上，抄针周期长，抄针花极少，所以除杂作用主要是靠控制盖板花来实现。

（二）打草辊和除草辊的除杂作用

1. 除杂作用分析　在精梳毛纺系统中，羊毛纤维中含有的草杂主要是通过打草辊去除。打草辊的除杂作用是采用机械和气流相结合的方式。打草辊的除草作用如图4-24所示，打草辊1的表面有许多翼片。当打草辊高速回转时，将浮在开毛辊、除草辊或胸锡林等滚筒7表面的草杂击出，抛于除草槽6内，再由往返运动的刮板将草杂刮出机外。

精纺梳毛机的除草装置最为完善，一般配置2~3组除草辊与打草辊相配合的除草装置。除草辊上包覆有特制的金属针布，在逐渐开松的过程中，羊毛纤维易被工作机件的齿尖所握持，而非纤维性坚实草杂相较于纤维硬度硬、重量重、体积大，在离心力的作用下，易暴露在外层，借助打草辊的机械作用可以将草杂除去。

2. 影响因素　影响除草效果的因素主要有打草辊罩壳位置、打草辊的速度以及打草辊与除草辊（胸锡林、开毛辊）的隔距等。

（1）打草辊罩壳位置。打草辊的高速回转会引起很强的气流。如图4-24所示，当打草辊高速回转时，气流由2处进入罩壳内，并沿箭头方向前进。除由5处排出一部分气流外，另一部分气流则随翼片打击草杂，经除草槽排出。在开口2处，喂入和输出的气流易形成紊流，影响草杂内纤维的含量。因此，罩壳后端开口要有足够的高度，罩壳前端毛毡与除草辊7的间隙不宜太小，以利于部分气流排出。否则，调整不当，易造成大量长纤维与草杂同时排出。

（2）打草辊的速度。打草辊的速度必须与除草辊或胸锡林等工艺部件的速度相配合，以确保良好的除杂效果。除草辊表面的草杂依靠高速回转的打草辊上的翼片按顺序击出。翼片

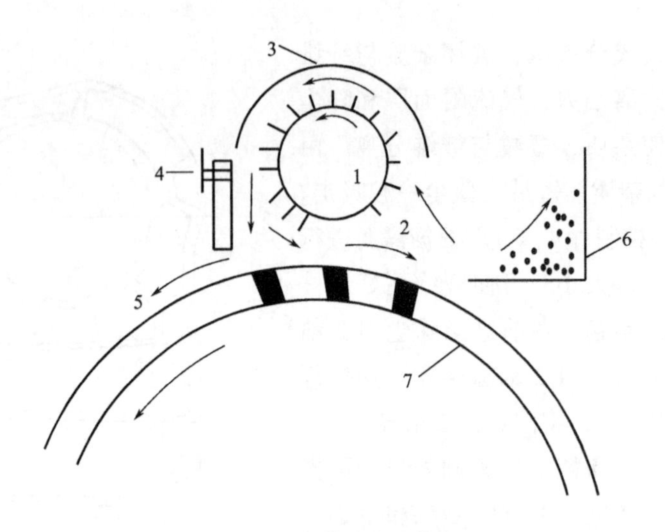

图 4-24　打草辊的除草作用

1—打草辊（翼片）　2—罩壳后端开口　3—罩壳　4—罩壳前端毛毡
5—前端毛毡处开口　6—除草槽（往返运动的刮板）7—开毛辊、除草辊或胸锡林等滚筒

每打击一次，除草辊转过一定的弧长 L。L 是一个重要的参数，L 过大则除草辊表面草杂有漏击的可能，计算式如下：

$$L=\frac{V_C}{N_D \times H} \tag{4-15}$$

式中：V_C——除草辊（开毛辊或胸锡林）表面速度，m/min；

N_D——打草辊转速，r/min；

H——打草辊翼片数。

由式（4-14）可以看出，L 与除草辊、开毛辊或胸锡林等的速度成正比，除草辊速度高，L 大，不利于草杂的去除。提高打草辊转速或增加打草辊翼片数，可减小 L，有利于提高除草杂效率。但为了提高分梳效果，由后向前，开毛辊、胸锡林、除草辊的速度会逐渐增加。打草辊的速度应根据原料的松解程度、含杂的种类与数量以及对除杂的要求而定。

（3）打草辊的隔距。在其他条件不变的情况下，打草辊与开毛辊、胸锡林、除草辊的隔距越小，除草杂的效率越高。但隔距大小应与原料的开松状态、滚筒上的负荷量相适应。随着原料开松程度的不断提高以及滚筒负荷量的减少，打草辊的隔距可相应缩小，但过小会损伤纤维。

讨论专题三：

1. 在查阅有关文献基础上，论述现代高产梳理机发展的主要进步。
2. 结合所学知识，阐述梳理在纺纱系统中的重要性。

思考题：

1. 解释纤维的沿针运动和绕针运动。

2. 概括金属针布和弹性针布的主要特点及其应用。
3. 梳理机中相邻两针面对纤维的作用有哪几种？用图解释。
4. 如何提高锡林与盖板之间的分梳作用？
5. 针面负荷的含义是什么？画图说明盖板梳理机和罗拉梳理机上锡林的负荷分布。
6. 阐述梳理机的混合作用和均匀作用及其意义。
7. 阐述盖板梳理机锡林与活动盖板和固定盖板之间除杂的机理及主要区别。

第五章　精梳

本章知识点：

1. 精梳的目的与要求及精梳机常见的分类。

2. 精梳前准备的目的、要求、工艺及特点。

3. 棉型、毛型精梳机的工艺过程、工作周期及运动配合。

4. 喂给长度、喂给方式、喂给系数、分离隔距、落纤（棉）隔距、梳理隔距、重复梳理次数、理论落棉率的概念。

5. 分离纤维丛长度、接合长度、分离牵伸值、有效输出长度及接合率的定义。

6. 钳板运动定时、锡林定位、顶梳定位及分离罗拉顺转定时。

第一节　概述

梳理机加工的条子中，短纤维含量较多，杂质和疵点数量多，纤维的伸直平行度和分离度不够，这些问题一方面影响纺纱质量，使其难以满足高档纺织品的纺制要求，另一方面加大了细特（高支）纱的生产难度。因此，为了加工质量要求较高的纺织品和特殊纱线，梳理后的须条需要经过精梳工序的进一步加工。此外，对质量要求很高的纺织品所用的精梳纱线，甚至要求经过两次精梳过程。

一、精梳的目的与要求

（一）精梳的目的

精梳是精梳工程或工序的简称，是指在梳理机对纤维充分梳理的基础上所进行的进一步的精细梳理。精梳的任务和所要达到的目的如下。

1. 排除纤维条中不适合精梳加工制品要求的短纤维　去除短纤维是精梳工程最主要的目的。纤维长短是一个相对概念。根据原料的性质和产品加工系统的不同，短纤维的概念不同。例如，精梳毛纺条中30mm以下的纤维是短纤维；而棉精梳的落棉纤维一般是长度16mm以下的纤维。被去除的短纤维叫做精梳短纤，可在纺制中粗特纱中使用。

2. 进一步提高纤维的伸直平行程度　通过握持梳理作用，进一步分离纤维，提高其平行伸直度，使精梳后纤维条中的纤维伸直平行度和分离度均有较大的改善。

3. 进一步清除结杂　较为完善地清除纤维条中存在的各种纠缠扭结纤维形成的结子、粒子及细小的草屑、籽屑等杂质。

4. 均匀混合　依靠喂入和输出条的并合作用，使各种混料成分的纤维得到进一步的混合。

（二）精梳的要求

与同样特数的未经过精梳系统生产的纱线相比，经过精梳系统加工的精梳纱线各项质量指标均应有显著的提高。精梳纱线应具有强力高、结杂少、条干匀、光泽好的特征。因此，对精梳工序的要求如下。

（1）通过排除短纤维，提高纤维的长度整齐度和平均长度，改善条干，降低纱线毛羽数量，提高成纱强力，降低成纱强力变异系数。

（2）通过排除条子中的杂质，减少棉结（毛粒、麻粒或绵粒）数量，以改善纱线外观质量，降低疵点数，减少细纱断头率。

（3）通过改善条子中纤维的分离度和伸直平行度，改善纱线的光泽，降低条干不匀，提高成纱的内在质量。

（4）通过喂入与输出时的并合作用，使不同条子得到充分的均匀和混合，以确保成纱质量的整体提高。

二、纺纱系统中的精梳

（一）各纺纱系统中的精梳

在各纺纱系统中，采用精梳工序都可改善由梳理机输出的条子在质量上的缺陷，为加工质量要求较高的纺织品和特殊纱线做准备。在棉纺纺纱系统中，当纺制细特（高支）纱、高质量纱，或特种纱线（如特细特纱、轮胎帘子线等）时，要求采用精梳工序；而在毛纺、麻纺和绢纺纺纱系统中，由于所加工的纤维长度长、但长度整齐度差，因此，一般都采用精梳以去除短纤维，降低长度不匀。有时为提高产品质量还需采用第二次精梳或复精梳。

（二）精梳机的种类

纺纱工程中使用的精梳机种类很多，但无论何种精梳机，其工作特点均是能对纤维的两端进行梳理，以便对长短纤维进行分类。目前，常见的分类主要有以下三种。

1. 按适用原料分 适用于加工棉纤维的棉型精梳机、适用于加工毛（麻、绢丝）纤维的毛型精梳机、适用于加工亚麻纤维的栉梳机以及适用于加工绢丝的绢纺梳绵机。

2. 按工艺路线分

（1）直型精梳机。直型精梳机是指从喂入原料到输出产品的工艺路线为直线运行的精梳机。直型精梳机也称平型精梳机，是目前应用最广泛的一类精梳机，适合加工长度为30～100mm的各类纺织纤维。其工作特点是梳理作用间歇式周期地进行；去除结粒杂质效果好；精梳落纤率较低。

在直型精梳机中，根据喂入钳板或拔取（分离）罗拉的摆动形式不同，又可分为以下几种：①前摆动式精梳机；②后摆动式精梳机；③前后摆动式精梳机。

前摆动式精梳机也称固定钳板式精梳机，其特点是喂入钳板固定不动，分离拔取机构部分做前后摆动，以完成对纤维的分段梳理工作。在该机型上，纤维容易飘动，在高速情况下加工化学纤维时情况更为严重，且传动机构较复杂，不适宜高速运转。国产B311、B311A、B311C等型号的精梳机均属于该类型，广泛用于毛、麻、绢及化学纤维的加工过程中。目前，毛纺的精梳加工主要采用前摆式精梳机。

后摆动式精梳机也称摆动钳板式精梳机，其特点是分离拔取机构部分固定不动，而喂入钳板机构做前后摆动，以完成对纤维的分段梳理工作。该机型速度较前摆式高，但振动较大。国产 FA251、FA261、FA266 等型号的精梳机均属于该类型。目前，国内棉纺的精梳加工主要采用后摆式精梳机。

前后摆动式精梳机为分离拔取、喂入钳板两部分相对地摆动，其特点是运动合理，动程短，振动较小，适宜高速。但机构复杂，不易保养和维修。目前，意大利生产的 PSD 直型精梳机等属于该类型。

（2）圆型精梳机。圆型精梳机是指从喂入原料到输出产品的工艺路线为圆周形运行的精梳机，常简称为圆梳机，适于加工 75mm 以上的长纤维原料。主要包括以下几种：①连续作用式，其梳理作用是连续进行的，产量较直型精梳机高，但梳理效果差，落纤率高，制成率低，劳动强度较大，毛纺纺纱系统中使用的圆型精梳机主要用于粗长羊毛加工；②分段作用式，其梳理作用是分两段进行的，梳理效果好，但劳动强度也较大，国产 CZ161A、CZ162A、CZ163A 等型号的精梳机（圆梳机）均属于该类型，主要用于麻、绢纤维的加工；③还有绢纺梳绵机和亚麻栉梳机也属于圆型精梳机。

3. 按工作状态分

（1）连续式精梳机，一般圆型精梳机属于连续式精梳机。

（2）间歇式精梳机，一般直型精梳机属于间歇式精梳机。

目前，由于直型精梳机去除短纤维的能力强、清除杂质的效果好、落纤率低，虽机构复杂、梳理间歇进行、产量低，但其仍是主流产品。

第二节　精梳前准备

一、精梳前准备的目的与要求

（一）精梳前准备的目的

梳理机输出的条子，通常称为生条，生条中的纤维存在大量的弯钩，平行伸直度不理想，纵向排列也不规则，将这种状态的条子直接喂入精梳机，会导致一些长纤维由于未伸直而被梳下成为落纤（如落棉或落毛），并且容易造成纤维的损伤和产生纤维粒，同时也会使精梳机的负担加重，梳理效能减弱，生产效率下降，此外，还会使精梳机的梳针淤塞或损坏，降低输出产品的质量，或因检修而影响正常生产。因此，生条在喂入精梳机之前，需对其进行预处理，这个过程称为精梳前准备。其主要目的如下。

1. 伸直平行纤维　通过精梳前准备工艺，提高生条中纤维的伸直平行度，改善纤维结构和状态，减少精梳加工对纤维和梳针的损伤，减少精梳落纤中的可纺纤维含量，节约原料，降低成本。

2. 制成均匀且符合要求的卷装　棉纺精梳机要求棉卷（小卷）喂入，因此，精梳前准备工艺需将生条制成符合定量要求、质量要求和层次清晰的棉卷；而毛纺、麻纺、绢纺所用精梳机大多采用条子喂入，因而精梳前准备工艺需要制成满足要求的纤维条。

（二）精梳前准备的要求

（1）提高生条的单纤维化率、分离度、伸直度和平行度，以提高精落含短绒率、少损纤维、多排结杂；定量要正确稳定、不匀率要小；不附纱疵，不增棉结。

（2）小卷或条子成形要良好。小卷边缘平齐，端面少搓，层次清晰，横向均匀，无条痕，退绕不粘连。

二、准备方式

（一）棉纺精梳前的准备方式

目前棉纺精梳前的准备方式，即从梳棉机到精梳机的工艺流程有以下三种。

（1）预并条→条卷，简称条卷工艺。条卷工艺机器占地面积小，结构简单，便于管理和维修。但由于牵伸倍数小，小卷中纤维伸直不够，又由于条卷机是采用棉条并合方式成卷，制成的小卷横向均匀度差，有严重的条痕，精梳落棉多，对精梳质量和节约用棉有较大影响，因此，制成的小卷定量不宜过重，一般控制在50g/m以下。此种工艺的并合数为120~160根，总牵伸倍数在7.2~10.4之间选定。

（2）条卷→并卷，简称并卷工艺。并卷工艺由于采用棉网并合，制成的小卷成形良好、层次清晰、横向均匀度好，小卷横向条痕彻底被消除。较好的横向均匀度有利于精梳机的钳板匀称地握持纤维层，使精梳锡林梳针横向负荷均匀一致，从而有利于精梳锡林均匀地进行梳理，也可减少可纺纤维的下落。并卷工艺采用的总并合根数为120~144根，总牵伸倍数在7.2~10.8之间。并卷工艺对纺制29mm长度及以上的细绒棉和长绒棉有较好的适应性，落棉少，质量好，小卷定量也可适当加重，有利于提高精梳机产量，适于纺特细特纱。

（3）预并条→条并卷联合，简称条并卷工艺。条并卷工艺是采用先条并后网并的工艺方法，总牵伸倍数为18~24倍，总并合根数为288~384根。这种工艺特点是并合根数多，牵伸倍数大，可以大幅度提高生条中的纤维平行伸直度，小卷横向均匀度较好，重量不匀率也小，有利于提高精梳机的产量和减少落棉。但此种流程机器占地面积大，纺制长绒棉时，因准备工艺牵伸过大，容易发生粘卷，因此，对车间温湿度要求较严格。

（二）毛纺精梳前的准备方式

精梳毛纺的工艺流程较长，精梳工序在毛条制造工程和条染复精梳工程中应用。在制条工程中，根据羊毛纤维的性能不同，精梳前准备工艺流程不同，当加工品质好、支数高的毛条时，由于羊毛的细度细、卷曲多、长度较短，多采用三道针梳，即头道针梳→二道针梳→三道针梳。当加工粗支羊毛和级数毛时，多采用两道针梳。即采用头道和可以变重的三道针梳机。条染复精梳工程中的工艺流程与制条工程类似，但不同企业在具体配备上会有所不同。

（三）麻纺、绢纺精梳前准备方式

在麻纺和绢纺系统中，由于纤维的伸直度与分离度较好，一般精梳前准备工序均采用两道针梳机，其中，头道工序有时使用双胶圈并条机。对亚麻长纤维，为便于纤维的梳理，梳理前需先加湿、给乳与养生，以使纤维具有一定的强度、油性、成条性及吸湿性，消除纤维的内应力，再将成捆养生后的纤维打成麻，分成一定量的麻束，以满足栉梳机的喂入要求。

三、精梳后的配套工序

精梳机输出的条子是由各个须丛搭接叠合而成的，条子内纤维分布不匀，条子的粗细也存在周期性不匀，不能适应后续加工的需要，因此，精梳条下机后，还需要配置适当的配套工序，一般要经过2~4道的并合牵伸，以改善精梳条的条干均匀度。

第三节　精梳工艺过程及运动配合

一、精梳的工艺过程

（一）棉型精梳机

国内棉纺纺纱系统使用的精梳机以后摆式直型精梳机为主。图5-1所示为棉型精梳机的工艺过程。小卷1放在一对承卷罗拉2上，随承卷罗拉的回转而退解棉层，棉层经导卷板3喂入给棉罗拉4与弧形给棉板5组成的握持钳口。给棉罗拉周期性间歇回转，每次将一定长度的棉层（该棉层长度定义为给棉长度）送入上钳板6和下钳板7组成的钳口间。当钳板闭合时，上、下钳板的钳唇有力地握持棉层。钳板做周期性的前后摆动，在钳板向后摆中途，钳口闭合，有力地握持棉层，使钳口外棉层呈悬垂状态。此时，锡林8上的针面正好转到钳板钳口下方，针齿逐渐刺入须丛，对须丛的头端进行梳理，使纤维伸直平行，并排除未被钳板握持的部分短绒、结杂和疵点。随着锡林针面转向下方位置，嵌在针齿间的短绒、结杂、疵点等被高速回转的毛刷23刷下，经风斗吸附在尘笼24的表面上，最后卷绕到卷杂辊上，由人工定期排除，或者由滤尘室风机气流通过棉斗或笛管吸入滤尘室。

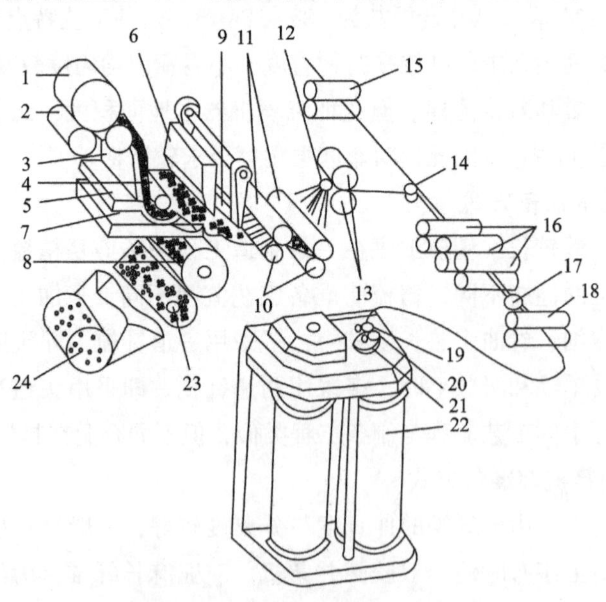

图5-1　棉型精梳机的工艺过程

在锡林梳理结束后，随着钳板的前摆，须丛逐步靠近分离罗拉 10 和分离胶辊 11 组成的钳口。与此同时，上钳板 6 逐渐抬高，钳口逐渐开启，梳理好的须丛因本身弹性而“抬头”向前挺直，同时，分离罗拉倒转，将上一周期输出的棉网倒入机内，准备与钳板送来的须丛头端搭接。在规定时刻，分离罗拉由倒转变为正转。当正转加速到一定程度时，钳板送来的须丛头端恰好到达分离钳口，和前一周期输出棉网的尾部搭接起来形成连续棉网，此时，顶梳 9 也向前摆动，梳针高度降低，在张力牵伸的作用下，棉层挺直，顶梳 9 顺势插入须丛。当分离钳口握持的纤维随分离罗拉正转向前运动时，被分离钳口抽出的纤维尾端从顶梳片针隙间拽过，使纤维丛尾部受梳理，纤维尾端黏附的部分短纤维、结杂和疵点被阻留于顶梳梳针后边，待下一周期锡林梳理时去除。当钳板到达最前位置时，分离钳口不再有新纤维进入，分离接合工作基本结束。钳板开始后退，钳口逐渐闭合，准备进行下一个循环的工作。由分离罗拉输出的棉网汇集到车面上，经集合器 12 聚拢成棉条、车面压辊 13 压紧后再输送到机前车面上。各眼输出的台面条分别绕过导条钉 14 转向 90°后，并合在一起。靠近车头四眼输出的棉条还要经过一对中间压辊 15 的压缩、引导，与另一组同时向前进入三下五上曲线牵伸装置 16。经牵伸后，由集合器 17 聚拢成精梳条、大压辊 18 压紧进入圈条集合器 19，再经圈条压辊 20 输送，由斜管齿轮 21 圈放在条筒 22 内。

（二）毛型精梳机

目前，在精梳毛纺系统中使用的精梳机以拔取罗拉为摆动机构的前摆式直型精梳机为主。如图 5-2 所示，毛条筒中的毛条经导条辊导出后，按顺序穿过导条板 1 和导条板 2 的孔眼，移至托毛板 3 上。毛条在托毛板上均匀排列，形成毛片，喂给喂毛罗拉 4。喂毛罗拉做间歇性转动，使毛片沿着第二托毛板 5 做周期性的前进。当毛片进入给进盒 6 中时，受给进梳 7 上的多片针排控制。喂给时，给进盒与给进梳握持毛片，向张开的上、下钳板 8 移动一个距离，每次喂毛长度为 5.8~10mm。毛片进入钳口后，上、下钳板闭合，把悬垂在圆梳 14 上的毛片须丛牢牢地握持住，并由装在上钳板上的小毛刷将须丛纤维的头端压向圆梳的针隙内，由圆梳的梳针进行梳理，分离出短纤维和杂质。圆梳上针板第一排到最后一排，针的密度和细度逐渐增加，且做不等速回转。这样可以使圆梳对须丛纤维的头端具有良好的梳理效果，并能使纤维少受损伤。

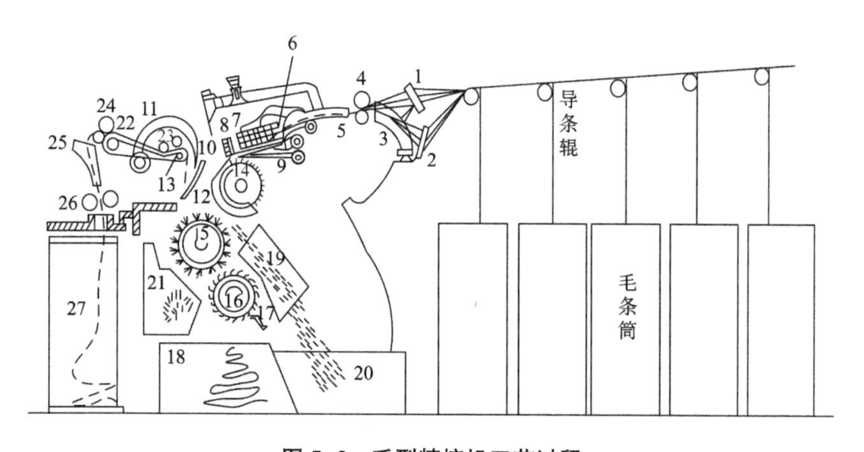

图 5-2 毛型精梳机工艺过程

须丛纤维经圆梳梳理后得以顺直。除去的短纤维及杂质，由圆毛刷 15 从圆梳针板上刷下来。圆毛刷装在圆梳的下方，其表面速度比圆梳快，以保证清刷的效果。被刷下的短纤维由道夫 16 聚集，经斩刀 17 剥下，储放在短毛箱 18 中，而草杂等经尘道 19 被抛入尘杂箱 20 和 21 中。

当锡林梳理须丛纤维头端时，拔取车便向钳板方向摆动。此时，拔取罗拉 13 做反方向转动，把前一次已经梳理过的须丛尾端退出一定长度，以备与新梳理的纤维头端搭接。为了防止退出的纤维被圆梳梳针拉走，下打断刀 12 起挡护须丛的作用。

当圆梳梳理须丛头端完毕，上、下钳板张开并上抬，拔取车向后摆至离钳板最近处，此时拔取罗拉正转，由铲板 9 托持须丛头端送给拔取罗拉拔取，并与拔取罗拉退出的须丛叠合而搭接。此时，顶梳 10 下降，其梳针插入被拔取罗拉拔取的须丛中，使纤维须丛的尾端接受顶梳的梳理。拔取罗拉在正转拔取须丛的同时，随拔取车摆离钳板，以加快长纤维的拔取。此时，上打断刀 11 下降，下打断刀 12 上升成交叉状，压断须丛，帮助进一步分离出长纤维。

纤维须丛被拔取后，成网状铺放在拔取皮板 22 上，由拔取导辊 23 使其紧密，再通过卷取光罗拉 24、集毛斗 25 和出条罗拉 26 聚集成毛条后，送入毛条筒 27 中。由于毛网在每一个工作周期内随拔取车前后摆动，拔取罗拉正转前进的长度大于反转退出的长度，因而毛条可周期性地被送入毛条筒中。

二、精梳的工作周期与运动配合

（一）工作周期

工作周期是指间歇式精梳机精梳锡林对应两次梳理须丛动作之间的时间间隔。在精梳机上各运动机件的正确配合关系，是由装在精梳机上的一个刻度盘来指示的，该刻度盘称为分度指示盘，盘上沿圆周分为 40 等份，每一等份为 9°，表示一分度。在一个工作周期内精梳机的工作部件完成精梳全过程的一系列动作，即完成一个工作循环，一个工作周期也常称为一个钳次，其大小代表了精梳机的发展水平。目前，随着工艺技术水平的提高，国内精梳机的速度可达到 350~400 钳次/min，瑞士立达公司的最新型 E66/E76 型精梳机速度甚至可达到 500 钳次/min。

精梳机的运动机构与工作过程比较复杂，为便于理解，一般又将精梳的一个工作周期按工艺作用分成四个阶段。

（二）棉型精梳机工作的四个阶段

1. 锡林梳理阶段 如图 5-3 所示，锡林梳理阶段指锡林第一排梳针刺入须丛到最后一排梳针越过钳口而离开须丛的时期。在这个阶段中，上、下钳板闭合，牢固地握持须丛。钳板运动先向后到达最后位置时，再向前运动。喂入的须丛在上钳板的作用下，头端向下伸出。此时，精梳锡林第一排梳针正好接触须丛并开始梳理须丛前端，排除短绒和杂质。给棉罗拉不转，停止给棉；分离罗拉处于基本静止状态；顶梳同上、下钳板一样先向后再向前摆，但不与须丛接触。一般精梳机锡林梳理阶段约为 10 分度。

2. 分离前的准备阶段 如图 5-4 所示，分离前的准备阶段指精梳锡林梳理结束后至分离罗拉开始分离的时期。在这个阶段中，上、下钳板继续前摆，接近分离罗拉；分离罗拉则开始倒转，将上一个工作周期梳理过且已输出的纤维须丛的尾端退回工作区内，以备与本次梳理后的纤维须丛头端搭接。在分离罗拉倒转结束前，上、下钳板钳口逐渐开启，须丛抬头，使须丛能正确地送给分离钳口。如设计在钳板前进时喂入的，则产生喂入动作，顶梳继续向前摆动，但仍未插入须丛梳理。

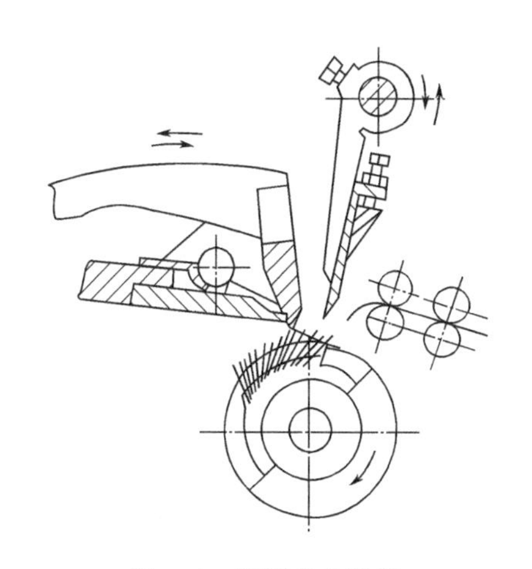

图 5-3 锡林梳理阶段

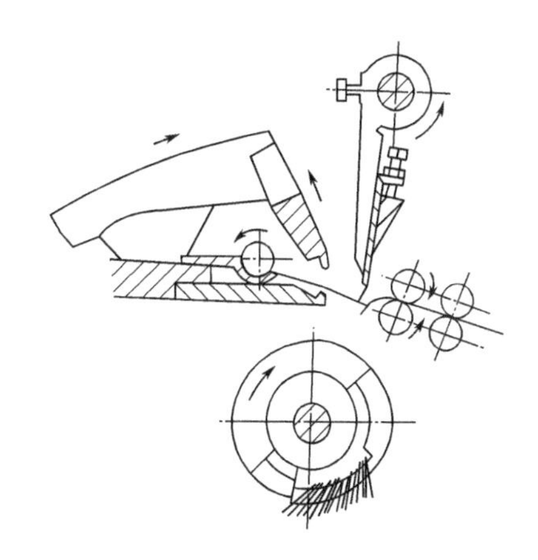

图 5-4 分离前的准备阶段

3. 分离、接合与顶梳梳理阶段 如图 5-5 所示，分离、接合与顶梳梳理阶段指分离罗拉握持住须丛开始分离到分离结束的时期。在这个阶段中，上、下钳板前摆至最前端，使梳理后的纤维须丛前端与已退回工作区内的上一个工作周期梳理过的须丛的尾端搭接成网。此时，分离罗拉正转，将搭接好的纤维网输出。在分离罗拉握持住须丛开始正转时，顶梳在前摆至最前端的过程中同时下降，插入准备分离的须丛之中。当分离罗拉带动须条向前输出分离之时，须丛的尾端受到顶梳梳针的有力梳理。没能被分离罗拉握持住的短纤维、夹杂在须丛中的草杂、棉结等将被顶梳梳针阻挡在针后，在下一个工作周期由精梳锡林梳下，成为落纤。

4. 锡林梳理前的准备阶段 如图 5-6 所示，锡林梳理前的准备阶段指分离罗拉分离、接合结束到下一次锡林开始梳理的时期。在这一阶段中，分离罗拉顺转停止；顶梳后摆；上、下钳板后摆并逐渐闭合。当上钳板向下闭合时，须丛以及附带其间的短纤维、棉结和杂质脱离顶梳梳针，顶梳梳针清晰，备用下次梳理。而精梳锡林已运转到位，准备下一个工作周期。

（三）毛型精梳机工作的四个阶段

1. 圆梳梳理阶段 如图 5-7 所示，此阶段从第一排圆梳钢针刺入须丛开始，到最后一排钢针越过下钳板结束。圆梳上的有针弧面从钳口下方转过，梳针插入须丛内，梳理须丛纤维头端，并清除未被钳口钳住的短纤维；上、下钳板闭合，静止不动，牢固地握持住纤维须丛；给进盒和给进梳退回到最后位置，处于静止状态，准备喂入；拔取车向钳口方向摆动，然后处于静止状态；顶梳在最高位置，并处于静止状态；铲板缩回到最后位置，处于静止状态；喂毛罗拉处于静止状态；拔取罗拉反转，倒入一定长度的精梳毛网；上、下打断刀关闭，然后静止。

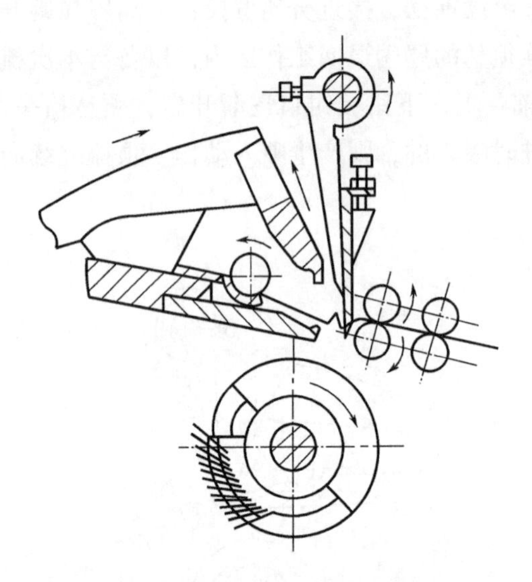

图 5-5 分离、接合与顶梳梳理阶段

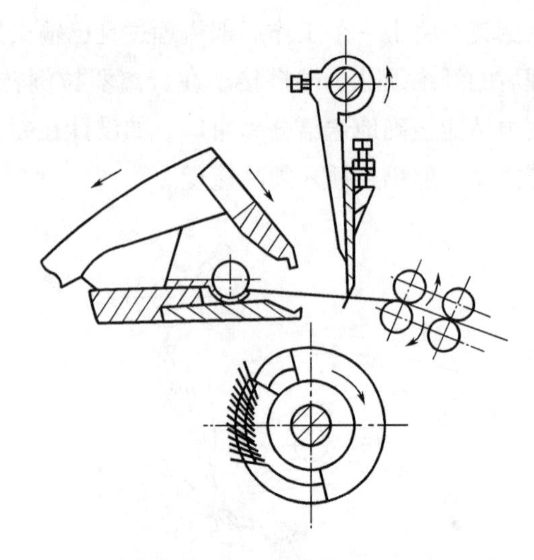

图 5-6 锡林梳理前的准备阶段

此阶段大部分机构处于静止状态，如图 5-7 所示，且图中箭头表示机构处于运动状态，未用箭头表示的为静止状态。

2. 拔取前准备阶段 如图5-8 所示，此阶段从梳理完毕开始，到拔取罗拉开始正转结束。圆梳继续转动，无梳理作用；上、下钳板逐渐张开，做好拔取前的准备；给进盒、给进梳仍在最后位置，处于静止状态；拔取车继续向钳口方向摆动，准备拔取；顶梳由上向下移动，准备拔取；铲板慢慢向钳口方向伸出，准备托持钳口处的须丛；喂毛罗拉处于静止状态；拔取罗拉静止不动；上、下打断刀张开，准备拔取。

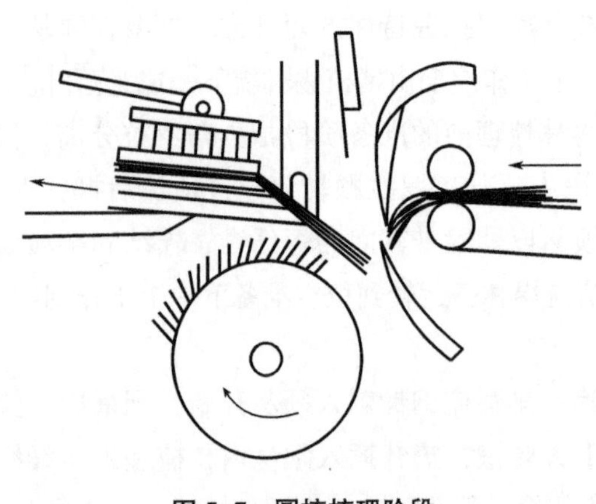

图 5-7 圆梳梳理阶段

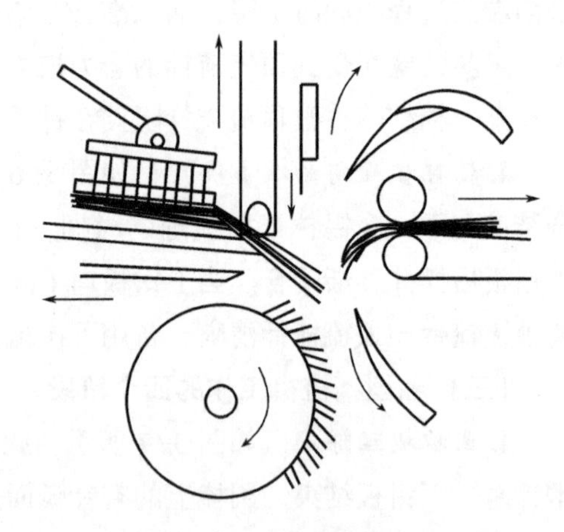

图 5-8 拔取前准备阶段

3. 拔取、叠合与顶梳梳理阶段 如图5-9 所示，此阶段从拔取罗拉开始正转到正转结束。圆梳继续转动，无梳理作用；上、下钳板张开到最大限度，然后静止；给进盒、给进梳向前移动，再次喂入一定长度的毛片，然后静止；拔取车向钳口方向摆动，使拔取罗拉到达拔取隔距位置，开始夹持住钳口外的须丛，准备拔取；顶梳下降，刺透须丛并向前移动，做好拔取过程中梳理须丛纤维尾端的工作；铲板向前上方伸出，托持和搭接须丛；喂毛罗拉转过一个齿，喂入一定长度的毛片；拔取罗拉正转，拔取纤维；上、下打断刀由张开、静止到逐渐闭合。

4. 梳理前准备阶段　如图5-10所示，此阶段从拔取结束到再一次开始梳理前。圆梳上的有针弧面转向钳板的正下方，准备再一次开始梳理工作；上、下钳板逐渐闭合，握持须丛，准备梳理；给进盒、给进梳在最前方，处于静止状态；拔取车离开钳口向外摆动，拔取结束；顶梳上升；铲板向后缩回；喂毛罗拉处于静止状态；拔取罗拉先静止，然后开始反转；上、下打断刀闭合静止。

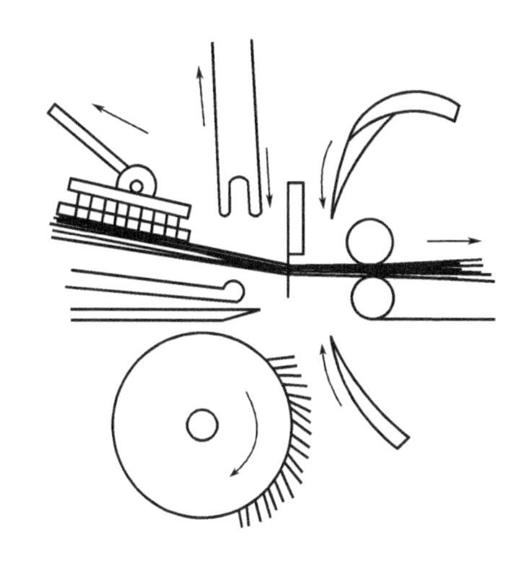

图5-9　拔取、叠合与顶梳梳理阶段

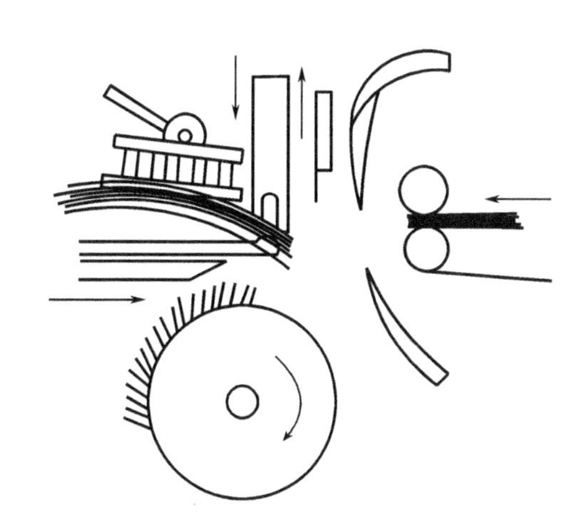

图5-10　梳理前准备阶段

(四) 精梳机的运动配合

精梳机的机构比较复杂，又是周期性工作，因此，有许多机件的运动既互相联系，又互相约束，即精梳机周期性地间歇工作是由各部件的相应运动配合实现的。精梳机各主要部件的运动包括精梳锡林、毛刷等的连续回转运动，给棉罗拉、分离罗拉和分离胶辊等机件的间歇回转运动，上、下钳板（或者分离罗拉部分）、顶梳等的前后摆动。其中，分离罗拉、分离胶辊不仅有静止和回转运动，而且还有正转（或称顺转）与反转（或称倒转）运动；还有钳板钳口的开闭口运动；顶梳的前后摆动（升降）运动等。

精梳机运动的复杂性要求其机构能协调有序进行工作，各主要机件间的运动时序必须密切配合。这种配合关系可以由分度指标盘指示。分度盘将一周分为40分度。在一个工作循环中，各主要部件在不同时刻（分度）的运动和相互配合关系可从配合图上看出。精梳机的机型及工艺条件不同，运动配合图也不同。图5-11所示为HC 500型棉精梳机各主要机件的工作周期和运动配合，第一阶段为34.3~3.7分度，第二阶段为3.7~18分度，第三阶段为18~24分度，第四阶段24~34.3分度。各阶段分度的划分随机台采用不同的工艺定时而改变。

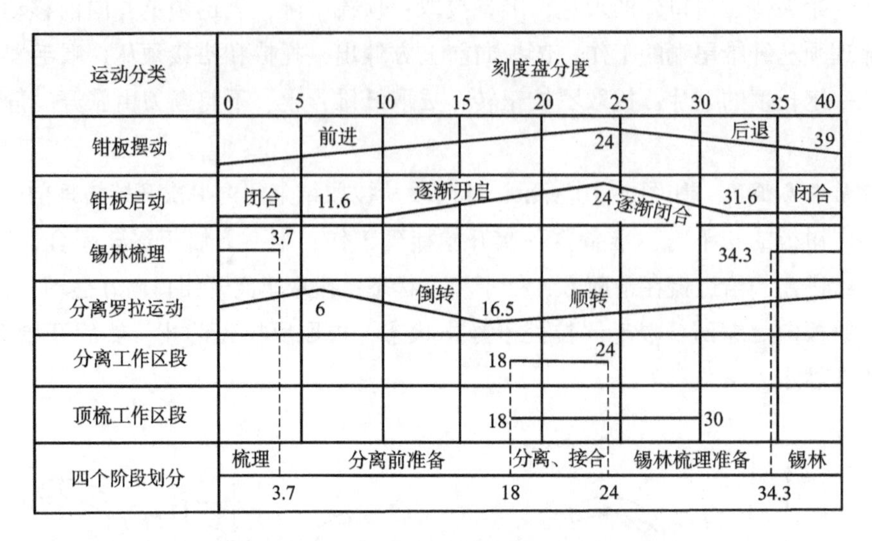

图 5-11 HC 500 型棉精梳机的运动配合图

第四节 精梳作用基本原理

一、基本概念

(一) 喂给长度

喂给长度（棉纺中一般称给棉长度）是指每次喂入到工作区内须丛的理论平均长度。如图 5-12 所示，精梳机每钳次的给棉长度 A 可根据给棉棘轮齿数 Z_2 及给棉罗拉直径来计算，计算式如下：

$$A=1/Z_2\times\pi\times D \tag{5-1}$$

喂给长度根据加工原料和产品的质量要求来选定。可以通过更换变换轮的齿数来调节。例如，棉纺的 FA251A 型精梳机有 7. 14mm、6. 55mm、6. 04mm、5. 61mm、5. 24mm 五个档次喂给长度可供选择。给棉长度短的梳理作用强，精梳棉条质量好，但产量较低；给棉长度长的产量较高，但对喂入纤维条的质量要求较高，否则梳理负荷增大，梳理质量下降，并对纤维网的均匀度有影响。一般加工纤维长度长、定量轻、质量好的纤维丛时，喂入长度可长，以便在保证精梳条质量的前提下，尽量提高精梳机产量；如果对精梳产品质量要求较高时，则应减少喂入长度。

毛纺精梳机的喂给长度随原料的不同而变化。一般细支毛短而卷曲，则喂给长度较短；粗支毛和级数毛的喂给长度较长。另外，当原料的含杂率低时，喂给长度较长；而含杂率较高的原料，喂给长度则应当减小。

(二) 喂给方式

后摆动式棉型精梳机的喂给方式有两种：一种是喂棉罗拉在钳板前摆过程中喂入纤维层，

称为前进式喂入；另一种是喂棉罗拉在钳板后退过程中喂入纤维层，称为后退式喂入。

以 SXF1269A 型精梳机的给棉机构为例。采用前进式给棉机构时，当钳板前进时，上钳板 1 逐渐开启，带动装于上钳板上的棘爪 3 将固装于给棉罗拉轴端的给棉棘轮 4（齿数为 Z_2）拉过一牙，使给棉罗拉转过一定角度而产生给棉动作；当给棉罗拉随钳板后摆时，棘爪 3 在棘轮 4 上滑过，不产生给棉动作，图中 2 为下钳板。如果采用后退式给棉机构时，如图 5-12（b）所示，当钳板后退时，上钳板 1 逐渐闭合，带动装于上钳板上的棘爪 3 将固装于给棉罗拉轴端的给棉棘轮 4（齿数为 Z_2）撑过一牙，使给棉罗拉转过一定角度而产生给棉动作；当给棉罗拉随钳板前摆时，棘爪 3 在棘轮 4 上滑过，不产生给棉动作。图中 2 为下钳板。

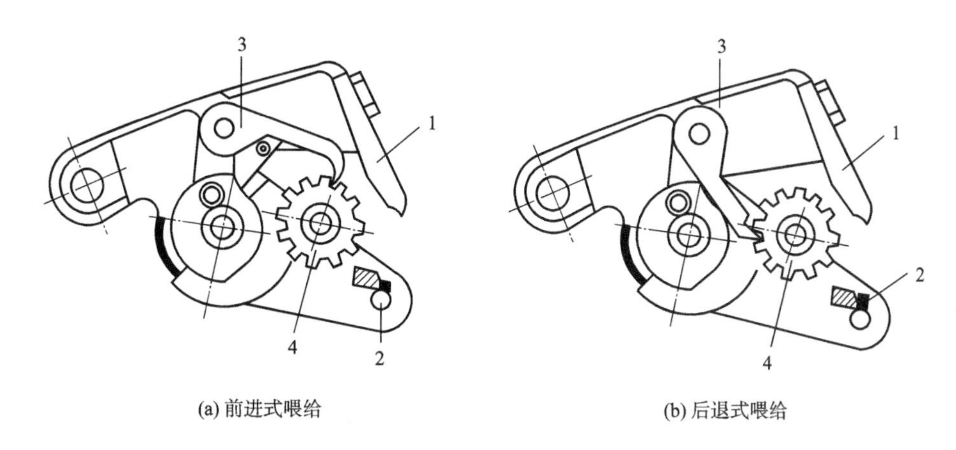

(a) 前进式喂给　　(b) 后退式喂给

图 5-12　棉型精梳机的给棉方式

由于喂棉罗拉喂入方式的不同，对落纤率和梳理效果的影响也不同。一般后退式喂入时，梳理质量优于前进式喂入，但落量比前进式喂入大。因此，对于一些质量要求较高和纺制细特纱的精梳产品，一般采用后退式喂入，以保证精梳质量，但产量低。一般精梳机上都配有前进给棉及后退给棉两种给棉机构，以适应产品的不同质量要求和控制落纤率。

前摆动式毛精梳机的喂入方式分为两种：一种方式是在拔取（分离）过程中顶梳向前移动时喂给全部长度；另一种方式是在拔取（分离）过程中顶梳向前移动时喂给一部分长度。

（三）分离隔距

分离隔距一般泛指钳板钳口线与分离罗拉钳口线之间的最小距离。对于棉型后摆式精梳机而言，分离隔距是指钳板摆动到最前位置时，下钳板钳唇前缘与后分离罗拉钳口线之间的最小距离（图 5-13）。理论分析中，常采用分离隔距。在生产实际中，由于分离隔距值的测量较困难，常采用落棉隔距来代替分离隔距。落棉隔距是指钳板摆动到最前位置时，下钳板钳唇前缘与后分离罗拉表面之间的最短距离（图 5-13）。而对毛型前摆式精梳机来说，该隔距是指钳板钳口与拔取罗拉摆动（向后摆动）的相互距离。

（四）梳理隔距

梳理隔距指的是锡林梳理时，上钳板钳唇下缘到锡林针尖的最短距离。锡林梳理须丛时，如保持较小且稳定的梳理隔距，梳理越均匀，梳理效果越好。但对于钳板摆动式精梳机，由

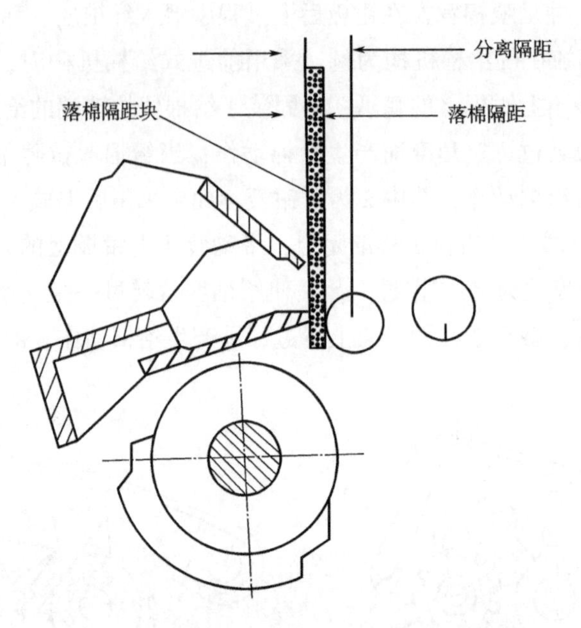

图 5-13　棉型精梳机的分离隔距和落棉隔距

于梳理时钳板在前后移动，其梳理隔距是变化的，最紧点隔距一般在 0.2~0.4mm。在毛型精梳机中，钳板是固定的，所以梳理隔距也是固定不变的，一般在 1mm 左右。

如图 5-14 所示，在锡林梳理时，钳口咬合线外有一段须丛未被锡林梳理到，此段称为梳理死区，其长度为 a，也称为死隙长度，它与梳理隔距和锡林半径有关。a 可用下式表示：

$$a=\sqrt{(r+h)^2-r^2}=\sqrt{2rh+h^2} \tag{5-2}$$

式中：h——梳理隔距；

r——锡林半径。

可见，梳理隔距越小，则梳理死区的长度也就越短。

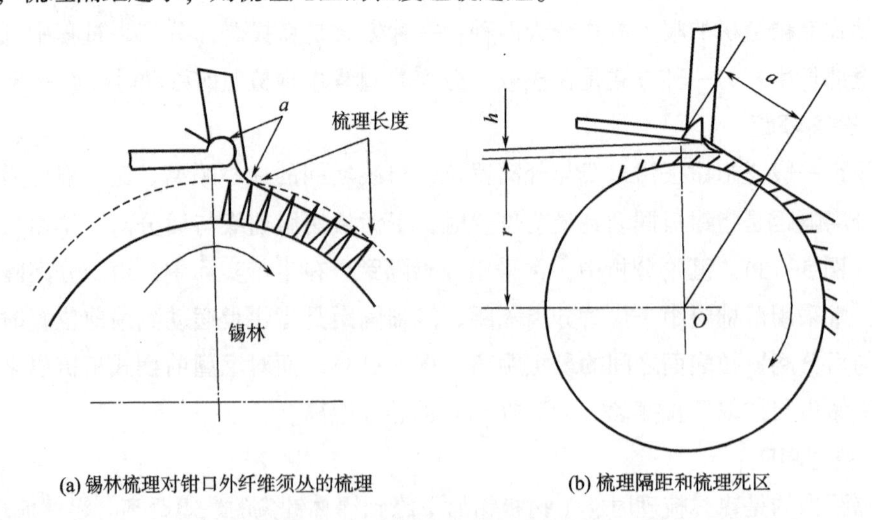

(a) 锡林梳理对钳口外纤维须丛的梳理　　(b) 梳理隔距和梳理死区

图 5-14　锡林对须丛的梳理情况

二、喂给作用分析

精梳机的喂给部分主要由喂给罗拉组成，包括单喂给罗拉机构和双喂给罗拉机构，新型精梳机均采用单喂给罗拉机构。与双喂给罗拉机构相比，单喂给罗拉机构对须丛的抬头、棉网的分离与接合及精梳机的高速有利。毛纺精梳机还包括给进梳和给进盒组成的给进装置。其主要作用是在一个周期内按工艺要求的时间喂入一定的须丛长度。

（一）喂给系数

为了反映喂给过程中钳板闭合时间、顶梳插入须从时间和喂给时间的关系，因而引入喂给系数的概念。不同的喂入方式和不同类型的精梳机有不同的喂给系数。

1. 棉型精梳机的喂给系数

（1）前进给棉喂给系数 α_1。在前进给棉过程中，顶梳插入纤维须丛之前，给棉早已开始；在顶梳插入纤维须丛之后，给棉罗拉仍在给棉，此时给出的棉层受顶梳阻碍，将涌皱在顶梳后面，直到顶梳离开须丛，涌皱的须丛再因弹性而挺直。

由于给棉开始的迟早和顶梳插入的迟早都会影响须丛的涌皱程度和对须丛的梳理质量与落棉的多少，它们的影响程度可用喂给系数 α_1 表示。

$$\alpha_1 = \frac{X_1}{F} \tag{5-3}$$

式中：X_1——顶梳插入纤维须丛之前给棉罗拉给出的棉层长度，mm；

F——给棉长度，mm。

由式（5-3）可看出，α_1 值既反映了给棉时间早晚，又反映了顶梳插入须丛的早晚，如给棉时间早或顶梳插入须丛迟，则 X_1 值大，α_1 值也大，表示涌皱较少；如给棉时间越晚或顶梳插入纤维须丛越早，则 X_1 值越小，α_1 值也越小，表示涌皱较多。其变化范围为：$0 \leqslant X_1 \leqslant F$，则 $0 \leqslant \alpha_1 \leqslant 1$。

（2）后退给棉喂给系数 α_2。在后退给棉过程中，须丛的涌皱受钳板闭合的影响，在钳板闭合后给出的棉层将涌皱在钳唇的后面，它的影响程度可用喂给系数 α_2 表示。

$$\alpha_2 = \frac{X_2}{F} \tag{5-4}$$

式中：X_2——钳板钳口闭合之前给棉罗拉给出的棉层长度，mm。

α_2 反映了给棉时间早晚和钳板钳口闭合时间的早晚，X_2 和 α_2 值的变化范围为：$0 \leqslant X_2 \leqslant F$，$0 \leqslant \alpha_2 \leqslant 1$。

钳板闭合和顶梳插入纤维须丛的影响不同，钳板闭合越早，X_2 越小，α_2 也越小，表示须丛的涌皱较多，则在钳板后退时受锡林梳理的须丛长度越短，梳理效果较差，排出的落棉较少。

2. 前摆动式毛型精梳机的喂给系数 α_3

$$\alpha_3 = \frac{X_3}{F} \tag{5-5}$$

式中：X_3——拔取运动结束前，顶梳向前移动喂入的长度，mm；

F——总喂给长度，mm。

当 $\alpha_3=1$ 时，是指在拔取运动结束前，顶梳、给进梳、给进盒向前移动的距离 $X_3=F$，或者说已喂入须丛的长度 X_3 与每周期应该喂入的长度 F 相等。

当 $\alpha_3<1$ 时，是指在拔取运动结束前，顶梳向前移动的距离小于给进梳、给进盒向前移动的距离，在拔取结束后，涌皱在顶梳后面的须丛在顶梳抬起后伸直前移。

由以上可以看出，各种类型精梳机喂给系数 α 的计算式在形式上一样，但其含义并不相同。这一点应引起注意。

（二）喂给过程

1. 前进式给棉喂给 在前进给棉过程中，锡林对须丛的梳理过程和作用如图 5-15 所示。

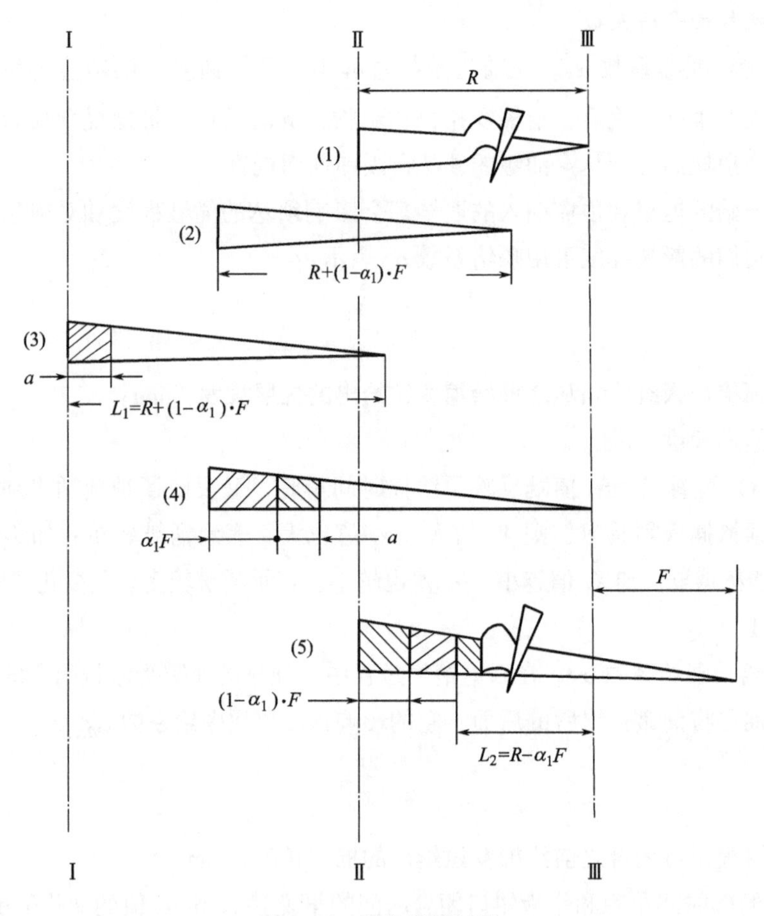

图 5-15 前进给棉过程

图中为给棉系数为 α_1 的情况，即顶梳插入须丛前喂入 $X_1=\alpha_1 F$，顶梳插入须丛后，阻止了须丛向前运动，而涌皱在顶梳后面的长度为（$1-\alpha_1$）F。

图中（1）为当分离结束时，钳板到达最前位置，即Ⅱ—Ⅱ线处，此时，钳板钳口线外的纤维须丛的垂直投影长度为 R。

图中（2）为钳板后退过程中，顶梳在后摆中退出须丛，涌皱在顶梳后长度为（$1-\alpha_1$）F 的须丛伸直，当钳板摆至最后位置，即Ⅰ—Ⅰ线处，锡林梳理前，钳板钳口外的纤维须丛长度为图中（2）的 L_1：

$$L_1=R+(1-\alpha_1)F \tag{5-6}$$

设钳口闭合，锡林梳理时，凡未被钳口握持的纤维将被梳理掉，进入落棉。因此，进入落棉最长的纤维长度为 L_1。

由于死隙长度 a 的存在，锡林实际可以对须丛进行梳理的纤维长度 L_0 应为：

$$L_0=L_1-a=R+(1-\alpha_1)F-a \tag{5-7}$$

图中（3）为锡林梳完后，钳板在前摆动过程中钳口逐渐开启，准备分离。当须丛前端到达分离罗拉钳口线Ⅲ—Ⅲ时，分离开始，顶梳控制纤维进给运动，并将那些纤维头端没有到达分离罗拉钳口的纤维、棉结及杂质阻留下来，对杂质起到“过滤”作用。此时，给棉罗拉已喂给的须丛长度为 α_1F，钳板钳口外的须丛长度为 $R+(1-\alpha_1)F+\alpha_1F=R+F$。

图中（4）为分离结束时，因分离罗拉钳口每钳次从须丛中分离的长度即喂给长度 F，所以进入棉网中的最短的纤维长度 L_2：

$$L_2=L_1-F=R+(1-\alpha_1)F-F=R-\alpha_1F \tag{5-8}$$

在分离与接合过程中，给棉罗拉仍在继续给棉，其给棉长度为 $(1-\alpha_1)F$，这部分给棉长度由于受顶梳的阻碍而涌皱在其后，也即这种状态又回到了图中（1）所述的工作状态，开始下一个喂入、梳理、分离和接合新的循环。

2. 后退式给棉喂给　后退给棉过程如图 5-16 所示。图中的符号含意与前进给棉的图 5-15 相同。

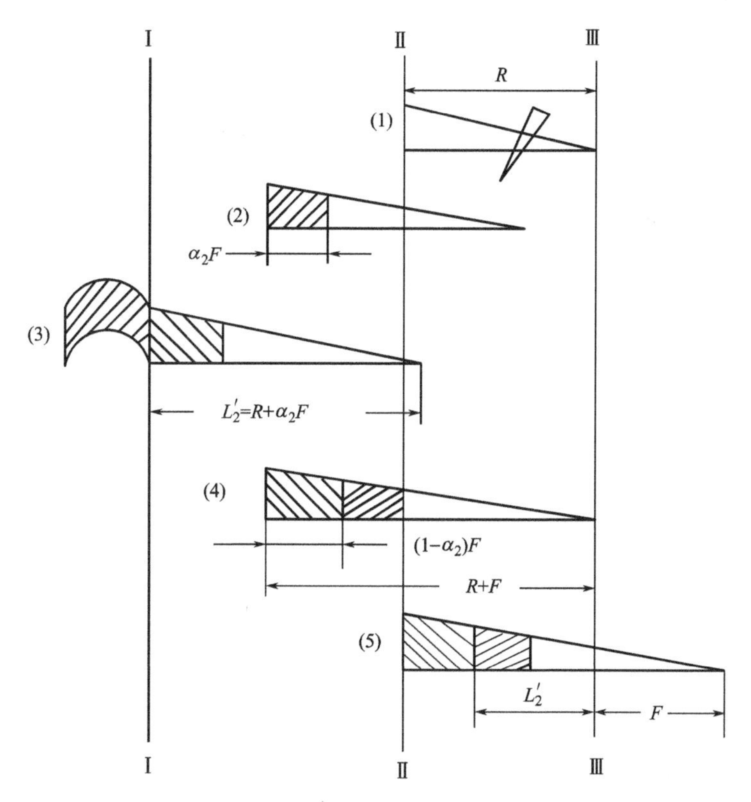

图 5-16　后退给棉过程

图中（1）为当分离结束时，钳板钳口外须丛的长度为 R。

图中（2）为钳板后退时，开始给棉。当钳板后退到钳板闭合前的位置时，纤维须丛的喂入长度为 $\alpha_2 F$。此时，钳口外的须丛长度为 $R+\alpha_2 F$。锡林梳理时，未被钳板钳口握持的纤维被锡林梳去，则进入落棉中最长的纤维长度为 L_1'：

$$L_1'=R+(1-\alpha_1)F \tag{5-9}$$

锡林的梳理长度 L_0' 为：$L_0'=R+\alpha_2 F-a$　　(5-10)

图中（3）为在钳板闭合握持须丛继续后退到最后位置，给棉罗拉又喂入棉层长度为 $(1-\alpha_2)F$，此长度将涌皱在钳板钳口后面。

图中（4）为钳板前摆，钳口逐渐开启。涌皱在钳口后面的纤维须丛会因弹性而伸直。故在开始分离前，钳板钳口外的须丛长度为 $R+\alpha_2 F+(1-\alpha_2)F=R+F$。

图中（5）为分离罗拉分离后的须丛长度为 F，因此，进入棉网中最短纤维长度 L_2' 为：

$$L_2'=R+\alpha_2 F-F=R-(1-\alpha_2)F \tag{5-11}$$

当分离过程结束时，又恢复到图中（1）所述的工作状态，开始新的工作周期。

3. 毛型精梳机喂给　毛型精梳机的喂给与采用前进式喂给的棉精梳机分析所得结论相同，为避免重复，下面仅对 $\alpha_3=1$ 的毛型精梳机的喂给工艺进行简单的分析。

精梳锡林梳理毛丛时，伸出钳板钳口线外的纤维须丛长度是 R。其中，未被钳板握持的短纤维和杂质将被梳理掉，进入落毛的纤维最长的长度 L_1'' 是 R，即 $L_1''=R$。

梳理结束后，钳板开启，拔取开始，喂入机构同时喂入，纤维须丛向前移动一个喂入长度 F。此时，纤维须丛中，长度为 $L_2''=R-F$ 的纤维，因在锡林梳理时其尾端被钳板握持而没有被梳理掉，但当喂入机构喂入一个喂入长度 F 后，其头端进入拔取钳口线而被拔取，成为输出毛网中长度最短的纤维。

拔取结束后，伸出钳板钳口外纤维须丛的长度为 R，恢复到精梳锡林梳理时所述的状态，准备下一个工作周期。

同理，进入落毛和进入毛网的纤维分界长度为：

$$L_3''=\frac{1}{2}(L_1''+L_2'')=R-\frac{1}{2}F \tag{5-12}$$

理论落毛率为：

$$Y_3''=\int_0^{L''_3} g(L)\,\mathrm{d}l \tag{5-13}$$

重复梳理次数为：

$$N_3=\frac{L_3''-a}{F}+0.5 \tag{5-14}$$

（三）理论落棉率

1. 前进式喂给　从上述前进式喂给分析可以得知，进入棉网的最短的纤维长度为 L_2，意味着大于 L_2 的长度应进入棉网；进入落棉中最长的纤维长度为 L_1，意味着小于 L_1 的纤维长度应进入落棉。而长度界于 L_1 和 L_2 之间的纤维它们可能随长度大于 L_2 的纤维进入棉网，也

可能随长度小于 L_1 的纤维进入落棉。因此，界于 L_1 和 L_2 之间的纤维长度范围为不定长度区域。设不定长度区域的纤维进入棉网和进入落棉的概率相同，即均为 50%时，则其所对应的纤维长度称为纤维的分界长度。设进入棉网和进入落棉的纤维分界长度 L_3 为：

$$L_3=\frac{1}{2}(L_1+L_2)=R+(0.5-\alpha_1)F \tag{5-15}$$

由此，长度大于 L_3 的纤维进入输出棉网，长度小于 L_3 的纤维进入落棉。由式（5-8）可知如小卷纤维长度重量百分率的分布函数为 $g(L)$，则精梳机前进给棉的理论落棉率 Y_1（%）为：

$$Y_1=\int_0^{L_3} g(L)\,\mathrm{d}l \tag{5-16}$$

2. 后退式喂给　同理，后退给棉的纤维分界长度 L_3' 为：

$$L_3'=\frac{1}{2}(L_1'+L_2')=R-(0.5-\alpha_2)F \tag{5-17}$$

相应地，后退给棉的理论落棉率 Y_2（%）为：

$$Y_2=\int_0^{L'_3} g(L)\,\mathrm{d}l \tag{5-18}$$

（四）重复梳理次数

由于精梳锡林梳理时钳口外须丛的梳理长度大于喂棉罗拉的每次喂棉长度，因此，钳口外的须丛要经过锡林的多次梳理后才被分离。重复梳理次数是指喂入的纤维须丛从开始接受锡林的梳理到被分离罗拉分离的时间内，须丛纤维受到锡林梳理的次数。

1. 前进式喂给　由前述给棉过程分析并根据定义可得出前进给棉的重复梳理次数 N_1 为：

$$N_1=\frac{L_0}{F}=\frac{R+(1-\alpha_1)F-a}{F}$$

$$=\frac{R-a}{F}+1-\alpha_1 \tag{5-19}$$

2. 后退式喂给　后退给棉重复梳理次数 N_2 为：

$$N_2=\frac{R+\alpha_2F-a}{F}=\frac{R-a}{F}+\alpha_2 \tag{5-20}$$

（五）喂给方式对梳理效果的影响

精梳机的梳理效果好坏应综合考虑纤维损失和梳理质量两方面。为方便分析喂给方式对梳理效果的影响，将上面的理论分析结论有关计算式汇集于表 5-1 中。

表 5-1　不同喂给方式比较计算式

喂给方式	纤维分界长度（L_3）	理论落率（Y）	重复梳理次数（N）
前进式喂给	$L_3=\frac{1}{2}(L_1+L_2)=R+(0.5-\alpha_1)F$	$Y_1=\int_0^{L_3} g(L)\,\mathrm{d}l$	$N_1=\frac{R-a}{F}+1-\alpha_1$
后退式喂给	$L_3'=\frac{1}{2}(L_1'+L_2')=R-(0.5-\alpha_2)F$	$Y_2=\int_0^{L_3'} g(L)\,\mathrm{d}l$	$N_2=\frac{R-a}{F}+\alpha_2$

由表5-1可以看出，根据理论分析结果，不同喂给方式的梳理效果均与分离隔距 R、喂给系数 α、喂给长度 F 有关。

1. 分离隔距 R 的影响 分离隔距 R 值大，两种喂给方式的进入纤维网和落下的纤维分界长度都增长，重复梳理次数都增加，从而使落纤率增大，梳理效果增强。

在生产实际中，由于分离隔距 R 值的测量较困难，常采用落棉（或落毛）隔距来代替分离隔距。这一距离可用专用隔距片测定和调节，以SXF1269A型精梳机为例，落棉隔距的调节步骤分为调节最小落棉隔距和调节落棉刻度盘。

（1）调节最小落棉隔距。如图5-17所示，取下顶梳，将托脚调到最后位置，并将分度盘调到24分度，拧开所有的螺丝3（不能拧得太松），在分离罗拉2与下钳板1间插入7mm隔距块，用塑料锤轻敲重锤盖4，使钳板前摆，最后将螺丝拧紧。

（2）调节落棉刻度盘。在SXF1269A型精梳机钳板摆轴上装有一直径为132mm的落棉刻度盘，落棉刻度标尺厚度为1mm，如图5-18所示。标尺5上落棉刻度调节范围为5~12，相邻两刻度间的圆心角为1°。在落棉刻度为5时，调节落棉隔距的最小值为7mm以后，松开螺丝1后，调节螺丝2和3，使钳板摆轴及后摆臂随之摆动，从而使落棉隔距也随之改变。落棉刻度每增大1，钳板摆轴及后摆臂向后摆动过1°，使落棉隔距增大。SXF1269A型精梳机在不同落棉刻度下对应的落棉隔距值见表5-2。图中4为定位块。一般情况下，落棉隔距增减1mm，精梳落棉率增减2%~2.5%。

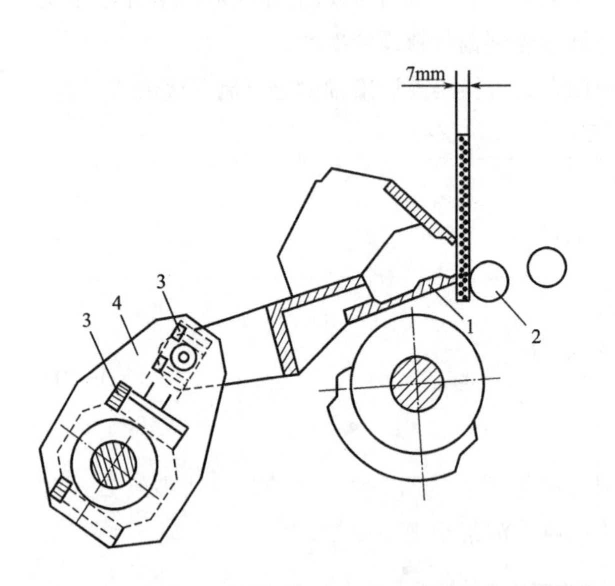

图5-17 最小落棉隔距的调节

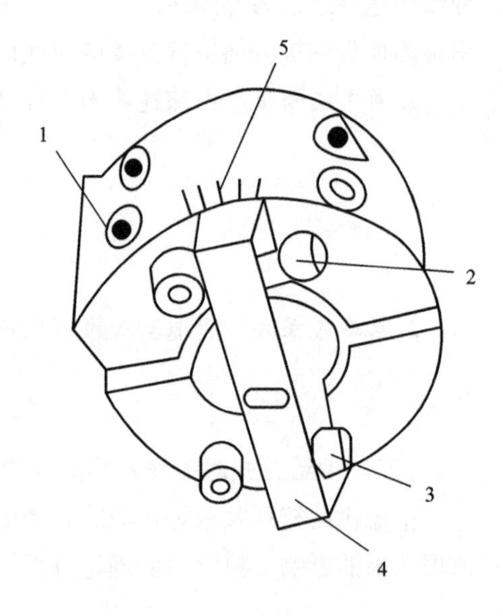

图5-18 落棉刻度盘的调节

表5-2 落棉刻度与落棉隔距的关系

落棉刻度	5	6	7	8	9	10	11	12
落棉隔距（mm）	6.34	7.47	8.62	9.78	10.95	12.14	13.34	14.55

2. 喂给系数 α 的影响 前进给棉喂给方式中，喂给系数 α_1 增大，使纤维分界长度 L_3 和

落棉率 Y_1 值减小，落棉量减少；同时重复梳理次数 N_1 值也减小，梳理效果变差。而在后退给棉喂给方式中，喂给系数 α_2 增大，使纤维分界长度 L_3' 和落棉率 Y_2 值增大，落棉量增多；同时重复梳理次数 N_2 值也增大，梳理效果变好。

当喂给系数 $\alpha_1=\alpha_2=0.5$ 时，两种喂入方式的纤维分界长度相等，即 $L_3=L_3'$，$N_1=N_2$，此时，两种喂给方式对须丛的作用效果相等，且喂给长度 F 的大小对落棉率 Y 没有影响。当喂给系数 $\alpha_1=\alpha_2<0.5$ 时，前进式喂给对须丛的梳理作用效果优于后退式喂给，且前进式喂给落棉率增大，后退式喂给落棉量减少。当喂给系数 $\alpha_1=\alpha_2>0.5$ 时，两种喂给方式的影响与喂给系数 $\alpha_1=\alpha_2<0.5$ 时正好相反。

在生产实际中，两种喂给方式的喂给系数 α 都大于 0.5。在前进给棉中，顶梳插入后，被涌皱的须丛在分离中仍有受力伸直的作用，因此，前进给棉的实际喂给系数接近于 1。比较式（5-15）和式（5-17）式的 L_3 与 L_3'，以及式（5-19）和式（5-20）的 N_1 与 N_2 可知，后退式喂给与前进式喂给相比，其落棉率高，梳理效果好，适用于纺制高品质的精梳纱。

3. 喂给长度 F 的影响　由重复梳理次数 N 的计算式可以看出，不论哪种喂入方式，喂入长度 F 与重复梳理次数 N 均成反比，喂入长度 F 减小，重复梳理次数 N 增加，梳理效果较好，输出棉网质量较高。在实际生产中，为提高精梳条的质量，当采用后退喂给方式时，一般采用短喂给。

4. 其他因素的影响　上述计算式和分析是理想化的研究。它没有考虑影响梳理效能的其他实际因素，如喂入须丛中纤维的平行伸直度、钳板钳口和分离罗拉钳口因握持须丛不完善而可能使纤维在钳口线处产生的滑移等。这些实际影响因素都可能使计算值产生偏差。因此，在实际中，要根据试验检验的情况作相应的工艺参数调整。

三、梳理作用分析

（一）梳理方式

精梳机的梳理作用主要指精梳锡林的握持式梳理，即纤维处于钳板钳口强制握持状态下，使纤维与梳针之间产生相对运动，被握持的纤维由针齿梳直，去除须丛中的短绒、杂质和疵点。精梳锡林在梳理过程中，主要是梳理须丛的头端，对消除纤维的前弯钩十分有效。以钳板摆动式精梳机为例介绍精梳原理，如图 5-19 所示，Ⅰ—Ⅰ为锡林梳理时的钳口线，Ⅱ—Ⅱ为钳板最前位置的钳口线，Ⅲ—Ⅲ为分离钳口线。在锡林梳理时，钳板钳口握持有不同状态的纤维。设各根纤维的实际长度均大于Ⅱ—Ⅱ线与Ⅲ—Ⅲ线间的距

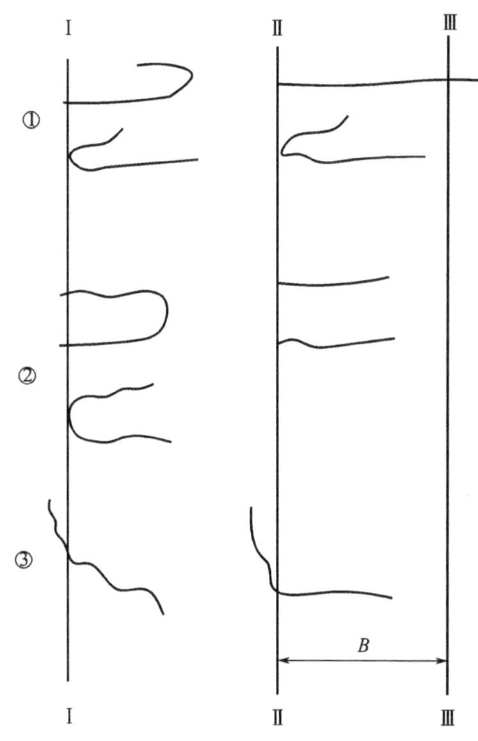

图 5-19　不同状态纤维的梳理情况

离 B，而有效长度均小于 B，如果各根纤维受锡林梳理后获得伸直，则均能进入纤维网成为可纺纤维。图中①为前弯钩喂入的纤维尾端被钳口握持，经锡林梳理后弯钩伸直，则该纤维能进入纤维网；而在弯曲点被握持的后弯钩纤维经锡林梳理后，有效长度没有变化，该纤维在分离时到达不了分离钳口线，在下一循环中将被锡林梳落成为落纤。②与③状态的纤维有的被梳断，有的被部分梳直，均不能到达分离钳口线，在下一循环中也会被锡林梳落成为落纤。从以上分析不难看出，纤维的状态对落率和纤维损伤的影响较大，喂入精梳机的纤维要尽量提高其平行伸直度，且纤维呈前弯钩喂入较好。

（二）偶数法则

所谓偶数法则是指在棉纺纺纱中精梳前准备工艺的道数为偶数道，一般为 2 道，如前所述。因为在梳理机输出的纤维条中，由于梳理机锡林和道夫间梳理方式的局限和针齿对纤维的握持作用，不可避免地使输出须条中存在大量弯钩纤维，即纤维的两端沿其轴向（或长度方向）没有伸直而处于折回状态的纤维。若以纤维条输出的方向为前，纤维的弯钩可以分为前弯钩、后弯钩和前后弯钩或双弯钩纤维。根据梳棉机锡林与道夫之间的作用分析及实验结果可知，道夫输出的棉网中 50%以上的纤维为后弯钩状态。以后每经过一道工序，纤维弯钩方向改变一次，如图 5-20 所示。

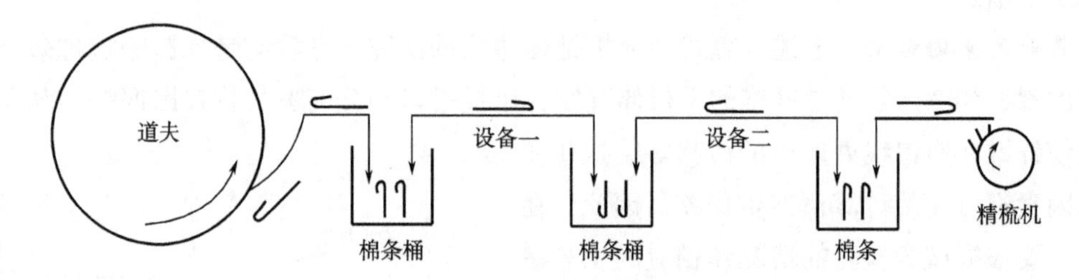

图 5-20　设备道数与纤维弯钩方向的关系

结合棉纺精梳机梳理情况分析以及纤维弯钩的方向变换，在加工过程中，当精梳前准备工艺道数为偶数配置时，可使梳理机输出的纤维条内后弯钩居多的纤维转变成前弯钩喂入精梳机。因此，为保证喂入精梳机的小卷中纤维大多数呈前弯钩，精梳前准备工序应符合偶数法则。

（三）作用机理

精梳锡林梳理过程如图 5-21（a）所示，在钳板闭合时，须丛被上钳板压向锡林，由于钳板与锡林间隔距较小，锡林上针齿又向前倾斜，从而使锡林针齿能顺利地刺入须丛。

图 5-21（b）为针齿刺入须丛的受力情况，α 为植针角。梳理时，前几排针齿使须丛张紧，使纤维受到沿纤维轴向梳理力 P 的作用，梳理力 P 可分解为垂直于针面和平行于针面的分力 P_x 与 P_y，P_x 使纤维压向针齿，并产生与 P_x 方向相反的针齿对纤维的反作用力 N；P_y 使纤维向针内滑动，为抓取力。β 角为梳理角。纤维向针内移动时，必须要克服纤维与针齿间的静摩擦力 F，即 $P_y>F$，

因 $P_y=P\cos\beta$，$F=\mu N=\mu P\sin\beta$，$\cot\beta>\mu$，则：

$$\beta<\operatorname{arccot}\mu \tag{5-21}$$

式中：μ——纤维与针齿间的摩擦系数。

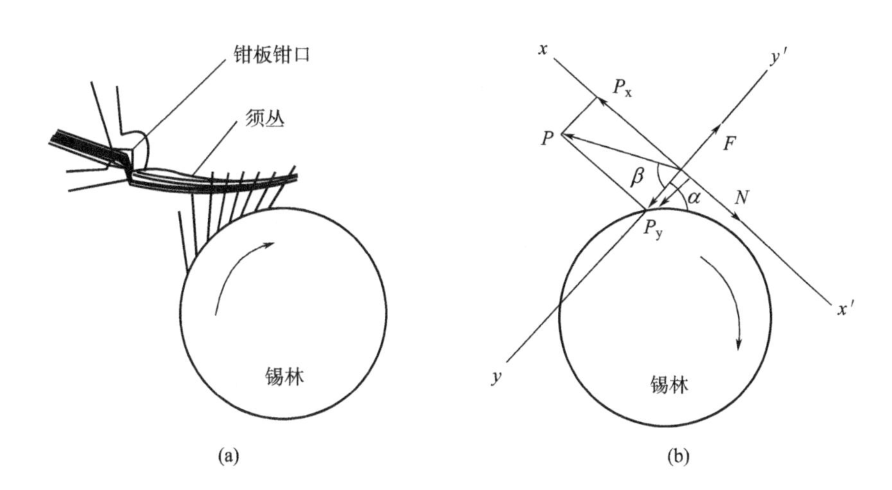

图 5-21 锡林梳理须丛头端与纤维受力情况

满足式（5-21）时，纤维才能顺利向针齿内滑动。梳理角 β 的大小和植针角有关，且随着锡林的转动而逐渐变小，这样设计有利于梳针插入或深入纤维须丛。为使须丛能较快深入针间，应采用较小的植针角 α，一般棉、麻、绢精梳机的植针角 α 为 50°~60°，而毛纺精梳机的植针角 α 仅为 37°~39°，以有效地使锡林梳针刺入纤维须丛进行精细梳理。

（四）影响梳理作用的因素

锡林的梳理作用是在钳板的有效握持条件下进行的，因此，钳板的有效握持时间必须大于锡林的梳理时间，而且锡林梳理的起始时间和终止时间都必须在钳板的握持时期，否则，锡林挂毛，长纤维进入落纤中，造成制成率下降。在摆动钳板式精梳机中，还要考虑锡林末排针通过锡林与分离罗拉最紧点的时间，以避免梳针抓走分离罗拉倒入机内的纤维。总之，精梳机的梳理质量与梳理过程中的配合因素有关。除配合因素外，影响锡林梳理作用的主要因素还有以下几点。

1. 钳板握持力和钳唇结构 工艺上要求钳板对纤维丛的握持要牢。钳板钳口对纤维层的握持依靠钳板加压和上、下钳板的钳唇结构来实现的。钳口加压要适当，过大易造成加压弹簧断裂及钳板机件损坏，过小会导致钳口握持不良，容易产生纤维被抓走的现象，造成落棉中长纤维含量增加，使落纤增多，纤维网产生破洞。一般精梳机在高速高产后，采取增大钳板加压弹簧直径，加大预应力的方法。同时，上、下钳唇结构也将影响锡林的梳理质量和落棉中长纤维的数量。

棉型精梳机的钳唇结构如图 5-22 所示。为了有效地握持须丛，上、下钳唇吻合处应该形成曲线状钳口，故上、下钳唇带有凹凸形圆弧。新型钳唇结构将原钳板闭合时的面握持改为两条线握持，钳板握持力集中在握持线上，对须丛的握持牢靠。另外，上钳唇下压深度减少到 0.9mm，且钳唇最后的握持点下移，梳理死区长度 a 明显减少。

另外，上、下钳板钳唇结构应满足以下要求。

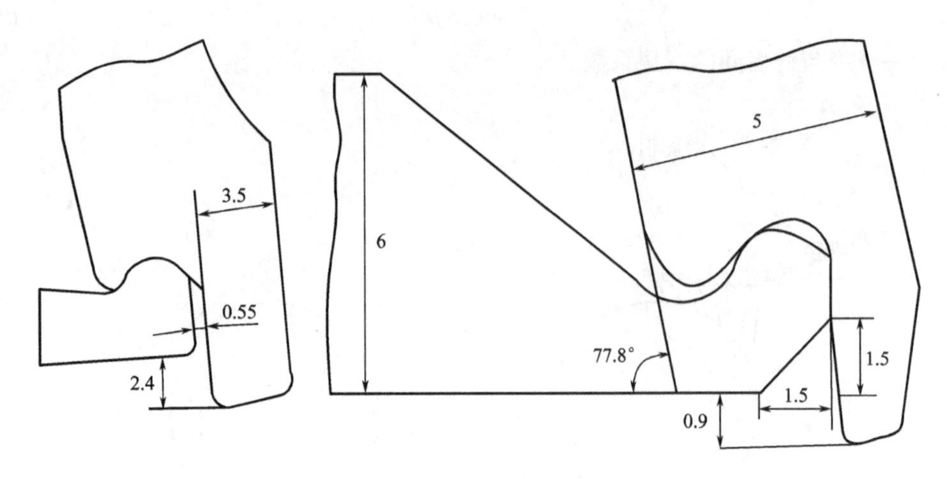

图 5-22　精梳机钳唇结构

(1) 钳唇的结构应满足对纤维丛良好握持的要求。在锡林梳理时，钳板上、下钳唇应牢固地握持纤维层，以防止长纤维被锡林抓走。目前，棉型精梳机钳板钳唇对棉层的握持有两种形式。一种是一点握持（或称单线握持），如国产 A201 系列精梳机；另一种是两点握持（或称双线握持），如国产 SXF1269A 型精梳机。采用两点握持，钳唇对棉丛的握持更加牢固可靠。例如，当棉卷出现横向不匀时，一个握持点握持不足时，另一个握持点可充分发挥作用。因此，两点握持优于一点握持。

(2) 上、下钳唇的几何形状应满足锡林对纤维丛充分梳理的要求。为使锡林梳针能顺利地刺入纤维丛梳理，在开始梳理时，应防止纤维丛的上翘，否则后排梳针就很难发挥梳理作用。因此，在钳板闭合时，上、下钳唇的几何形状应使纤维丛的弯曲方向正对锡林针齿。例如，国产 SXF1269A 棉型精梳机下钳板钳唇的下部切去了腰长为 1.5mm 的等腰三角形，如图 5-22 所示，当钳板闭合时，由于上钳板的下压作用，使棉丛的弯曲方向正对锡林针齿，能满足锡林对棉丛充分梳理的要求。

(3) 钳唇的结构应使钳板握持棉丛的死隙长度（即钳板钳口至锡林针齿间的棉丛长度）尽可能短。上、下钳板的钳唇结构决定了受梳纤维丛的死隙长度，从而影响锡林针齿对纤维丛梳理长度和梳理效果。

2. 梳理隔距　在精梳机上，梳理隔距小和隔距变化小，可使接受梳理的须丛长度增加，有利于提高梳理质量。在不损伤梳理元件的前提下，梳理隔距越小，精梳锡林对纤维的梳理质量越好，一般可掌控在 0.3~0.5mm。但在钳板摆动式精梳机梳理隔距受到钳板摆动的影响，在锡林梳理时，梳理隔距是变化的。其变化量主要取决于钳板机构的传动方式（支点形式）。

钳板组件的支撑方式有三种：一是下支点式，如 A201 系列精梳机；二是中支点式，如 FA261、FA266、E7/5、E7/6、PX2、E62、E72 精梳机等；三是上支点式，如 FA251 系列精梳机、VC-300 精梳机。

(1) 下支点式。下支点式即下钳板的支撑点在锡林轴的下方。国产 A201 系列精梳机下钳板采用这种支撑方式，如图 5-23 所示。下钳板固装在 EO_3 上，O_2CEO_3 组成四连杆机构。当连杆 O_2C 随钳板摆轴摆动时，带动下钳板以 O_3 为支点做前后摆动。上钳板装在 DE 杆上，并可绕 E 点转动。当钳板向后摆动（逆时针）时，则连杆 CE 绕 E 点顺时针转动，杆 DE 及上钳板也以 E 为支点做逆时针转动，使钳板钳口闭合。随着钳板继续后摆，连杆 2 通过调节螺帽 3 和压缩弹簧 4，使钳板钳口具有握持力；握持力随着 $\angle CED$ 增大而增大，直到钳板摆到最后位置为止。下支点钳板梳理开始的隔距很大，随后急剧减小，以后又稍放大，梳理负荷多数集中在锡林中间和偏后的针排上，使梳理效果受到一定的影响。

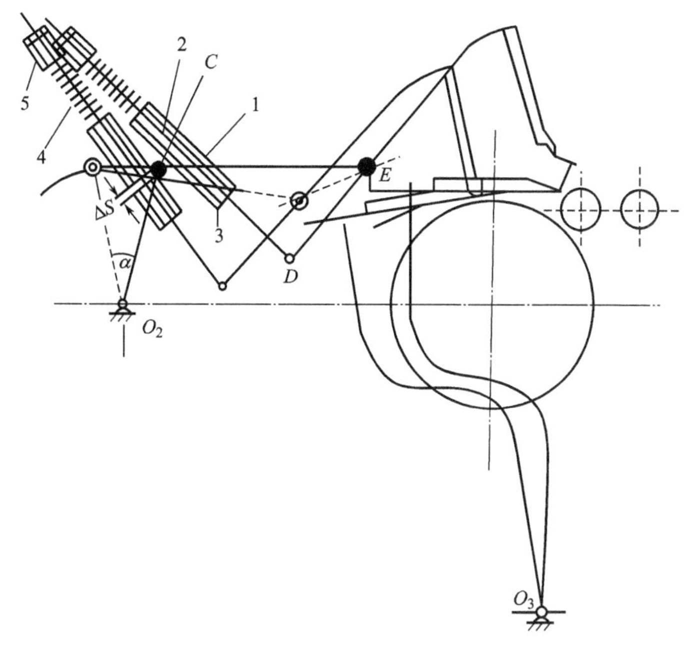

图 5-23　下支点式

1—十字套筒　2—连杆　3—调节螺帽　4—压缩弹簧

（2）中支点式。中支点式钳板摆动机构如图 5-24 所示。下钳板 3 固装于下钳板座 4 上，钳板后摆臂 5 固装于钳板摆轴 6 上，钳板前摆臂 2 以锡林轴 1 为支点，它们组成以钳板摆轴和锡林轴为固定支点的四连杆机构。当钳板摆轴正反向摆动时，通过摆臂和下钳板座使钳板前后摆动。上钳板架 7 铰接于下钳板座 4 上，其上固装有上钳板 8，张力轴 12 上装有偏心轮 11，导杆 10 上装有钳板钳口加压弹簧 9，导杆下端与上钳板架 7 铰接，上端则装于偏心轮上的轴套上。当钳板摆轴 6 逆时针回转时，钳板前摆，而同时由钳板摆轴传动的张力轴 12 也逆时针方向转动，再加上导杆 10 的牵吊，使上钳板 8 逐渐开口；而当钳板摆轴 6 顺时针方向转动时，钳板后退，张力轴也顺时针回转，在导杆和下钳板座的共同作用下，上钳板逐渐闭合。目前新型精梳机的下钳板均采用此种支撑方式。此钳板机构被巧妙地安排在锡林轴的中心，它的分梳隔距从开始到最后只差 0.1mm 左右，因此，梳理负荷均匀，梳理效果好。又由于摆轴位移角度和中支点位移角度基本一致，因此，改变落棉隔距时不会影响钳板的摆动速度。

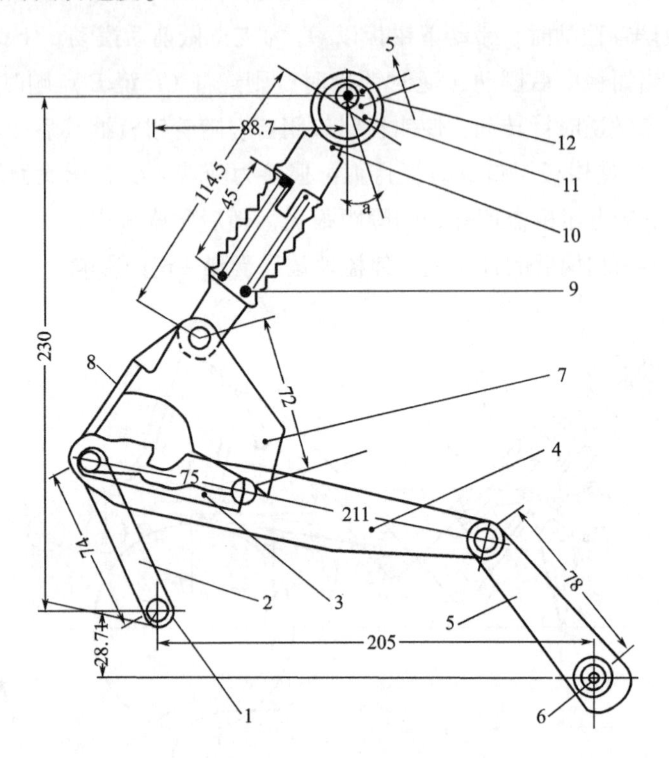

图 5-24 中支点式

1—锡林轴 2—钳板前摆臂 3—下钳板 4—下钳板座 5—钳板后摆臂
6—钳板摆轴 7—上钳板架 8—上钳板 9—弹簧 10—导杆
11—偏心轮 12—张力轴

（3）上支点式。上支点式支撑方式如图 5-25 所示。O_2 为钳板摆轴，O_2D 固装在钳板摆轴 O_2 上，钳板摆轴通过 O_2DEO_3 四连杆机构使固装在杆 DE 上的下钳板 J 做前后摆动。O_3 为钳板的支点，位于锡林轴的上方。上钳板 I 和下钳板 J 在 K 点铰接，G 为套筒摇块的铰接点，LM 为导杆，压缩弹簧套装在导杆 LM 上，上端紧靠导杆的轴肩，下端紧靠套筒的挡圈平面（N 为棘爪）KLG 组成一个准摇杆机构，当钳板后摆（顺时针）时，杆 KL 绕点 K 逆时针回转，压缩弹簧的张力驱动导杆向上，使钳口产生握持力。当钳板摆轴前摆时，KL 距离增大，杆 KL 绕点 K 顺时针回转，上钳板开启。通过调节导杆上螺帽的位置，可调整钳板的握持力；通过调节 GL 的距离可调节钳板的闭口定时及开口量。上支点式钳板，锡林梳理隔距的变化较下支点小，梳理负荷的分布较均匀。

3. 锡林梳理速度和梳理时间 锡林梳理纤维头端的时间应与钳口的闭合时间相协调，其原则是钳口闭合并下降至最低位置时，锡林的第一排针应处于钳唇的正下方，过迟或过早都会影响梳理质量与运动的配合。

棉精梳机锡林梳理速度为钳板运动速度和锡林表面速度的矢量和。整个梳理速度由慢到快再到慢，其主要梳理区段是逐渐减少的。通常其梳理速度约为梳棉机上刺辊梳理速度的

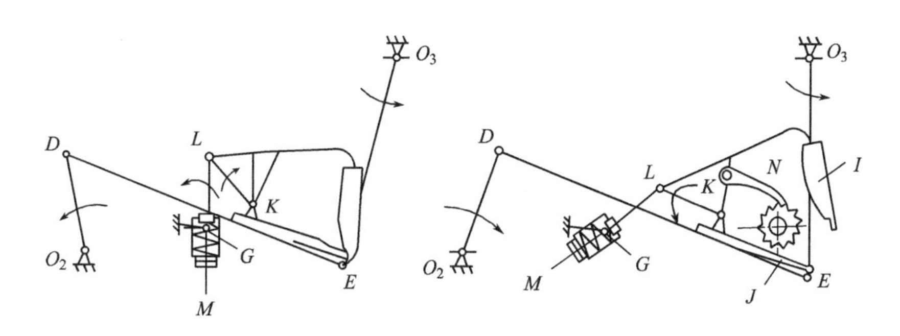

图 5-25　上支点式

1/10 左右。

毛精梳机的钳板不做摆动，锡林由主轴通过三只偏心齿轮传动，使锡林瞬时表面速度发生变化。锡林梳理速度由慢到快再到慢，梳理速度处于锡林表面速度最大值附近。这样既可缩短梳理阶段的时间，延长其余阶段的时间，又可在保持同样拔取速度下，提高机台转速。

4. 锡林规格

（1）锡林的结构。目前锡林结构多采用整体锡林或者装配式锡林，有梳针式和锯齿式两种。其特征是用整体针板或整体锡林替代单根梳针焊接的针板或锡林。常规的焊接式针板虽然有更换容易、梳理效果较好的优点，但也存在着针隙易塞短纤、梳针易损坏和需经常清洁等不足。新型的整体锡林包括锯齿整体锡林和梳针整体锡林。锯齿整体锡林还包括黏合式和嵌入式两种类型。黏合式整体锡林是用黏合剂把几组锯条黏合在针板座上而制成，其结构简单，针齿强度高，使用寿命长，但个别梳针损伤后只能整体针排更换。嵌入式整体锡林则采用齿片和隔片相间嵌入针排座的方式制成，其装卸方便，齿片、隔片的结构和形状可按要求设计，适应性强。

（2）锡林的直径。锡林直径的大小也关系到梳理作用的大小。在针排数不变的情况下，锡林直径增大，在锡林转速不变的情况下就可以提高锡林的梳理速度，也会使梳理隔距变化减小，有利于锡林的梳理质量；锡林直径增大，梳针在锡林整周上所占的弧长减小，从而缩短了梳理时间，相对增加了须丛分离接合准备和分离接合的时间，有利于须丛的分离接合，也有利于提高精梳机的车速。

（3）植针规格及针面状态。锡林的梳理效果和植针号数、密度以及高度等因素有关。考虑到纤维层开始受梳理时，纤维伸直不够，排列紊乱，相互抱合力大的特点，因而植针采用自前向后密度由稀到密、细度由粗到细、高度由高到低的工艺设计原则，以避免拉断纤维和损伤梳针，并使梳理作用逐渐深入。例如，毛纺精梳机的梳针有效长度第一排梳针为 7mm，最后一排梳针仅为 4mm，特别是最后两排梳针的针隙可达 0.04~0.07mm。锡林梳针的形状可以采用两种，即前几排采用圆针，目的在于减小梳理力；后几排则可以采用扁针，以提高梳针的抗弯强度和加强梳理。

锡林梳针的针面状态也与梳理效果有关。弯针、并针、断针和梳针的毛刺以及梳针齿隙的清晰程度等，都会影响锡林的梳理效果和输出纤维网的质量，因此也应给予足够的重视。

四、分离与接合作用分析

（一）分离机构的运动

分离接合（毛型精梳机上称为拔取）是精梳机的主要作用之一。在每个工作循环开始，分离机构须先将上一工作周期中拔取输出分离钳口的纤维网尾端倒入工作区内，并及时地握持由钳板送来的刚被锡林梳理过的须丛头端，叠和在倒入的纤维网尾端上，实现接合。随后，由于分离罗拉正转输出速度比喂入速度快，实现对须丛的牵伸分离，使输出产品形成连续的纤维网。

为使须丛顺利分离，分离机构必须正转；为使须丛顺利搭接，分离机构也必须倒转；为使须丛顺利梳理，分离机构还必须基本静止或停转。因此，分离机构正转的时间要大于其倒转的时间，否则没有纤维网输出。分离机构正转、倒转和基本静止的开始和工作时间必须与梳理和分离工作开始和工作时间相协调，否则梳理和分离工作都不能顺利进行。

（二）分离罗拉运动曲线

分离罗拉运动曲线是分析和计算分离接合工艺性能及其参数的基础。图5-26表示了棉型精梳机的分离罗拉运动曲线。其中，ab 为分离罗拉倒转时间；b 为分离罗拉开始顺转时间；c 点为开始分离接合时间，即须丛中第一根纤维头端进入分离钳口线的时间；cd 为分离接合时间；d 点为分离接合结束时间，即须丛中最后一根纤维进入分离钳口线的时间；def 为分离罗拉继续顺转和基本静止时间。从图中可看出，进入分离钳口线的第一根和最后一根纤维的头端距离就表示了分离罗拉运动曲线开始和结束分离运动时的位移差值。这个位移差值称为分离工作长度 K。据此，一个工作周期内的分离纤维丛长度 L 可以按下式计算：

$$L=K+l=(S_d-S_c)+l \tag{5-22}$$

式中：l——纤维的平均长度，mm；

S_d-S_c——分离罗拉开始分离和结束分离时的位移差值，mm。

由此可见，分离纤维丛长度与开始和结束分离时间以及纤维长度和分离罗拉运动曲线形态等因素有关。分离纤维丛长度增加，必然会使分离罗拉运动量加大，这样不利于机台高速，因此，新型精梳机为提高车速，将分离纤维丛长度适当减小，以减小分离罗拉运动量，增加精梳机的车速。

（三）分离纤维丛的形态

在分离工作开始之前，分离罗拉已将上一工作循环分离出的纤维丛倒入机内，准备与新分离的纤维丛接合。经锡林梳理后的纤维丛，其头端并不在一条直线上。当钳板（或喂给机构）、顶梳将纤维丛逐渐送向分离钳口时，头端前面的纤维先到达分离钳口，被分离钳口握持，以分离罗拉的速度快速前进。随后各根纤维头端陆续到达分离钳口，使前后纤维产生移距变化，分离钳口逐步从纤维中抽出部分纤维，形成一个分离纤维丛叠合在上一工作循环的纤维网尾部上，从而实现分离接合。分离纤维丛的接合形态如图5-27所示。

精梳机这种周期性的接合分离，会使精梳条有较大的不匀。从图5-27可看出：

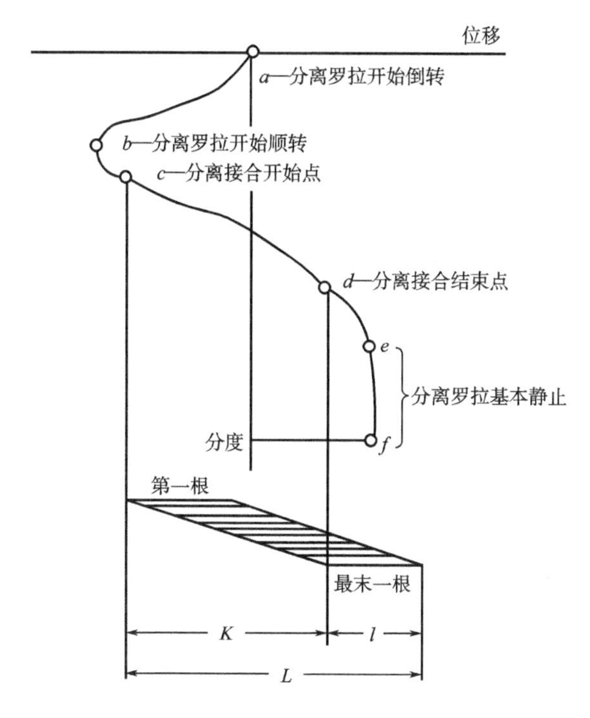

图 5-26　棉型精梳机的分离罗拉运动曲线和分离纤维丛长度

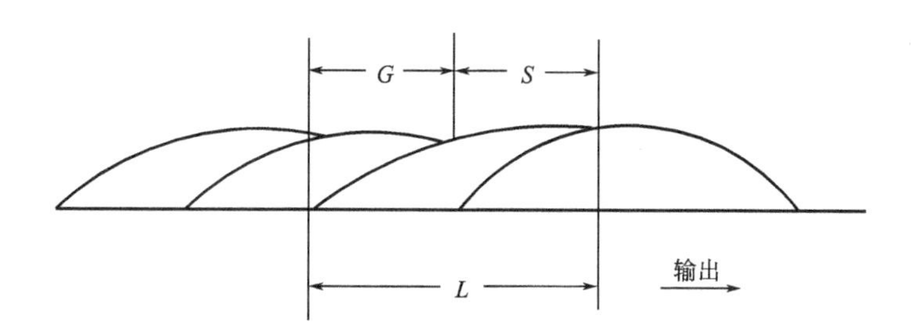

图 5-27　分离纤维丛的接合形态

$$L=S+G$$

或
$$G=L-S \tag{5-23}$$

式中：L——分离纤维丛长度，mm；

S——有效输出长度，即为分离罗拉每次顺转量和倒转量的差值，mm；

G——接合长度，mm。

由式（5-23）可知，分离纤维丛长度 L 越长，有效输出长度 S 越小时，接合长度 G 越长。接合长度 G 增加，纤维网可获得较大的接合力，不至于使纤维网在往复牵伸和接合中产生意外伸长，而且纤维网的接合质量和条干均匀度会得到改善，同时也可提高车速。

（四）分离接合过程分析

1. 分离接合过程中顶梳的作用分析

（1）顶梳的作用特点。在分离接合过程中，顶梳的作用主要是控制纤维进给运动，使纤维完成分离与接合，并对纤维须丛尾端进行梳理。在这个过程中，当须丛中纤维的头端到达分离罗拉（拔取罗拉）钳口时，被分离罗拉（拔取罗拉）握持拔取，随即转变为分离罗拉（拔取罗拉）的快速运动，此时，纤维的尾端由顶梳的针隙间通过，从而使须丛的尾端获得顶梳的梳理。顶梳梳理须丛尾端时，不但有梳针对纤维的梳理和对杂质的过滤作用，而且也能将那些纤维头端没有到达分离罗拉（拔取罗拉）钳口的纤维阻留，阻留下来的纤维与被分离中的纤维之间的摩擦也起到梳理作用。这种阻留纤维和对分离纤维丛的梳理以及过滤作用是锡林梳理所没有的。

（2）顶梳的作用机理。精梳锡林梳理完须丛头端后，先由钳板将须丛向前输送，逐步到达分离钳口，如图 5-28（a）所示。当须丛中纤维头端到达分离钳口并被握持输出时，与钳板同步运动的顶梳也向前摆动，并同时刺入须丛，实现了对须丛运动的控制和梳理须丛的尾端。

在开始梳理时，顶梳迅速刺入须丛是实现顶梳梳理的必要条件。图 5-28（b）表示了顶梳插入纤维须丛时的受力情况。当分离开始时，顶梳刚接触须丛时，须丛呈图示的折线状态，同时须丛又因受到分离钳口拔取而向上嵌入顶梳。设分离钳口拔取纤维时的牵引力为 P，其方向沿着须丛运动方向，P_1（沿着梳针方向）与 P_2（垂直于梳针方向）为 P 的两个分力。为使梳针迅速刺透须丛，应保证：

$$P\sin(\alpha+\beta) > \mu P\cos(\alpha+\beta)$$

即：

$$\alpha+\beta>\varphi \tag{5-24}$$

式中：α——顶梳梳针与垂直线间的夹角；

β——牵引力 P 与水平线间的夹角；

φ——纤维与顶梳梳针间的摩擦角；

μ——纤维与梳针的摩擦系数。

角 α 和 β 影响插入深度，其值越大，顶梳梳针越容易插入，且插入深度越深。一般情况下，插入深度以顶梳梳针针尖刺穿纤维须丛并外露 2～3mm 为宜。顶梳梳针的倾斜角 α 设计为 20°为宜。

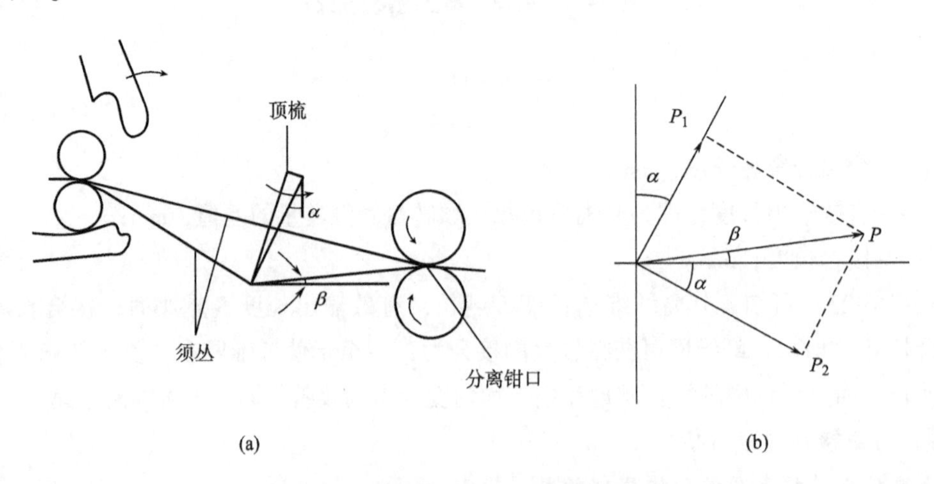

图 5-28　顶梳梳理须丛尾端与纤维受力

2. 分离牵伸 在分离接合开始时，被锡林梳理过的须丛前端进入后分离钳口，而上、下钳板的钳唇呈开启状态，此时处于须丛前端的纤维被分离钳口握持，以分离罗拉表面线速度前进（称为快速纤维），而尾端由插入须从的顶梳梳针控制，以顶梳或钳板的速度前进（称为慢速纤维），形成分离牵伸。

在精梳纤维丛的分离过程中，分离罗拉的表面线速度和顶梳的喂入速度（顶梳或钳板向前摆动的速度）是变化的，且分离罗拉的表面线速度远大于顶梳喂入速度，因此，分离过程的分离牵伸值也是变化的，可用下式表示：

$$E_X = \frac{v_1}{v_2 - v_3} \quad (5-25)$$

式中：E_X——分离过程中的瞬时牵伸值；

v_1——分离罗拉的瞬时表面速度；

v_2——顶梳的瞬时移动速度；

v_3——分离钳口的瞬时移动速度（棉纺新型精梳机和毛纺精梳机 $v_3=0$）。

A201D 型精梳机的分离牵伸值变化如图 5-29 所示。开始分离时牵伸值较小，以后逐渐加大，直至最后增加很快。

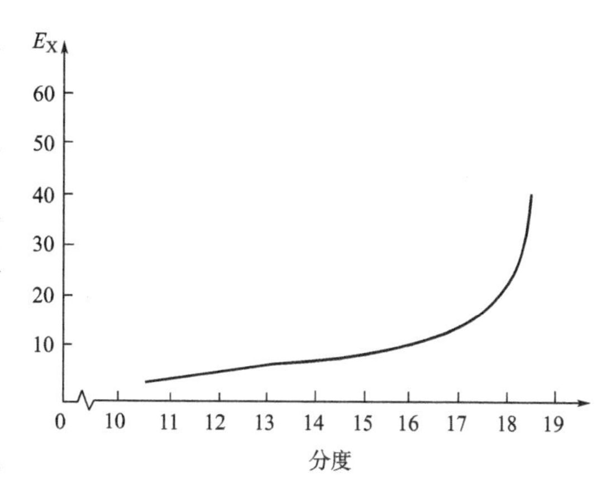

图 5-29 分离过程中的变牵伸值

分离牵伸值的变化主要由分离罗拉的运动来决定。精梳机的类型不同，牵伸值的变化也有所不同。如棉纺精梳机在分离过程中牵伸值变化是由小至大，到接近分离结束时的分离牵伸值增加较大。而毛纺精梳机拔取（分离）过程中牵伸值的变化与棉纺精梳机正好相反，是由大骤小，变化剧烈，在拔取（分离）接近结束时，拔取（分离）牵伸值的变化不大。

分离过程变牵伸值 E_X 的大小和变化情况与分离纤维丛的形态、纤维网的接合状态以及精梳条的条干均匀度密切相关。在分离接合阶段，如钳板向前摆动速度快，由于钳板与顶梳靠同一机构传动，两者的运动规律一致，因此，也就是顶梳前进速度快，使分离过程变牵伸值 E_X 小，分离接合时间短，须丛牵不开，从而影响精梳条接合质量。

3. 接合长度 接合长度反映了前后两个分离纤维丛的接合程度。在纤维网中存在着两个以上分离纤维丛的重叠部位，这可使纤维网中的纤维丛的重叠程度加大，纤维网厚度增加，接合处阴影减少，接合质量提高。

分离纤维丛的重叠程度可用接合率 η 表示，它是接合长度 G 与有效输出长度 S 的比值，用百分率表示：

$$\eta = \frac{G}{S} \times 100\% \quad (5-26)$$

目前，棉纺新型精梳机的接合长度和接合率都较大，一般接合长度在 56mm 以上，接合率在 166%以上，虽然有的机器速度高达 400 钳次/min 以上，棉网的接合情况仍然较好，车面的条干质量也较好。因此，适当缩短有效输出长度，提高接合长度和接合率，是新型精梳机设计的一种趋势。

在分离纤维丛 L 值一定的情况下，接合长度 G 值越大，有效输出长度 S 越小，输出纤维网的单重越重，过重的单重会增加精梳机的牵伸负担，因此，需加强精梳机车头牵伸对纤维的控制。

对于棉纺精梳机而言，有效输出长度经机械设计优选后就固定下来，工艺上不用作调节，分离纤维丛长度和接合长度的工艺调整，变化也不大。而对于毛纺精梳机则有所不同。毛纺精梳机拔取（分离）纤维丛的形态是头端粗而短，长度约为拔取（分离）纤维丛全长的 1/3，但重量却约占整个拔取（分离）纤维丛重量的 60%；尾部则细而长，长度约为拔取（分离）纤维丛全长的 2/3，重量只约占整个拔取（分离）纤维丛重量的 40%。为获得适度的叠合长度，一般经验设计是本周期的拔取（分离）纤维丛头端搭接叠合在上一个周期拔取纤维丛全长的 2/3~3/5 之处，即接合长度 $G=(2/3\sim3/5)L$，有效输出长度 $S=(1/3\sim2/5)L$。毛纺精梳机的接合长度和有效输出长度给出的是一个经验范围值，该值可以根据工艺要求进行调节。依靠调节拔取（分离）罗拉正、反转量就可以改变有效输出长度和接合长度。

第五节　精梳过程的定时与定位

一、钳板运动定时

（一）钳板最前位置定时

钳板最前位置定时是指钳板运动到最前位置时分度盘指针指示的分度数。钳板最前位置定时是精梳机工艺参数调整的基础。

（二）钳板的开口定时

钳板的开口定时是指钳板钳口开始打开时分度盘指针指示的分度数。钳板开口定时晚，由于受上钳板钳唇的下压作用，被精梳锡林梳理过的须丛不能迅速抬头，使须丛不能正常到达分离钳口，一方面使须丛得不到正常分离接合，另一方面也使顶梳不能正常刺入须丛，影响顶梳梳理须丛尾端。这种情况在实际生产中具体反映是在纤维网中先有破洞，然后破洞逐步蔓延扩大，直到没有纤维输出；有时即使没有破洞，也会影响纤维网的内在质量。故在分离接合准备阶段，在工艺上要注意调整钳板的开口量，单纯从有利于分离接合的角度看，钳板钳口开启越早越好。

（三）钳板的闭口定时

钳板的闭口定时是指上、下钳板闭合时分度盘指针指示的分度数。钳板的闭口定时要与锡林梳理开始定时相配合，一般情况下，钳板的闭口定时要早于或等于锡林开始梳理定时，否则精梳锡林梳针有可能将还没有被钳板钳口握持的纤维抓走，使精梳落率中的可纺纤维增多。锡林梳理开始定时的早晚与锡林定位及落棉隔距的大小有关。

综上，钳板的开闭口定时的调节主要考虑两个因素。第一，根据梳理的要求，锡林开始梳理时，钳板钳口对纤维层要有足够的握持力，即在精梳锡林开始梳理须丛前，钳板钳口应闭合且有一定握持力，以防止纤维被锡林抓走；第二，根据分离接合的要求，在梳理结束时，钳板应及时开口，保证钳板钳口在分离接合前要有足够的开口量，以便使纤维须丛抬头顺利，并到达分离钳口，及时与分离罗拉倒入的须丛尾端实现接合，顺利完成分离接合过程。

一般摆动式钳板钳口具有闭合早而开口迟的特点，当钳板钳口提早闭合时，有利于对纤维层的握持，但会使钳口开口晚，从而影响须丛抬头，因此调节钳板开闭合定时两者要兼顾。

二、锡林定位

锡林定位也称弓形板定位，其目的是确定锡林针排、分离罗拉与钳板钳口三者之间的相对关系，实质是确定锡林末排梳针通过与分离罗拉最紧点的时间。以满足不同纤维长度及不同品种的纺纱要求。

如图5-30所示，锡林定位的方法是先松开锡林体的夹紧螺钉，使其能与锡林轴相对转动，再利用锡林专用定规的一侧紧靠罗拉表面，且定规的另一侧与锡林上第一排梳针相接，最后转动锡林轴，使分度指示盘指针对准设定的分度数。

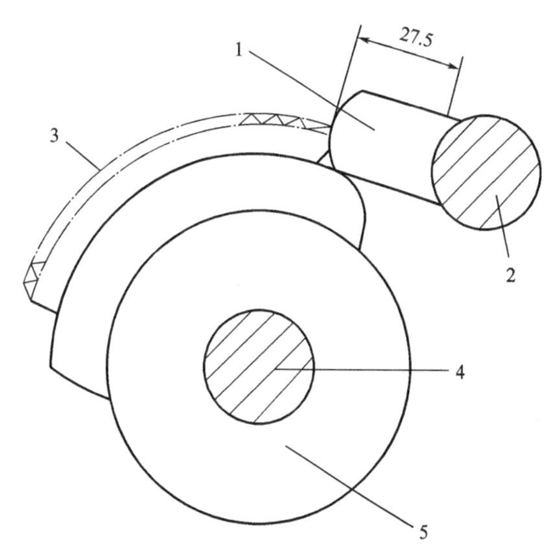

图5-30 锡林定位

1—锡林定规 2—分离罗拉 3—梳针 4—锡林轴 5—锡林体

锡林定位对锡林的始梳位置有直接影响，锡林定位早，会使锡林开始梳理位置前移，梳理隔距变化加大，锡林梳理质量较差。又由于钳板闭合定时是根据锡林始梳位置确定的，锡林提前梳理，钳板闭合定时也相应提早，而钳板开启会推迟，从而影响须丛抬头。因此，从梳理及须丛抬头情况来看，锡林定位迟些较好，特别是对梳理隔距变化较大的精梳机尤其重要。

但锡林定位迟，使末排针通过与分离罗拉最紧点的时间迟，末排针易将分离罗拉倒入的纤维网尾端梳下成为落纤，增加了落量，也影响接合质量。因此，从抓走长纤维来看，锡林定位早些好。这与梳理作用对定位的要求相矛盾，故在确定锡林定位时，要兼顾这两方面的要求。一般加工纤维长，钳板外须丛头端到达分离钳口时间早，则要求分离罗拉倒转早，为防止末排针将分离罗拉倒入的纤维网尾端梳下，钳板闭合定时也应提早；反之，锡林定位应迟些。

三、顶梳定位

顶梳由顶梳托脚、梳针针板和梳针等组成。不同的机型有不同的顶梳传动方式，顶梳结构也有所不同。它又可分为以下两种：①钳板固定式顶梳；②单独传动摆动式顶梳。国产A201系列和FA251A型精梳机采用单独传动摆动式顶梳，国产新型精梳机如FA261、FA266、FA269、PX2、CJ40等均采用钳板固定式顶梳。顶梳的定位包括顶梳的高低隔距与进出隔距。

（一）顶梳的高低隔距

顶梳的高低隔距是指顶梳在最前位置时，顶梳针尖到分离罗拉上表面的垂直距离，如图5-31（a）所示，d为顶梳的高低隔距。高低隔距越大，顶梳插入须丛越深，精梳落棉率就越高。高低隔距过大时，会影响分离接合开始时棉丛的抬头，并且使分离困难，也容易使纤维断裂损伤和梳针损伤。因此，调节顶梳插入深度时，必须掌握好顶梳的插入深度。

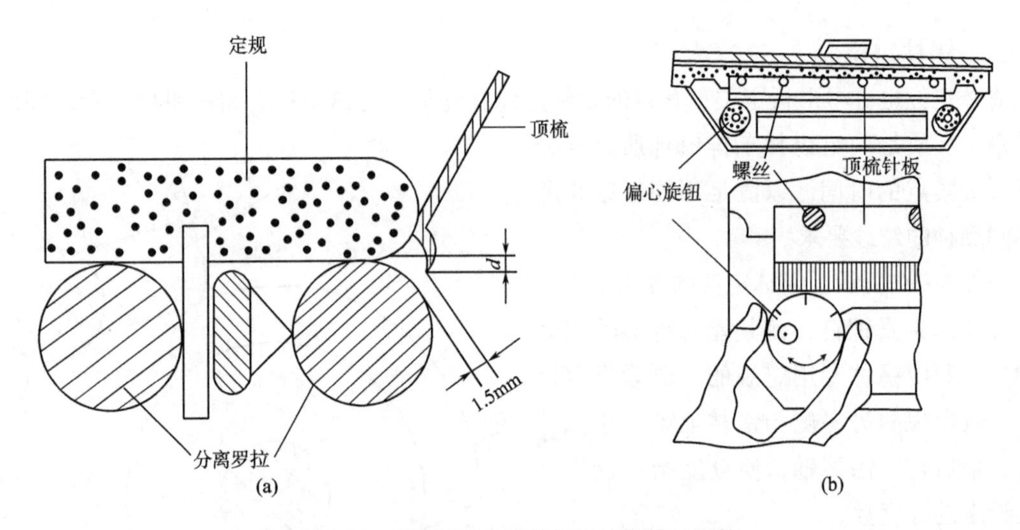

图5-31　SXF1269A型精梳机的顶梳及调整

以SXF1269A型精梳机为例，顶梳的高低位置用偏心轴来调整。如图5-31（b）所示，松开图中的螺丝3，转动偏心旋钮1到所需要的数值后，再扭紧螺丝3即可。顶梳高低隔距共分五档，分别用-1、-0.5、0、+0.5、+1来表示，标值越大，顶梳插入棉丛就越深，不同标值时的d值大小见表5-3。顶梳的高低隔距一般选用+0.5档，顶梳高低隔距每增加一档，精梳落棉增加1%左右。

表5-3　不同标值时的 *d* 值大小

标值	-1	-0.5	0	+0.5	+1
d（mm）	51.5	52	52.5	53	53.5

（二）顶梳的进出隔距

顶梳的进出隔距是指顶梳在最前位置时，顶梳针尖与分离罗拉表面的隔距。如图5-31（a）所示，顶梳与后分离罗拉表面间的最小距离小，顶梳把须丛送向分离钳口近，有利于须丛分离接合，但要注意防止顶梳针尖碰到分离罗拉。SXF1269A型精梳机顶梳的进出隔距一般为1.5mm。

顶梳的进出隔距的调整方法如图5-31（a）所示，使钳板运动到前位置，用定位工具

（定规）1与前分离罗拉2靠紧，调整顶梳3的位置，并使顶梳与定位工具（定规）靠紧后固定顶梳位置，此时顶梳的进出隔距为1.5mm。

四、分离罗拉顺转定时

分离罗拉顺转定时是在棉型精梳机中所需调整的一项重要的工艺参数。分离罗拉顺转定时是指分离罗拉开始顺转时，分度盘指针指示的分度值。精梳机的分离接合工艺，主要是利用改变分离罗拉顺转定时的方法，调整锡林针排、分离罗拉与钳板钳口三者之间的相对关系，以满足不同长度纤维及不同纺纱工艺的要求。

根据精梳机分离接合的要求，分离罗拉顺转定时要早于分离罗拉接合开始定时，否则会导致分离接合工作无法进行。因此，分离罗拉顺转定时应满足以下要求：第一，分离罗拉顺转定时的确定，应保证开始分离时分离罗拉的顺转速度大于钳板的前摆速度；第二，分离罗拉顺转定时的确定，应保证分离罗拉倒入机内的棉网不被锡林末排梳针抓走。

分离罗拉顺转定时根据所纺纤维长度、锡林定位、给棉长度及给棉方式等因素确定。当采用长给棉或加工长绒棉时，须丛头端到达分离钳口较早，如此时分离罗拉还未顺转或顺转速度小于喂入速度，则纤维头端会在分离钳口处造成弯钩，使输出棉网在整个幅度上出现横条弯钩；或者由于开始分离时，分离罗拉顺转速度略大于喂入速度，虽不致造成横条弯钩，但因分离牵伸值太小，以致新的纤维丛头端没有被充分牵伸开，纤维层较厚，而前一工作周期的纤维丛尾端又较薄，两部分纤维层厚度差异过大，导致相互接合时接合力较弱，在棉网张力的作用下，新纤维丛前端容易翘起，在棉网上呈现“鱼鳞斑”状态。

综上，为消除横条弯钩和“鱼鳞斑”问题，分离罗拉顺转定时应适当提早。此外，机台高速后，由于空气阻力的增加以及钳板开口后须丛抬头时间短，则棉网中也易出现弯钩，因此，分离罗拉顺转定时也应适当提早。

分离罗拉顺转定时早，倒转也早，则锡林末排梳针通过分离罗拉最紧点时易将棉网尾部的长纤维抓走。因此，必须相应提早锡林梳理定位，使锡林末排梳针通过分离罗拉最紧点时间提早，锡林梳针不易抓走棉网尾部纤维。但是，提早锡林梳理定位将会影响锡林梳理质量和须丛抬头，故以棉网不产生弯钩和“鱼鳞斑”为限，分离罗拉顺转定时也不宜过早。

思考题：

1. 精梳工序的任务是什么？

2. 棉纺精梳前准备的任务和要求是什么？

3. 棉纺精梳前准备工艺方式有哪几种？各有什么特点？

4. 在精梳机的一个工作循环中，有哪几个阶段？分别是什么？在各个阶段，精梳机主要机件的运动是如何配合的？

5. 什么是喂给长度、喂给方式、喂给系数、梳理隔距、分离隔距、落纤（棉）隔距和接合率？

6. 简述精梳锡林的梳理特点及影响因素。
7. 为什么棉纺精梳前准备工序道数要遵循偶数法则？
8. 简述顶梳在分离接合过程中的作用。
9. 棉型精梳机锡林定位的实质是什么？锡林定位过早、过晚会产生什么后果？为什么？
10. 分离罗拉顺转定时过早、过晚会出现什么问题？为什么？

第六章　牵伸

本章知识点：

1. 牵伸的实质、实现罗拉牵伸的条件和牵伸基本概念。

2. 摩擦力界概念，摩擦力界的分布与影响摩擦力界的因素。

3. 纤维在牵伸区的分类与数量分布。

4. 控制力、引导力的含义及其对浮游纤维运动的影响。牵伸力、握持力的概念及影响因素。

5. 纤维变速点分布与须条不匀。

6. 附加摩擦力界装置及其在牵伸工艺中的应用。

7. 牵伸过程中纤维平行伸直的条件及弯钩纤维的伸直效果。

8. 纱条不匀分类及其影响因素。

9. 并合的均匀混合作用。

10. 自调匀整的含义、作用、匀整基本原理，自调匀整装置的组成、分类与应用。

第一节　概述

一、牵伸的目的与要求

纤维集合体经过梳理，已经基本松解成单根纤维状态，但须条的线密度还未达到成纱要求，须条中的纤维还存在着屈曲弯钩，纤维间的横向联系尚未彻底解除，需要进一步顺直并减小线密度。在纺纱过程中，须条的变细有两种方法：一种为须条或纤维层的横向分割；另一种为须条的牵伸。分割一般用于粗梳毛纺中，而牵伸在各纺纱系统中均采用，是须条变细的主要方法，也是纺纱的主要作用之一。

牵伸就是将须条抽长拉细的过程，其实质是须条中纤维沿长度方向做相对运动。此时需对须条轴向施以外力，以克服存在于纤维间的联系力，即抱合力与摩擦力，使纤维间能发生相对运动，并分布在更长的片段上。同时，在摩擦力和抱合力的作用下，纤维亦得到了伸直平行。因此，牵伸的目的是：①减少须条截面内的纤维根数使须条变细；②伸直须条内纤维的屈曲和弯钩，并使其平行顺直排列。

牵伸时各根纤维间沿须条轴向的相对运动和位移具有随机性，导致牵伸后须条产生不匀，牵伸与须条的质量有密切关系，对牵伸的要求就是要尽可能降低产生的不匀。现代牵伸装置在设计时都考虑到这一点，此外，还可以通过并合、自调匀整等方法弥补由牵伸引起的不匀。牵伸是主要作用，匀整能提高须条均匀度，起辅助作用。

使纤维能发生相对运动的外力可以是机械力、静电场和空气动力等，通常将借助于气流而实现的牵伸称为气流牵伸，而将借助于表面速度不同，且隔距与纤维长度相当的前后两对罗拉所实现的牵伸，称为罗拉牵伸。罗拉牵伸被广泛应用于各种类型的传统纺纱系统中，而气流牵伸则应用于非传统纺纱系统中。

本章主要介绍罗拉牵伸的基本原理与应用规律。

二、实现罗拉牵伸的条件

图 6-1 所示为由两对罗拉组成的简单牵伸机构。图中 B 表示后罗拉钳口的钳持线，F 表示前罗拉钳口的钳持线。前、后罗拉钳口对纱条均需要有握持能力。前罗拉的表面线速度 V_1 大于后罗拉的表面线速度 V_2。当纱条进入后罗拉以后，纱条中的纤维即以速度 V_2 前进，而纤维一旦被前罗拉握持，则立即以 V_1 速度前进。此时，纱条中纤维间便产生了相对运动和位移，使须条变细。

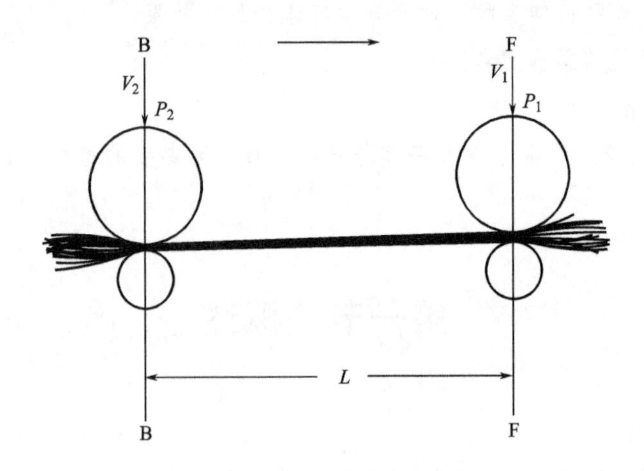

图 6-1 两对罗拉的牵伸装置

实现罗拉牵伸的条件：①须条上必须具有积极握持的两点，且两握持点之间有一定的距离；②积极握持的两点必须有相对运动，输出端的线速度必须大于喂入端的线速度；③握持点上应具有一定的握持力。

因此，相邻两罗拉间的距离、速比、加压构成实现罗拉牵伸的三要素，也是牵伸工艺的三个基本参数。其中，相邻两罗拉间的距离有中心距、表面距和握持距三种。中心距是相邻两罗拉中心之间的距离；表面距是相邻两罗拉表面之间的最小距离；握持距是指相邻两对钳口线之间的须条长度。对于直线牵伸，握持距与罗拉中心距是相等的；对于曲线牵伸，罗拉握持距大于罗拉中心距。

三、牵伸基本概念

（一）张力牵伸与位移牵伸

1. 张力牵伸 当须条上两握持点的相对速度很小，即须条的输出速度略大于喂入速度时，或施加的外力不足以克服纤维间的摩擦力和抱合力时，则不能使须条中各根纤维间发生轴向相对位移，只能使须条中纤维绷直，其本质属于须条的弹性变形。一旦除去外力，又将恢复原状，这种没有引起纤维间相对位移的牵伸，称为弹性牵伸或张力牵伸，这种牵伸不能使须条抽长拉细，但能使须条张紧，防止须条在喂入、输出和卷绕过程中的松堕，在纺纱工程中也是必不可少的。

2. 位移牵伸 如果产品的输出速度与喂入速度相差较大，且施加的外力足以克服纤维间的摩擦力和抱合力，则可使须条中的纤维产生相对运动，须条被抽长拉细。此时须条的伸长本质上属于永久变形，当外力消除后，将保持被牵伸的状态，此种牵伸称为位移牵伸。

张力牵伸与位移牵伸是完全不同的两个概念，在研究牵伸时必须加以区别。

（二）牵伸倍数与牵伸效率

1. 牵伸倍数 牵伸倍数是表示牵伸作用大小的值，通常亦称牵伸值。牵伸倍数分机械牵伸倍数和实际牵伸倍数。

机械牵伸倍数是根据机械传动计算的牵伸大小，也可称为理论牵伸倍数：

$$E=\frac{V_1}{V_2} \tag{6-1}$$

式中：E——机械牵伸倍数（理论牵伸倍数）；

V_1——前罗拉表面线速度；

V_2——后罗拉表面线速度。

实际牵伸倍数是输出纱条（须条）支数与喂入纱条（须条）支数的比值；实际牵伸倍数也可以表示为纱条（须条）喂入线密度与输出线密度的比值，如特数或单位长度的重量（定量）：

$$D=\frac{N_1}{N_2}=\frac{G_2}{G_1}=\frac{T_2}{T_1} \tag{6-2}$$

式中：D——实际牵伸倍数；

N_1——输出纱条支数；

N_2——喂入纱条支数；

G_1——输出纱条单位长度的重量；

G_2——喂入纱条单位长度的重量；

T_1——输出纱条特数；

T_2——喂入纱条特数。

2. 牵伸效率 在理想状态下，即钳口与纱条间无滑溜，牵伸过程中纤维也无损耗，则$E=D$。但实际上$E\neq D$，原因是上罗拉（胶辊）的转动，一般是靠下罗拉摩擦带动的，虽然上罗拉加有一定压力，但总有一定滑溜。同时，在牵伸过程中，纤维会有一些散失，其中，短纤由于抱合力差，牵伸时极易掉落，再加上回潮率的变化等因素，E和D总是有一定的差值，二者的比值称牵伸效率η：

$$\eta=\frac{D}{E}\times100\% \tag{6-3}$$

在纺纱工艺中，牵伸效率常小于1，即实际牵伸小于机械牵伸，这是由于罗拉皮辊打滑所致，但影响因素较多，大都采用经验数值进行修正，以控制纺出须条的重量符合工艺要求。棉纺生产中采用的是牵伸配合率，它等于牵伸效率的倒数，需要根据同类机台、同类产品的长期实践积累，找出牵伸效率的变化规律，在工艺设计时预先考虑牵伸配合率，由实际牵伸倍数与牵伸配合率算出机械牵伸，即能纺出符合线密度规定的须条。

（三）部分牵伸与总牵伸

一个牵伸装置常由多对罗拉组成，如图6-2所示，为三对罗拉组成的牵伸机构。其中，相邻两罗拉钳口间组成一个牵伸区，有两个牵伸区。罗拉速度应满足 $V_1>V_2>V_3$。每一个牵伸区的牵伸倍数由相邻罗拉间的速比表示，称为部分牵伸，最后一对罗拉（喂入罗拉）和最前一对罗拉（输出罗拉）间的牵伸倍数等于各部分牵伸的连乘积，称为总牵伸。即：

$$E=E_1 \times E_2=\frac{V_1}{V_2}\times\frac{V_2}{V_3}=\frac{V_1}{V_3} \tag{6-4}$$

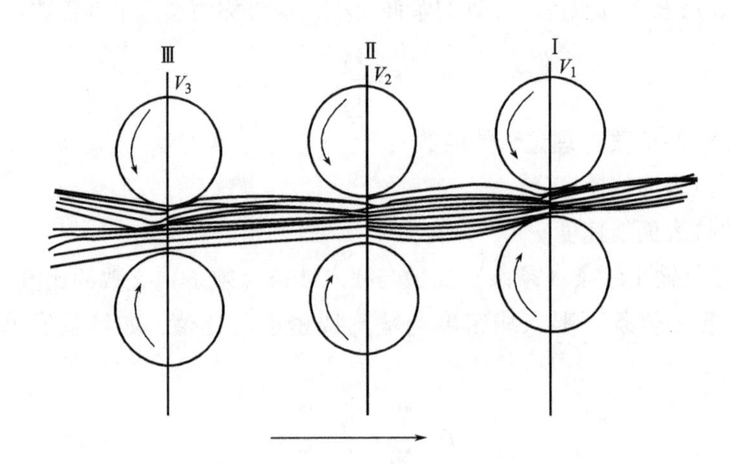

图6-2　三对罗拉组成的牵伸机构

生产中，需要根据牵伸装置的形式和工艺要求将总牵伸倍数分配给各部分牵伸，称为牵伸分配。

四、纺纱系统中的牵伸

在各种纺纱系统的许多工序、设备中均有牵伸，且以罗拉牵伸为主。

在棉纺纺纱系统中，并条、粗纱、细纱工序所采用的并条机、粗纱机、细纱机上均有专门的罗拉牵伸机构。其中，细纱机的牵伸倍数最大，起主要的抽长拉细作用；并条工序往往是多道，除牵伸外，更多是起并合匀整和混合作用；此外，在精梳前准备与精梳工序中所采用的条卷机、并卷机、条并卷联合机和精梳机上，都有专门的牵伸机构，其主要作用也是牵伸与并合匀整。

在毛纺、麻纺、绢纺纺纱系统中，许多设备都配置牵伸机构，除粗纱机、细纱机与棉纺纺纱类似外，毛纺针梳机、麻纺并条机、绢纺的延展机和延绞机等都有专门的牵伸装置，在抽长拉细的同时使须条中的纤维平行顺直，最终纺出符合要求的纱线。

第二节 牵伸作用基本原理

一、摩擦力界

在牵伸过程中，罗拉或牵伸区内的其他机件是通过对纤维的摩擦以及纤维与纤维间的摩擦来控制纤维运动，实现牵伸的目的与要求的。

（一）摩擦力界的形成

1. 摩擦力界及形成 当须条进入罗拉钳口时，由于上、下罗拉的紧压，使纤维与牵伸部件之间、纤维与纤维之间产生了摩擦力，又因牵伸区内须条有一定宽度、厚度和长度，使钳口加压所产生的摩擦力并不只是作用在钳口线上，而是分布在整个牵伸区内须条的三维空间上，形成一个摩擦力场。该摩擦力作用的空间称为摩擦力界，其大小通常用牵伸区内纤维须条上的压强来表示。

牵伸区中相互接触的纤维间发生滑移或有滑动趋势时，产生摩擦阻力，总阻力 T_0 可用下式表示：

$$T_0=T+T_1$$

$$T=\mu \cdot P \tag{6-5}$$

式中：T——纤维间的摩擦力，主要由纤维受外界压力而产生，可用纤维间的正压力 P 乘以纤维间的摩擦系数 μ 表示；

T_1——纤维之间的抱合力，主要受纤维的表面性质以及须条中纤维的数量、状态（屈曲弯钩）和相互间接触面积等因素的影响，但其值较小。

总阻力 T_0 在牵伸理论中统称为摩擦力，有时亦称为纤维间的联系力。

2. 摩擦力界分布 一般将摩擦力界分解为两个平面分布，沿须条长度方向的分布为纵向摩擦力界分布，罗拉钳口下垂直于须条方向的为横向摩擦力界分布。摩擦力界分布曲线可以由试验方法求得，一种为静态测定，即在机器停止运转时进行；另一种为动态测定，即在纤维运动过程中进行。

纵向摩擦力界分布如图 6-3（a）所示，钳口 O_1O_2 处的压力为 P，由于上罗拉（胶辊）的弹性表面和须条的宽度，使其沿须条长度方向延伸，但强度下降。当须条被牵伸时纤维间产生相对滑动，进而产生摩擦力，其大小在牵伸区各部位是不同的，形成分布，如曲线 m_1 所示：在钳口线 O_1O_2 处最大，沿须条轴线方向向两边逐渐减小。在 ab 线左方或 cd 线右方，胶辊对须条的摩擦力影响趋近于零（$T\approx0$），但因纤维间存在抱合力而仍有一定的摩擦力强度（$T_1\neq0$）。

横向摩擦力界分布如图 6-3（b）所示，由于上罗拉表面具有弹性，当其受压后表面变形，使罗拉钳口处须条横断面内的纤维受到挤压，产生较大压力，同理，在纤维做相对滑动时产生摩擦力，但分布较为均匀。

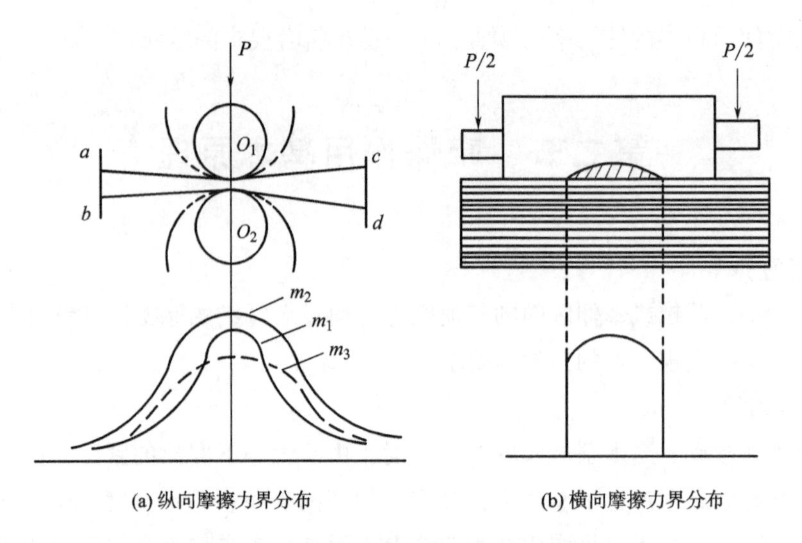

(a) 纵向摩擦力界分布　　(b) 横向摩擦力界分布

图 6-3　罗拉钳口下摩擦力界分布曲线

(二) 影响摩擦力界分布的因素

1. 罗拉加压　罗拉加压增加，钳口处纤维所受压力增加，摩擦力界峰值增大，同时上罗拉（胶辊）以及须条本身的变形也增加，使须条与上、下罗拉的接触面外移，摩擦力界的长度扩展，如图 6-3（a）中曲线 m_2 所示。若罗拉加压减小，则情况与此相反。

2. 罗拉直径　如果罗拉加压不变，当上罗拉或下罗拉的直径增大时，同样的压力将分布在较大的面积上，摩擦力界分布的长度扩大，但峰值减小，如图 6-3（a）中曲线 m_3 所示。

3. 须条定量　须条定量增加时，钳口下须条的厚度和宽度均有所增加，此时摩擦力界的长度扩大，但因须条单位面积上的压力减小时，其峰值会降低。

4. 上罗拉表面硬度　上罗拉（胶辊）的表面硬度主要影响对钳口处纤维（特别是边缘纤维）的控制。如图 6-4（a）和（b）所示，分别为不同表面硬度上罗拉的横向摩擦力界分布。图 6-4（a）采用硬度较大的金属上罗拉，受压时表面变形小，压力从中央到两边迅速减小，边纤维不易受到足够的控制；图 6-4（b）采用弹性胶辊，在压力下其表面发生变形，对须条起到包覆作用，因而横向摩擦力比较均匀，对边纤维的控制较好。实际应用中，上罗拉基本采用弹性胶辊。

将组成一个牵伸区的两对罗拉各自形成的摩擦力界连贯起来，就形成了该牵伸区的摩擦力界分布。罗拉钳口处的摩擦力界由加压产生，此外，通过在牵伸区内设置对须条产生摩擦或挤压的专门机件，可获得额外的摩擦力界，称为附加摩擦力界，其装置称为附加摩擦力界装置。在牵伸机构中广泛应用附加摩擦力界装置，其形式主要有“品”或倒“品”字形罗拉、压力棒、针板、轻质辊、胶圈、集束器等。还可通过改变须条结构，如给须条施以弱捻以增加纤维间的抱合力来增加摩擦力界。

生产实践中对于摩擦力界分布的讨论一般是指纵向分布，其横向分布要求均匀即可。因为纵向摩擦力界的分布是否合理，将直接关系到牵伸区中纤维的运动状况以及由此产生的不匀。

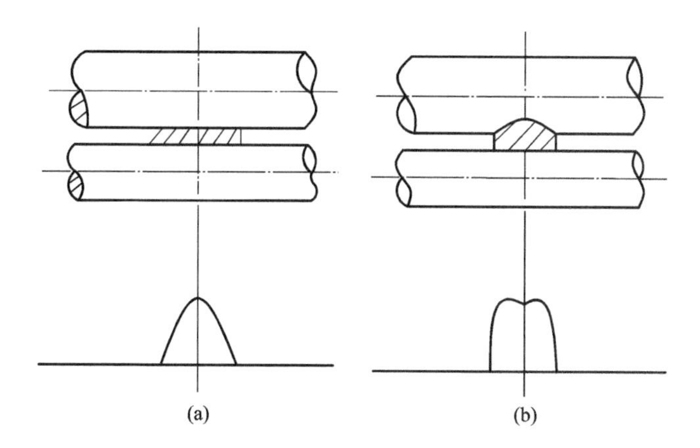

图 6-4　不同硬度上罗拉须条的横向摩擦力界分布

二、牵伸区内纤维分类与数量分布

（一）牵伸区内纤维分类

牵伸区内的纤维，按是否被牵伸罗拉所控制可分为被控制纤维和浮游纤维两类。凡被某一牵伸罗拉所控制，并以该罗拉表面线速度运动的纤维，称为被控制纤维。被后罗拉钳口握持并按后罗拉表面线速度运动的纤维称为后纤维；被前罗拉钳口握持并按前罗拉表面线速度运动的纤维称为前纤维，这两种纤维均为被控制纤维。纤维的两端在某瞬时既不被后罗拉控制，又不被前罗拉控制，处于浮游状态，称为浮游纤维。浮游纤维的运动极不稳定，取决于纤维的长度和周围同它接触的纤维的运动情况。长纤维被控制的机会与时间多，而长度越短的纤维处于浮游的机会与时间越多。

牵伸区的纤维，按运动速度可分为快速纤维和慢速纤维两种。凡以前罗拉表面线速度运动的纤维，包括前纤维及已变为前罗拉速度运动的浮游纤维，称为快速纤维；凡以后罗拉表面线速度运动的纤维，包括后纤维及未变速的浮游纤维，称为慢速纤维。

生产中，作为牵伸工艺基本参数之一的罗拉握持距，其大小应与所加工纤维的长度相适应，并兼顾纤维的整齐度。一般是在纤维品质长度的基础上，加上某一经验值，如棉纺一般加 3~5mm。这就使得绝大部分纤维在尾端脱离后罗拉控制后，其前端还没有到达前钳口，此时处于浮游状态。如前所述，浮游纤维的运动状态极不稳定，且受多种因素的影响，因此，牵伸理论主要是讨论浮游纤维的运动规律及其相应的控制方法。

（二）牵伸区内各类纤维的数量分布

简单罗拉牵伸区内纤维数量的分布如图 6-5 所示。图中 FF' 为前钳口线，BB' 为后钳口线，L 为前后钳口间的距离。

图 6-5（a）中的 $N(x)$ 表示牵伸区内须条各截面纤维数量的分布曲线，也称为变细曲线。$N_1(x)$ 是前钳口握持的纤维数量分布曲线，$N_2(x)$ 是后钳口握持的纤维数量分布曲线。后钳口位置线上的纤维数量 N_2 等于喂入须条截面内的平均纤维根数，前钳口位置线上的

纤维数量 N_1 等于输出须条截面内的平均纤维根数，牵伸倍数 $E=N_2/N_1$。

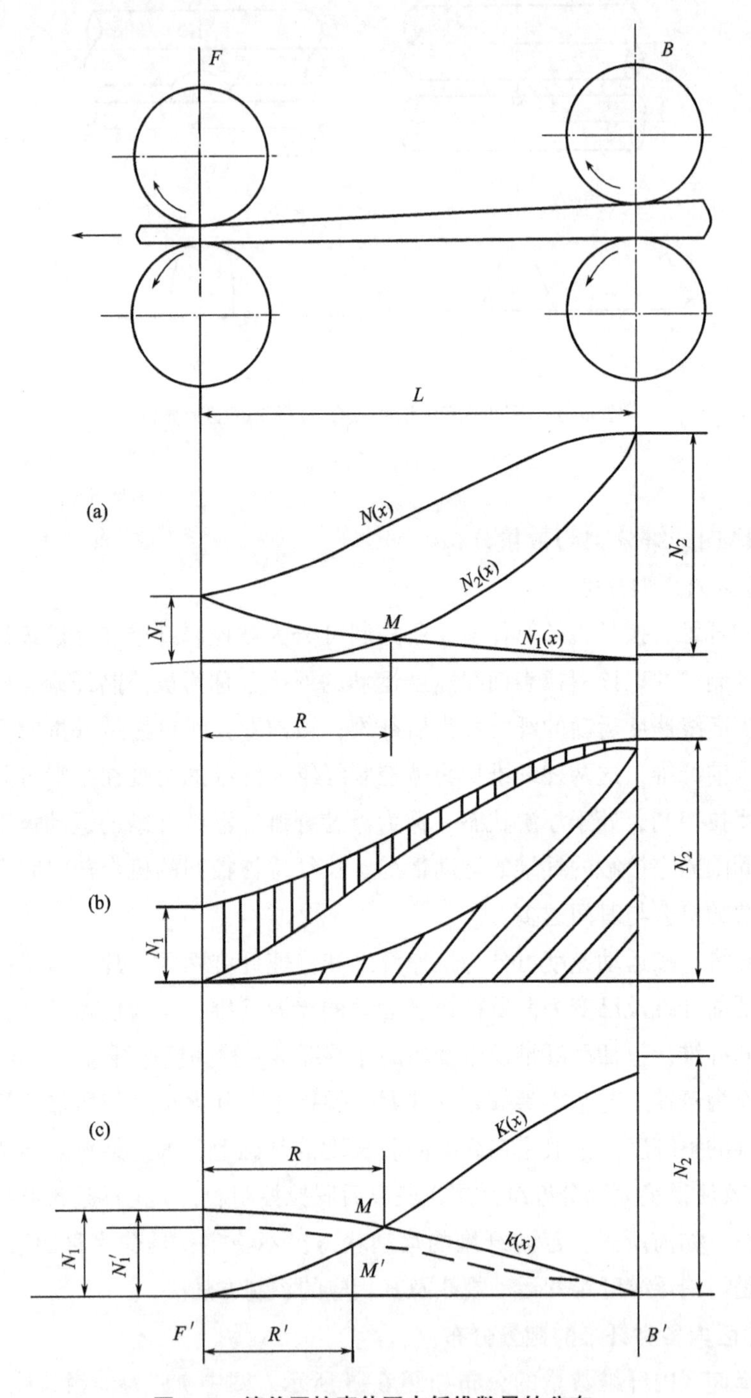

图 6-5 简单罗拉牵伸区内纤维数量的分布

图 6-5（b）中，上部阴影为前钳口握持纤维的数量分布，是将图 6-5（a）中的 N_1（x）以 N（x）为底线而得，下部阴影为后钳口握持纤维的数量分布 N_2（x）。空白部分为浮游纤维的数量分布，可见牵伸区中部浮游纤维数量最多，向两端逐渐减少，钳口线处为零。

在图 6-5（c）中，为便于对牵伸区中纤维运动进行分析，可以将上述三种纤维数量分布归结为快速纤维曲线 $k(x)$ 和慢速纤维曲线 $K(x)$，总的纤维数量为：$N(x)=k(x)+K(x)$。

图 6-5（c）中，快速纤维和慢速纤维曲线的交点为 M，此处两类纤维的数量相等，该点距前钳口的距离为 R。R 与牵伸倍数有关，牵伸倍数越大，如 N_2 固定而 N_1 越小时，即图中的虚线，则快速纤维曲线和慢速纤维曲线的交点越靠近前钳口（如 M' 点），R 就越小（为 R'）。

三、牵伸区内浮游纤维的受力分析

（一）引导力与控制力

以前罗拉速度运动的快速纤维作用于浮游纤维上的动摩擦力称为引导力，以后罗拉速度运动的慢速纤维作用于浮游纤维上的静摩擦力称为控制力，控制力使浮游纤维保持慢速运动，而引导力则使浮游纤维快速前进。当引导力大于控制力时，该浮游纤维变速，所以，浮游纤维的运动主要决定于作用在该纤维上的控制力和引导力的大小。

图 6-6 表示浮游纤维在牵伸区中的受力情况，图中（a）表示由两对罗拉组成的牵伸区，图中（b）表示牵伸区的摩擦力界分布，图中（c）表示该牵伸区中快、慢速纤维的数量分布。

设在 X—X 截面上的摩擦力界强度为 $P(x)$，则作用在某一根浮游纤维单位长度上的摩擦力为 $\mu P(x)$，μ 为纤维间的摩擦系数。快、慢速纤维与浮游纤维的接触概率分别为 $k(x)/N(x)$ 和 $K(x)/N(x)$，则作用于浮游纤维整个长度上的引导力 F_A 与控制力 F_B 分别为：

$$F_A=\int_a^{a+l}\frac{k(x)}{N(x)}P(x)\,\mu_V\mathrm{d}x \qquad F_B=\int_a^{a+l}\frac{K(x)}{N(x)}P(x)\,\mu_0\mathrm{d}x \tag{6-6}$$

式中：μ_V——纤维间相对速度为 V 时的动摩擦系数；

μ_0——纤维间相对速度为零时的静摩擦系数；

l——纤维的长度；

a——纤维后端距后罗拉钳口的距离。

显然该浮游纤维由慢速转变为快速的条件为 $F_A>F_B$；而 $F_B\geqslant F_A$ 时，浮游纤维保持慢速。

由式（6-6）可知，影响引导力 F_A 和控制力 F_B 的主要因素有：与浮游纤维相接触的快速和慢速纤维数量、摩擦力界的强度分布，浮游纤维本身的长度、摩擦性能以及所处须条中的位置等。在牵伸过程中应尽量减少这些因素的波动，使纤维运动保持稳定，满足对牵伸的要求。

此外，由式（6-6）还可知，在 M 点处快速纤维和慢速纤维的数量相等，即受到的引导力和控制力相等，此时，慢速运动的浮游纤维最有可能开始变为快速运动，因而该点也可称为浮游纤维的理论变速点。

（二）牵伸力与握持力

1. 牵伸力的概念　牵伸过程中把按前罗拉速度运动的全部快速纤维，从按后罗拉速度运

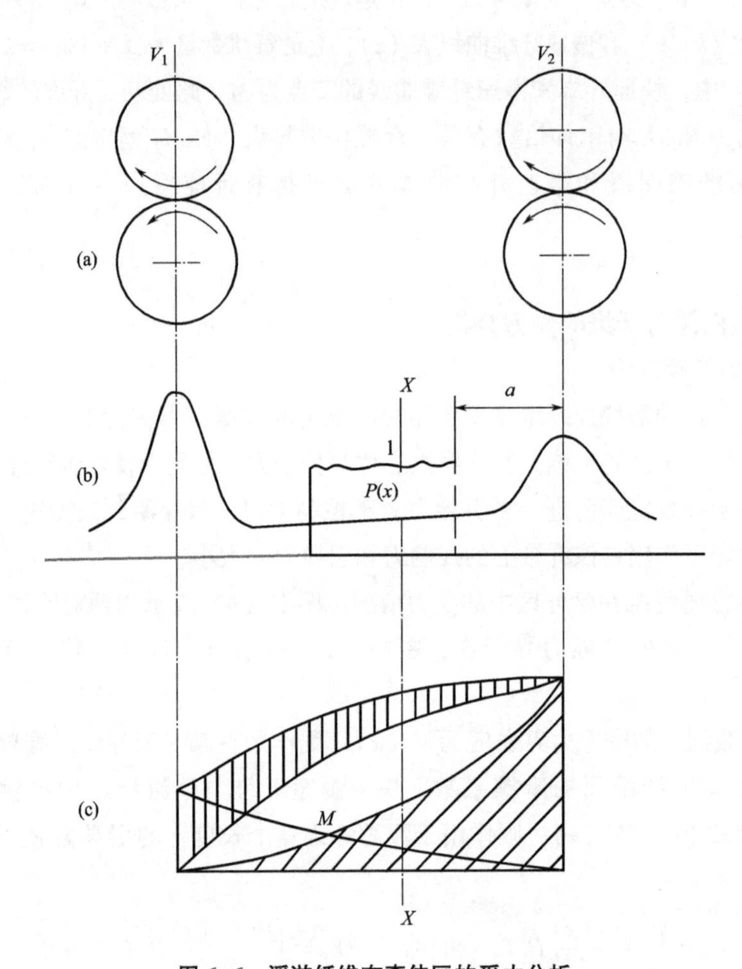

图 6-6 浮游纤维在牵伸区的受力分析

动的慢速纤维中抽引出来时，克服摩擦阻力总和所用的力称为牵伸力。

牵伸力与控制力、引导力不同，牵伸力是指须条在牵伸过程中用于克服摩擦阻力的力，而控制力和引导力是对一根纤维而言。牵伸力 F_d 与快、慢速纤维的数量分布及工艺参数有关，其表达式可由控制力的概念得到：

$$F_d=\int_0^{l_{max}}\mu P(x)\frac{K(x)}{N(x)}k(x)\,dx \tag{6-7}$$

式中：l_{max}——最长纤维长度。

由式（6-7）可以看出，影响牵伸力 F_d 的因素主要有牵伸区内各类型纤维的数量分布 $k(x)$、$K(x)$、$N(x)$、摩擦力界分布 $P(x)$ 以及纤维性能（μ、l_{max}）等。而各类型纤维的数量分布主要随牵伸倍数和喂入定量的变化而变化。

2. 影响牵伸力的因素

（1）牵伸倍数。

①当喂入须条线密度不变时，牵伸力与牵伸倍数的关系如图 6-7（a）所示，其变化规律

呈现明显不同的三个区域。

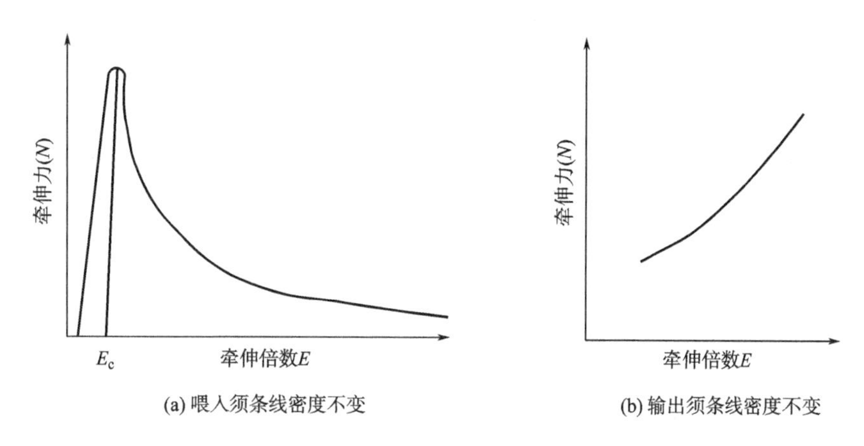

(a) 喂入须条线密度不变　　(b) 输出须条线密度不变

图 6-7　牵伸力与牵伸倍数关系

张力牵伸区：即牵伸倍数小于 E_c 的区域。此时须条主要是在张力的作用下产生弹性伸长或纤维伸直，但随着牵伸倍数的增加，牵伸力迅速增大。当牵伸倍数接近于 E_c 时，快、慢速纤维间产生微量相对位移。在 E_c 处，牵伸力最大，该牵伸倍数称为临界牵伸倍数。

临界牵伸区：在 E_c 处的牵伸过程较为复杂，波动亦较大。此区由于快、慢速纤维数量的变化，浮游纤维开始不规则运动，在牵伸过程中纤维运动处于滑动与不滑动的转变过程，因此，该部分的牵伸力波动大。在实际使用中，应尽可能避开此区域，以免影响浮游纤维运动，而使须条不匀率增加。临界牵伸倍数的大小与纤维种类、长度、细度及其在须条中的状态（平行伸直程度）有关，还受须条线密度、罗拉隔距等因素的影响。

位移牵伸区：该部分为主要使用的牵伸区。在此区内，快速纤维与慢速纤维间产生相对位移，快、慢速纤维的数量比取决于牵伸倍数，牵伸倍数越大，则快速纤维数量越少，牵伸力越小。

②当输出须条线密度不变时，牵伸力与牵伸倍数的关系如图 6-7（b）所示。此时，牵伸倍数的增大意味着喂入须条的线密度增加。虽然前罗拉握持的快速纤维数量没有变化，但因慢速纤维数量增加以及后钳口摩擦力界向前扩展，因而每根快速纤维受到的阻力增大，牵伸力快速增大。

此外，当牵伸倍数一定，而增加喂入须条的线密度或定量时，同样由于慢速纤维数量的增加以及摩擦力界的扩展，而使牵伸力增大。

（2）摩擦力界。牵伸区中摩擦力界分布对牵伸力的影响因素主要包括罗拉隔距、附加摩擦力界布置以及喂入须条的线密度或定量等。

在保证实现牵伸的范围内改变罗拉隔距时，牵伸力的变化规律如图 6-8 所示。随罗

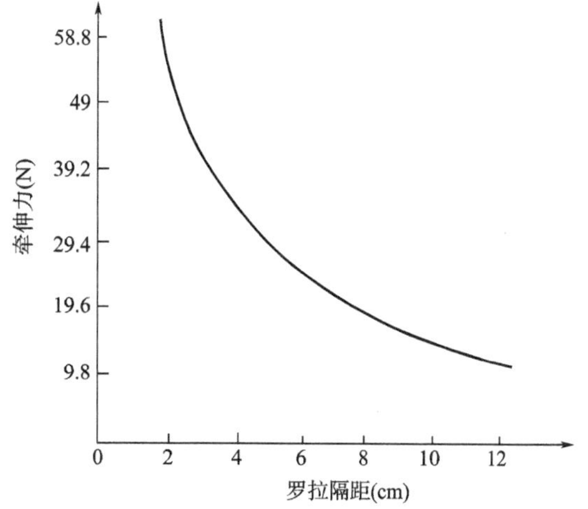

图 6-8　罗拉隔距与牵伸力的关系

拉隔距增大，牵伸力迅速减小，但之后程度逐渐降低，因为大隔距时快速纤维的后端受摩擦力界的影响很小；而当罗拉隔距缩小到一定程度后，快速纤维尾端受后罗拉摩擦力界影响加大，部分长纤维可能同时受到前、后罗拉控制，牵伸力剧增，使纤维被拉断或牵伸不开而出现"硬头"，从而恶化须条的均匀度，严重时甚至无法开车。

喂入须条线密度或定量改变时，会影响摩擦力界的扩展。随着喂入须条定量的增加，须条的宽度、厚度均增加，导致摩擦力界分布长度扩展，牵伸力增大。

牵伸区中带有附加摩擦力界装置时，牵伸力增大。

（3）纤维性能。

①若纤维长度长，则须条牵伸时，快速纤维将在较长的长度受到摩擦阻力，牵伸力大；

②若纤维线密度小，则同样线密度的须条截面中纤维根数多，同时接触的纤维数量较多，接触面积大，纤维间的抱合力一般也较大，所以牵伸力大；

③纤维表面摩擦性能变化，如染色纤维表面发涩，纤维间的摩擦系数增大，牵伸力增大；外界环境温湿度大引起纤维发黏，使摩擦系数增大，牵伸力增大；纤维在须条中的平行顺直度差，则纤维相互交叉纠缠，摩擦力较大，牵伸力亦较大。

3. 握持力

（1）握持力的概念。在罗拉牵伸中，为使牵伸顺利进行，罗拉钳口对须条要有足够的握持力。罗拉握持力是指罗拉钳口对须条的摩擦力，其大小取决于钳口对须条的压力及罗拉与须条间的摩擦系数。如果罗拉握持力不足，须条就不能正确地按罗拉表面速度运动，而在钳口下产生打滑，造成牵伸效率下降、输出须条不匀，甚至出现牵伸不开的"硬头"现象等不良后果。因此，罗拉钳口对须条的握持力必须充分，即握持力大于牵伸力是进行正常牵伸的前提。

（2）影响握持力的因素。影响握持力的因素，除罗拉压力大小及其稳定性外，主要还有胶辊的硬度、罗拉表面沟槽形态及槽数，同时胶辊磨损、胶辊芯子缺油而回转不灵活、罗拉沟槽棱角磨损等也会影响握持力。

当牵伸力变化时，应适时调整握持力，一般应使钳口的握持力为最大牵伸力的2~3倍。牵伸装置各对罗拉上所加压力的大小是通过实际试验确定的，罗拉加压方式有重锤加压、液流加压、弹簧加压、板簧加压和气动加压等。

（3）罗拉钳口下须条的受力分析。图6-9所示为牵伸装置中须条的受力情况。由于喂入须条比较粗厚，上、下罗拉一般不能直接接触，所以罗拉压力全部作用在须条上，胶辊的运动是由须条带动的，前、后胶辊对须条的摩擦力f_1、f_2同须条的运动方向相反，如牵伸力F_d大于须条张力T_a、T_b，须条在前钳口有向后滑动的趋势，故前罗拉作用于须条上的摩擦力F_1的方向向前，须条在后钳口有向前滑动的趋势，故后罗拉作用于须条上的摩擦力F_2的方向向后，因而在正常牵伸时，罗拉钳口握持须条的条件是：

前钳口：$F_1+T_a \geqslant F_d+f_1$ 或 $F_1-f_1 \geqslant F_d-T_a$

后钳口：$F_2+T_b+f_2 \geqslant F_d$ 或 $F_2+f_2 \geqslant F_d-T_b$

由此可见，在须条张力T_a、T_b较小时，为使牵伸能顺利进行，前、后钳口的实际握持力

F_1-f_1 和 F_2+f_2 必须均与牵伸力相适应，而后钳口更容易满足条件，又因前罗拉转速高，易打滑、跳动，压力应该大，即前胶辊上的压力 P_1 应大于后胶辊上的压力 P_2。须条在罗拉钳口下发生打滑，其原因实际是握持力同牵伸力不相适应，或者握持力太小，或牵伸力太大之故。

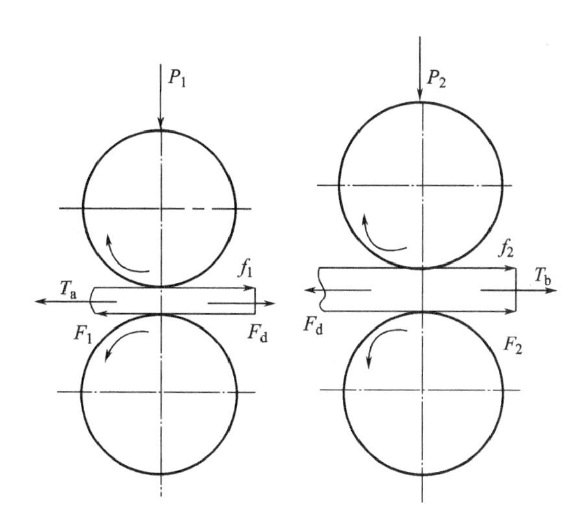

图 6-9　钳口下须条的受力

4. 对牵伸力和握持力的要求　牵伸力反映了牵伸区中快速纤维与慢速纤维之间的联系力，由于这种联系力，使得慢速纤维在张紧状态下转变为快速纤维，同时使纤维在牵伸过程中伸直平行。牵伸力的大小适当，且保持稳定，是保证纤维在牵伸区中运动稳定、达到牵伸要求的必要条件。

牵伸力不能过大，其上限不能接近或超过正常加压罗拉的握持力，否则纱条在罗拉钳口处打滑，造成产品不匀；也不能过小，其下限应能使牵伸区中须条最松散部分的纤维保持一定张力。这种张紧使须条纤维间相互紧贴，形成对须条的约束，一方面可减少牵伸过程中纤维的扩散，更重要的是使快速纤维能稳定地引导纤维进入前罗拉钳口。此外，牵伸力在须条上产生的张力应沿须条合理分布，不能超出须条的强力，否则，须条就会发生局部甚至全部的分裂。

对牵伸力和握持力的分析，揭示了牵伸倍数、罗拉隔距、罗拉加压等牵伸基本工艺参数间的内在联系。生产中，需要结合纤维性能、须条线密度或定量、附加摩擦力界装置等影响牵伸力变化的因素，合理调整工艺参数，使之与握持力相适应。例如，加工化学纤维时，因其长度长、长度整齐度好、表面摩擦系数大，可适当减轻喂入定量、放大隔距、增大前罗拉加压等，通过轻定量、大隔距、重加压来降低牵伸力、增大握持力，满足牵伸要求。再如，夏季高温高湿、须条发黏、在罗拉钳口下打滑比较严重时，可通过适当放大罗拉隔距或增大罗拉加压等措施改善。另外，在原料选配时，要控制接批纤维的性能差异，使生产过程和产品质量稳定也是这个道理。牵伸机构中的附加摩擦力界装置种类繁多，需要具体制订相应的工艺参数。

总之，在理论分析的基础上，还必须从实际出发，掌握各种有关因素对牵伸力和握持力的影响规律，从而进行有效的调整。

四、牵伸区内纤维运动及变速点分布

纤维在牵伸区的运动是由慢速转变为快速，每一根纤维都有一个变速的位置，称为变速点，此时快、慢速纤维间产生了相互位移，牵伸作用产生。由前面讨论可知，决定纤维变速的条件是作用在纤维上的引导力与控制力的大小，而影响此二力的因素较多，且带有一定的随机性，致使牵伸过程比较复杂。

因此，需要做一些假设和简化，通过理想牵伸的讨论来揭示实际牵伸的基本规律。

（一）理想牵伸

所谓理想牵伸有两方面的假设：一是喂入理想状态须条，即须条中纤维均平行、伸直、等长；二是纤维在牵伸区的同一个位置变速，可以是前钳口，也可以是牵伸区中的某一位置。

设在牵伸区须条中的两根纤维分别为 A 和 B，图 6-10 所示为其在原须条中的排列位置，若两者之间的头端距离为 a_0，这个距离称为这两根纤维的头端“移距”，当纤维 A 的头端到达前钳口时则 A 变速，即以前罗拉速度 V_1 快速运动，而此时纤维 B 仍然以后罗拉速度 V_2 慢速运动，于是 A、B 两根纤维发生相对运动，移距开始变化。而当纤维 B 经过 t 时间到达前钳口时，也转变为快速 V_1，两纤维间不再有相对运动，此时 A、B 两根纤维头端移距为 a。在时间 t 内，A 纤维移动的距离为 a，B 纤维移动的距离为 a_0，则有：

$$t=\frac{a}{V_1}=\frac{a_0}{V_2}$$

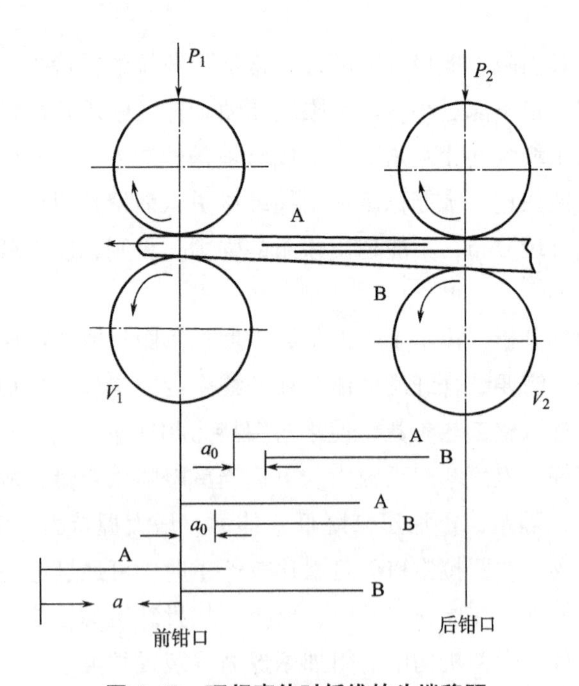

图 6-10 理想牵伸时纤维的头端移距

牵伸后 A、B 两根纤维的头端移距 a 为：

$$a=\frac{V_1}{V_2}a_0 \qquad a=Ea_0 \tag{6-8}$$

式中：E——牵伸倍数；

a_0、a——牵伸前、牵伸后纤维头端的移距。

式（6-8）表明，须条中任意两根纤维间的距离，通过理想牵伸 E 倍后也增大了 E 倍，即纤维沿须条轴向产生了 E 倍的相对位移，使纤维分布在更长的长度上，但不会产生附加的不匀。

（二）实际牵伸

事实上，喂入牵伸区的须条并非理想状态，而是不均匀的，单位长度的重量随时间而变化，纤维长度不相等，也不完全平行伸直。这种状态的须条进入牵伸区后，须条内纤维所受的引导力与控制力也会随之波动，直接影响浮游纤维的运动与变速，致使变速点变化。

因此，牵伸过程中纤维均在前罗拉钳口（或牵伸区内某一截面上）变速，这一假设与实际情况不符，实际上大部分纤维的变速点均不在同一个位置（截面）。纤维头端在不同位置变速时的实际牵伸情况如图 6-11 所示。

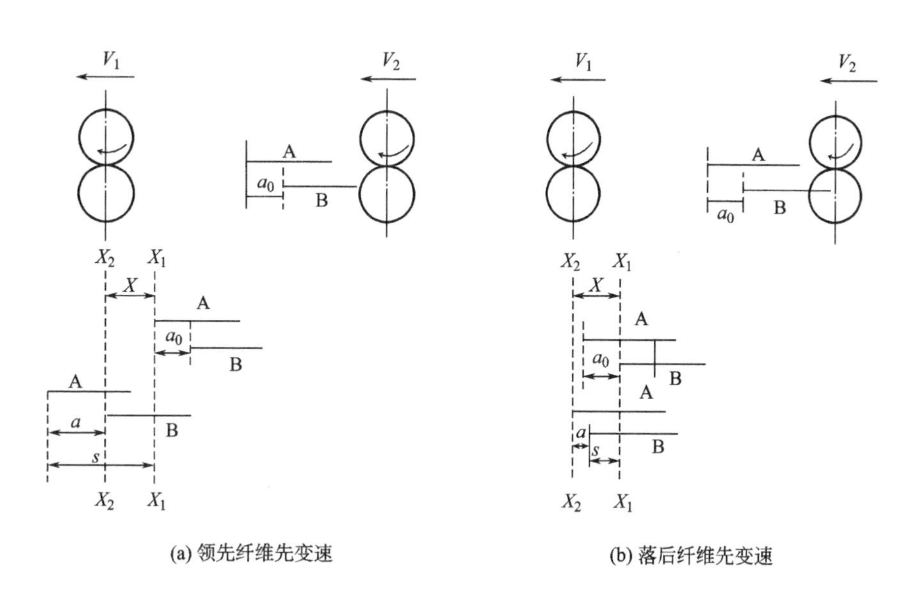

图 6-11 纤维头端在不同位置变速时的牵伸

图中：a_0 为牵伸须条中任意两根纤维 A、B 变速前的头端距离；X_1—X_1、X_2—X_2（前钳口线）为纤维的变速位置；X 为变速点间的距离

1. 当领先的纤维先变速 即 A 在 X_1—X_1 截面由原来的慢速 V_2 变成快速 V_1，B 纤维经过 t 时间后，到达 X_2—X_2 截面才由慢速 V_2 变成快速 V_1，此时，纤维 A、B 头端的距离为 a，也即牵伸后的头端距离（移距），计算如下。

A 到达变速点后，B 到达其变速点 $X_2—X_2$ 所需的时间 t 为：

$$t=\frac{a_0+X}{V_2}$$

而在时间 t 内，A 又由 $X_1—X_1$ 截面处向前运动了距离 S，则：

$$S=V_1\times t=V_1\times\frac{a_0+X}{V_2}=E\ (a_0+X)$$

因此，A 与 B 的距离变为：

$$a=S-X=E\ (a_0+X)\ -X=Ea_0+\ (E-1)\ X$$

2. 当落后的纤维先变速 即 B 在 $X_1—X_1$ 截面由慢速 V_2 变成快速 V_1，而 A 经过 t 时间后，到达 $X_2—X_2$ 截面也由慢速变成快速，此时，两者的头端距离可以计算如下：

B 到达变速点后，A 到达其变速点 $X_2—X_2$ 所需的时间 t 为：

$$t=\frac{X-a_0}{V_2}$$

而在 t 时间内，B 又由 $X_1—X_1$ 向前运动了距离 S，则：

$$S=V_1\times t=V_1\times\frac{X-a_0}{V_2}=E\ (X-a_0)$$

因此，A 与 B 的距离变为：

$$a=X-S=X-E\ (X-a_0)\ =Ea_0-\ (E-1)\ X$$

综合上述两种情况，任意两根初始头端距离为 a_0 的纤维，牵伸后产生新的移距 a 可用下式表示：

$$a=Ea_0\pm X\ (E-1) \tag{6-9}$$

式中：Ea_0——E 倍牵伸时的理想移距；

$\pm X\ (E-1)$——牵伸过程中，纤维头端在不同截面变速时引起的移距偏差；

X——变速点间的距离。

式（6-9）表明，牵伸倍数越大，移距偏差越大，纤维在牵伸区内变速点间的距离越大，移距偏差越大。当移距偏差为“正”时，表示领先的纤维先变速，牵伸后纤维的头端移距比理想牵伸时大，表示牵伸后的须条比正常值细；反之，当移距偏差为“负”时，表示落后的纤维先变速，则牵伸后纤维的头端移距比理想牵伸时有所缩小，表示牵伸后的须条比正常值粗。移距偏差揭示了实际牵伸过程中须条产生不匀的原因，由牵伸产生的不匀称为牵伸不匀，是一种附加不匀。

（三）纤维变速点分布

由于罗拉钳口间的距离大于纤维长度，因此，每根纤维总有一浮游过程。当任意纤维的尾端离开后钳口开始浮游时，其接触慢速纤维的平均概率总是大于接触快速纤维的概率，此时控制力大于引导力，故在牵伸区的中后部（靠近后钳口处）保持慢速运动；之后，随着该纤维向前运动，其接触的慢速纤维减少，快速纤维逐渐增加，纤维的头端越接近前钳口，这种变速的可能性越大。纤维在牵伸区中的受力和运动状态的变化，使其在牵伸过程头端变速的位置不同，自变速点至前钳口形成一种分布，即为变速点分布，如图 6-12 所示。

图中曲线 1 表明，大部分纤维会在钳口附近集中变速，而一部分纤维的变速点距前钳口较远，即提前变速，使得这部分纤维变速点间的距离 X 值增大，移距偏差增大，牵伸后须条的附加不匀增大。曲线 2 的变速点更加集中且靠近前钳口，此时纤维变速点间的距离 X 减小，移距偏差减小，牵伸不匀降低。而曲线 3 正好相反。由此可见，降低牵伸不匀，必须使纤维变速点集中且靠近前钳口。

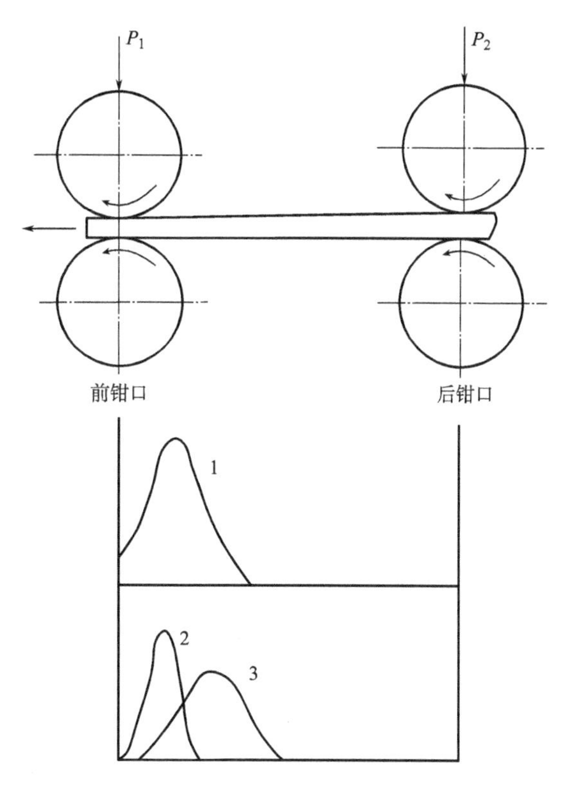

图 6-12 简单罗拉牵伸区内纤维的变速点分布

（四）影响纤维变速点分布的因素

牵伸区中摩擦力界的变化是影响纤维变速点分布的主要原因，而纤维长度、罗拉隔距、牵伸倍数等影响牵伸区的摩擦力界及其分布，进而影响纤维变速点的分布，可见纤维在牵伸区内变速的规律是比较复杂的。

为了进一步探讨影响纤维变速点分布的因素，可采用实验方法，变速点实验方法有示踪纤维（或示踪纱）法和间接测量法。前者是用记号纱条或嵌入有色纤维的纱条喂入牵伸装置，最后在输出产品上测量计算变速点分布曲线。后者采用模拟牵伸装置，并测出（或确定）纤维长度、线密度、牵伸倍数、隔距及牵伸区各有关断面的纤维根数，再借助纤维摩擦系数测定仪，用相关计算式进行统计计算，求出变速点分布曲线。

图 6-13 为用间接测量法求得的变速点分布情况。结果表明：纤维长度越短，变速点分布越分散，纤维长度越长，变速点分布越集中。同时，采用的隔距小，纤维的变速点靠近前钳口，且较集中；隔距大时，变速点比较分散。

图 6-14 为牵伸倍数和罗拉隔距不同时变速点分布情况。结果表明，当输出须条的纤维根数不变，只改变牵伸倍数时，牵伸倍数越大，意味着喂入须条数量增加，纤维变速点分布越分散，且变速点越远离前钳口。同样，当隔距增大时，纤维变速点分布越分散，但此时牵伸倍数的影响不明显。

由以上实验可知：

（1）随着纤维向前钳口靠近，按前罗拉速度运动的纤维数量逐渐增加，但开始时增加比较缓慢，然后转变为急剧上升，在靠近前钳口处，纤维几乎全部变为快速纤维。

（2）长度相同或整齐度好的纤维变速位置也不是相同的，而是形成一种分布；长度整齐度较差的纤维（棉纤维），其中短纤维变速比长纤维早、变速位置距离前钳口较远，而长纤

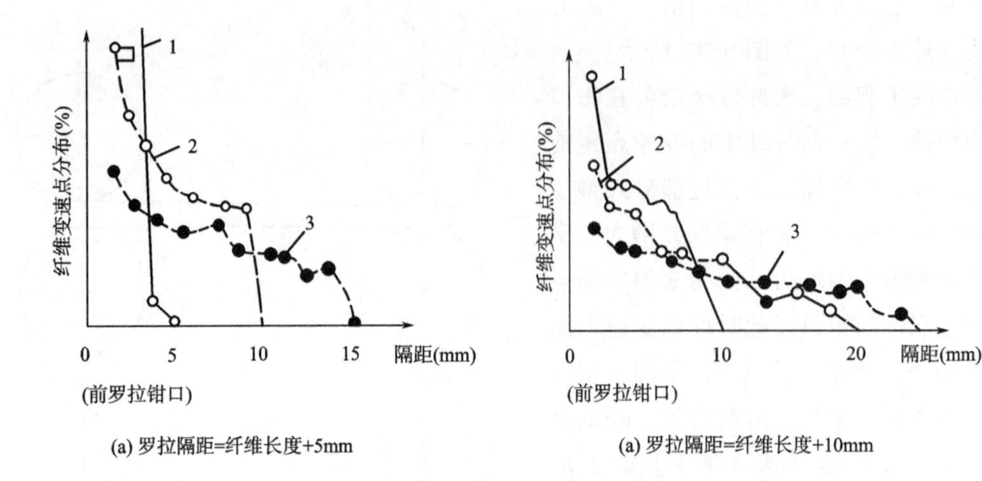

图 6-13 纤维长度与罗拉隔距不同时纤维变速点分布

1—腈纶（76mm、3. 3dtex） 2—腈纶（51mm、2. 2dtex） 3—棉（品质长度 30mm、1. 4dtex）

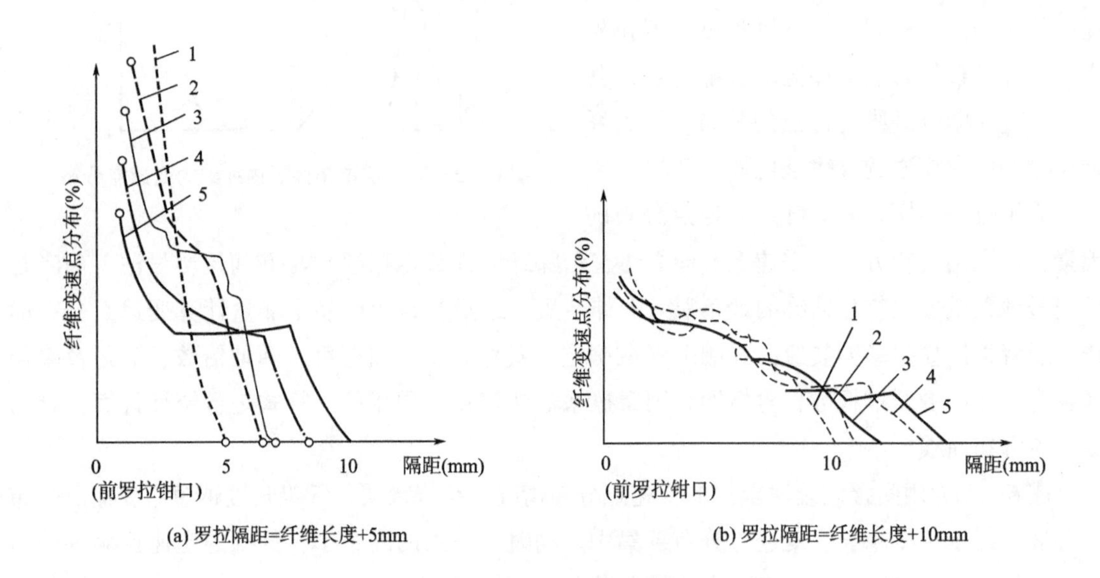

图 6-14 牵伸倍数和罗拉隔距不同时变速点分布

1—后罗拉握持 600 根纤维（6 倍牵伸） 2—后罗拉握持 800 根纤维（8 倍牵伸）

3—后罗拉握持 1000 根纤维（10 倍牵伸） 4—后罗拉握持 1200 根纤维（12 牵伸）

5—后罗拉握持 1400 根纤维（14 牵伸）

维的变速位置靠近前钳口；在牵伸区的各个截面上，变速纤维中短纤维频率常高于长纤维频率，因此，短纤维是控制的主要对象。

（3）当牵伸倍数一定时，随牵伸区隔距增加，变速点分布的离散性增加，变速点远离前钳口。在隔距相同时，随着牵伸倍数的增加，变速点分布的离散性越大，且变速点离前钳口越远。

（4）实验中还发现，绝大多数纤维在某一截面上瞬时地改变为前罗拉速度后，一直按前罗拉速度运动。但少数纤维，主要是部分短纤维，瞬时完成变速后，还会在牵伸区中多次改变速度。也有极少数纤维的加速过程较长，在此时间内出现了中间速度。甚至某些长度很长的纤维在加速过程中有时出现负速运动现象，这是由于须条中纤维存在弯钩所引起的。

（5）此外，实验采用不同形式的牵伸装置时，简单的由两对罗拉组成的牵伸装置，纤维变速点分布最离散，而且距前钳口最远，输出须条的条干均匀度最差。

综上，纤维运动状态的多变反映了纤维头端变速点分布的离散情况。为了尽可能减小牵伸产生的不匀，应控制纤维在牵伸区的运动，使头端变速点分布尽可能集中，并对时间稳定。由移距偏差 X（$E-1$）可知，随着牵伸倍数 E 的增大，移距偏差增大，应尽可能减小 X，使其趋于零，使移距偏差减小，降低牵伸不匀。

实践中是通过合理布置牵伸区内摩擦力界的分布，来控制纤维的运动和变速的，使纤维变速点分布满足牵伸要求。

第三节　附加摩擦力界及其应用

一、理想摩擦力界分布与附加摩擦力界

为了使纤维变速点集中且靠近前钳口，理想摩擦力界应具有如下特点。

（1）将后钳口摩擦力界向前扩展，以适当加强浮游纤维在牵伸区中后部的控制力，使慢速纤维和浮游纤维在未变速前始终受后摩擦力界控制，以减少浮游纤维提前变速的可能。

（2）为使快速纤维能顺利地从慢速纤维中抽出，在距前钳口一定距离处，摩擦力界强度应适当减弱。但由于前钳口附近是纤维变速的主要区域，所以摩擦力界应保持稳定，并具有适当的强度，以防止浮游纤维不规则的运动。

（3）前钳口摩擦力界应具有较高的强度，且要求稳定，作用范围小，使变速点尽量向钳口集中，缩小变速区间 X 的值。

如图 6-15 所示，曲线 1 为简单罗拉牵伸区的摩擦力界分布。由于罗拉钳口的加压不能伸展到牵伸区中部，其摩擦力界完全取决于纱条本身的结构、粗细等，使中后部摩擦力界强度较弱，且波动也较大，使浮游纤维运动不稳定，扩大了变速区间 X 值，导致纱条条干恶化。

曲线 2 是在曲线 1 的基础上，附加一个摩擦力界，加强了中后部的摩擦力界强度，使牵伸区的摩擦力界分布接近理想状态。

曲线 1 和曲线 2 叠加构成理想摩擦力界分布。可见理想摩擦力界分布是通过附加摩擦力界实现的。

虽然，在工艺参数上进行适当调整，如采用大直径后罗拉、小直径前罗拉，加大前罗拉加压、减小罗拉隔距等，能在一定程度上弥补简单罗拉摩擦力界分布的缺点，但仍受到很大限制，特别是在牵伸倍数增加时，纤维易向两边扩散，对边纤维的控制更差，因此，必须在两对罗拉之间设置附加摩擦力界，使之能更有效地控制纤维运动。

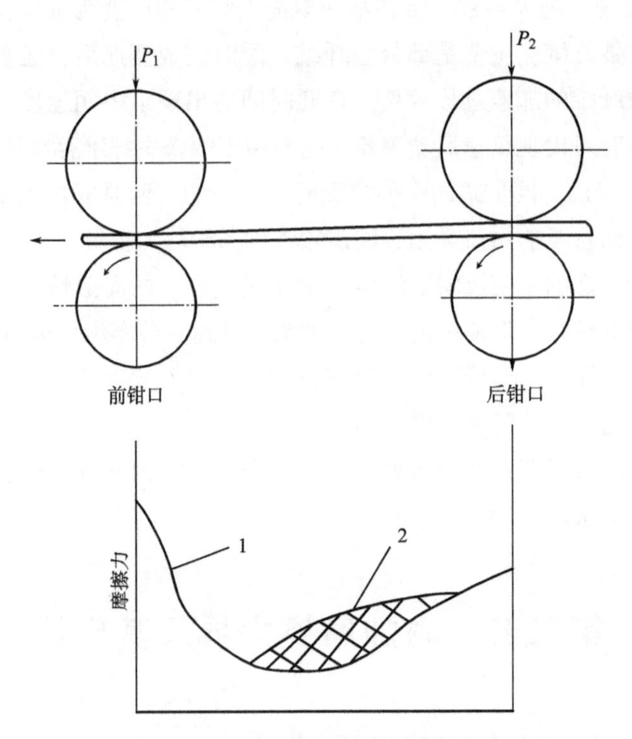

图 6-15 简单罗拉牵伸区摩擦力界分布与理想摩擦力界分布

二、附加摩擦力界装置及其要求

附加摩擦力界实质上是一种滑溜控制形式，它既允许快速纤维在附加摩擦力界强度下进行滑溜，又要对浮游纤维进行较完善的控制，实际是通过运用合理的附加摩擦力界装置来实现的。

纺纱用纤维原料种类较多，原料性能差异较大，附加摩擦力界装置在棉、毛、丝、麻、化纤纺纱中得到广泛的应用，形式多样。常用的有罗拉、压力棒、轻质辊、针板、针筒、胶圈等。有的单独使用，有的则是搭配使用。在同一个纺纱系统中，不同工序、不同设备由于喂入须条状态及纤维种类不同，采用的附加摩擦力界装置也不相同。目的都是更好地控制纤维运动，防止须条扩散，使纤维运动稳定，变速点向前钳口靠拢，以获得条干均匀的纱条。

对附加摩擦力界装置的要求如下：①所产生的附加摩擦力界应该尽可能符合理论要求(包括纵向及横向)；②附加摩擦力界强度要适宜、稳定；③附加摩擦力界装置是运动的中间装置时，其速度应等于或接近后罗拉表面速度，以控制浮游纤维，引导浮游纤维向前运动，且稳定地变速，使纤维变速点分布向前钳口靠近；④附加摩擦力界的强度分布，应能随纱条结构、线密度、原料性能、牵伸倍数等进行调整。

三、附加摩擦力界装置及其在牵伸工艺中的应用

(一) 罗拉式

罗拉式附加摩擦力界装置的显著特点是上、下罗拉的数量不等，可以是上罗拉多，也可

以是下罗拉多，形成“品”或倒“品”字形，改变了罗拉钳口的布置形式和位置，使须条在牵伸区的通道由简单罗拉的直线变为曲线，也称曲线牵伸，如图 6-16 所示。

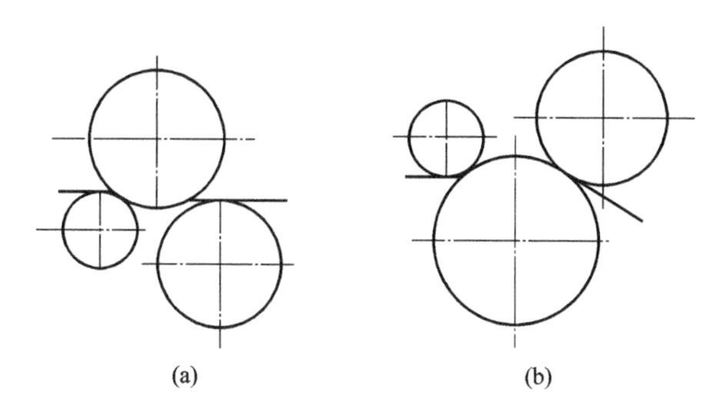

图 6-16　罗拉式附加摩擦力界钳口布置

1. 三上四下型　三上四下型罗拉牵伸装置有前置式和后置式两种，如图 6-17（a）和（b）所示，都是由一根较大的胶辊骑跨在两个下罗拉上，形成两个独立的牵伸区，为双区牵伸。以前置式为例，大胶辊与 2、3 罗拉组成的两个钳口之间无牵伸，使须条紧贴于胶辊表面 $\overset{\frown}{CD}$ 上，使牵伸区后部的摩擦力界向前延伸；同时，将第 2 罗拉位置适当抬高后，须条在第 2 罗拉上也形成包围弧 $\overset{\frown}{AB}$。通过这样的布置，大大加强了牵伸区中后部的摩擦力界强度，改善了对纤维运动的控制，阻止了纤维的提前变速，使纤维变速点位置集中且靠近前钳口。此外，由于 2、3 罗拉间纤维束的牵伸力接近于零（无牵伸），大胶辊加压充分即可保持运转稳定，使须条在 2、3 两个钳口处打滑率较小。但小罗拉容易缠绕纤维，不适合高速和轻定量，前置式的后区有反包围弧 $\overset{\frown}{DE}$，不利于对后牵伸区纤维运动的控制。

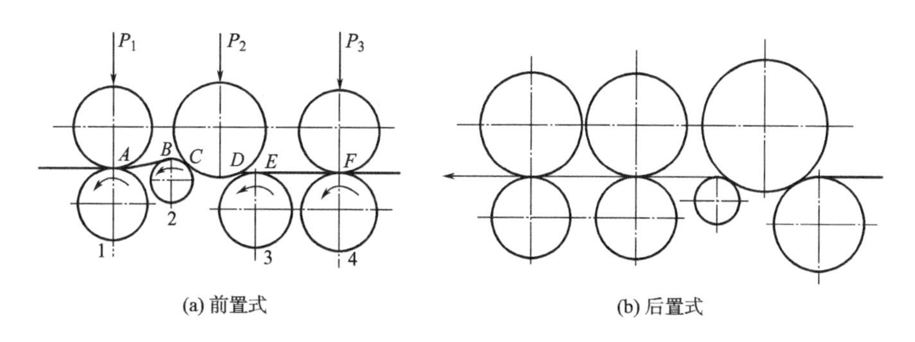

图 6-17　三上四下罗拉牵伸

在牵伸分配上，应遵循带有附加摩擦力界装置的牵伸区（主牵伸区）牵伸倍数大，而简单罗拉牵伸区的牵伸倍数小的原则。

对于前置式，后区较小的牵伸倍数不会引起太大的牵伸不匀，但能使纤维伸直，使纤维的运动和变速稳定，为前区牵伸创造条件，使前区牵伸倍数有可能提高，因而后区称为预牵伸区。

对于后置式，主牵伸区是后区，喂入纤维数量较前置式多，因此，后部的摩擦力界较强，对控制浮游纤维的运动有利。而前区则作为主牵伸区牵伸后须条的整理区，此时纤维经主牵伸区的高倍牵伸后，有一急弹性变形，在整理区一定张力牵伸的作用下，能防止和减少纤维的回缩现象，有利于纤维伸直度保持稳定。

通常预牵伸区的牵伸倍数要比整理区的大，因此，前置式的牵伸能力比后置式大，应用也较为广泛，在棉纺纺纱的各道并条机均可采用。

2. 五上三下型 图 6-18 所示为五上三下型罗拉牵伸，Ⅰ、Ⅱ罗拉组成主牵伸区，通过抬高Ⅱ罗拉，且上面骑跨两根胶辊，加强了主牵伸区中后部的摩擦力界强度，达到控制纤维运动的目的。1 胶辊主要对牵伸后须条的输出起引导作用，以便于衔接。该牵伸装置对纤维长度的适应性较强，适纺长度为 25~80mm，在加工长度较长的纤维时，可配用较大直径的胶辊。同时，罗拉列数少，结构简单，可适应高速后需加大罗拉直径的要求。目前在棉纺精梳机上应用。

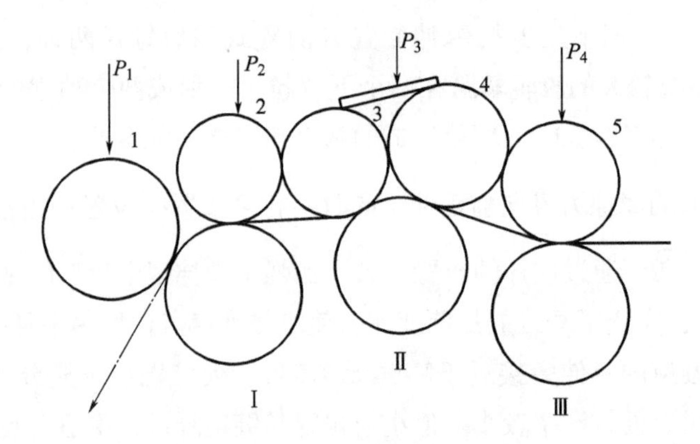

图 6-18　五上三下型罗拉牵伸

（二）压力棒式

压力棒式牵伸装置由罗拉式演变而来，如图 6-19 所示，图中挂在 2 胶辊上的 1 即为压力棒（阴影部分），很像是倒品字形罗拉，通过在主牵伸区加装一根压力棒来加强中后部的摩擦力。压力棒的形式较多，从运动的角度分类，有回转与不回转；从安装位置分类，有下压式与上托式。下压式压力棒为避免受须条张力影响产生上抬倾向，需外加弹簧片以限制其上抬，从而构成力的瞬时平衡；其截面形状有圆形、半圆形、亚半圆形、扇形等。与罗拉可构成三上三下或四上四下压力棒式牵伸装置。

1. 压力棒式的摩擦力界分布 压力棒增强了主牵伸区中后部的摩擦力界分布，图 6-20 所示为下压式压力棒牵伸区的摩擦力界分布。由图可见，除压力棒外，后胶辊的中心前倾了一段距离 b，使后钳口处的须条压贴在后罗拉表面，增加了后部摩擦力界，使牵伸区的摩擦力界形成了强度不同的五段，即 L_1（$A \sim A'$）、L_2（$A' \sim B$）、L_3（$B \sim C$）、L_4（$C \sim S$）、L_5（$S \sim F$），这样的摩擦力界分布可以很好地控制纤维运动，使变速点集中并靠近前钳口。

2. 压力棒对须条压力的自调作用 压力棒对须条的法向压力具有自调作用，它随着须条牵伸的变化而变化。如图 6-21 所示，压力棒对须条的作用力包括法向压力 N 和对须条的摩

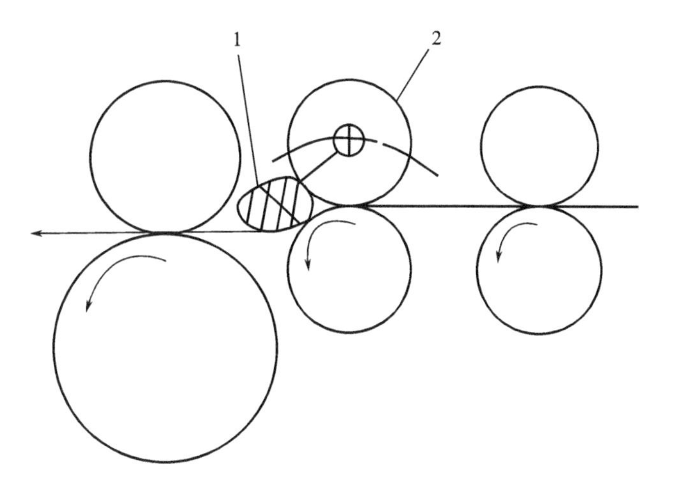

图 6-19 压力棒牵伸

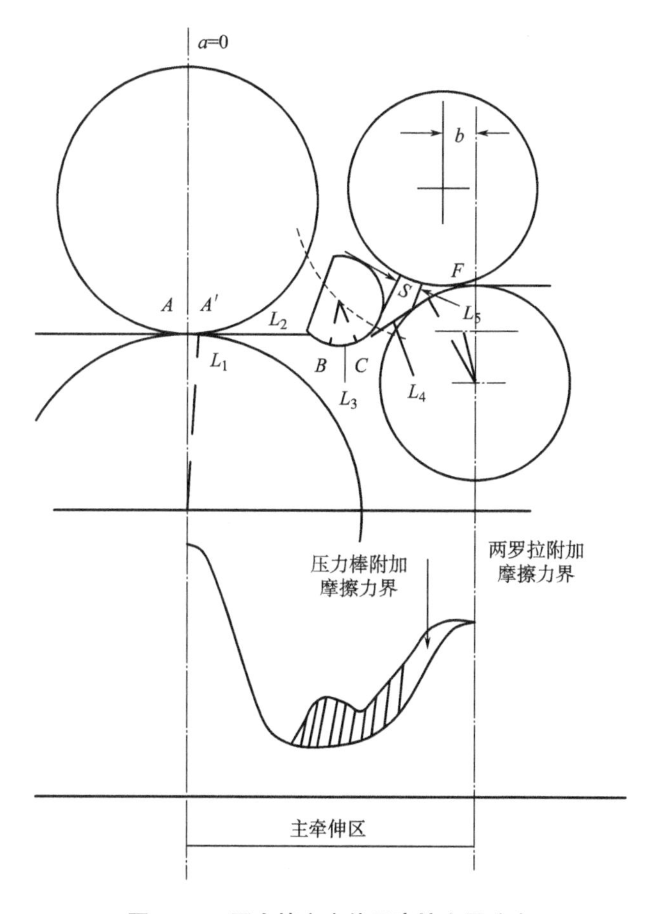

图 6-20 压力棒主牵伸区摩擦力界分布

擦阻力 F，它们应与作用在须条两端的张力 T_1、T_2 构成力的平衡，组成力的封闭多边形。因为作用在压力棒表面须条上各力的矢量和应等于零，即：

$$\overrightarrow{T_1}+\overrightarrow{T_2}+\overrightarrow{F}+\overrightarrow{N}=0$$

因为：

$$\overrightarrow{R}=\overrightarrow{F}+\overrightarrow{N}$$

所以：

$$\overrightarrow{T_1}+\overrightarrow{T_2}+\overrightarrow{R}=0$$

即：

$$R^2=T_1^2+T_2^2-2T_1T_2\cos\theta \tag{6-10}$$

根据摩擦力公式与欧拉公式有：

$$R^2=F^2+N^2=(N\times\mu)^2+N^2=N^2(1+\mu^2)$$

$$T_2=T_1\mathrm{e}^{\mu\theta}$$

$$N=\frac{T_2}{\sqrt{1+\mu^2}}\times\left(\frac{\sqrt{1+\mathrm{e}^{2\mu\theta}-2\mathrm{e}^{\mu\theta}\cos\theta}}{\mathrm{e}^{\mu\theta}}\right) \tag{6-11}$$

式中：N——压力棒对须条的法向压力；

T_2——须条的牵伸力；

θ——须条在压力棒表面的包围角；

μ——纤维与压力棒的摩擦系数。

从式（6-11）可知，N 与 T_2 成正比关系。即当喂入须条是粗段，牵伸力 T_2 增大时，压力棒上抬，弹簧片的变形增大，则使压力 N 增加，加强了后部摩擦力界强度；但 N 过大，易造成牵伸不开而使条干恶化。N 值随须条在压力棒上包围角 θ 的变化而变化，θ 增大，则 N 亦大。改变压力棒的加压或截面形状，可以改变其与须条的包围角，进而改变摩擦力界强度，可以依据喂入须条的性状适当调节。

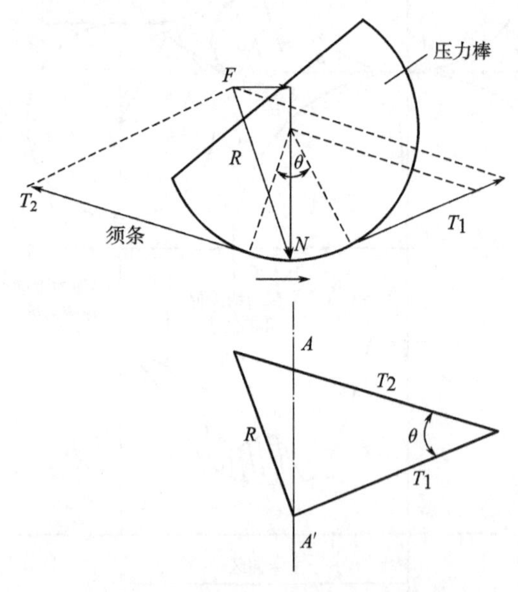

图 6-21　压力棒表面须条的受力分析

压力棒牵伸装置对纤维长度的适应性较强。握持距的大小只要调整压力棒与前胶辊的相对位置，调整后能使纤维束直接进入前钳口，基本上可避免在前钳口产生反包围弧，是压力棒牵伸装置的独特之处。目前在棉纺并条机上广泛应用。

（三）双胶圈式

双胶圈牵伸装置是采用上、下两个胶圈来控制浮游纤维运动的。上、下胶圈工作面与纱条直接接触，产生较强的附加摩擦力界，其控制面大，摩擦力界较为均匀，如图 6-22 所示。这种摩擦力界分布有利于阻止纤维提早变速，使纤维变速点分布向前钳口集中，满足牵伸要求。该牵伸装置附加摩擦力界强度大，对纤维控制作用强，适合喂入定量小、牵伸倍数大的须条牵伸，被广泛用于各种纺纱系统的细纱牵伸以及大部分粗纱牵伸上。

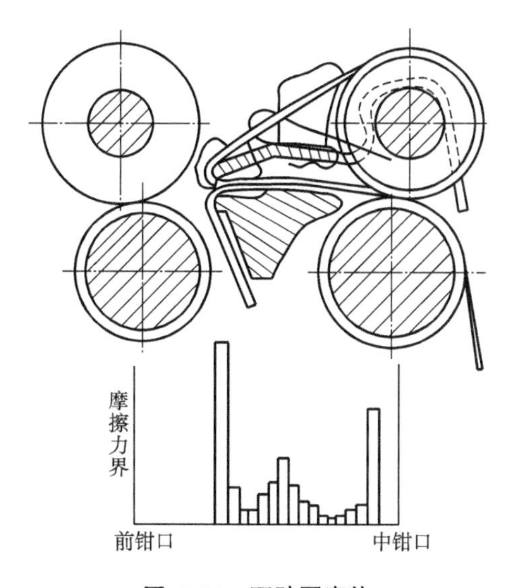

图 6-22　双胶圈牵伸

双胶圈牵伸摩擦力界满足纤维变速点分布向前钳口集中，又对时间波动性小的要求，关键在于浮游区长度、胶圈中部和胶圈钳口的压力大小及其稳定状况，既要加强控制力又要稳定控制力。

1. 浮游区长度　浮游区长度是指胶圈钳口至前罗拉钳口间的距离。缩短浮游区长度意味着一方面减少浮游区中未被控制的短纤维数量，另一方面胶圈钳口摩擦力界相应向前伸展，使纤维在胶圈部分的摩擦力界长度增加，从而加强了对浮游纤维的控制力，且有利于纤维变速的稳定，使牵伸区内纤维变速点分布向前钳口靠近并集中。但缩小浮游区长度后，牵伸力相应增大，因此，必须加大前钳口的压力，以使罗拉钳口的握持力与之相适应。

2. 胶圈中部摩擦力界　双胶圈牵伸具有较强的中部摩擦力界分布，但上、下胶圈在运行过程中受到胶圈支持器（上、下销）摩擦阻力的作用，其工作边容易产生松弛，导致运行中出现中凹现象，造成中部摩擦力界减弱和不稳定。目前主要是通过改进销子的形式来解决，可采用上销下压或下销上托，如图 6-22 中的曲面形下销可托起中部的胶圈，改善中凹现象。但销子上托或下压的程度，一般应使其形成的摩擦力界强度低于胶圈钳口。

3. 胶圈钳口的摩擦力界　胶圈钳口的摩擦力界强度对纤维运动有明显的影响，胶圈钳口由上、下胶圈及其相应的上、下销组成，分固定销和弹簧销两种。上、下固定销组成的钳口称为固定钳口，上销为弹簧销，则称为弹性钳口。固定钳口的上、下销子间的最小距离，称为钳口隔距或销子开口。由于销子开口大于上、下胶圈的厚度之和，且胶圈具有一定的弹性，使钳口的胶圈不紧贴于销子。当通过的纱条比较粗或胶圈比较厚时，钳口处的上、下胶圈被压缩变形；当通过的纱条比较细或胶圈比较薄时，胶圈的弹性仍使纱条受到一定压力，因此，胶圈钳口对纱条的摩擦力界布置是由胶圈弹性压力来实现的，摩擦力界强度取决于胶圈弹性及胶圈销开口的大小。

胶圈钳口要能有效地控制浮游纤维，又要使前纤维能顺利通过。为使牵伸区内纤维变速点分布向前罗拉钳口靠近，并保持纤维变速稳定，除适当缩小浮游区长度和加强胶圈中部摩擦力界外，主要控制胶圈钳口部分摩擦力界的强度及其稳定性。

由于胶圈钳口离前罗拉钳口近，是快、慢速纤维发生相对运动最激烈的区域，因此，该处摩擦力界强度及其稳定性对纤维运动的影响特别明显。如销子开口过大，钳口部分压力过小，失去对纤维运动的控制作用时，则钳口处纱条内纤维间联系力小，喂入纱条的紧密度差异和结构不匀都会使控制力或引导力发生较大波动，导致纤维变速的不稳定；如销子开口过小，钳口的胶圈弹性差，胶圈厚薄不匀，当粗细不匀的须条通过胶圈钳口时，则引起钳口压力和牵伸力的激烈波动，影响纤维稳定变速，造成细纱条干差。有时由于胶圈在钳口处遇到过大阻力而回转不灵，会出现打顿现象，造成竹节纱或出现“硬头”。因此，要使钳口处具有一定的压力，又要波动小，需要选用合适的销子钳口。纺不同线密度的纱时，销子钳口应有所不同。

胶圈的厚薄不匀及上、下胶圈的弹性和抗弯刚度差异较大时，容易使钳口压力的波动剧增。因此，需要不断改善胶圈质量。如果既有胶圈的弹性作用，又有销子自身的弹性自调作用，就可以适应喂入纱条粗细和胶圈厚薄、弹性不匀的变化，使钳口压力波动进一步减小，有助于控制纤维运动。因此，就出现了弹性钳口，它是由弹簧摆动上销和固定曲面下销及一对长、短胶圈组合而成。借助于弹簧作用，使上销能在一定范围内上下摆动，从而使钳口压力波动减小。如果由于某种原因使钳口压力剧增，这时由于上销的上摆，使须条上的压力增加不像固定销那么大；如钳口压力剧减时，由于上销的下摆，使须条上的压力降低也不像固定销那样多，从而使摆动上销具有对钳口压力起弹性的自调作用。在生产实际中主要掌握的是弹簧起始压力和钳口原始隔距。

为了提高纱条质量，双胶圈牵伸形式得到不断完善。如粗纱机采用的四罗拉双短胶圈牵伸装置，又称为D型牵伸装置，其是在三罗拉双短胶圈牵伸装置的基础上，在主牵伸区的前方加一列罗拉组成一个牵伸倍数仅有1.05倍的整理区，并在该区内加装集束器，从而实现对主牵伸区输出须条的集束整理，使纺出粗纱表面光洁，有利于减少细纱毛羽。再如，控制效果好的细纱牵伸装置有德国的依纳V型牵伸装置、SKF牵伸装置、绪森HP型牵伸装置以及瑞士立达的R2P型牵伸装置等。

（四）针板式

对于毛、麻、绢丝等而言，因纤维长度长，罗拉隔距大，为控制纤维在牵伸区中的运动，更需要合理布置牵伸区的摩擦力界分布。一般长纤维的牵伸装置由两对罗拉及中间控制机构（附加摩擦力界装置）组成，中间控制机构根据纤维种类和加工工序的不同位置，有针板、皮板、轻质辊、充气罗拉结合单胶圈等，形式多样，以针板式应用居多。而针板牵伸又分为交叉式针板、开式针板和回转式针板等，其中交叉式针板牵伸的应用较为广泛。

图6-23所示为交叉式针板牵伸装置，上、下针板除工作动程外，还有插入纤维和退出纤

维的上下运动，以及回程（空程）运动。在工作动程中，上下针板的梳针插入须条，一方面与所接触的纤维产生摩擦力，另一方面对纤维形成挤压，增加了纤维间的摩擦力，从而增强了牵伸区内的摩擦力界强度。另外，针板的速度与后罗拉基本一致，牵伸作用主要发生在靠前罗拉的针板与前罗拉钳口之间，使纤维变速点分布集中并靠近前钳口。

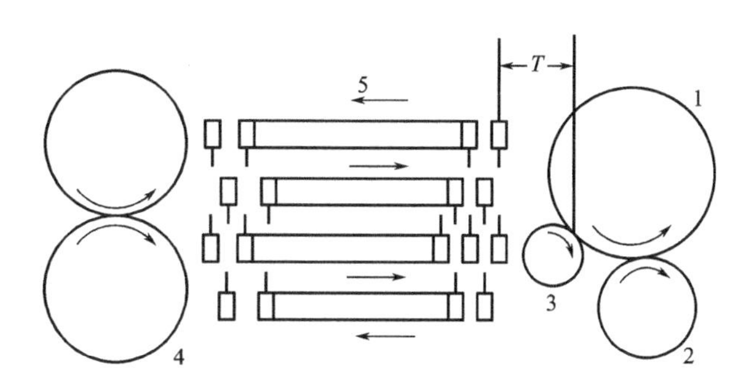

图 6-23 交叉式针板牵伸

1—前上罗拉 2—前下罗拉 3—前下罗拉 4—后下罗拉 5—针板

交叉式针板牵伸机构，其针板间距离较小，作用针板块数较多，上、下针板在入口处与水平线有一定的倾斜角度，使针板的梳针逐渐深入须条，形成较合理的摩擦力界分布，能较好地控制纤维运动，并在牵伸的同时，使纤维平行伸直。由于上、下针板交叉插入须条中，形成深入须条内部的摩擦力界，不会产生梳针浮于须条表面的超针现象，有利于对纤维运动的控制。

1. 针板牵伸摩擦力界的形成 图 6-24 所示为梳针插入产生的内外摩擦力界示意图。

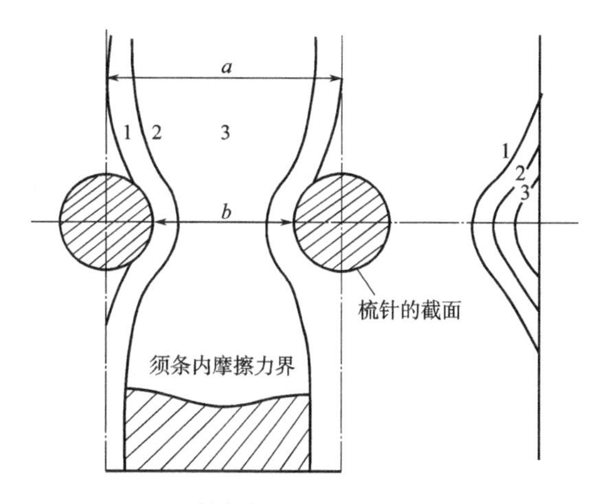

图 6-24 梳针插入产生的内外摩擦力界

由图可见，梳针插入使须条内纤维密集与压缩，一方面使纤维之间产生的摩擦力，称为内摩擦力；另一方面纤维与梳针间产生的摩擦力，称为外摩擦力，它们均可以起到控制纤维的作用，但控制效果不同。内摩擦力发生在纤维之间，它通过被控制纤维来控制其他纤维，通过靠近边界的纤维来控制中间纤维。加强内摩擦力，既可以加强后纤维和浮游纤维的联系，又可以加强前纤维与浮游纤维的联系。在牵伸区中，由于纤维的数量分布是不稳定的，因此，靠内摩擦力来控制浮游纤维运动，有其不足之处。外摩擦力是梳针直接控制纤维的力，如图 6-24 所示，图中 1 为紧贴于针面的纤维，摩擦力最大，对纤维的控制比较可靠；2 靠近针面，摩擦力其次；3 为两针间的内层纤维，摩擦力最小，表现为须条内摩擦力界中部较凹。

内摩擦力的大小与须条被压缩的程度和通过梳针中纤维的数量有关。须条的压缩程度可用 b/a 或 $(a-d)/a$ 来表示，其中 a 为两相邻梳针间的中心距，b 为两梳针间的间隙，d 为梳针的直径。在同一截面内，靠近梳针根部处的纤维压缩程度大，远离梳针根部处的纤维压缩程度小，因此，由压缩所产生的摩擦力界分布也不够均匀。采用扁针可以降低这种不匀性。

外摩擦力的大小除与上述因素有关外，还与梳针号数、植针密度等有关。植针越粗、越密，则外摩擦力越大。

2. 针板牵伸摩擦力界的分布 图 6-25 所示为针板牵伸的摩擦力界分布。

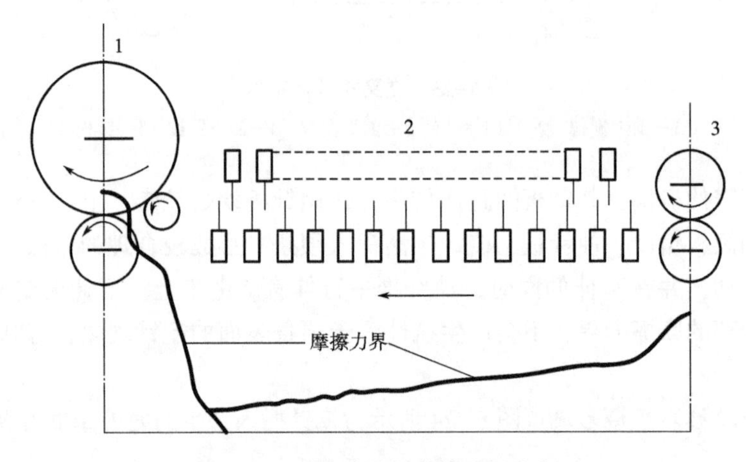

图 6-25 针板牵伸的摩擦力界分布

由图可见，摩擦力界在针板区内由后至前逐渐减小，因为在针板后区有一个负 20°左右的斜面，当钢针逐渐插入须条并完全插入后，由于须条中纤维数量多，形成的摩擦力界强度较大，随着须条的前进，纤维数量逐渐减少，因而摩擦力界的强度也逐渐减弱；在前小罗拉与第一块针板之间，由于形成纤维的无控制区，这里的摩擦力界强度较弱，主要靠纤维之间的抱合力而形成，是前后摩擦力界的分界线，也是纤维变速的主要区域。

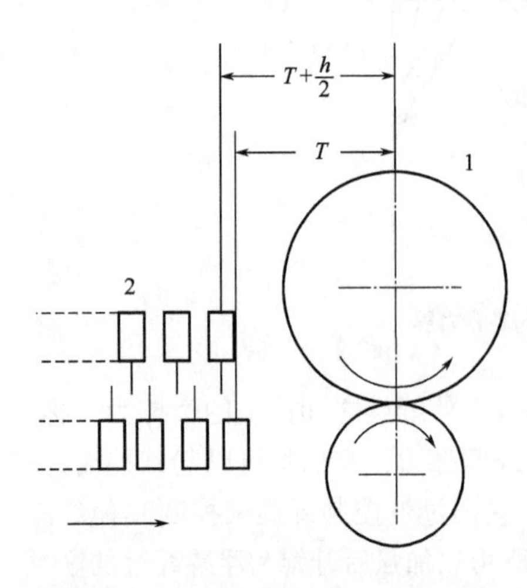

图 6-26 针板牵伸机构的无控制区

针板形成的摩擦力界不仅在纵向，而且也在横向，这对稳定摩擦力界的强度，防止边纤维在牵伸区中的扩散，都起到了良好的作用。

3. 无控制区及其周期性变化 图 6-26 所示为针板牵伸的无控制区。

由图可见，在针板与前钳口之间有一段无控制区，且处于纤维变速点附近，对纤维运动的影响较大，如果调节不当，就会引起须条不匀。在这个区域中，摩擦力界的强度很小，因而较短的纤维没有受到良好的控制。另外，这个无控制区的长度呈周期性变化，当针板向前运动到最前端位置时，无控制区为 T，然后针板从须条中脱下，无控制区突然变为 $\left(T+\frac{1}{2}h\right)$，$h$ 为螺杆节距，然后再由 $\left(T+\frac{1}{2}h\right)$ 逐渐变为 T。当针板下降时，无控制区突然由小变大，使该区摩擦力界强度减弱，且摩擦力界呈周期性波动，这就使一部分原来被控制的纤维，完全失去控制，因而也导致浮游纤维不规则运动，形成须条周期性不匀。使用皮板牵伸可改善这一缺陷。

此外，开式针板牵伸机构的摩擦力界分布与交叉式相似，但只有一排针板控制纤维运动，对纤维的运动控制比交叉式弱，且容易出现纤维浮游于针尖外的超针现象，使部分纤维的运动失去控制，从而产生不规则运动，目前主要用于定量较轻和纤维平行伸直度较好的后几道并条机、针梳机和粗纱机的牵伸中。

（五）皮板式

为克服针板牵伸的缺点，对于毛型纤维牵伸中有时还采用皮板牵伸，如图 6-27 所示。它也是一种曲线牵伸，其中部摩擦力界是连续的，牵伸区域较大，且摩擦力界强度较强，与针板牵伸相比，由于皮板的连续回转，基本消除了无控制区，以及由该长度周期性变化而引起的纤维运动及变速点的波动，且更适应高速运转。

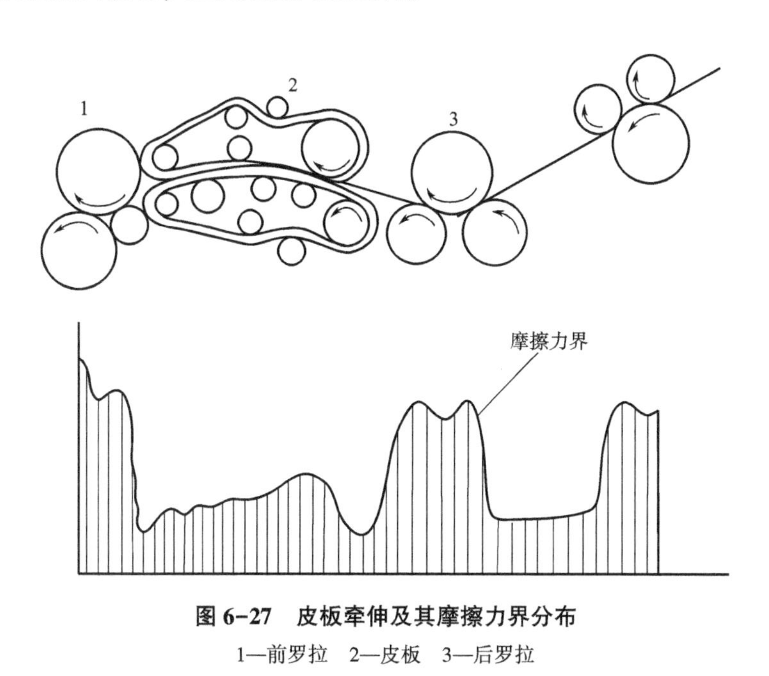

图 6-27　皮板牵伸及其摩擦力界分布

1—前罗拉　2—皮板　3—后罗拉

第四节　牵伸过程中纤维的平行伸直

一、须条中纤维形态与伸直系数

纤维经分梳后，须条中的纤维还存在着弯钩和屈曲，将其伸直并平行顺直排列是牵伸的目的之一。

须条中纤维的形态如图 6-28（a）所示，图中 1 表示弯钩纤维，2 表示屈曲纤维。一般由梳理机分梳后经道夫输出的须条中以弯钩纤维居多，而且，相比于弯钩纤维，屈曲纤维的伸直过程较为简单。因此，主要以弯钩纤维为主分析纤维在牵伸过程中的伸直情况。

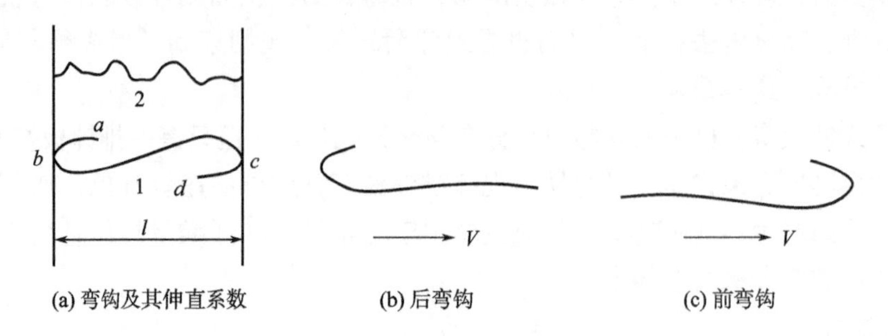

图 6-28　纤维的形态及伸直系数

如图 6-28（a）所示，弯钩纤维 1 的伸直长度为 L，即 $ad=L$，由于弯曲或卷曲，其投影长度 $l=\overline{bc}$，小于实际长度 L，则该纤维的弯曲程度可由伸直系数 η 表示如下：

$$\eta=\frac{\overline{bc}}{ad}=\frac{l}{L} \tag{6-12}$$

η 大，表示纤维的伸直程度高，显然，$0.5\leqslant\eta\leqslant1$。

通常，将弯钩纤维中长的部分 bc 称为主体，短的部分 ab 和 cd 则称为弯钩，弯钩与主体相连处 b 和 c 称作弯曲点。并根据纤维的运动方向分为后弯钩和前弯钩，如图 6-28（b）和（c）所示。

二、牵伸过程中纤维伸直的基本条件

（一）纤维伸直的基本条件

牵伸区中纤维的伸直过程是纤维自身各部分间发生相对运动的过程。纤维伸直必须具备三个条件，即速度差、延续时间和作用力。

屈曲纤维的伸直过程比较简单，当它的头端到达变速点后，头端同其他部分之间即产生相对运动或速度差而开始伸直，使纤维的卷曲处被拉直。

但弯钩纤维的伸直过程较为复杂，取决于主体部分与弯钩部分的受力以及所产生的相对运动。以前弯钩纤维为例，为了伸直前弯钩，要求弯钩部分比主体部分先转变为快速，此时两者之间产生了速度差，之后主体部分要维持慢速一定时间，即延续时间，以使弯钩伸直；否则，如果主体很快变速甚至与弯钩部分同时变速，则伸直效果差或完全没有伸直。实际上，由于纤维接触的随机性，主体部分与弯钩部分在某些情况下是相互独立运动的，各自在牵伸区任何截面上都能变速。因此，能否产生速度差，且能否有一定延续时间，根本取决于作用在纤维各部分上的作用力。

（二）弯钩纤维伸直的力学分析

根据浮游纤维变速的理论，使弯钩纤维的弯钩部分与主体部分实现相对运动，伸直弯钩的力学条件应包括以下两点。

（1）在同一瞬时，作用在弯钩部分和主体部分上的引导力和控制力，应能够同时满足前弯钩纤维的弯钩部分或后弯钩纤维的主体部分变速与前弯钩纤维的主体部分或后弯钩纤维的弯钩部分不变速的要求。

（2）作用在弯钩或主体上的引导力和控制力的差值必须能克服弯曲点处的抗弯阻力。

如图6-29所示，令某一瞬时作用在弯钩部分（图中的AB）上的引导力为$\sum F_{Ai}$、控制力为$\sum F_{Bi}$；作用在主体部分（图中的CB）上的引导力为$\sum F'_{Ai}$，控制力为$\sum F'_{Bi}$，弯曲点处的抗弯阻力为R。上述的F_{Ai}指将弯钩部分等分为n段后，第i段（图中虚线部分）的弯钩纤维与快速纤维接触而受到的摩擦力，F_{Ai}值的大小显然同该处的摩擦力界强度及所接触的快速纤维根数和接触面积有关。F_{Bi}指同一位置上弯钩纤维与慢速纤维接触而受到的摩擦阻力。同理，F'_{Ai}及F'_{Bi}指将主体部分等分为n段后，在第i段与快速纤维及慢速纤维接触而受到的摩擦力。

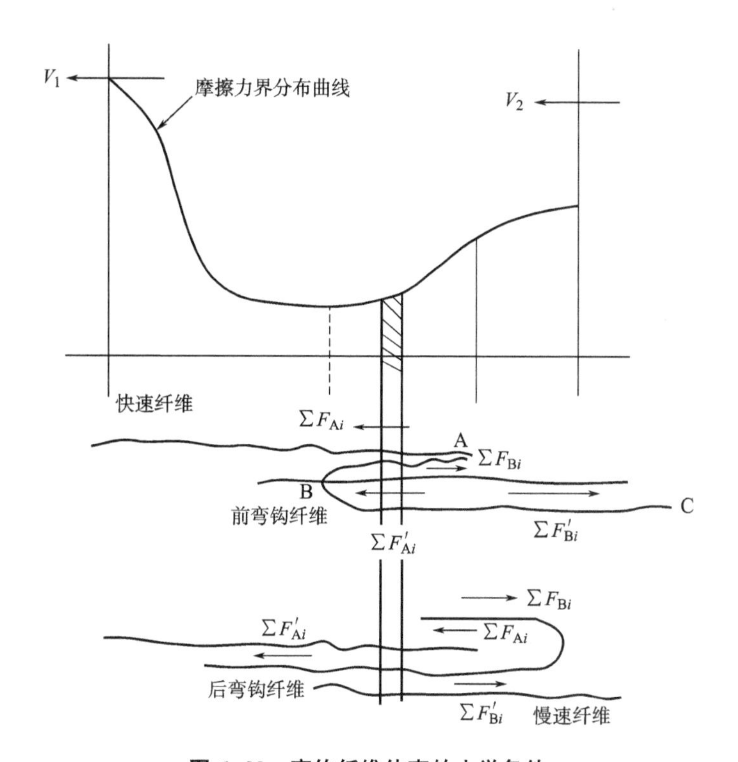

图6-29 弯钩纤维伸直的力学条件

则前弯钩纤维发生伸直作用的条件为：

弯钩变速：$\sum F_{Ai}-\sum F_{Bi}>R$

因R值很小可忽略，上式简化为：$\sum F_{Ai}>\sum F_{Bi}$

主体慢速：$\sum F'_{Bi}>\sum F'_{Ai}$

同理，后弯钩纤维发生伸直作用的条件为：

主体变速：$\sum F'_{Ai}>\sum F'_{Bi}$

弯钩慢速：$\sum F_{Bi}>\sum F_{Ai}$

在罗拉牵伸区中广泛采用附加摩擦力界装置，加强了中后部摩擦力界的强度，不仅有利于控制纤维的运动，而且有利于伸直纤维。例如，对后弯钩纤维来说，加强中后部摩擦力界可以使$\sum F_{Bi}$增大，有利于弯钩部分保持慢速，从而延长了伸直过程的延续时间，提高后弯钩的伸直效果。同理，对于前弯钩纤维来说，加强中后部摩擦力界可以使$\sum F'_{Bi}$增大，有利于主体部分保持慢速，从而也延长了伸直过程的延续时间，提高前弯钩的伸直效果。

前、后弯钩发生伸直作用的概率P_1和P_2，可用下式表示：

$$P_1=\{[\sum F_{Ai}>\sum F_{Bi}]\cap[\sum F'_{Bi}>\sum F'_{Ai}]\}$$

$$P_2=\{[\sum F'_{Ai}>\sum F'_{Bi}]\cap[\sum F_{Bi}>\sum F_{Ai}]\}$$

假如不考虑钳口握持纤维对纤维伸直作用的干扰，单纯从上述力学条件来考虑，可以认为前、后弯钩的伸直效果基本相同。

三、牵伸倍数与弯钩纤维的伸直效果

（一）牵伸倍数对变速点位置的影响

弯钩纤维在牵伸区内除随机运动外，受罗拉钳口握持作用的影响，还有强制运动。钳口的强制作用会影响弯钩纤维伸直的延续时间，进而影响伸直效果。

牵伸倍数的大小影响纤维变速点的位置，因而直接影响前钳口对弯钩纤维伸直的干扰作用。如图6-30所示，图中M为快速纤维和慢速纤维数量曲线的交点，此时快、慢速纤维的数量相等，即$K(x)=k(x)$，根据引导力与控制力的计算式，作用在浮游纤维上的引导力等于控制力，是纤维最有可能变速的位置，因此，M称为理论变速点；R为M点距前钳口的距离。R与牵伸倍数有关，如果固定喂入定量N_2，牵伸倍数越大，意味着输出定量N_1越小，当$E_1>E_2>E_3$时，所对应的$R_1<R_2<R_3$，M越靠近前钳口，如图6-30（a）所示。

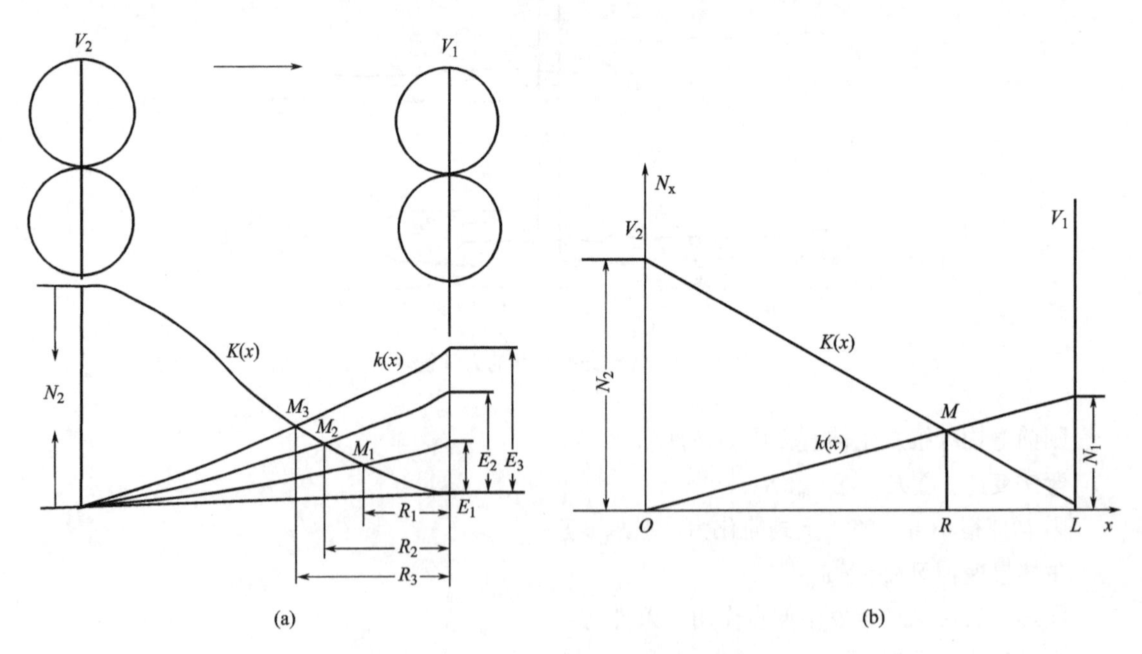

图6-30 不同牵伸倍数的纤维变速点位置

为讨论方便，做如下假设：①一根纤维所受的引导力和控制力与其和快、慢速纤维接触的概率成正比，接触概率的大小和周围所接触的快、慢速纤维根数成正比，接触的快、慢速纤维根数与其截面中的快、慢速纤维根数成正比；②忽略摩擦力界的不稳定影响；③快、慢速纤维呈直线分布。如图 6-30（b）所示。

快速纤维数量分布函数为： $k(x)=N_1\left(1-\frac{x}{L}\right)$

慢速纤维数量分布函数为： $K(x)=N_2\frac{x}{L}$

式中：L——前后钳口间的隔距；

N_1、N_2——输出定量与喂入定量。

在 M 点有：

$$N_1\left(1-\frac{R}{L}\right)=N_2\frac{R}{L}$$

式中：R——理论变速点 M 距前钳口的距离。

又因$\frac{N_2}{N_1}=E$，所以：

$$R=\frac{L}{1+E} \tag{6-13}$$

由式（6-13）可知，随着牵伸倍数的增加，理论变速点距前钳口的距离减小。

（二）弯钩纤维的伸直效果

伸直效果可用牵伸后与牵伸前纤维的伸直系数 η' 和 η 表示，当牵伸倍数不同时，由于 M 点位置不同而使弯钩纤维的伸直效果有较大差异。

1. 后弯钩纤维 后弯钩纤维在牵伸过程中较易被伸直，其伸直效果始终随牵伸倍数的增大而提高。为分析方便，以主体中点、弯钩中点到达 M 位置作为各自的变速点位置。

如图 6-31（a）中（甲）所示，当牵伸倍数较小时，由于变速点位置 M 离前钳口较远，R 值较大，$R>\frac{\eta L}{2}$。其中$\frac{\eta L}{2}$为伸直前主体长度的一半，表示主体部分中点到达 M 点时，纤维头端还未进入前钳口，不受前钳口的干扰，主体部分不会提前变速，同时，距弯钩中点到达 M 点有一定延续时间，有伸直效果，属于正常伸直。

如图 6-31（a）中（乙）所示，当牵伸倍数变大时，变速点位置 M 离前钳口变近，则 R 值较小，$R\leqslant\frac{\eta L}{2}$，表示主体部分中点尚未到达 M 点时，纤维头端已经进入前钳口，从而使主体部分提前变速，延续时间延长，伸直效果良好。

如图 6-31（a）中（丙）所示，当牵伸倍数进一步加大时，变速点位置 M 离前钳口更近，则 R 值更小，$R\leqslant\frac{(1-\eta)\ L}{2}$，$\frac{(1-\eta)\ L}{2}$为伸直前弯钩长度的一半。如果这种情况发生在弯钩长度较大时，因当纤维主体的中点还未到达 M 点时，纤维头端已进入前钳口，使伸直过程提前开始；又由于弯钩部分的中点尚未到达 M 点时，纤维尾端已进入前钳口，又使伸直过程提前结束，伸直效果因两种因素相互抵消而不显著。其原因主要与伸直前纤维的伸直系数 η 有关，此时 η 已接近 0.5，即纤维几乎呈对折状态。

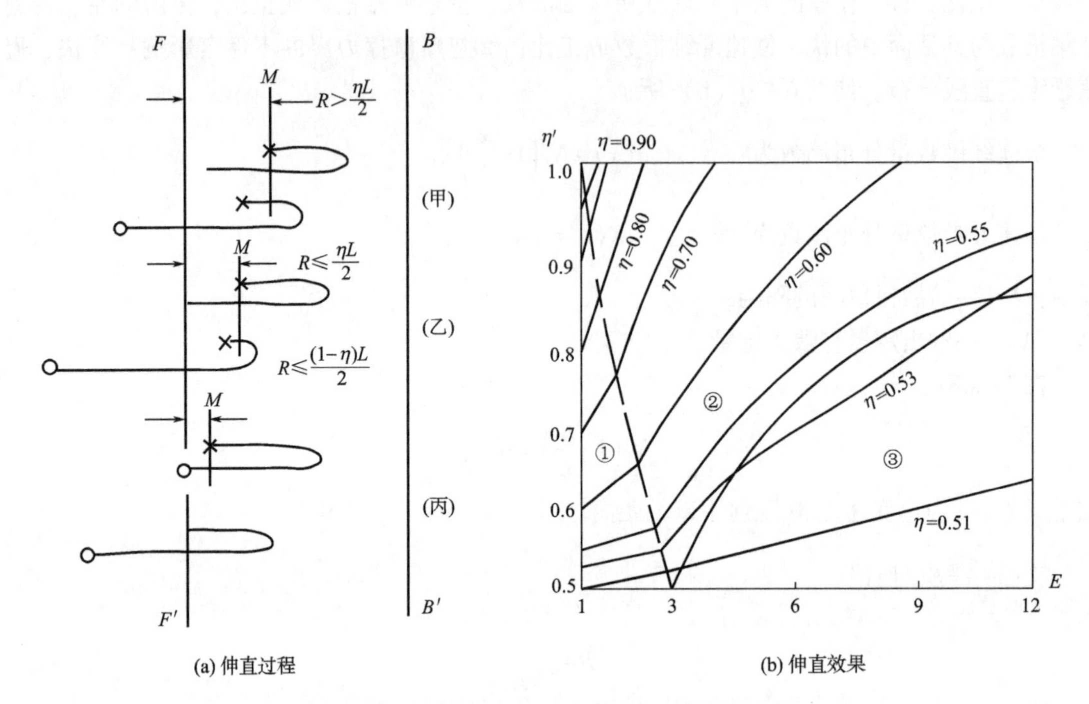

(a) 伸直过程　　　　(b) 伸直效果

图 6-31　牵伸倍数对后弯钩纤维伸直效果的影响

图 6-31（b）表示牵伸倍数及牵伸前的伸直系数对后弯钩纤维伸直效果的影响。由图可知，随着牵伸倍数的增加，后弯钩纤维的伸直效果增加，特别是当牵伸前纤维的伸直系数 $\eta \geqslant 0.6$ 时，在给定的牵伸倍数下，其弯钩部分基本均可伸直，$\eta' = 1$；但当牵伸前纤维的伸直系数 $\eta \leqslant 0.55$ 时，伸直效果变差，图中 $\eta = 0.51$ 时，基本没有伸直。但牵伸后绝大多数纤维的伸直系数 η' 都有提高，经过几次牵伸后即可消除弯钩，使纤维完全伸直。这也就是在纺纱系统中多道工序配置牵伸机构的原因。

2. 前弯钩纤维　前弯钩纤维在牵伸过程中不容易伸直，且与牵伸倍数的关系较为复杂。同理，以弯钩中点、主体中点到达 M 位置作为各自的变速点位置。

如图 6-32（a）中（甲）所示，当牵伸倍数小时，变速点位置 M 离前钳口较远，则 R 值较大，$R \geqslant \frac{\eta' L}{2}$，$\frac{\eta' L}{2}$ 表示伸直后主体的一半，即在伸直过程结束前，弯曲点尚未进入前钳口，伸直过程不受前钳口的干扰。它表明在牵伸倍数较小时，对前弯钩纤维有一定的伸直效果，且伸直效果随着牵伸倍数的增大而相应增大。

如图 6-32（a）中（乙）所示，当牵伸倍数变大时，则变速点位置 M 离前钳口变近，则 R 值变小，$R < \frac{\eta' L}{2}$，表示纤维主体部分的中点尚未到达 M 时，弯曲点已进入前钳口，伸直过程受到前钳口的干扰而中断，提前结束伸直，伸直效果差。

如图 6-32（a）中（丙）所示，当牵伸倍数进一步加大时，变速点位置 M 离前钳口更近，则 R 值更小，$R \leqslant \frac{(1-\eta')\ L}{2}$，表示纤维弯钩的中点尚未到达 M 时，弯曲点已进入前钳

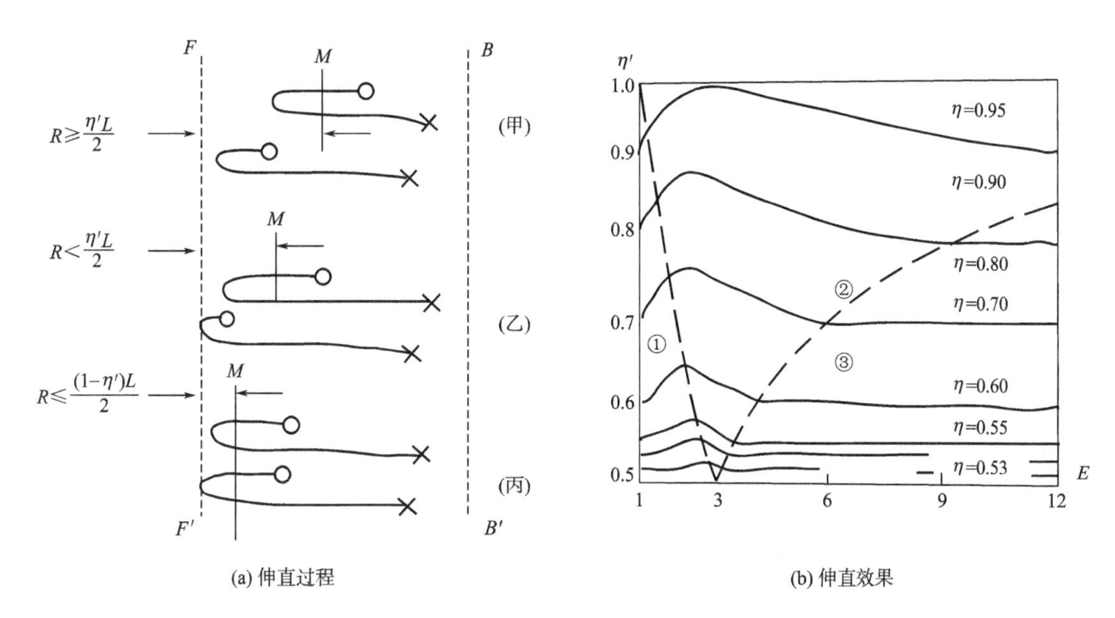

(a) 伸直过程 (b) 伸直效果

图 6-32 牵伸倍数对前弯钩纤维伸直效果的影响

口，整根纤维一起变速，没有伸直过程。

图 6-32（b）表示牵伸倍数及牵伸前的伸直系数对前弯钩纤维伸直效果的影响。由图可知，不论牵伸前纤维的伸直系数如何，随着牵伸倍数的增加，前弯钩纤维均没有伸直效果；只有当牵伸倍数较小时（图中①区），才有一些伸直效果。

（三）奇数法则

由上面讨论可知，罗拉牵伸对于伸直弯钩纤维有一定的取向性，对于伸直后弯钩纤维有利，而对于伸直前弯钩纤维不利，特别是随着牵伸倍数的增加，这种取向更显著；另外，牵伸前的伸直系数越大，牵伸后的伸直效果越好。

奇数法则就是上述结论在生产实际中的应用，所谓奇数法则是指由生条至细纱之间最好经过奇数道工序。以棉纺纺纱为例，即是指在梳棉机与细纱机之间，最好是奇数道加工，如棉纺普梳系统：梳棉→头道并条→二道并条→粗纱→细纱，为 3 道工序。

这是由于纤维经锡林道夫针面分梳后，由道夫输出的生条中以后弯钩纤维居多，弯钩在须条中经过一次卷绕，当退绕喂入下一道工序时，其弯钩方向反向，即生条中的后弯钩纤维，在喂入头道并条时变为前弯钩，以此类推，喂入细纱时正好为后弯钩，此时纤维经过了 3 道罗拉牵伸后伸直系数 η 较大，而细纱的牵伸倍数较前 3 道的罗拉牵伸要大得多，这样剩余的弯钩部分会在细纱工序中被完全伸直，最终实现了伸直平行纤维的目的。

第五节 纱条不匀与匀整

纱条不匀是衡量纱条质量的重要指标之一。纱条均匀包括外观粗细均匀和内在结构均匀，即要求纤维长度、细度、纤维间移距、各种纤维成分、各种色泽纤维等在纱条长度方面上分布均匀。要完全达到这些要求是相当困难的，甚至是做不到的。

因此，要想生产出均匀的纱条，必须掌握纱条不匀的规律，并采用适当的方法加以控制。在生产实际中，除了不断完善牵伸机构的设计和优化工艺参数外，还需要采用专门的方法使纱条不匀尽量减小，这些方法称为匀整。

匀整贯穿于纺纱的全过程，在梳理以前表现为混合，在梳理以后则表现为并合与自调匀整，前者也称人工匀整，还包括配条与配重，后者是利用现代传感技术的在线控制方法。

一、纱条不匀分类

纱条不匀可从不同的角度进行分类。

(一) 按纱条不匀片段长度分类

按纱条不匀片段长度可分为长片段不匀（也称重量不匀）、中片段不匀和短片段不匀（也称条干不匀）。一般（1~10）×纤维长度的不匀为短片段不匀，（10~100）×纤维长度的不匀为中片段不匀，（100~1000）×纤维长度及其以上的不匀为长片段不匀。

在前几道工序中出现的短片段不匀，再经过几道工序的牵伸后，可转化为中片段或长片段不匀。

(二) 按纱条不匀出现的形式分类

按纱条不匀出现的形式，可分为周期性不匀和非周期性不匀。

1. 周期性不匀 周期性不匀是指在产品全部长度上按一定规律变化的一种不匀。它是由周期性工作的机器（如精梳机）或某些工作机件有缺陷而产生的（如罗拉偏心），其表现形式为周期性波动，也称机械波，如图 6-33 所示。

2. 非周期性不匀 非周期性不匀是指没有固定周期长度的不匀，如图 6-34 所示。它是由牵伸过程中须条内纤维的不规则运动造成的，也即前面提到的牵伸不匀，也称牵伸波。

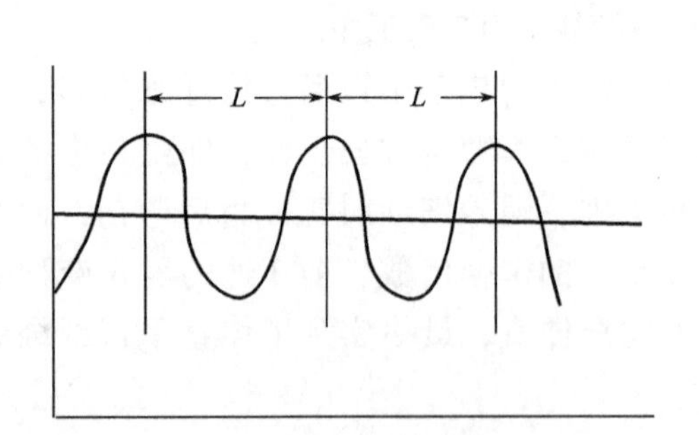

图 6-33 纱条的周期性不匀

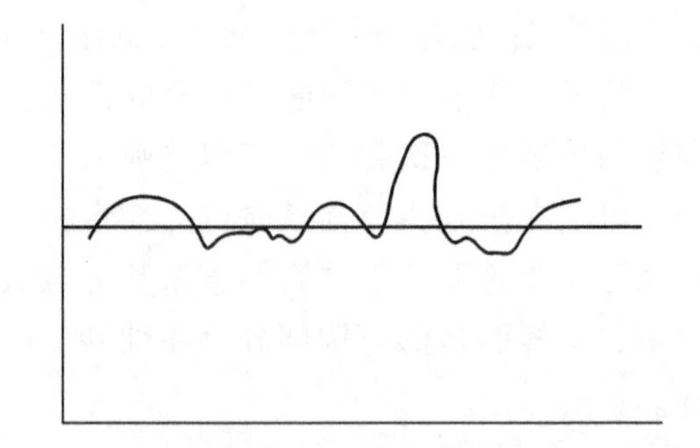

图 6-34 纱条的非周期性不匀

(三) 按造成不匀的原因分类

按造成纱条不匀的原因，可分为因纤维排列的随机性带来的随机不匀和因工艺过程不良所形成的附加不匀。

二、纱条不匀分析

（一）纱条的随机不匀

当组成纱条的纤维是完全随机地配置于纱条中时，这种纱条称为随机纱条。如果组成纱条的纤维总根数趋于无穷大，即相对于纱条截面内纤维根数是有限的，则纱条的长度是无限长的，所以其中某根纤维出现于某一截面的概率趋向于零。

根据数理统计原理，纱条横截面上纤维数量分布的不匀率 C 为：

$$C=\frac{1}{\sqrt{n}}\times 100\% \tag{6-14}$$

式（6-14）是在理想牵伸条件下，且假定纤维完全伸直平行，纤维细度（包括纤维本身细度以及各根纤维的细度）是绝对均匀时才成立，此时，C 代表随机纱条的条干不匀率，即纱条的随机不匀。但实际上，纤维细度是不均匀的，纤维并非完全平行顺直，也并非理想牵伸，故纱条实际随机不匀大于上述计算值，需要进行合理的修订。

对于羊毛纤维，最小随机不匀为：

$$C=\frac{1.12}{\sqrt{n}}\times 100\% \tag{6-15}$$

对于棉纤维，最小随机不匀为：

$$C=\frac{1.06}{\sqrt{n}}\times 100\% \tag{6-16}$$

由此可见：

①随着纱条在加工过程中逐渐被牵伸变细，随机不匀逐渐变大；②纺纱线密度不同，纱条断面内的纤维根数也不同，随机不匀也不一样，在纺粗线密度纱时，随机不匀较小；纺细线密度纱时，随机不匀随之增加；③用较细线密度的纤维纺相同线密度的纱时，纱条断面内的纤维根数增加，可以提高纱线的均匀度和强力；④随机不匀与设备及工艺因素无关。

随机不匀可作为衡量纱条不匀的参考值，随机不匀率也称为理论不匀率，有时称其为不匀率的极限或下限。

（二）纱条的附加不匀

纱条的实际不匀大于纱条的随机不匀或理论不匀，是由加工过程的附加不匀所致。附加不匀产生的原因很多，主要是机械状态不良和在牵伸过程中浮游纤维运动不规则造成的。

1. 机械波　由前所述，机械波是由机械状态不良而做周期运动所造成的纱条不匀，具有显著的规律性。以下几方面的机械状态不良是造成机械波的主要原因。

（1）罗拉钳口移动。罗拉钳口的位置不稳定易形成纱条不匀，其中，前罗拉造成的不匀最为严重。影响罗拉钳口移动的因素主要有：罗拉或胶辊偏心（或椭圆）、弯曲、胶辊包敷材料的弹性与硬度差异、胶辊外壳与其轴芯间配合不良等。这些均会引起罗拉握持距发生瞬时变化，影响纤维运动与变速的稳定，并且随着罗拉的回转形成明显的周期，从而形成纱条不匀。

前罗拉偏心造成的波长等于前罗拉周长。中罗拉偏心造成的波长则等于中罗拉周长乘以中罗拉前方牵伸倍数。一般后区牵伸较小，后罗拉偏心造成的不匀，往往被牵伸区的变化及牵伸不匀所掩盖，在不匀曲线图上不如前罗拉造成的明显。

（2）下罗拉表面速度不稳定。下罗拉表面速度不稳定，引起牵伸倍数波动，导致输出纱条粗细变化。影响下罗拉表面速度不稳定的主要原因有：下罗拉弯曲或偏心，传动齿轮偏心、磨损、啮合不良等机械原因及罗拉震动等，其中以罗拉震动的影响最为严重。由于罗拉表面速度不稳定而形成的纱条不匀同样具有周期性，其波长与不正常机件的运动周期有关。

（3）其他机械因素。某些牵伸机构的问题，如针板、针圈等安装不合适、精度低，也会造成周期性纱条不匀。

2. 牵伸波 由前所述，牵伸波是指在理想机械状态下，由于牵伸过程中浮游纤维的不规则运动造成的波形。牵伸后的须条仍存在非周期性的粗细节，它的波形不固定，其波长和波幅与牵伸倍数、罗拉隔距以及纤维本身的性质有关。产生的主要原因是牵伸区中作用于浮游纤维上的引导力与控制力发生波动。

引起浮游纤维上引导力与控制力波动的因素很多，主要因素如下。

（1）罗拉隔距（握持距）。罗拉握持距过大时，钳口对纤维的控制不良，引起纤维在牵伸区受力与运动波动，产生牵伸波；但过小时，须条在钳口处打滑，牵不开而出现“硬头”。握持距的大小应依据纤维长度与性能、牵伸区内的摩擦力界大小及须条的定量确定。一般前区：$S=L_P+(5\sim10)\mathrm{mm}$，后区：$S=L_P+(10\sim14)\mathrm{mm}$。$S$ 为两钳口之间须条通过的实际距离。对于棉纺 $S=L_P+a$，L_P 为品质长度，a 为经验值，由纤维整齐度、喂入定量、牵伸倍数而定；E 大、定量轻、纤维整齐度好，a 取值小。

（2）摩擦力界分布不够理想。如无控制区太长、附加摩擦力界布置不合理、控制力不足等均会使纤维运动不规则。

（3）喂入纱条粗细不匀。当粗节进入后罗拉时，使后摩擦力界向前扩展，加强了对慢速纤维的控制，前罗拉抽出的快速纤维数量减少，形成细节；当此粗节进入前罗拉时，带动浮游纤维提前变速，形成更大的粗节，使条干恶化。

（4）喂入纱条结构不匀。喂入纱条的纤维长度、成分等结构不良是一个潜在的不匀因素。若喂入纱条中纤维长度分布不匀，则当进入前罗拉的纤维大部分为长纤维时，就可能带动其他慢速纤维提前变速而形成粗节，造成纱条不匀。另外，如纱条中各种纤维的成分或色泽分布不匀，使纤维表面摩擦系数不同，引起控制力、引导力的波动，导致纤维变速点位置的变化和牵伸力的波动，使输出纱条条干恶化。

3. 其他附加不匀 主要是与人有关的一些因素，如操作不当等。

三、并合的均匀混合作用

并合是纺纱中最常用且最简易的匀整方法。并合可以匀整纱条所有的不匀，包括粗细不匀和结构不匀，其中结构不匀包括纤维组分比例不匀、颜色不匀等，此时体现为混合均匀。

（一）并合的均匀作用

并合的实质是将各根纱条的横截面沿着长度方向连续叠加，在此过程中，由于纱条粗细片段之间的随机叠合，使并合后纱条的均匀度得到改善。

1. 两根纱条并合 现以两根纱条的并合为例，说明并合过程的均匀作用。两根纱条并合时，每根纱条的各个片段粗细不一，并合后可能出现三种情况。

（1）粗段与细段相并合，其结果可得到粗细适中的纱条，有明显的均匀作用，是并合中最好的情况。

（2）粗段与粗段或细段与细段并合后，其结果是粗细不匀既没有改善，但也没有恶化。

（3）粗段或细段与粗细适中的片段相并合，其结果是并合后不匀的相对差异缩小，也有一定的均匀效果。

在实际并合过程中，以上三种情况均有可能产生，因此，两根纱条并合的结果是改善了产品的均匀度。

根据数理统计学的理论，并合后的效果可写成下面的表达式：

$$C=\sqrt{\frac{C_0^2}{2}(1+r)}=C_0\sqrt{\frac{1+r}{2}} \tag{6-17}$$

式中：C——并合后纱条的不匀率；

C_0——并合前纱条的不匀率；

r——相关系数，表示两根纱条并合时粗细片段之间的相关程度，其数值在±1之间。

当 $r=+1$ 时，表示两根纱条粗片段与粗片段相叠合、细片段与细片段相叠合，此时，$C=C_0$，反映出并合后纱条不匀率既没有改善，也没有恶化，称完全正相关；

当 $r=-1$ 时，表示一根纱条的粗片段与另一根纱条的细片段相叠合，此时，$C=0$，在这种情况下，将得到充分均匀的纱条，称完全负相关；

当 $r=0$ 时，表示两根纱条间的叠合是随机的，称不相关。

生产实际中，各根纱条的粗细分布是没有规律的，并合时粗细相遇是随机的，即 $r=0$，因此，式（6-17）可以写成：

$$C=\frac{C_0}{\sqrt{2}} \tag{6-18}$$

由式（6-18）可知，$\sqrt{2}>1$，$C>C_0$。

2. *n* 根纱条并合　同理，当 n 根纱条并合时，式（6-18）可成为：

$$C=\frac{C_0}{\sqrt{n}} \tag{6-19}$$

由式（6-19）可知，n 根纱条并合后其不匀率为并合前单根纱条不匀率的$\frac{1}{\sqrt{n}}$，2是最小的并合根数，$\sqrt{n}\geqslant1$，所以，$C<C_0$。

但由于并合的各根纱条不匀率 C_0 不可能完全相等，而且纱条粗细段的叠合也不是完全随机的，因而实际的相关系数不可能等于零，而是在 $-1\sim1$ 之间，所以式（6-19）只是近似计算。

上述并合作用分析，还可用解析图的形式更加直观地表示，如图6-35所示为并合根数与并合效果的关系。

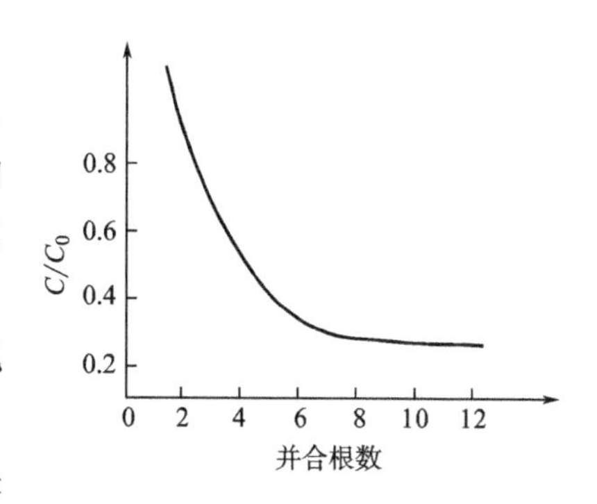

图6-35　并合数与并合效果的关系

图6-35表明：并合根数越多，并合效果越好，但是并合根数超过一定数量后，并合均匀效果改善程度就不

明显了；并合前单根纱条的不匀率越大，并合效果越好；并合前单根纱条的不匀率越小，则并合效果不显著。

3. 实际应用 在实际生产过程中确定并合根数时，除了考虑并合效果外，还要考虑工艺、操作及经济上的合理性。实际应用示例如下：

棉纺纯纺并条采用 8 根并合，而混纺则为 6 根，精梳前准备和精梳工序中，条卷的并合根数为 18~22 根，并卷数为 3~6 卷，条并卷联合为 18~22 根×3 卷；

苎麻针梳、并条常用的并合根数以 8~10 根为宜；

毛纺混条、精梳采用的并合根数多在 20 根及以下，而针梳机经常采用的并合数在 10 根以下。

此外，在前几道工序的机台上须条的不匀率较大，可以采用较多的并合根数；在后几道工序的机台上，随着条子均匀度改善和条子逐渐变细，就不宜采用过大的并合根数。

（二）并合的混合作用

并合不仅能使条子粗细达到均匀，还可以使条子中各种纤维成分、结构和色泽得到混合，且达到混合均匀的目的。例如，混条机、针梳机、并条机上的并合作用既有纱条粗细方面的均匀作用，又有成分、结构和色泽方面的混合均匀作用。

并条过程中的混合也称为纤维条混合（条混），是将两种或两种以上的混合成分分别制成一定线密度的条子，然后在并条机或针梳机上通过并合进行混合的一种方法。条混与散纤维混合（原料混合）共同构成纺纱过程中混合的主要方式。

条混主要应用于性能差异较大的纤维的混合，特别是当纤维的含杂差异较大时，为控制落率需要分别制条。例如，在棉纺纺纱系统中，当棉与涤纶、黏胶纤维等化学纤维混纺时，往往在并条机上进行条混。为了使各成分之间混合均匀、比例正确，要采用多次并合（三道混并），并且还要根据设计混纺比、喂入根数、回潮率等，计算出相应的喂入、输出定量。

混纺比、混合根数、条子干重的关系，可用下式计算：

若采用 A、B 两种条子进行混合，其干重混纺比为：

$$\frac{Y}{1-Y}=\frac{n_1 \times g_1}{n_2 \times g_2} \tag{6-20}$$

式中：Y、$1-Y$——A、B 两种条子的混纺比（干重比）；

n_1、n_2——A、B 两种条子的混合根数；

g_1、g_2——A、B 两种混条的干重定量。

同理，当 n 种原料采用条子混合时，混纺比计算式为：

$$\frac{Y_1}{n_1}:\frac{Y_2}{n_2}:\cdots:\frac{Y_i}{n_i}:\cdots:\frac{Y_n}{n_n}=g_1:g_2:\cdots:g_i:\cdots:g_n \tag{6-21}$$

式中：Y_i——第 i 种原料干混纺比，$i=1, 2, \cdots, n$；

n_i——第 i 种纤维条根数，$i=1, 2, \cdots, n$；

g_i——第 i 种原料纤维喂入条子的干定量，$i=1, 2, \cdots, n$。

根据实测的回潮率，可计算出各种条子的湿重定量，便于生产上掌握使用。

例：纺涤/棉混纺纱，混纺比为 65/35，在并条机上进行条混，如果并条机采用 6 根并合，涤/棉条子的根数为 4/2，即涤条 4 根，棉条 2 根，求两种纤维条的干重比。

解：已知 $Y=0.65$，$n_1=4$，$n_2=2$ 代入式（6-20），得 $g_1=0.929g_2$。

采用式（6-20）或式（6-21）时，一般可根据经验或要求，合理确定混合条子根数及条子干定量。

（三）并合与牵伸的关系

在纺纱过程中，并合和牵伸是同时进行的，并合可以弥补纱条的不匀，但使纱条变粗，增加了本工序及后工序的牵伸负担；牵伸可使纱条变细，但会引起纱条的附加不匀，而附加不匀又会随着牵伸倍数的增加而增加。因此，对于纱条的均匀度来说，增加并合根数，对较长片段的均匀度一般是有帮助的，然而对于纱条短片段均匀度就不一定有效。因此，并合的同时，必须考虑牵伸倍数对纱条均匀度的影响。正确运用牵伸和并合的关系，有助于获得最好的并合效果。

在纺纱过程中，可以是 n 根纱条先并合成 1 根粗（厚）纱条，然后进行牵伸；也可以是 n 根纱条分别进行牵伸，然后把输出条子集合成为 1 根纱条。两种并合后的不匀率如下。

先并合后牵伸：

$$C_1^2=\frac{C_0^2}{n}+C_E^2 \tag{6-22}$$

先分别牵伸再并合：

$$C_2^2=\frac{C_0^2+C'^2_E}{n} \tag{6-23}$$

式中：C_1、C_2——输出纱条的不匀率；

C_0——喂入纱条的不匀率；

C_E、C'_E——牵伸产生的附加不匀率；

n——并合根数。

如果 C_E 和 C'_E 大小接近，则 $C_1>C_2$。所以，以采取先分别牵伸，后集合成条为好。例如，纺纱生产中的并条机、针梳机喂入均采用多根纱条平行喂入，先分别牵伸，然后集合成条，这样有利于改善并合后纱条的均匀度。但这样就要求并合纱条的细度最好是相同的或者接近的，因为当细度差异过大的纱条同时喂入时，罗拉钳口不能很好地同时握持控制粗细差异过大的纱条。

（四）配条和配重

配条和配重是毛纺生产中常用的一种人工匀整方法。由并合原理可知，在 $r=-1$，即负相关时，并合效果最为显著。在毛纺前纺工程中，在没有采用自调匀整装置的情况下，为使生产出的产品更加均匀，常用人工的方法对喂入的毛条进行轻重搭配。

所谓配重就是在前纺机台上将轻重不同的毛条适当搭配喂入。具体做法是将喂入的毛团或毛球按重量不同（如重的、标准的、轻的）分别放置；再将重的、轻的按重量分为+1、+2、+3 和−1、−2、−3 不同程度；然后按轻的、重的搭配成标准的或接近标准的重量喂入，使生产出的毛条重量符合要求。为了进行配重，一定要有定长装置，即一台车上所绕毛团的长度必须一致，否则无法配重。配重可进行一次或二次。配重时必须折合成标准重量，以避免温湿度引起的差异。

卷绕两根毛条的毛团不宜配重，因为两根毛条之间还会出现重量不匀。此时，可采用轻重交叉喂入，这种喂入方法称为配条。

上述并合和配条、配重有一定的匀整作用，但也存在如并合根数受限等一些缺陷，所以单纯依靠增加并合作用来改善纱条的均匀度有一定的局限性，而采用在线控制的自调匀整方法更有积极的意义。

四、自调匀整

（一）自调匀整的含义与作用

1. 自调匀整的含义 一般的牵伸机构，参数都是稳态的，与喂入纱条性质的波动不相适应。如果牵伸机构的参数（牵伸倍数）不是稳态，而是波动的，且这个波动与喂入纱条的指标波动成相关关系，那么输出纱条的指标就有可能稳定在一定的水平。

自调匀整就是根据喂入或输出的半制品单位长度的重量（或粗细）差异，自动调节牵伸倍数，从而使输出的半制品单位长度的重量（或粗细）为稳定常量的在线匀整控制方法。

2. 自调匀整的作用 在纺纱过程中，纱条内存在着各种形式和各种片段的不匀，而自调匀整装置能在一定范围内消除和调节这些不匀。自调匀整的作用如图6-36所示。

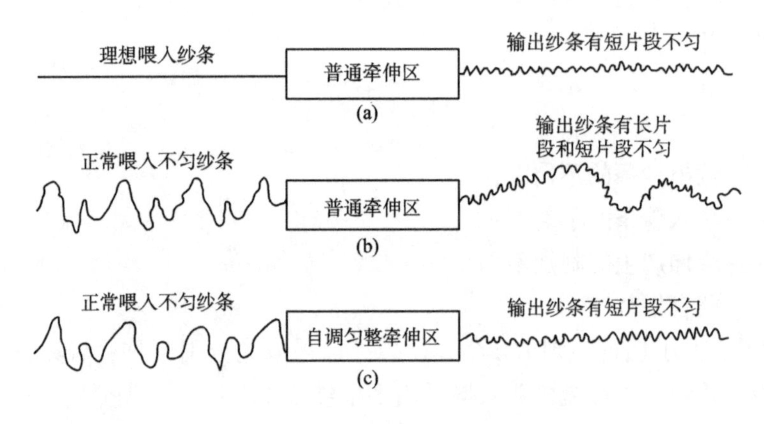

图6-36 自调匀整的作用

如图6-36（a）所示，假设一理想纱条，经过普通的牵伸区，由于牵伸装置对纤维控制的不完善，结果使输出纱条产生了附加不匀，或称牵伸不匀，表现为短片段不匀。这种不匀的性质仅仅是短片段的，图中输出纱条的均匀度代表了所能期望的最好的情况。

如图6-36（b）所示，实际上正常喂入的纱条本身就是不匀的，且不匀的片段长度是变化的。当这种不匀的纱条喂入普通牵伸区后，不匀片段的波长会随着牵伸而变得更长，加之经牵伸后又附加了短片段不匀，结果使输出纱条存在着长片段不匀和短片段不匀。

如图6-36（c）所示，如将带有不匀的正常纱条喂入自调匀整牵伸区，则自调匀整能基本消除中、长片段不匀，但经过牵伸仍然产生附加牵伸不匀，即仍然存在短片段不匀。但同图6-36（a）相比，已经基本达到喂入理想纱条的水平。显然，自调匀整具有很好的匀整作用。

比较而言，并合作用主要是改善纱条的随机不匀和在负相关（$-1 \leqslant r \leqslant 0$）情况下的不匀，但对改善正相关（$0 \leqslant r \leqslant 1$）情况下的不匀或同步不匀效果较差；并合的匀整作用是有限的，它能减少的不匀仅为喂入纱条不匀率的$\frac{1}{\sqrt{n}}$，且随着并合根数的增加，必然要增加牵伸倍数，从而又增加了牵伸不匀；同时，在喂入纱条不匀率较小时，并合效果较差，甚至可能在通过的道数过多时出现相反的效果。

而自调匀整装置在作用正确时，只要喂入纱条的不匀率在匀整范围以内，除了牵伸产生的短片段不匀以外，基本上能消除包括正相关在内的全部不匀，自调匀整装置还能在线进行连续、自动地较正和监督，使输出纱条的均匀度达到预期要求。

（二）自调匀整基本原理

1. 纱条匀整的基本方程　在罗拉牵伸系统中，单位时间内喂入半制品的重量和输出半制品的重量是相等的，且在不考虑罗拉打滑的情况下，牵伸倍数等于前、后罗拉的速度之比，或喂入、输出定量之比，即：

$$V_1G_1=V_2G_2$$

$$E=\frac{V_2}{V_1}=\frac{G_1}{G_2} \tag{6-24}$$

式中：V_1、G_1——后罗拉线速度和喂入半制品定量（单位长度的重量）；

V_2、G_2——前罗拉线速度和输出半制品定量（单位长度的重量）；

E——牵伸倍数。

如果喂入半制品的定量产生偏差ΔG，此时$G_1=G_0+\Delta G$，G_0为喂入半制品的额定定量。

由式（6-24）得：

$$\frac{G_2}{V_1}=\frac{G_1}{V_2}=\frac{G_0+\Delta G}{V_2} \tag{6-25}$$

由式（6-25）两端各乘以V_1后得：

$$G_2=\frac{G_0+\Delta G}{V_2/V_1}=\frac{G_0+\Delta G}{E} \tag{6-26}$$

在式（6-26）中，假定输出定量G_2和额定喂入定量G_0为常数，而喂入定量的增量ΔG和牵伸倍数E为变量，G_2是ΔG和E的函数。

要想使输出定量G_2保持不变，变量ΔG和E之间的关系，须满足如下等式，即：

$$E=\overline{E}\,\frac{\Delta G+G_0}{G_0} \tag{6-27}$$

式中：$\overline{E}$——额定牵伸倍数，$\overline{E}=\frac{G_0}{G_2}$，是常数。

式（6-27）称为匀整基本方程，表示牵伸倍数随喂入半制品定量变化的规律，即牵伸倍数E随着喂入定量偏差ΔG的增大而增大。由此可知，自调匀整装置的工作原理是依据喂入纱条的定量偏差，通过调节牵伸倍数的大小，使输出纱条的定量保持不变的。

匀整方程忽略了牵伸过程中的多种影响因素，其实用性也将受到一定限制。罗拉牵伸是通过改变纤维头端间的相对位移（移距）来改变纤维头端密度，以达到改变纱条线密度的目的。在目前使用的自调匀整装置中，由于检测方式不是检测纤维头端密度，而是以检测厚度（或粗细）为基础的。在纱条的某个截面上，纤维头端密度的变化和厚度的变化有一定的函数关系，除振幅不同之外，相位也有一定的差距。当不匀片段长度大于等于纤维平均长度的五倍时，振幅接近，有较好的匀整效果；而当不匀片段长度小于纤维平均长度的五倍时，匀整作用受到限制。

可见，目前使用的自调匀整装置对于匀整不同片段长度的不匀，其匀整作用是不同的，而对长片段不匀的匀整作用强，而对短片段不匀的匀整作用较差。

2. 牵伸倍数的调节方式

在现有的自调匀整装置中，有通过改变前罗拉的速度来调节牵伸的，也有通过改变后罗拉的速度来调节牵伸的。

(1) 改变前罗拉速度。根据式（6-24）可得：

$$V_2 = \frac{V_1 G_1}{G_2} = C_1 G_1 \tag{6-28}$$

由于：

$$E = \frac{G_1}{G_2}$$

所以：

$$V_2 = C_1 E G_2 = C_2 E \tag{6-29}$$

式中：C_1、C_2——常数。

从式（6-28）和式（6-29）可看出，前罗拉速度和喂入纱条定量（或粗细）及牵伸倍数间成正比，是线性关系。

(2) 改变后罗拉速度。根据式（6-24）可得：

$$V_1 = \frac{V_2 G_2}{G_1} = \frac{C_3}{G_1} \tag{6-30}$$

$$V_1 = \frac{C_3}{G_2 E} = \frac{C_4}{E} \tag{6-31}$$

式中：C_3、C_4——常数。

从式（6-30）和式（6-31）可以看出，后罗拉速度和喂入纱条定量（或粗细）及牵伸倍数间成反比关系，非线性关系，而是双曲线关系。

上面的讨论决定了自调匀整变速装置设计时应遵循的规律。如通过外形变化的铁炮（锥轮）变速机构，若前罗拉变速，铁炮的外形是直线，即采用直线铁炮；若后罗拉变速，铁炮的外形是双曲线，即采用双曲线铁炮。

(3) 两种变速方式的优缺点。从负荷看，希望调速部分的功率越小越好，以降低系统的能耗。调节后罗拉一般所需功率的变化比调节前罗拉为小，也比较容易满足系统对惯性的要求。

从提高调速精度看，前罗拉调速比后罗拉调速有利。因为前罗拉转速比后罗拉转速高，转速的误差率可降低。另外，调速部分一般是做高速运转的，这样减速齿轮系统可尽量减少，因而也减少了齿间误差。

采用前罗拉变速时，牵伸倍数与喂入纱条的重量变化呈线性关系，而后罗拉变速时，则为双曲线关系。线性关系比较容易调整。

上述对比分析只是相对的，对具体装置还需作全面的分析，才能作出正确的取舍。目前使用的自调匀整装置以采用后罗拉调速方式的较多。

（三）自调匀整装置的组成与分类

1. 自调匀整装置的组成　自调匀整装置主要由以下三大系统组成。

（1）检测系统。检测系统是在生产运转中，对喂入或输出制品重量或粗细的变化或不匀进行连续测定，并将测量信号进行转换和传送，因此，也称为自调匀整装置的传感器。检测传感器的形式主要有电容式、光电式、电磁感应式、位移传感式和气动式等。目前在自调匀整装置中使用最广泛的传感器是位移传感器。

（2）调节系统。调节系统就是匀整装置的控制电路，包括比较和放大两部分。比较部分是将检测和转换所得到的代表条子重量变化的信号，同给定标准值进行比较，只要条子重量不符合标准，比较部分即可将测得的偏差信号送给放大器进行放大。

（3）执行系统。执行系统由调速系统和变速机构组成，调速系统按放大器发出的信号，产生相应的速度，再通过变速机构把该速度与需要变速的罗拉速度相叠加，以使牵伸倍数随须条重量增减而作反比例变化，达到匀整的目的。变速执行系统的结构有多种型式，如机械式、液压机械式、电气式和机电式等。并条机自调匀整装置使用较广的有机械式和电气式等。机械式变速执行机构一般采用差速齿轮箱变速装置，并有差微机构用于速度叠加。电气式变速执行系统一般是伺服电动机调速。

此外，应用于毛纺等长纤维纺纱设备上的自调匀整装置，由于从检测点到匀整点有一定距离，且纱条速度较慢，因此，由检测所得的信号不能立即往后传送，必须等纱条从检测点到达匀整点时，才能将检测信号输出，这一作用由记忆延迟机构来完成。图6-37所示为毛纺针梳机自调匀整装置的组成。

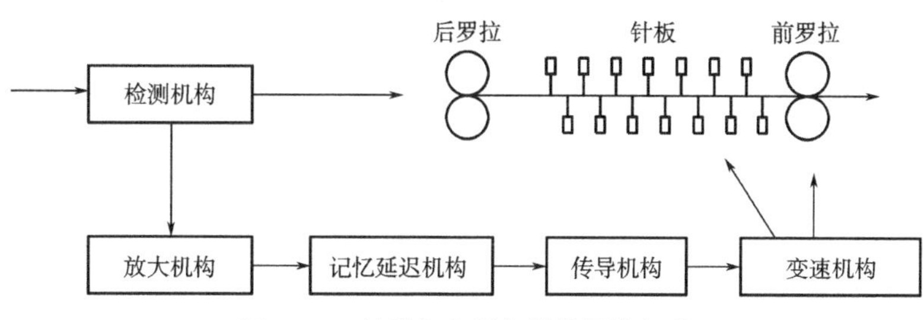

图6-37　针梳机自调匀整装置的组成

但棉纺设备普遍速度快、所纺纤维短，从检测点到匀整点的距离短，一般不用记忆延迟机构。另外，对于检测在输出部位的自调匀整装置也不需要记忆延迟机构。

2. 自调匀整装置的分类　目前使用的自调匀整装置控制系统、结构形式多种多样，但其基本原理是相同的。具体分类如下。

按控制系统可分为：开环系统、闭环系统、混合环系统。

按牵伸的调节方式可分为：后罗拉变速方式、前罗拉变速方式。

按结构形式可分为：纯机械式、纯电气式、综合式。综合式又可分为机械和电气结合式、机构和液压结合式、同位素和电气结合式、机械和电气与微机结合式等。

3. 不同控制系统的匀整特点　自调匀整装置按控制系统可分为开环、闭环和混合环三种系统，其匀整作用各具特点。

如图 6-38（a）所示，开环系统中，检测点靠近系统的输入端，而匀整（变速）点靠近输出端，整个系统的控制回路是非封闭的。其特点是根据喂入纱条的变化进行调节，因而能根据喂入的波动情况及时、有针对性地进行匀整，但匀整的片段长度较短，可改善中、短片段的均匀度，但控制系统的延时与喂入须条从检测点到变速点的时间必须配合得当，否则，将超前或滞后变速。而且，开环式只能按调节方程式调节，无法控制实际调节结果，即无法修正各环节或元件变化引起的偏差和零点漂移，缺乏自检能力。

如图 6-38（b）所示，闭环系统中，检测点靠近输出端，而匀整（变速）点靠近喂入端，即根据输出的结果来进行调节，整个系统的控制回路是封闭的。其特点是根据输出结果进行调节，故有自检能力，能修正各环节元件变化和外界干扰所引起的偏差，比开环系统稳定；但由于输出结果与喂入情况间滞后时差的存在，影响匀整的及时性和针对性，故无法进行中、短片段的匀整。

如图 6-38（c）所示，混合环系统则是开环和闭环两个系统的结合，兼有开环和闭环系统的优点，既能对长、中、短片段的不匀有匀整效果，又能修正各种因素波动所引起的偏差，调节性能较为完善，但系统复杂，成本高。

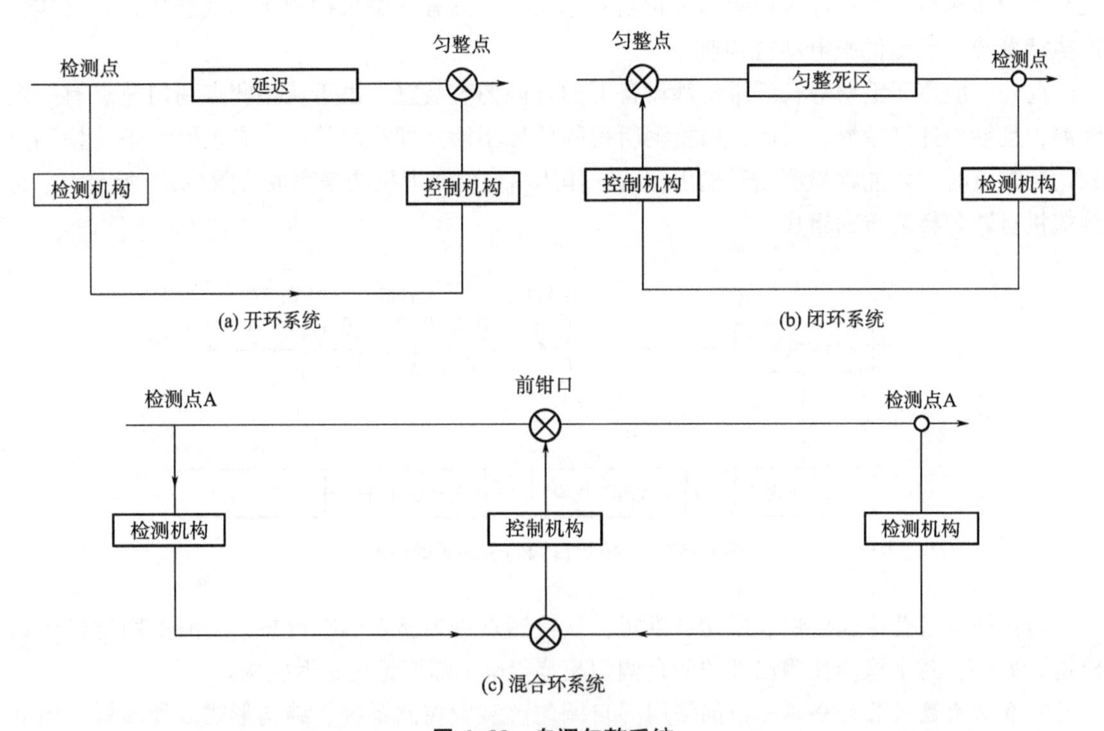

图 6-38　自调匀整系统

一般而言，中、长片段自调匀整装置采用闭环系统，而短片段自调匀整装置采用开环系统。

（四）自调匀整装置在纺纱系统中的应用

1. 梳棉机上的自调匀整装置　上述三种控制系统的自调匀整装置在梳棉机上均有应用，

根据匀整针对的片段长度又有短片段、中片段和长片段自调匀整系统。

（1）短片段自调匀整系统。短片段自调匀整系统可以是开环或闭环控制系统，制品的匀整长度为0.1~0.12m。

图6-39（a）是通过在喂入罗拉处检测喂入棉层的重量，来调节喂入罗拉的速度；图6-39（b）是在圈条前带有罗拉牵伸装置的新型梳棉机上，在棉条输出牵伸装置上方（或下方）的检测喇叭处，可检测喂入棉条的粗细，并将相应的脉冲信号传送到控制器。控制器将产生的控制信号传送至位于牵伸装置下方的匀整装置，或牵伸罗拉本身就是匀整装置，以调整牵伸罗拉的速度与棉条的粗细相适应。

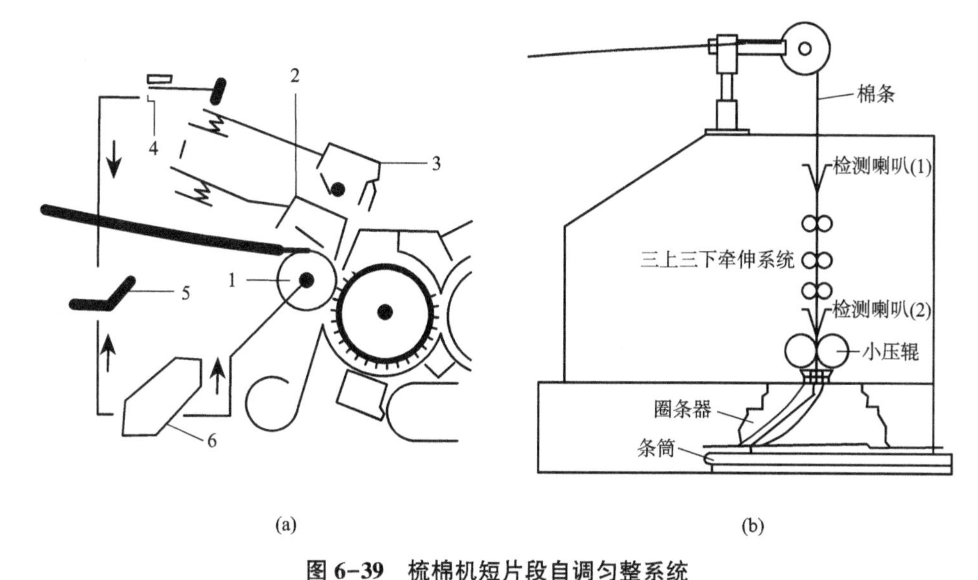

图6-39 梳棉机短片段自调匀整系统

1—给棉罗拉 2,3—给棉板 4—位移传感器 5—控制器 6—变速电动机

（2）中片段自调匀整系统。制品的匀整长度约3m。图6-40所示为一种中片段自调匀整系统。在锡林的罩板上安装有光电检测装置，用来检测锡林整个宽度上棉层的厚度变化。通过与设定值的比较，将误差信号传递给匀整机构，调整给棉罗拉速度，以保证锡林上棉层厚度为常数。

（3）长片段自调匀整系统。制品的匀整长度在20m以上，如图6-41所示。它是通过检测输出棉条的质量再反过来调节喂入的参数，以达到保证输出量恒定的目的。如图6-42（a）、（b）所示，通常在生条的输出部位，用气压检测喇叭或一对阶梯压辊（或凹凸罗拉）代替原来的大压辊，以检测输出棉条粗细，所得到的电信号送入电气控制回路（微机）去改变给棉罗拉速度，以调整给棉量。一般作用时间为10s左右，棉条能在70~100m长度内获得均匀效果。

2. 并条（针梳）机上的自调匀整装置 棉纺并条、毛纺针梳工序的主要作用之一是通过随机并合来改善前道工序条子的粗细不匀。但仅靠随机并合，其匀整效果是有限的。因此，为了进一步改善输出须条的均匀度，缩短工艺流程，国内外先进的并条（针梳）机均带有自调匀整系统，以积极地实现在线检测和在线控制，以并合和自调匀整相结合来控制熟条的重量不匀和重量偏差。

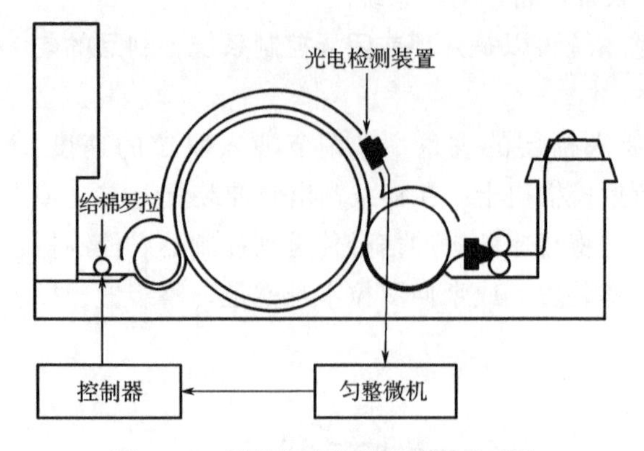

图 6-40 梳棉机中片段自调匀整系统

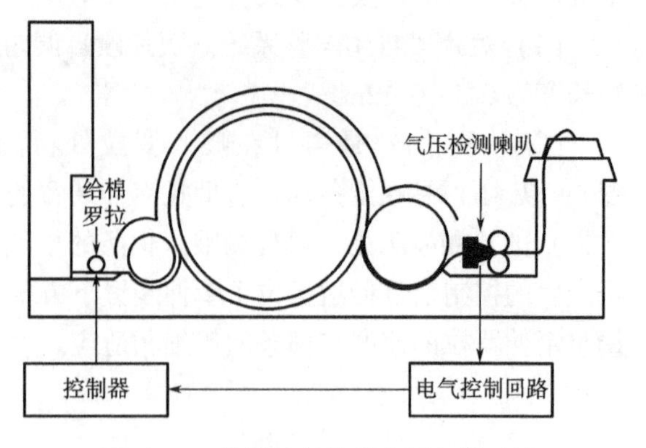

图 6-41 梳棉机长片段自调匀整系统

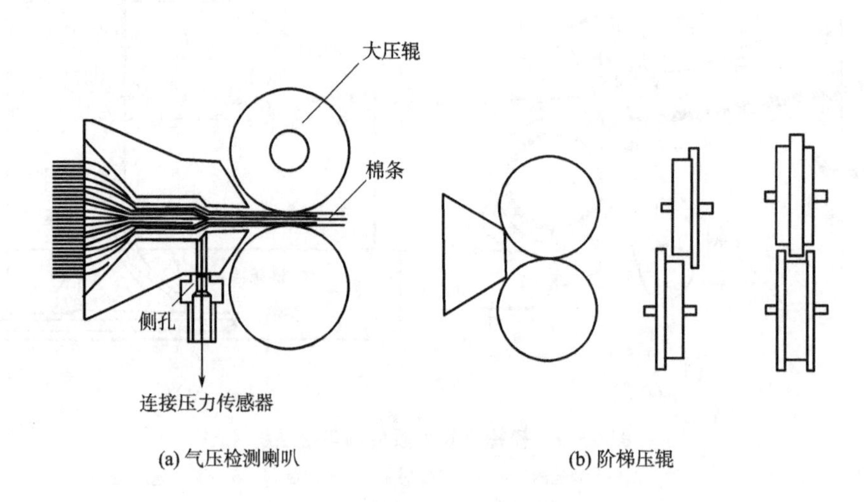

(a) 气压检测喇叭　　(b) 阶梯压辊

图 6-42 梳棉机自调匀整检测装置

由于并条机的速度很高，如采用闭环式的自调匀整系统，易产生很长的匀整死区，大大降低匀整效果，因此，并条机上一般都是采用开环式的短片段自调匀整系统，如图 6-43 所示。为了防止由于各环节参数变化或干扰引起的条子定量偏差，一般先进的系统都在前罗拉之后加装监测装置，如图 6-43 中与重量感测器（输出）10 联接的喇叭头，当条子定量偏差超标或 *CV* 值过大，就报警或停车。

该系统由远离后罗拉的喂入部分的凸凹罗拉检测，连续测量喂入条子粗细，凸凹罗拉产生位移时，通过位移传感器变换成电流信号反馈至微机，与标准设计值对比后指令伺服无电刷直流电动机，结合差动轮系装置调节前区牵伸，后区牵伸保持恒定不变。同时，在并条机输出端装有检测喇叭头，在线检测匀整效果，信息再反馈传递至微机，并在显示屏上以数字及图表方式显示条子质量数据（但不起调节作用）。在线检测的喇叭头还能不断核对出条定量和实际条干不匀率。如果超出已设定的警报界限时，并条机自动停车，同时相应的信号灯发出警报信号。

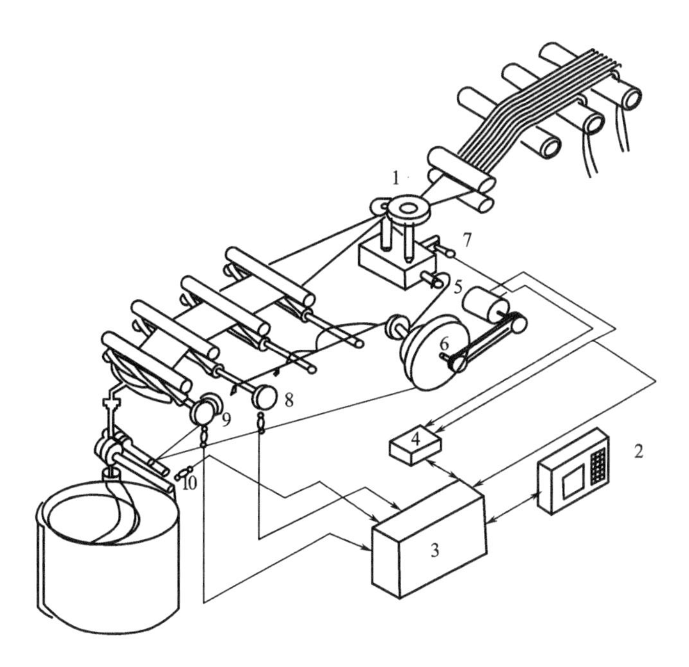

图 6-43　并条机自调匀整控制系统

1—凸凹罗拉　2—控制监视盘　3—主控制器　4—伺服驱动器　5—伺服电动机　6—差动齿轮箱　7—重量感测器（喂入）　8—速度感测器（第二罗拉）　9—速度感测器（第一罗拉）　10—重量感测器（输出）

讨论专题四：牵伸经典理论在纺纱技术中的应用

思考题

1. 实现罗拉牵伸的条件有哪些?
2. 解释概念：张力牵伸、位移牵伸、牵伸倍数、牵伸效率、部分牵伸倍数与总牵伸倍数。
3. 什么是摩擦力界及影响摩擦力界的因素有哪些?
4. 控制力、引导力的概念及其如何影响牵伸区浮游纤维的运动?
5. 牵伸力和握持力的概念及其影响因素？对牵伸力和握持力的要求是什么?
6. 请推导实际牵伸过程中的移距偏差，分析移距偏差如何影响须条不匀。
7. 影响纤维变速点分布的因素有哪些?
8. 附加摩擦力界装置有哪些？在牵伸工艺中是如何应用的?
9. 牵伸过程中纤维平行伸直的条件是什么?
10. 罗拉牵伸如何影响弯钩纤维的伸直效果?
11. 什么是奇数法则?
12. 对纱条不匀进行分类，并分析影响纱条不匀的因素。
13. 并合的均匀混合作用。
14. 解释自调匀整的含义并推导匀整基本方程。
15. 对比分析开环系统、闭环系统、混合环系统自调匀整的优缺点。

第七章　加捻

本章知识点：

1. 加捻的目的、要求。
2. 捻回、捻回角、捻度、捻系数和捻幅的含义。
3. 捻回的传递、捻陷与阻捻。
4. 加捻的实质、真捻的形成过程及稳定捻度；假捻的形成过程及假捻效应。
5. 加捻原理在粗纱成形中的应用。
6. 加捻原理在环锭细纱成形中的应用。
7. 股线加捻方式及加捻过程。

第一节　概述

一、加捻的目的与要求

（一）加捻的目的

加捻是纺纱工程中最重要的过程。通过加捻作用，可实现下列目的。

1. 使纤维集合体集聚成纱线　加捻的对象为纤维集合体，其种类很多，可以是松散的纤维须条，也可以是单纱或者单丝。通过加捻作用：松散的纤维须条捻合成单纱；长丝束捻合成有捻丝；两根或两根以上的单纱或有捻丝捻合成股线。

2. 使纱线获得一定的物理机械性质　纱线的物理机械性质包括纱线强力、弹性和伸长等。加捻作用使各种纱线中的纤维沿长度方向获得摩擦力，从而增加纤维之间的抱合力，使纱线强度增大，达到所需的要求。此外，加捻也会使纱线的手感变硬，弹性下降，缩率增加等。

3. 使纱线呈现不同的外观结构　加捻方法不同，纱线中纤维的排列方式也不同；将长丝或短纤维包捆在主体纤维上或用黏合剂捻合，可形成具有特殊风格的纱线；将不同品种、不同色泽或不同喂入速度的单纱进行捻合，可形成具有特殊外观的花式线；将不同喂入速度的长丝束缠结交络或使其外观卷曲打圈，可加工出变形纱线。总之，加捻可使纱线获得一定的结构形态，甚至是引起外观的明显不同。

4. 使纺纱过程得以顺利进行　加捻有时还用在须条加工过程中的某一时间或某一区域，使须条获得暂时捻度，有助于工艺过程的顺利进行，如粗纱的加捻。

（二）加捻的要求

对加捻的工艺要求应充分考虑保证质量、增加品种和提高劳动生产效率等三个方面。

1. 加捻程度适中　加捻是短纤维集聚成纱线的必要手段，通过加捻使纱线获得必要的强度，可满足后续产品的使用要求。但是，加捻对纱线乃至织物的物理机械性质都有影响。因此，在满足纱线强度的前提下，加捻程度应适中，使成纱的强度、伸长、弹性、柔性、光泽和手感等综合性能最佳。

2. 加捻方法恰当 随着新型加捻成纱方法的不断应用，纱线的结构更加复杂，外观形态更加多样化。因此，加捻方法的选择要恰当，需充分考虑最终产品的用途、纺纱设备类型等因素。

3. 生产效率提高 生产效率与须条输出线速度有关。单位时间内须条输出线速度高，则生产效率也高。加捻程度要求高，往往造成纺纱速度下降。因此，在保证加捻制品的物理机械性质和外观结构满足要求的前提下，应合理设计纱条制品的加捻程度，以尽可能地提高生产效率。

二、纺纱系统中的加捻

加捻是纺纱过程必不可少的主要作用之一。在各种纺纱系统的粗纱、细纱、捻线等工序中有加捻。其中，细纱的加捻要满足最终成纱的要求，粗纱的加捻是为使纺纱过程顺利，而捻线是对成纱再进行加捻。另外，在纺纱和制线过程中采用特种原料、特种设备或特种工艺对纤维或纱线进行加捻，还可以得到具有特种结构和外观效应的一类装饰纱线，即花式纱线。可见，加捻作用在特定的纺纱系统中也会有延伸。

第二节 加捻的基本过程

一、捻回的形成与捻回角

图 7-1（a）为加捻后纱条中纤维的排列状态。为便于分析，假设加捻后的纱条近似圆柱体，如图 7-1（b）所示，AB 为加捻前基本平行于纱条轴线的表层纤维，当 O 端被握持，O' 端矢向回转，则纤维 AB 形成螺旋线转到 AB'的位置时：在截面 O'上便产生$\angle BO'B'$，称为角位移，以 θ 来表示；而螺旋线 AB'绕着纱条轴线转过角 β，称为捻回角。当角位移 $\theta=360°$时，须条绕自身轴线回转一周，则纤维的 B 端回到 B''处，此时螺旋线 AB''构成了纱条上的一个捻回，如图 7-1（c）所示。

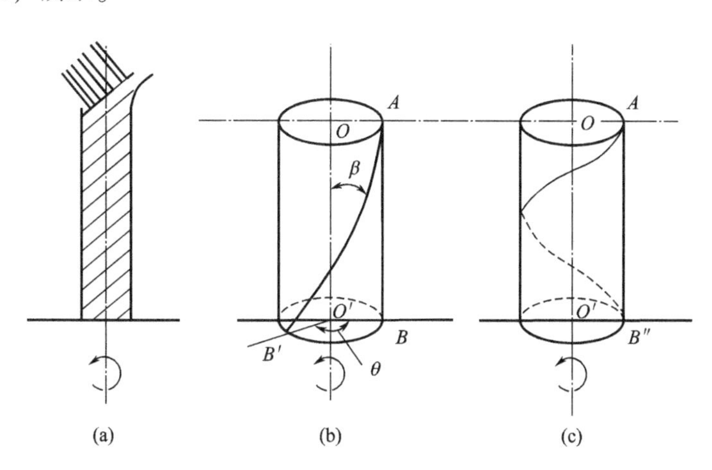

图 7-1 捻回与捻回角

二、捻度与捻向

（一）捻度

单位长度纱条上的捻回数称为捻度。如图 7-2 所示，AB 段纱条的捻度以 T_t 来表示，假设 AB 段的捻回为 T，长度为 L，则有 $T_t=T/L$。

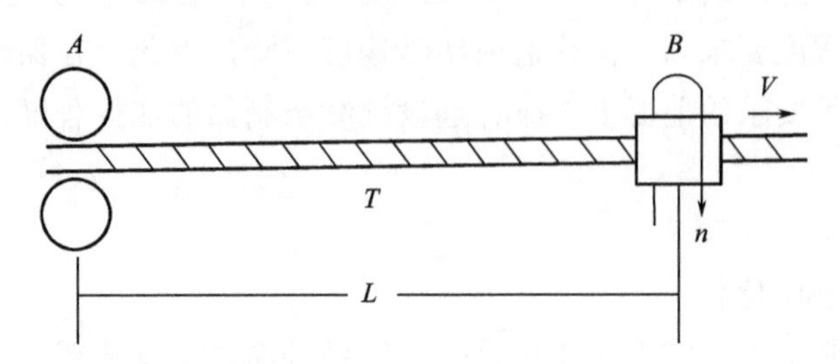

图 7-2　纱条上的捻度

假设纱条以速度 V 从 A 点向 B 点运动，B 点处有一加捻器，以转速 n 回转，则 AB 段纱条的捻度也可以用式（7-1）来表示。

$$T_t=\frac{n}{V} \tag{7-1}$$

当采用特克斯制时，捻度 T_t 表示每 10cm 长度纱条的捻回数（捻回数/10cm）；当采用公制支数制时，捻度 T_m 表示每米长度纱条的捻回数（捻回数/m）；当采用英制支数制时，捻度 T_e 表示每英寸长度纱条的捻回数（捻回数/英寸）。我国棉型纱线采用特克斯制，精梳毛纱和化纤长丝采用公制支数制。它们间的换算关系为：$T_e=0.254T_t=0.0254T_m$。

（二）捻向

螺旋线的倾斜方向称为捻向，由加捻点回转角位移方向决定，分为 Z 捻和 S 捻。如图 7-3 所示，加捻点回转的单位矢量根据加捻器回转方向用右手法则表示。加捻点矢量方向指向握持点，捻向为负值，称为 S 捻或左捻［图 7-3（a）］，螺旋线的倾斜方向从右下角倾向左上角，倾斜方向与字母 S 的中段倾斜方向相同。加捻点矢量方向离开握持点，捻向为正

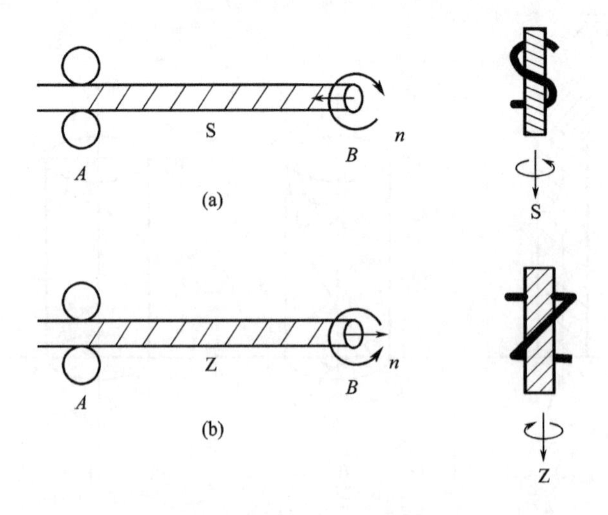

图 7-3　纱线的捻向

值，称为Z捻或右捻［图7-3（b）］，螺旋线的倾斜方向从左下角倾向右上角，倾斜方向与字母Z的中段倾斜方向相同。单股线的捻向以ZS或SZ表示，两次合股的股线捻向以ZZS、ZSZ或SZS表示，第一个字母表示单纱捻向，第二个字母表示初捻线捻向，第三个字母表示复捻线捻向。一般单纱采用Z捻，股线采用S捻。就单纱而言，捻向与成纱的力学性质无关，但对织物的光泽、纹路以及手感影响较大。

三、捻回的传递、捻陷与阻捻

（一）捻回的传递

在实际生产中可以观察到，纱条加捻时，靠近加捻点的瞬时捻回数较多，远离加捻点的瞬时捻回数较少。如图7-4所示，A为纱条喂入点，纱条以速度V自A向C运动，C为加捻点。加捻时，C以转速n绕纱条自身回转，因纱条为非杆件的松散介质，则纱条AC上各截面的加捻扭矩随离加捻点的距离增加而减小。因此，加捻过程中，纱条上的瞬时捻回数靠近C处较多，靠近A处较少，说明捻回是由C向A传递的，这种现象称为捻回的传递。实验证明，捻回的传递方向总是与纱条的运动方向相反，且总是由纱条的加捻点传向纱条的喂入点。

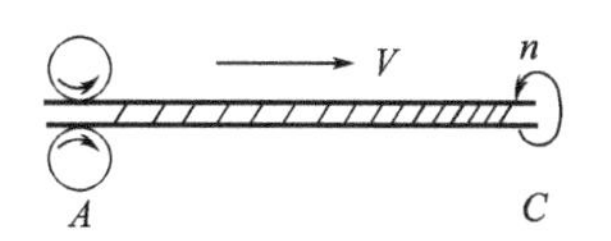

图7-4 纱条加捻瞬时捻度分布

（二）捻陷

若在图7-4中须条的喂入点A与加捻点C之间在B点有一机件与纱条接触，如图7-5所示，则在捻回沿着C点向A点传递的过程中，由于B点处存在对纱条的摩擦阻力，在一定程度上阻止了捻回自C向A的正常传递，结果使$T_1<T_2$，B点的阻力越大，AB段的捻回越少，

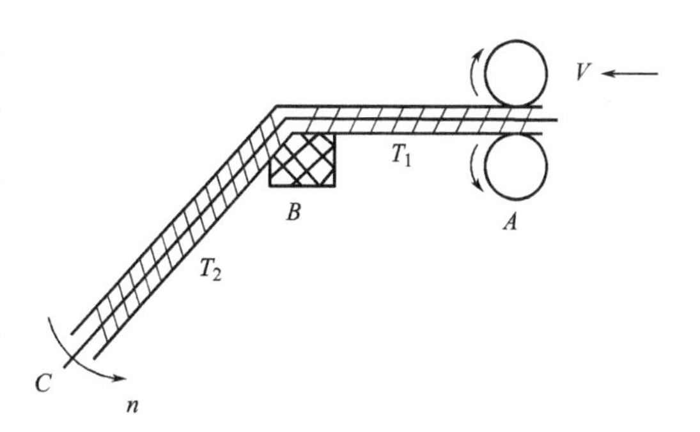

图7-5 捻陷现象

这种现象称为捻陷，B为捻陷点。设ε为捻陷程度，η为捻回传递效率，则$\varepsilon=\frac{T_2-T_1}{T_2}$，$\eta=\frac{T_1}{T_2}=1-\varepsilon$。$\varepsilon$越大，阻止捻回的传递越严重；$\eta$越大，对捻回的传递越有利。

由此，AB段获得的捻回为由C加给的$n\eta$，输出的捻回为T_1V，则$n\eta=T_1V$，得：

$$T_1=\frac{n}{V}\eta \tag{7-2}$$

BC段获得的捻回为由C加给的$n(1-\eta)$和由AB段经B带来的T_1V之和，输出的捻回为T_2V，则$n(1-\eta)+T_1V=T_2V$，因$T_1V=n\eta$，则：

$$T_2=\frac{n}{V} \tag{7-3}$$

因$\eta<1$，则比较式（7-2）和式（7-3）可知：$T_2>T_1$，即捻陷使进入捻陷点之前的一段纱条上的捻度减少；捻陷对输出的成纱最终捻度无影响。

（三）阻捻

在实际生产中还可发现，纱条上的捻回随纱条输出时将会发生滞留的情况。如图 7-6 所示，加捻点 C 与输出点 D 之间在 B 点存在一机件，当纱条自 C 向 D 运动时，纱条上的捻回没有完全随纱条经 B 输出，一定程度上被 B 阻止而滞留在 BC 段内，即 $T_1>T_2$，B 点的阻力越大，BD 段的捻回越少，这种现象称为阻捻，B 为阻捻点。设 λ 为阻捻系数，则 $\lambda=\frac{T_2}{T_1}$，$\lambda<1$。λ 越大，捻回的滞留越少，即随纱条带出阻捻点的捻回越多。

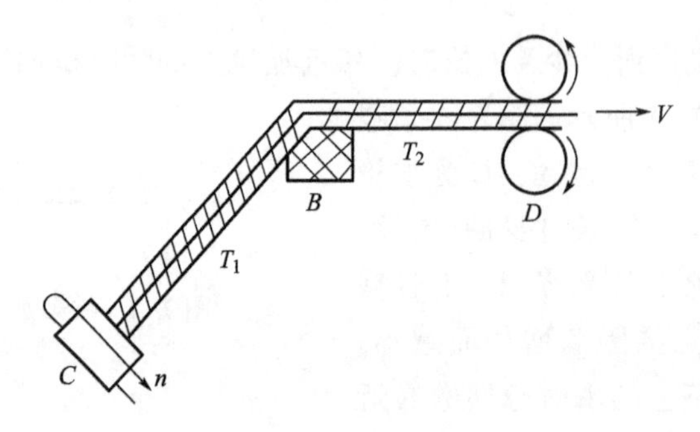

图 7-6 阻捻现象

由此，BC 段的捻回为由 C 加给的 n，因受 B 处阻捻影响，经 B 带出的捻回为 λT_1V，则 $n=\lambda T_1V$，得：

$$T_1=\frac{n}{V\lambda} \tag{7-4}$$

BD 段的捻回为由 BC 段带来的 λT_1V，经 D 输出的捻回为 T_2V，则 $\lambda T_1V=T_2V$，得：

$$T_2=\frac{n}{V} \tag{7-5}$$

因 $\lambda<1$，则比较式（7-4）和式（7-5）可知：$T_1>T_2$，即阻捻使输出阻捻点之前的一段纱条上的捻度增加；阻捻对输出的成纱最终捻度无影响。

第三节　加捻作用的基本原理

一、加捻的实质

取纱条中一小段纤维 l 进行分析。如图 7-7 所示，设 ϕ 为 l 对纱条的包围角，当纱条受轴向拉伸时，如不计 l 段产生的摩擦力，则 l 两端存在张力 t。令 q 为两端张力 t 在纱条 l 中央法线方向的投影之和，即 $q=2t\sin\frac{\phi}{2}$，q 为纤维 l 对纱条的向心压力。当 ϕ 很小时，$\sin\frac{\phi}{2}=\frac{\phi}{2}$，则：

$$q=t\phi \tag{7-6}$$

可见，当 l 对纱条存在包围角时，纤维产生向心压力，包围角越大，向心压力越大。由

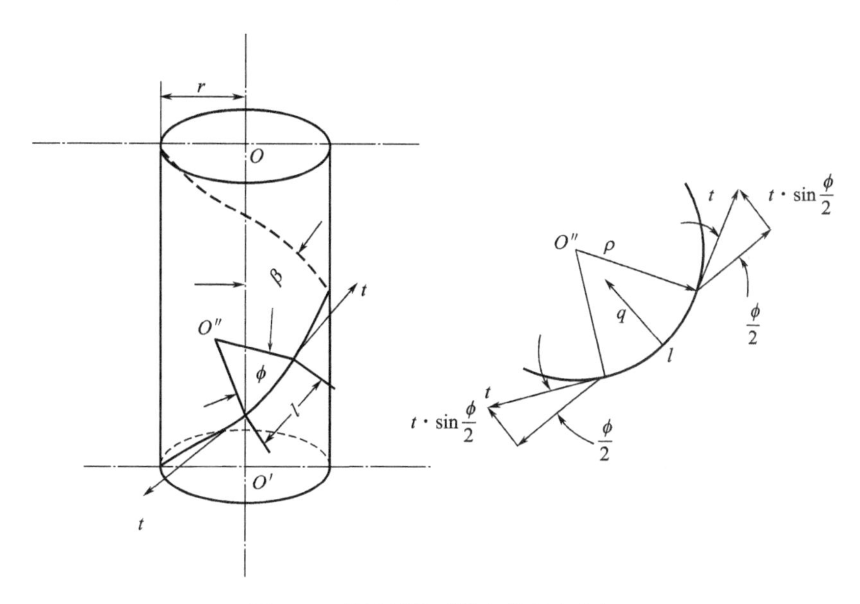

图 7-7　外层纤维对纱心的压力分解

于向心压力的存在，外层纤维向内层挤压，增加了纱条中纤维的紧密程度，提高了纱条中纤维间的摩擦力，从而改变了纱条的结构形态及其物理机械性质，这就是加捻的实质。

向心压力 q 反映了加捻程度的大小，包围角 ϕ 增加，加捻程度增加。在图 7-7 中，r 为纱条半径，β 为捻回角，ρ 为螺旋线的曲率半径，则 $\phi=l/\rho$。因为 $\rho=r/\sin^2\beta$，$\sin\beta=r\theta/l$，所以有 $\phi=\theta\sin\beta$。代入式（7-6）得到向心压力与捻回角的关系为：

$$q=t\theta\sin\beta \tag{7-7}$$

式中，t 和 θ 可视作常量，因 $0<\beta<\pi/2$，故 q 与 β 成正比。可见，捻回角的大小能够代表纱线加捻程度的大小，它对成纱的结构形态和物理机械性质起着重要的作用。因此，在生产工艺上，对纱条的加捻分析，一般不用包围角而用捻回角。

二、真捻加捻

（一）真捻的形成条件

当须条一端被握持，另一端绕自身轴线回转时，须条的外层纤维便产生倾斜的螺旋线捻回，这是形成真捻的基本条件。外层纤维的螺旋线倾斜方向在纱条全长上和整个加捻过程中保持一致，这是纱条上存在真捻的基本特征。

（二）获得真捻的方法

纱条上获得真捻的方法，一般有以下三种情况。

1. 非自由端加捻

（1）间歇式真捻成纱。如图 7-8（a）所示，A 为须条喂入点，B 为加捻点并以转速 n 矢向回转，则 AB 段纱条便产生倾斜螺旋线捻回，AB 段获得的捻度 $T=\dfrac{nt}{L}$，式中 L 为喂入点至加捻点的距离，t 为加捻时间。这种方法主要应用于手摇纺纱和走锭纺纱系统，加捻时不卷绕，卷绕时不加捻，属于间隙式的真捻成纱方法，生产效率低。

（2）连续式真捻成纱。如图 7-8（b）所示，A、B、C 分别为喂入点、加捻点和卷绕点，纱条以速度 V 自 A 向 C 运动，A、C 在同一轴线上，B、C 同向但不同速回转，当 B 以转速 n 矢向绕 C 回转时，则 AB 段纱条上便产生倾斜螺旋线捻回，AB 段获得的捻度 $T_1=\frac{n}{V}$。由于 B 和 C 在同一平面内同向回转，其转速差只起卷绕作用，BC 段的纱条只绕 AC 公转，不绕本身轴线自转，没有获得捻回，故由 C 点卷绕的成纱捻度 T_2 等于由 AB 段输出的捻度 T_1，即 $T_2=T_1=\frac{n}{V}$。在这种加捻方式中，加捻和卷绕是同时进行的，可进行连续纺纱，又因在喂入点 A 至加捻点 B 的须条没有断开，属于连续式的非自由端真捻成纱方法，生产效率高，主要应用于翼锭纺纱和环锭纺纱系统。

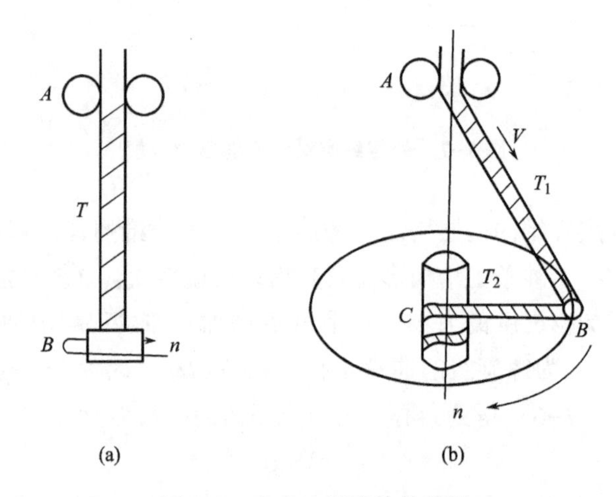

图 7-8 非自由端真捻的获得

2. 自由端加捻 如图 7-9 所示，A、B、C 分别为喂入点、加捻点和卷绕点，A 点和 B 点之间的须条是断开的，B 端一侧的纱尾呈自由状态，当 B 以转速 n 矢向回转时，B 端一侧呈自由状态的须条在理论上也随 n 回转，没有加上捻回，只在 BC 段的纱条上产生倾斜螺旋线捻回，BC 段获得的捻度 $T=\frac{n}{V}$，即为成纱捻度。在这种加捻方式中，卷绕时也不需停止加捻，只要保证在 B 的一侧不断喂入呈自由状态的须条或纤维流就能连续纺纱，属于连续式的自由端真捻成纱方法，生产效率更高，主要应用于转杯纺纱、无芯摩擦纺纱、涡流纺纱和静电纺

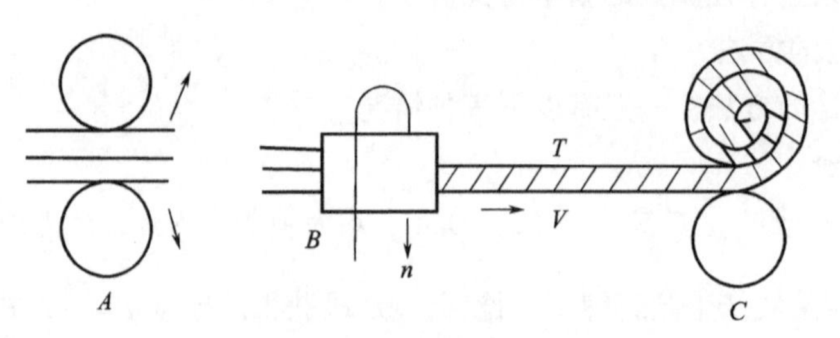

图 7-9 自由端真捻的获得

纱等纺纱系统。该部分内容将在第九章进行详细介绍。

（三）稳定捻度的形成

如图 7-10 所示，A 为喂入点，须条以速度 V 自 A 向 B 运动，B 为加捻点，并以转速 n 矢向回转，A 与 B 间的距离为 L。假设 T 表示加捻过程中任一时刻 t 时 AB 段的捻度，经时间 $\mathrm{d}t$ 后的捻度增量为 $\mathrm{d}T$，则 AB 段在 $t+\mathrm{d}t$ 时间内获得的捻回为（$T+\mathrm{d}T$）L。由于 B 的回转和须条的运动，经 $\mathrm{d}t$ 后，AB 段保存的捻回为 $TL+n\mathrm{d}t-(T+\mathrm{d}T)V\mathrm{d}t$，其中第一项是假设在时刻 t 时的捻回，第二项是经 $\mathrm{d}t$ 时间后由 B 为 AB 段加上的捻回，第三项是同一时间内由 B 输出纱条长度为 $V\mathrm{d}t$ 时带出的捻回。根据捻回不灭原则，在 $t+\mathrm{d}t$ 时间内纱条 AB 段获得的捻回必然和经 $\mathrm{d}t$ 后纱条 AB 段保存的捻回相等，即（$T+\mathrm{d}T$）$L=TL+n\mathrm{d}t-(T+\mathrm{d}T)V\mathrm{d}t$，化简并略去二阶微量，得：

$$\mathrm{d}t=\frac{L}{n-VT}\mathrm{d}T$$

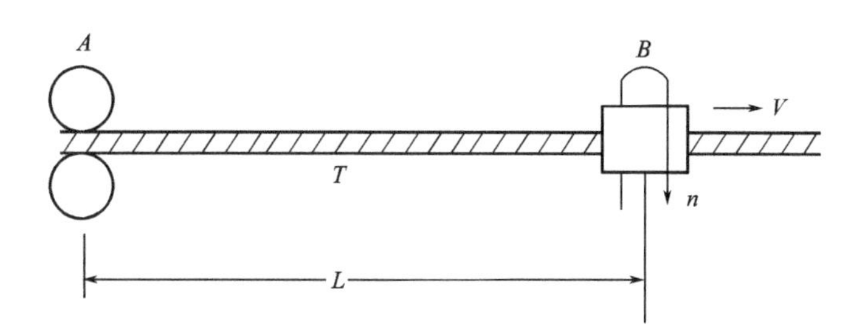

图 7-10　稳定捻度形成过程

积分后，得：

$$t=-\frac{L}{V}\ln\left(\frac{n-VT}{L}\right)+C$$

取初始条件：$t=0$，$T=0$，则 $C=\frac{L}{V}\ln\frac{n}{L}$，代入上式，得：

$$T=\frac{n}{V}\left(1-\mathrm{e}^{\frac{-Vt}{L}}\right) \tag{7-8}$$

式（7-8）为纱条在加捻过程中 t 时刻的捻度表达式，它是加捻时间和加捻区长度的函数，称为瞬时捻度。当 $t\to\infty$，则式（7-8）变为：

$$T=n/V \tag{7-9}$$

式（7-9）是在稳定状态下获得的纱条最终捻度，它与加捻时间和加捻区的长度无关，称为稳定捻度。根据式（7-9）可知，稳定捻度可定义为：加捻器单位时间内加给纱条某区段的捻回数等于同一时间内自该区带出的捻回数，通常称此为稳定捻度定理。根据这个定理，可以求得图 7-10 中的捻回为 TV，则 $n=TV$，得：

$$T=\frac{n}{V} \tag{7-10}$$

式（7-9）和式（7-10）的结果相同。

在实际生产中，纱条上所存在的瞬时捻度时间很短，然后即达到稳定捻度，因此，纺纱加工过程中的捻度均以稳定捻度进行计算与分析。

三、假捻加捻

（一）静态假捻的形成过程

如图 7-11 所示，须条两端分别被 A 和 C 握持固定，若在中间 B 处施加外力，使须条按转速 n 绕自身轴线回转，则 B 的两侧产生大小相等、方向相反的扭矩 M_1 和 M_2，B 的两侧获得数量相等、捻向相反的捻回，一旦外力除去，在一定的张力下，两侧的捻回便相互抵消，这种暂时存在于 B 点两侧的反向捻回称为假捻，B 为假捻器。可见，形成假捻的基本条件是纱条两端握持，中间加捻。假捻的基本特征是假捻器两侧纱条上存在数量相等、捻向相反的捻回。

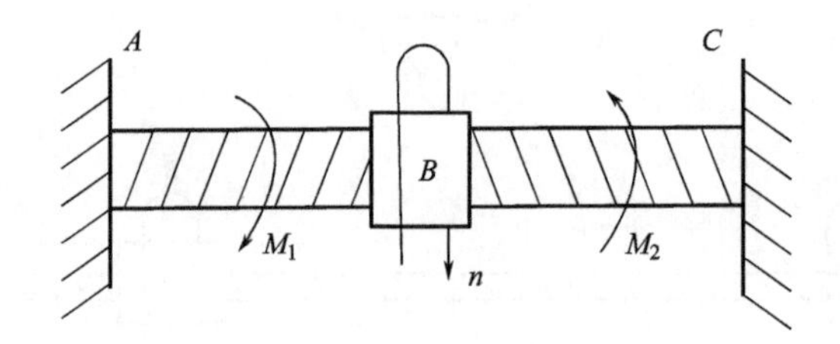

图 7-11 静态假捻的形成

（二）动态假捻的形成过程

如图 7-12 所示，纱条自左向右以速度 V 运动，AC 和 AD 为加捻区，中间有 1~2 个假捻器，且假捻器以转速 n、n' 矢向回转。

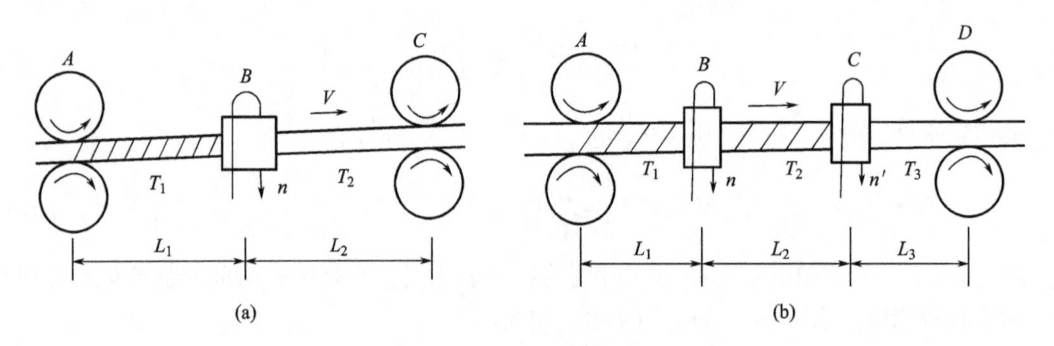

图 7-12 动态假捻的形成

设：L_1、L_2 和 L_3 分别表示 AB 段、BC 段和 CD 段纱条的长度，T_1、T_2 和 T_3 分别表示 AB 段、BC 段和 CD 段纱条的捻度，令 T_1 为正，则有以下关系。

1. 加捻区有一个假捻器［图 7-12（a）］ AB 段捻回变化：单位时间内，由 B 加给 AB 的捻回为 n，同一时间内，自 AB 段经 B 带出的捻回为 T_1V。根据稳定捻度定理，则 $n = T_1V$，得：

$$T_1 = \frac{n}{V} \tag{7-11}$$

BC 段捻回变化：单位时间内，由 B 加给 BC 段的捻回为 $-n$，同一时间内，由 AB 段带入 BC 段的捻回为 T_1V，自 BC 段经 C 带出的捻回为 T_2V。根据稳定捻度定理，则 $-n+T_1V=T_2V$，得：

$$T_2=-\frac{n}{V}+T_1=-T_1+T_1=0 \tag{7-12}$$

根据式（7-11）和式（7-12），得 BC 段的捻度为 0。

2. 加捻区有两个假捻器［图 7-12（b）］ AB 段捻回变化：单位时间内，由 B 加给 AB 段的捻回为 n，同一时间内，自 AB 段经 B 带出的捻回为 T_1V。根据稳定捻度定理，则 $n=T_1V$，得：

$$T_1=\frac{n}{V} \tag{7-13}$$

BC 段捻回变化：单位时间内，由 B 加给 BC 段的捻回为 $-n$，同一时间内，由 AB 段带入 BC 段的捻回为 T_1V，由 C 加给 BC 段的捻回为 n'，自 BC 段经 C 带出的捻回为 T_2V。根据稳定捻度定理，则 $-n+T_1V+n'=T_2V$，得：

$$T_2=T_1+\frac{n'}{V}-\frac{n}{V}=\frac{n'}{V} \tag{7-14}$$

CD 段捻回变化：单位时间内，由 C 加给 CD 段的捻回为 $-n'$，同一时间内，BC 段带入 CD 段的捻回为 T_2V，自 CD 段经 D 带出的捻回为 T_3V。根据稳定捻度定理，则 $-n'+T_2V=T_3V$，得：

$$T_3=\frac{T_2V}{V}-\frac{n'}{V}=T_2-T_2=0 \tag{7-15}$$

式（7-13）、式（7-14）和式（7-15）分别为纱条 AB 段、BC 段和 CD 段的稳定捻度。

由上述分析可类推，在稳定状态下，不管中间假捻器有多少个，仅起到假捻的作用，输出的纱条上不会获得捻度。

（三）假捻效应

如前所述，在稳定状态下，假捻器的纱条喂入端存在稳定捻度，其值等于该假捻器在单位时间内加给该段纱条的捻回数与纱条运动速度之比，通常称这个稳定捻度值为假捻器给纱条喂入端的假捻效应。但应指出，推导稳定捻度时，假设 B 点处的假捻器对纱条呈积极握持状态。当假捻器对纱条呈积极握持状态时，式中的 n 等于假捻器的转速；当假捻器对纱条呈消极握持状态时，式中的 n 仅指假捻器加给纱条喂入端的实际捻回数。例如，转杯纺纱机的阻捻盘和粗纱机的锭翼顶孔的边缘对纱条所起的假捻作用均为消极握持。在实际生产中大多属于这种情况。

在图 7-13 中，A 为须条喂入点，B 点安装有对纱条呈消极握持状态的中间假捻器，C 点安装有以转速 n 回转的纱条输出端的加捻器，B 点处的假捻器单位时间内给 AB 段加上捻回 n'（和 n 同向），给 BC 段加上捻回 $-n'$。因 B 处为假捻器，则 B 点可视作捻陷点，阻止 C 处产生的捻回向 A 点传递，则 C 通过 B 传给 AB 的捻回为 $n\eta$，BC 段的捻回为 $n(1-\eta)$。根据稳定捻度定理，可得各段纱条的稳定捻度如下。

AB 段：

$$n\eta+n'=T_1V$$

$$T_1=\frac{n\eta+n'}{V} \tag{7-16}$$

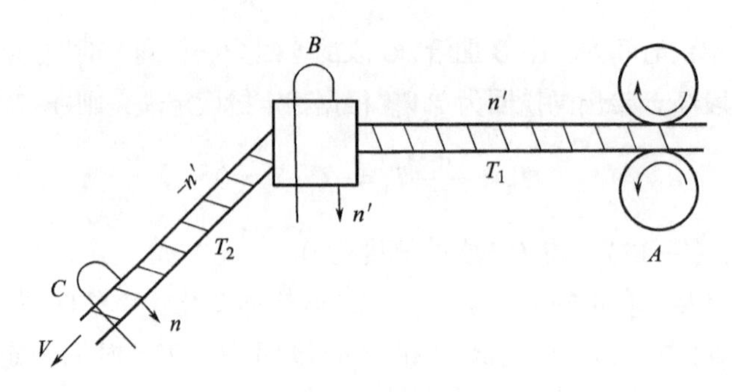

图 7-13 假捻效应

BC 段： $$n(1-\eta)-n'+T_1V=T_2V$$

$$T_2=\frac{n}{V} \tag{7-17}$$

由式（7-16）可知，当中间假捻器对纱条呈消极握持状态时，则假捻器喂入端纱条上的稳定捻度等于该假捻器在单位时间内加给纱条的捻回与通过此假捻器传递给纱条的捻回之和与纱条运动速度之比。其中，$\frac{n}{V}\eta$ 是加捻器 C 施加的，因受 B 的捻陷影响，捻度损失为 $\frac{n}{V}(1-\eta)$，使 AB 段纱条形成弱捻；$\frac{n'}{V}$是由假捻器 B 的假捻效应引起的，属于附加捻度，从而使喂入端纱条的强力增加。由式（7-17）可知，加捻区内的中间假捻器虽然对纱条既起假捻作用又起捻陷作用，但对输出纱条的最终捻度没有影响。

第四节 加捻程度的度量

根据对纱条加捻实质的分析可知，捻回角 β 能直观地反映加捻程度，但是其实际测量需要用显微镜，不方便且耗时，一般在求几何变形和力的关系中应用。在生产实践中则用宏观物理量来度量纱条的加捻程度，这些物理量包括捻度、捻系数和捻幅，其中，捻度和捻系数用来衡量单纱的加捻程度，而捻幅主要用于衡量具有较大截面积的股线的加捻程度，且常在讨论纱线捻度与股线物理机械性质的关系时使用。

一、单纱

（一）相同线密度纱线

如图 7-14 所示，截取同样长度的 A、B 两段纱条。为方便分析，将 A、B 两段纱条重叠在一起，设 A、B 两段纱条的线密度相同，即 $r_A=r_B$。由图可知，$\beta_A>\beta_B$，故 A 纱条比 B 纱条的加捻程度大。从图中又知，在相同长度内，A 纱条有两个捻回，B 纱条有一个捻回，同样表明 A 纱条比 B 纱条的加捻程度大。可见，捻度不仅可以用来度量单纱的加捻程度，又可对线密度相同的单纱加捻程度进行对比。一般来讲，单位长度捻回数越多，捻度越大，纱线的加捻程度越大。

（二）不同线密度纱线

如图 7-15 所示，截取同样长度的 A、C 两段纱条，二者线密度不同，假设 $r_A>r_C$，由图可知，$\beta_A>\beta_C$，即粗的纱条加捻程度大，细的纱条加捻程度小。但是从捻度的结果来看，A、C 两段纱条都有两个捻回，即捻度相同。可见，两根捻度相同、粗细不同的纱条，它们的加捻程度并不相同，纱的结构、物理机械性质也不一样。因此，对于线密度不同的单纱，不能用捻度直接来对比衡量纱线的加捻程度。

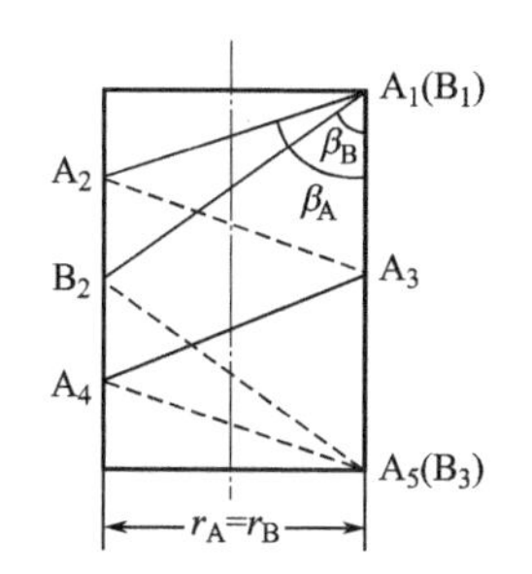

图 7-14　相同线密度纱条的加捻

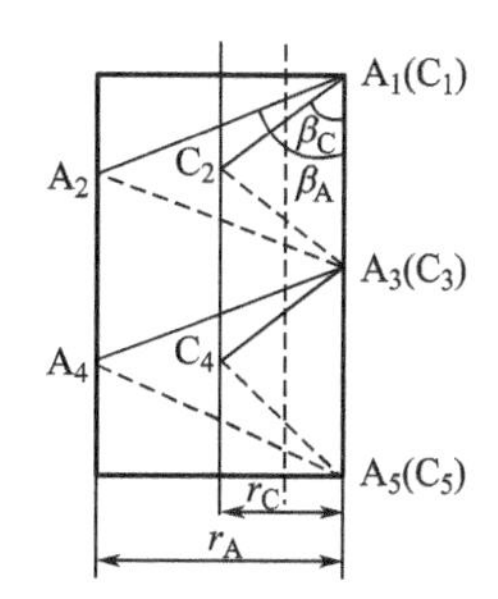

图 7-15　不同线密度纱条的加捻

从加捻的实质来看，捻回角 β 可代表纱线的加捻程度，因此，对捻回角作进一步分析。如图 7-16 所示，Z 为纱条轴向位置，θ 为以弧度表示的螺旋线在 Z 段截面上的位移角。把纱条中的一个捻回螺旋线 AB 展开成△ABC，假设此段纱条的捻度为 T_t（捻/10cm），纱条半径为 r，则：

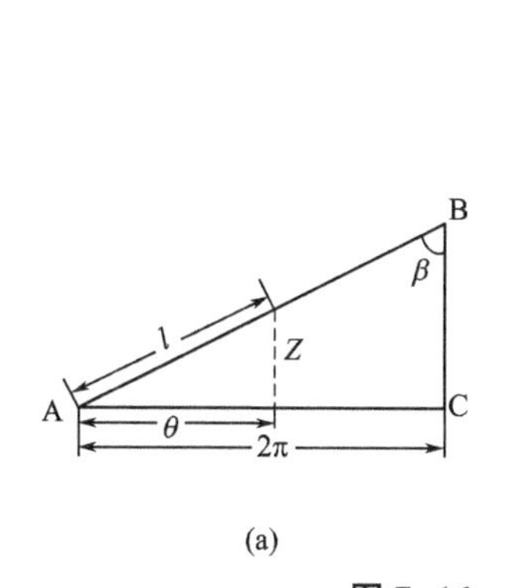

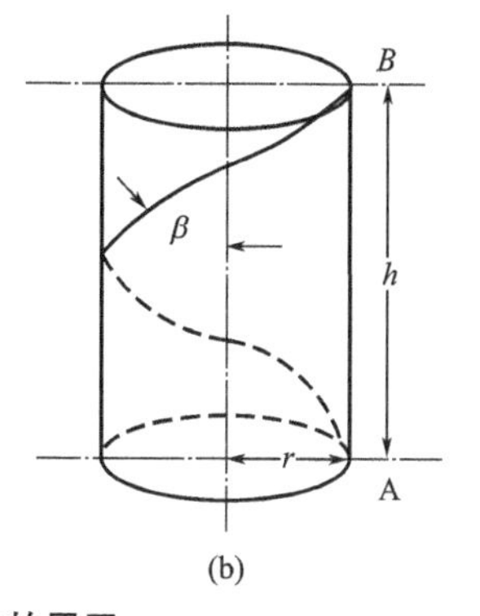

图 7-16　圆柱螺旋线的展开

$$\tan\beta=\frac{2\pi r}{h} \tag{7-18}$$

式中，h 为捻回螺旋线的一个螺距，因 $h=\frac{10}{T_t}$，代入式（7-18），得：

$$\tan\beta=\frac{2\pi r T_t}{10} \tag{7-19}$$

式（7-19）表示捻回角与纱条捻度以及纱条直径间的关系。如果纱条线密度相同，即半径 r 不变，则捻回角随捻度的改变而改变；如果纱条捻度相同，则捻回角又随纱条线密度的改变而改变。可见，捻回角既可反映相同线密度纱条的加捻程度，又可反映不同线密度纱条的加捻程度。但由于纱条半径不易测量，因此，根据纱条线密度与半径的关系，将半径继续转化为线密度。

线密度的定义为1000m长纱线的质量，即 $\text{Tt}=1000\times100\times\frac{G}{L}$（g/cm）。因 $G=\pi r^2 L\delta$（g），式中 δ 为纱条单位体积质量（g/m³），消去 L，则 $r=\sqrt{\frac{\text{Tt}}{\pi\delta\times10^5}}$。以此代入式（7-19），得：

$$T_t=\frac{\tan\beta\sqrt{\delta\times10^7}}{2\sqrt{\pi}}\times\frac{1}{\sqrt{\text{Tt}}} \tag{7-20}$$

因捻回角的运算较烦琐，则令捻系数 α_t：

$$\alpha_t=\frac{\tan\beta\sqrt{\delta\times10^7}}{2\sqrt{\pi}}$$

因 δ 可视作常量，那么由上式可知，捻系数 α_t 只随 $\tan\beta$ 的变化而变化。因此，采用捻系数 α_t 度量纱条的加捻程度和用捻回角 β 具有同等的意义，而且运算简便。

则根据式（7-20），得：

$$T_t=\frac{\alpha_t}{\sqrt{\text{Tt}}} \tag{7-21}$$

式（7-21）称为捻度公式。当采用公制或英制时，同样可以导出捻度公式如下：

$$T_m=\alpha_m\sqrt{N_m} \tag{7-22}$$

$$T_e=\alpha_e\sqrt{N_e} \tag{7-23}$$

式中，T_m 和 T_e 分别表示公制捻度和英制捻度，α_m 和 α_e 分别表示二者相应的捻系数，N_m 和 N_e 分别表示二者相应的线密度。经过数量单位的换算，可得 α_t、α_m、α_e 三者之间的关系式如下：

$$\alpha_t=3.14\alpha_m \tag{7-24}$$

$$\alpha_m=30.25\alpha_e \tag{7-25}$$

$$\alpha_t=95.07\alpha_e \tag{7-26}$$

二、股线

股线是由两根及两根以上的单纱捻合而成的线。股线还可按一定方式进行合股并合加捻，得到复捻股线，如双股线、三股线和多股线，主要用于缝纫线、编织线或中厚结实织物。

股线的加捻程度通常由纱线横截面上纤维的转移程度来表示，具体表征指标为捻幅，定义为单位长度的纱线加捻时，截面上任意一点在该截面上相对转动的弧长。设单纱内的纤维都是平行的，如图7-17所示，AA_1 段纤维因加捻而倾斜至 AB_1 位置，AB_1 段纤维与纱条轴线构成捻回角 β，截取一段长度为 h 的纱条，则 A_1B_1 就是该纤维 A_1 点在截面上的相对位移。若截取的纱段为单位长度，即 $h=1$ 时，则 $\widehat{A_1B_1}$ 称为 A_1 点在截面上的捻幅，以 P_0 表示。为计算方便起见，使 $\widehat{A_1B_1}=\overline{A_1B_1}$，则：

$$\tan\beta=\frac{\overline{A_1B_1}}{h}=P_0$$

如前所述，捻回角可以表示加捻程度，此处 $P_0=\tan\beta$，故捻幅 P_0 同样可以表示加捻程度。并且，对于纱线截面内任一点的加捻程度，都可用捻幅表示。如图 7-17 中的 $A'A_1'$段纤维。加捻后的捻幅为 A'_1B_1'。因$\overline{A_1'B_1'}<\overline{A_1B_1}$，可见，在同一截面上，当各点离纱心的距离不同时，捻幅亦不同。图 7-18 所示为截取纱的某一横断面，则截面中任意一点的捻幅 P_x 为：

$$\frac{P_x}{r_x}=\frac{P_0}{r_0}$$

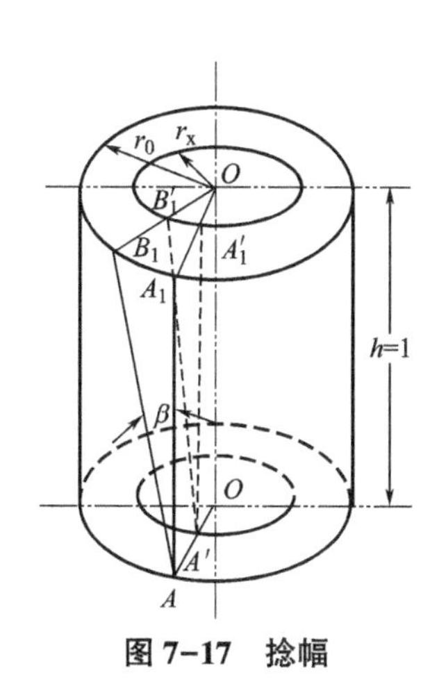

图 7-17 捻幅

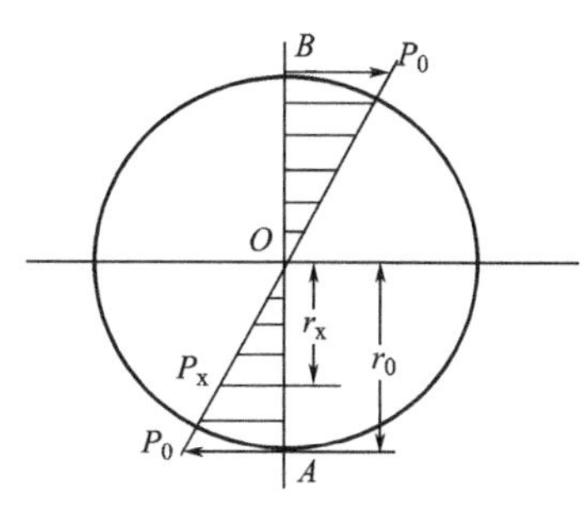

图 7-18 任意点的捻幅

$$P_x=P_0\frac{r_x}{r_0} \tag{7-27}$$

可见，捻幅 P_x 与该点距纱的中心距离 r_x 成正比。

第五节 加捻在成纱工艺中的应用

一、加捻在粗纱成形中的应用

（一）翼锭纺纱

1. 翼锭加捻过程分析 翼锭加捻广泛应用于粗纱工序，依靠锭翼的回转对纱条进行加捻，其加捻过程如图 7-19 所示。须条的一端被前罗拉钳口握持，另一端经锭翼顶孔穿入，再由侧孔引出，然后顺锭翼空心臂绕过压掌卷绕到筒管上。这样，当锭翼每回转一周时，由锭翼侧孔带动粗纱绕其自身轴线回转一周，使锭翼侧孔至前罗拉钳口的一段纱条上获得一个捻回。侧孔以下的纱条只绕锭子中心线公转，而不绕自身轴线回转，因此没有加捻。粗纱最终获得的捻度为 $T=\frac{n}{V}$，式中：n 为锭子回转速度，V 为前罗拉输出纱条的速度。

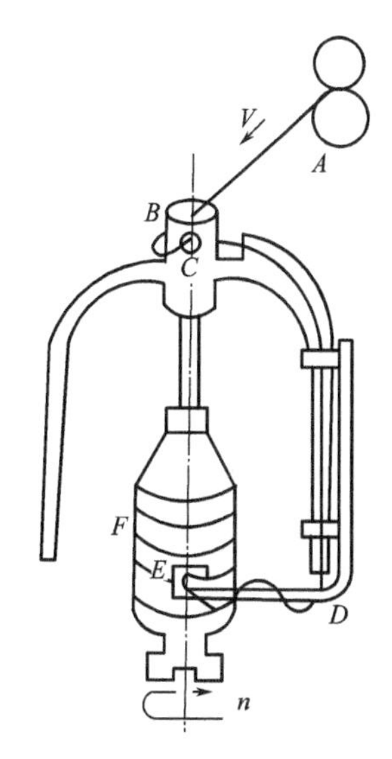

图 7-19 粗纱锭翼加捻过程

2. 翼锭粗纱加捻区的捻度分布 研究加捻区内的捻度分布，有利于找出弱捻区域及其形成原因，便于采取必要的技术措施提高生产效率。将图 7-19 展开成图 7-20，前罗拉钳口 A 为纱条的喂入点，纱条以速度 V 自 A 向 E 运动，锭翼侧孔 C 为加捻点，以转速 n 回转，锭翼顶孔边缘 B 为捻陷点，D 为空心臂下端至压掌的转折处，E 为压掌上纱条的绕扣，F 为管纱卷绕点，C、D 和 E 均可视作阻捻点。

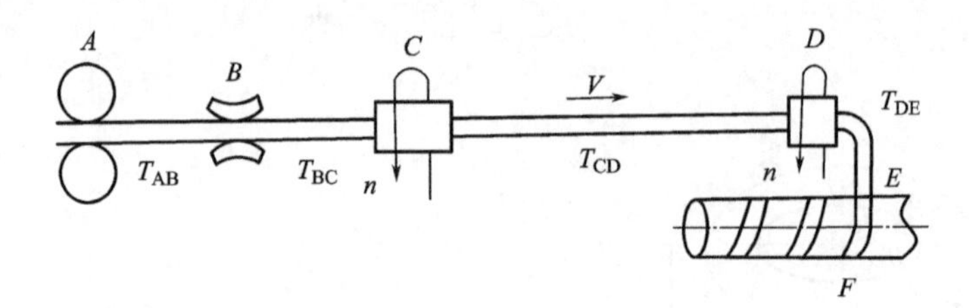

图 7-20 粗纱加捻过程示意图

根据稳定捻度定理及捻陷、阻捻和假捻效应概念，可以求得图中各段纱条上的捻度。

AB 段：由 C 加给的捻回 n，因受捻陷 B 的影响，实际上 C 给 AB 段加上的捻回为 $n\eta$，而 AB 段自 B 点带出的捻回为 $T_{AB}V$，则 $n\eta=T_{AB}V$，得：

$$T_{AB}=\frac{n}{V}\eta \qquad (7-28)$$

式中：η——顶孔的捻度传递效率。

BC 段：由 C 加给的捻回 n，因受捻陷 B 和阻捻 C 的影响，实际上 C 给 BC 段加上的捻回为 $n(1-\eta)$，由 AB 段带入的捻回为 $T_{AB}V$，而自 C 带出的捻回为 $\lambda_1 T_{BC}V$，根据稳定捻度定理，则 $n(1-\eta)+T_{AB}V=\lambda_1 T_{BC}V$。因 $T_{AB}V=n\eta$，则：

$$T_{BC}=\frac{n}{V\lambda_1} \qquad (7-29)$$

式中：λ_1——侧孔的阻捻系数。

CD 段：CD 段无自转，不加捻，因受 C 和 D 的阻捻影响，只有由 BC 段带入的捻回 $\lambda_1 T_{BC}V$，而自 D 带出的捻回为 $\lambda_2 T_{CD}V$。根据稳定捻度定理，则 $\lambda_1 T_{BC}V=\lambda_2 T_{CD}V$，得：

$$T_{CD}=\frac{n}{V\lambda_2} \qquad (7-30)$$

式中：λ_2——空心臂下端纱条转折处的阻捻系数。

DE 段：DE 段无自转不加捻，因受 D 和 E 的阻捻影响，只有由 CD 段带入的捻回 $\lambda_2 T_{CD}V$，而自 E 带出的捻回为 $\lambda_3 T_{DE}V$，则 $\lambda_2 T_{CD}V=\lambda_3 T_{DE}V$，得：

$$T_{DE}=\frac{n}{V\lambda_3} \qquad (7-31)$$

式中：λ_3——压掌绕扣的阻捻系数。

EF 段：由 DE 段带入的捻回为 $\lambda_3 T_{DE}V$，而自 F 带出的捻回为 TV，则 $\lambda_3 T_{DE}V=TV$，得：

$$T=\frac{n}{V} \qquad (7-32)$$

式中：T——EF 段的捻度，即为成纱的捻度。

将式（7-28）~式（7-32）作比较，并令 $\lambda_1>\lambda_2>\lambda_3$，则 $T_{DE}>T_{CD}>T_{BC}$，各段的捻度分布如图 7-21 所示。因 $\eta<1$，故 AB 段捻度比其他各段少。这是因为翼锭粗纱加捻过程中，锭翼

顶孔为捻陷点，通过对纱条的摩擦作用阻碍了捻回的向上传递，使前罗拉钳口与阻碍点区域内的纱条获得捻回少，纱体松散，纤维彼此间的联系弱，纱条强力低，正常纺出粗纱的伸长率也较大，影响产品质量。可见，设法增加 AB 段的捻度是技术措施的重要内容。

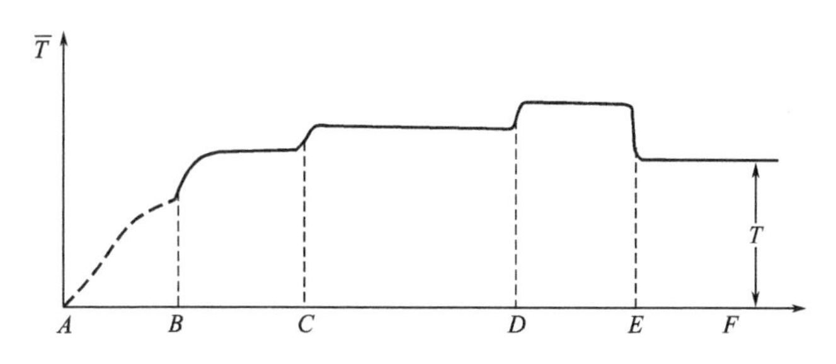

图 7-21　翼锭纺粗纱加捻区的捻度分布

3. 粗纱假捻器　为减少因捻陷带来的不良影响，粗纱机上利用假捻效应，采用假捻器暂时增加纺纱段的捻度，提高纺纱段的强力。则锭翼顶孔边缘 B 既是捻陷点，又是假捻点，设假捻捻回为 n'。根据假捻加捻原理，CD 段、DE 段和 EF 段纱条捻度不受影响。那么各段纱条上的捻度如下。

AB 段：除了由 C 给 AB 段加上的捻回为 $n\eta$ 外，由 B 给 AB 段的假捻捻回为 n'，而 AB 段自 B 点带出的捻回为 $T_{AB}V$，则 $n\eta+n'=T_{AB}V$，得：

$$T_{AB}=\frac{n}{V}\eta+\frac{n'}{V} \tag{7-33}$$

式中：η——顶孔的捻度传递效率；

n'——顶孔给 AB 段纱条的假捻捻回。

BC 段：除了 $n(1-\eta)+T_{AB}V$ 外，由 B 施加的假捻捻回为 $-n'$，则有：$n(1-\eta)-n'+T_{AB}V=\lambda_1 T_{BC}V$。根据式（7-33）有：

$$T_{BC}=\frac{n}{V\lambda_1} \tag{7-34}$$

通过假捻效应，各段的捻度分布如图 7-22 所示。纺纱段 AB 的捻度提高，有利于翼锭纺纱加工过程的顺利进行。

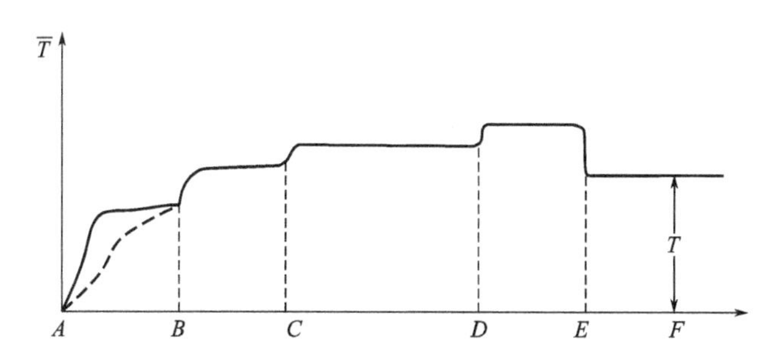

图 7-22　因假捻效应引起的加捻区捻度分布

如图 7-23 所示，粗纱假捻器可分为锭翼顶孔刻槽和顶孔戴帽两类，其中锭帽所用材料有

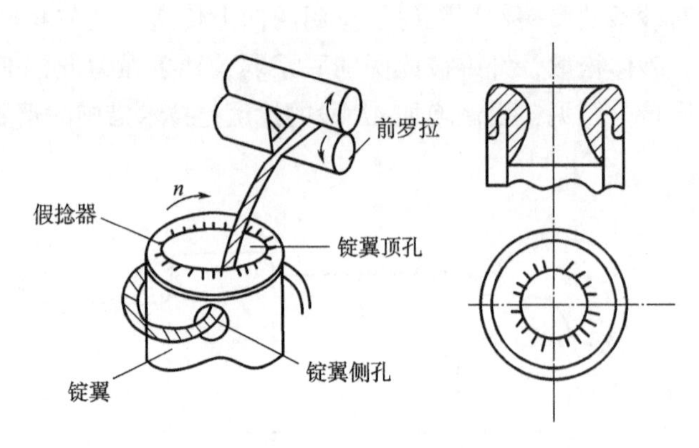

图 7-23　粗纱假捻器

塑料、尼龙、橡胶、聚氨酯等。综合分析，影响粗纱假捻效应的因素如下。

（1）锭翼顶孔直径大，锭翼回转一周，纱条沿顶孔滚动的附加转数增加，假捻效应大。

（2）顶孔边缘对纱条的摩擦力大，如顶孔边缘刻槽或加装假捻器等，则纱条在顶孔边缘的滑动减少，滚动转数增加。

（3）假捻器的类型不同，对纱条的摩擦力也不同。实践证明，塑料假捻器摩擦系数小，不耐磨，使用寿命短，假捻效果较差，已逐渐被淘汰；尼龙和橡胶假捻器的增捻效果接近，尼龙假捻器使用寿命较长，如青泽 660 型粗纱机配置尼龙假捻器使用时间近 10 年，纱条张力稳定，无跳动。橡胶假捻器摩擦系数大，假捻效果好，粗纱伸长率也小，但是使用寿命较短，一般为 3~5 年。

4. 粗纱捻系数的选择　粗纱的加捻一方面使其获得一定的强力，用以承受粗纱成形过程中因卷绕而引起的张力，避免意外伸长的产生；另一方面可增加粗纱中纤维之间的摩擦力，在细纱加工的后牵伸区形成附加摩擦力界以控制纤维的运动。因此，粗纱捻系数的增加可以提高产品的强力。但是，捻系数太大时，粗纱产量低，且增大了细纱后区的牵伸力，胶辊易打滑，牵伸不开出现硬头，从而增加断头和产品的不匀；捻系数太小时，易产生意外牵伸，同样会增加断头和产品不匀。因此，在粗纱工序，捻系数的选择通常是与牵伸倍数、罗拉隔距和罗拉加压同等重要的工艺参数。

粗纱捻系数的选择主要是根据纤维长度和粗纱线密度而定，同时还要参照温湿度条件、所纺品种、纤维其他性质、细纱后区工艺以及粗纱断头情况等合理选择。当纤维长、整齐度好、线密度小时，捻系数应小，反之应大；当粗纱线密度大、纤维伸直度差时，捻系数应小，反之应大；当用精梳条时，其中纤维整齐度比粗梳条好，前者的捻系数应比后者小；当纺针织用纱时，为避免细长节，减少汗布阴影，捻系数以大一些为宜，这样可加强细纱后区摩擦力界，有利于对纤维运动的控制。

粗纱捻系数对气候季节很敏感，需按当时当地的具体条件调整。一般来说，潮湿季节，粗纱发涩，捻系数应小；干燥季节，粗纱发挺，捻系数应大。但有些地区，在黄梅季节，粗纱发烂时，捻系数增加后反而导致生产正常；在寒冷季节，纤维发硬时，捻系数减小后反而生产正常。

在实际生产中，由于调整粗纱捻系数比调整细纱后区工艺方便，因此，常常通过调整粗纱捻系数来辅助细纱后区工艺的调整。在细纱机牵伸机构完善、加压良好的条件下，粗纱捻系数应偏大掌握，以改善细纱质量和降低粗纱断头。在加工中等长度的棉纤维时，粗纱捻系数的具体选择可参考表 7-1 的数据。

表 7-1　普梳、精梳棉粗纱捻系数的选择

棉粗纱线密度(tex)	200~325	325~400	400~770	770~1000
普梳	105~110	100~105	92~100	85~92
精梳	90~95	85~90	77~85	70~77

在加工化纤混纺、纯纺及中长纤维时，由于纤维长度较长，细度较细，整齐度好，摩擦系数大，粗纱捻系数比同线密度的纯棉纱粗纱为低。具体选择可参考表 7-2 的数据。

表 7-2　化纤混纺、纯纺及中长纤维粗纱捻系数选择

纤维品种	300~400	420~520	540~700
涤/棉(65/35)、黏纤纯纺	60.3~66.6	56.6~61.6	52.6~58.0
涤(低比例)/棉、黏/棉、腈/棉	77.1~84.5	72.4~78.2	67.3~74.4
中长化纤	51.9~57.6	48.7~53.3	45.2~50.7

(二) 无捻粗纱

1. 无捻粗纱机工艺过程

在粗梳毛纺的罗拉梳毛机、精梳毛纺的无捻粗纱机等机台上，由前罗拉输出的须条呈无捻松散状，利用搓捻作用对半制品进行加捻，增加纤维抱合力，以提高其断裂强度，减少意外牵伸。无捻粗纱机的工艺过程如图 7-24 所示。该机由喂入、牵伸、搓捻、卷绕四部分组成。毛条从毛条筒 1 引出，经导纱辊 2、3、4 及喂入导条器 13 而进入后罗拉 5，再经过导纱集合器 14、双胶圈 6、集合器 7，受前罗拉 8 牵伸后，无捻松散状的须条再通过搓皮板 9 搓成粗纱。粗纱由具有往复运动的摆动导纱器 10 送到卷绕罗拉 11 处，被卷绕在筒管 12 上。

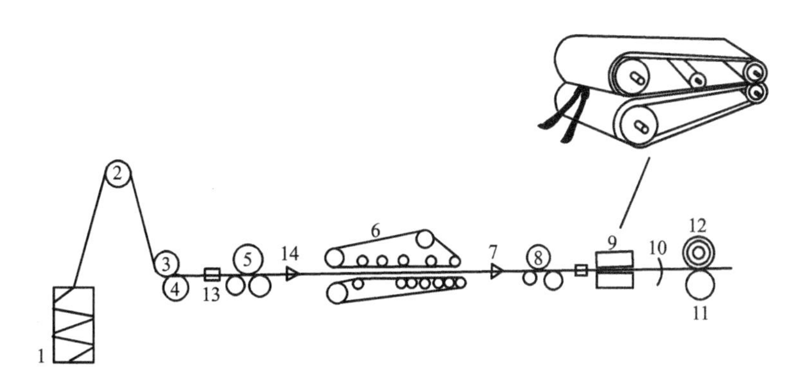

图 7-24　无捻粗纱机工艺过程

2. 无捻粗纱机加捻过程　无捻粗纱的加捻过程如图 7-25 所示。图中的 A、B、C 点分别对应图 7-24 中的前罗拉 8、搓皮板 9、卷绕筒管 12 的位置。须条由 A 点以速度 V 输出到达搓皮板，上、下搓皮板一方面做相对往复运动，另一方面以转速 n 做积极回转运动。离开搓皮板的

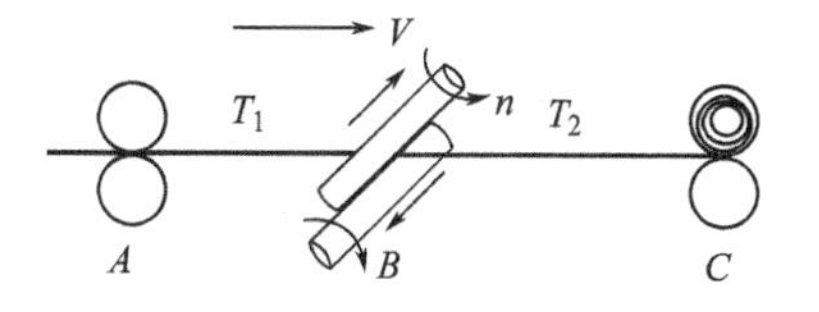

图 7-25　无捻粗纱加捻过程

须条连续卷绕到筒管上。设 AB 段纱条的捻度为 T_1，BC 段纱条的捻度为 T_2，则各段纱条上的捻度如下。

AB 段：单位时间内由 B 加给 AB 段的捻回为 n，由 AB 段带出的捻回数为 T_1V。根据稳定捻度定理，有：

$$n=T_1V$$

BC 段：单位时间内由 B 加给 BC 段捻回为 $-n$，由 AB 段输出的捻回为 T_1V。根据稳定捻度定理，有：

$$T_2V=-n+T_1V=0$$
$$T_2=0$$

由此可得，BC 段的捻度为 0。可见，搓皮板在无捻粗纱加捻过程中为假捻点，经过搓皮板的纱条在相对长度上具有了假捻。搓捻强度可由改变搓皮板往复运动次数来调节。

二、加捻在细纱成形中的应用

（一）环锭细纱

1. 环锭细纱加捻过程

环锭加捻靠钢丝圈的回转进行，广泛应用于环锭纺细纱机上，可用于生产单纱、股线和复合纱。如图 7-26（a）所示，从前罗拉输出的纱条经导纱钩穿过钢领上的钢丝圈，卷绕到紧套在锭子上的筒管上。锭子带动筒管回转时，由纱条张力拖动钢丝圈沿钢领回转，此时，纱条一端被前罗拉握持，另一端由钢丝圈带动绕其自身轴线回转，钢丝圈回转一周，使前罗拉钳口到钢丝圈的一段纱条上获得一个捻回。钢丝圈以下的细纱，只绕锭子中心线公转，不绕自身轴线回转，没有加捻。

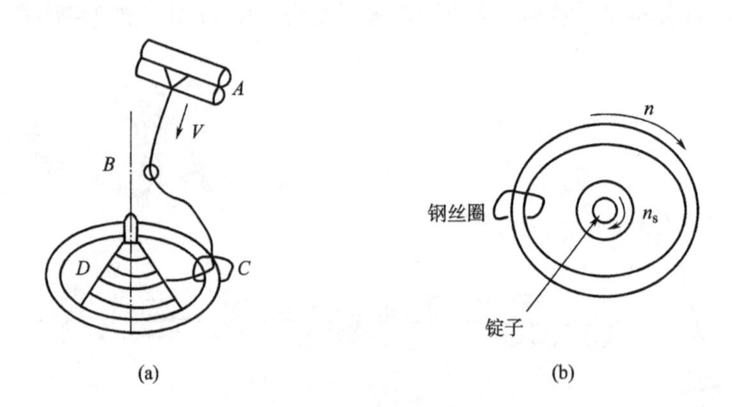

图 7-26　环锭细纱加捻过程

环锭细纱机的加捻与卷绕是同时进行的，如图 7-26（b）所示。正常卷绕时，如果不计纱条加捻所产生的长度变化，则同一时间内前罗拉实际输出长度应和细纱筒管上的卷绕长度相等，即：

$$V=\pi D_x(n_s-n_t)$$

或

$$n_t=n_s-\frac{V}{\pi D_x} \tag{7-35}$$

式中：V——前罗拉输出速度，cm/min；

D_x——纱管卷绕直径，cm；

n_s——锭子转速，r/min；

n_t——钢丝圈转速，r/min。

设某一时刻管纱上的捻度为 T_t，它决定于钢丝圈的回转速度，则：

$$T_t=\frac{n_t}{V}$$

将式（7-35）代入上式，得：

$$T_t=\frac{n_s}{V}-\frac{1}{\pi D_x}$$

因细纱管是锥形卷绕，则钢丝圈对纱条所加的捻度随纱管卷绕直径的不同而不同。卷绕大直径比卷绕小直径时所加的捻度多。但是，当成纱由轴向退绕（环锭细纱络筒加工）时，每退绕一圈将补偿捻度$\frac{1}{\pi D_x}$。因此，成纱的最终捻度为 $T=\frac{n_s}{V}-\frac{1}{\pi D_x}+\frac{1}{\pi D_x}$，即：

$$T=\frac{n_s}{V} \tag{7-36}$$

因锭速和前罗拉转速一旦设定就不变动，故成纱捻度是一个不变的定值。

2. 加捻区的捻度分布及应用　将图 7-26（a）展开成图 7-27，已知前罗拉钳口 A 为须条喂入点，纱条以速度 V 自 A 向 D 运动，C 处的钢丝圈为加捻点，又可视作阻捻点，以转速 n_t 回转，B 处的导纱钩为捻陷点，D 为卷绕点。根据稳定捻度定理及捻陷和阻捻的概念，可求得各段纱条上的捻度。

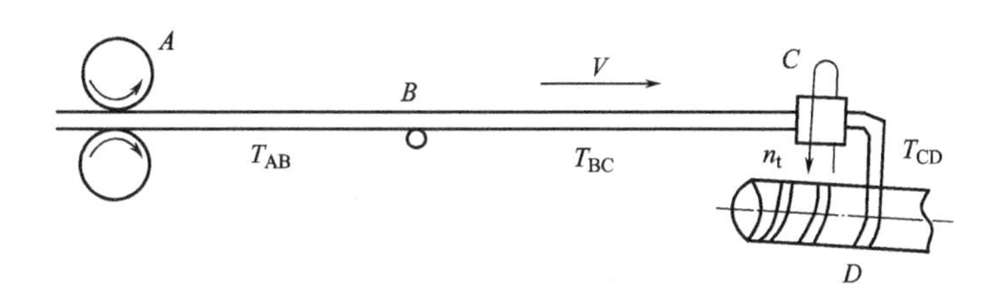

图 7-27　环锭细纱加捻示意图

AB 段：即由前罗拉钳口至导纱钩的纱段，称为纺纱段。该纱段由 C 加给的捻回为 n_t，因受捻陷 B 的影响，实际上 C 给 AB 段加上的捻回为 $n_t\eta$，而自 B 带出的捻回为 $T_{AB}V$，则 $n_t\eta=T_{AB}V$，得：

$$T_{AB}=\frac{n_t}{V}\eta \tag{7-37}$$

式中：η——导纱钩的捻度传递效率。

BC 段：即由导纱钩至钢丝圈的纱段，称为气圈段。由 C 加给的捻回 n_t，因受捻陷 B 和阻捻 C 的影响，实际 C 给 BC 段加上的捻回为 $n_t(1-\eta)$，由 AB 段带入的捻回为 $T_{AB}V$，而自 C 带出的捻回为 $\lambda T_{AB}V$，则 $n_t(1-\eta)+T_{AB}V=\lambda T_{BC}V$，得：

$$T_{BC}=\frac{n_t}{V\lambda} \tag{7-38}$$

式中：λ——钢丝圈的阻捻系数。

CD 段：即钢丝圈至卷绕点的纱段。*CD* 段无自转，不加捻，因受 *C* 的阻捻影响，只有由 *BC* 段带入的捻回 $\lambda T_{BC}V$，而自 *D* 带出的捻回为 $T_{CD}V$，则 $\lambda T_{BC}V=T_{CD}V$，得：

$$T_{CD}=\frac{n_t}{V} \tag{7-39}$$

因 $\lambda<1$、$\eta<1$，比较式（7-37）~式（7-39），则 $T_{BC}>T_{CD}>T_{AB}$，各段的捻度分布如图 7-28 所示。

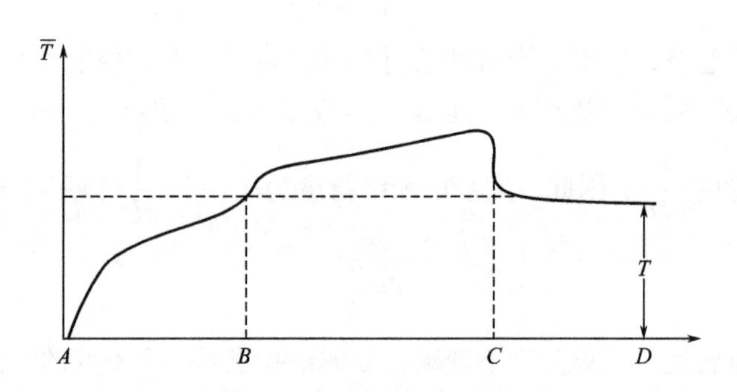

图 7-28　环锭细纱加捻区的捻度分布

从图 7-28 中可知，由于在捻回传递过程中存在导纱钩的捻陷和钢丝圈的阻捻，使得各段捻度不等，阻捻使气圈段增捻，捻陷使纺纱段减捻。实际上，纺纱段的捻度也呈某种分布，靠近前罗拉钳口处的捻度最小，称为弱捻区，贴在前罗拉表面的包围弧没有捻回，称为无捻区。设法增加弱捻区和无捻区的捻度，是细纱机断面尺寸设计和工艺参数合理调整的重要内容。

图 7-29 是细纱机断面尺寸图，α 为罗拉座倾角，β 为导纱角，γ 为纱条对前罗拉的包围角，*R* 为前罗拉半径，*B* 为导纱钩到前罗拉中心水平线的垂直距离，*A* 为前罗拉中心至锭子中心的垂直距离。在此基础上，生产上要特别注重工艺参数（纺纱段长度、导纱角、前罗拉包围弧、气圈高度等）对纺纱段的捻度影响。

（1）纺纱段长度。由图 7-29 可知，纺纱段长度 $L_s=\sqrt{(A-R)^2+B^2}$，当 *A* 和 *R* 一定时，L_s 随 *B* 而变。因纺小纱比纺大纱时的 *B* 大，即 L_s 长，此时，L_s 段对导纱钩的包围弧虽小，但弱捻在 L_s 段停留时间长，易造成上部断头。

（2）导纱角。由图 7-29 可知，导纱角 $\beta=\tan^{-1}\dfrac{B}{A-R}$，即 β 随 *B* 的减小而减小，故纺大纱时导纱钩的捻陷严重，从而影响捻度的传递效率。

（3）前罗拉包围弧。由图 7-29 可知，前罗拉包围弧 $\gamma=\beta-\alpha$，当 α 一定时，γ 随 β 的增大而增大，故纺小纱时前罗拉对纱条的包围角大，即包围弧长，则加捻三角区的无捻区长度增加，前钳口处的纱条捻度少。

（4）气圈高度。由图 7-29 可知，小纱时气圈高度 $H=L+D+C$，式中，*L* 为卷装高度，*C*

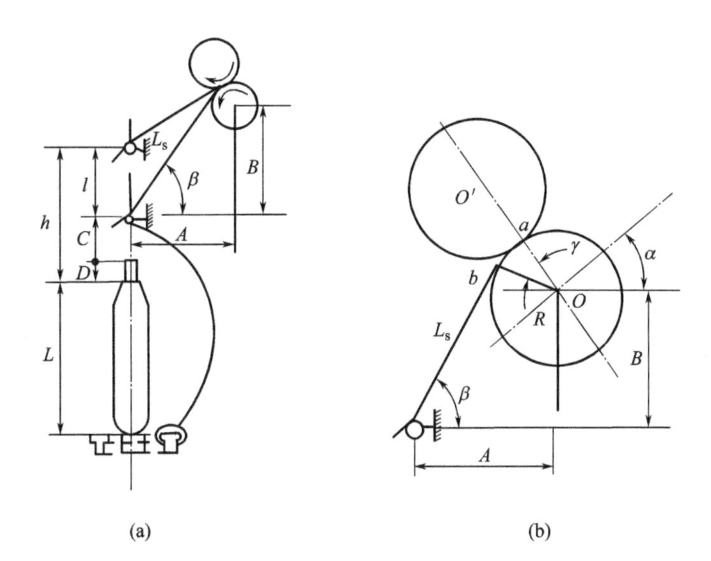

图 7-29　细纱机断面尺寸图

为筒管顶至导纱钩的距离，D 为满纱时绕纱顶面至筒管顶的距离；大纱时的气圈高度 $h=l+D+C$，式中，l 为由小纱至满纱时导纱钩的动程。因 $L>l$，故 $H>h$，则纺小纱时的气圈高度较纺大纱时高，此时，气圈凸形大，捻陷严重，纺纱段捻度小。

3. 气圈段捻度的变化　环锭细纱的卷绕成形过程详见第八章。在一落纱和钢领板升降过程中，包括从小纱到大纱及从小直径到大直径，因卷绕直径和气圈高度在发生变化，导致纱条在钢丝圈和导纱钩上的包围弧和接触压力不同，从而使阻捻系数和捻度传递效率发生变化，所以，气圈段的捻度也在按一定规律发生变化。

一落纱过程中气圈段的捻度变化规律如图 7-30 所示。卷绕直径相同时，气圈高度减小，钢丝圈与纱条的摩擦力增加，钢丝圈的阻捻效应增强，导致在捻回输出过程中，保留在气圈段的捻回增加，即纱条捻度随气圈高度的减小而增加，满纱部位的气圈段纱条捻度较小纱多。

在钢领板一次动程内，如图 7-30 和图 7-31 所示，钢领板由下部位置（大直径）向上部位置（小直径）卷绕时，气圈段纱条的捻度逐渐增加，即卷绕大直径时的纱条捻度较卷绕小直径时少，其中，尤以管底成形（钢领板处于起成形部位）结束时，气圈段纱条捻度最少；

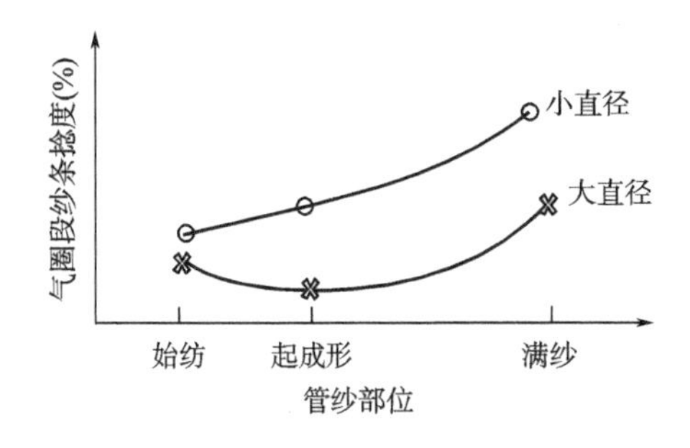

图 7-30　一落纱过程中气圈段纱条的捻度变化

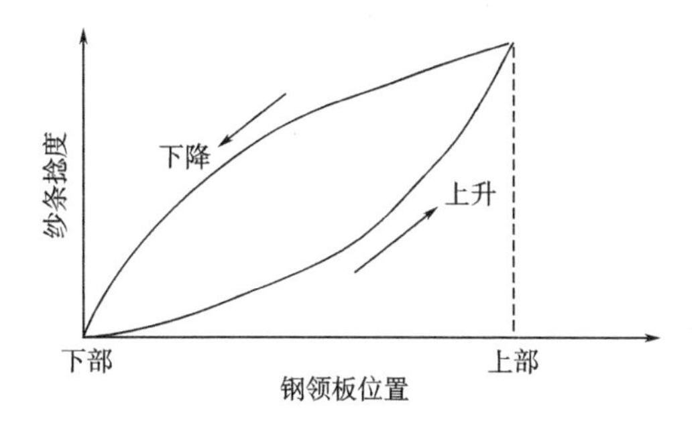

图 7-31　钢领板一次升降过程中气圈段纱条的捻度变化

从上部向下部卷绕时，气圈段纱条的捻度逐渐降低，即钢领板一次升降内气圈段纱条的捻度呈周期性变化，但钢领板上升或下降到同一高度位置时，气圈段纱条的捻度并不是一样的，钢领板上升时纱条的捻度比下降时略小。

4. 环锭纱的加捻结构 如图 7-32（a）所示，加捻时，前罗拉钳口处的须条围绕自身轴线回转，须条宽度逐渐收缩，两侧折叠且逐渐卷入纱条中心，形成加捻三角区。在加捻三角形中，须条的宽度与截面发生变化，由扁平带状逐渐形成近似圆柱形的纱条。由于每根纤维在加捻时受到的张力不同，从而便产生内外层转移。设纱条横截面内的纤维根数为 n，各根纤维与须条输出轴向的夹角为 θ_i，在纺纱张力 T_s 作用下，每根纤维均受到张力 T_i，其轴向按平衡条件有 $\sum_{i=1}^{n} T_i\cos\theta_i = T_s$，其径向产生向心压力 $T_i\sin\theta_i$。边缘纤维的 θ_i 大，则 $T_i\sin\theta_i$ 也大；中心纤维的 $\theta_i \to 0$，则 $T_i\sin\theta_i \to 0$，因此，从加捻三角形中纤维的几何位置和纺纱张力所产生的力学条件分析，使得边缘纤维挤向中心，而中心纤维又挤向边缘。当边缘纤维挤入中心后，其向心压力趋于零，这时又被另一些边缘纤维挤出来。一根纤维从外到内，再从内到外，往往发生内外转移 20 多次，使纱条中纤维呈圆锥螺旋线，其几何形状如图 7-32（b）、（c）所示。图 7-32（b）是一根纤维在纱条每隔 0.2mm 切面上各点的投影，图 7-32（c）是一根纤维在纱条中的侧面投影。若纤维头端被挤出后，由于没有张力及向心压力的作用，不再移向内部而留在纱的表面，成为毛羽。这种结构的纱条在承受拉伸负荷时，由于纤维的张力作用，对纱条产生向心压力，促使纤维内外转移和相互抱紧，增加了纤维间的滑动阻力和纱条紧密度，使纱条获得较高的强力。翼锭粗纱机和环锭细纱机上的纱条加捻结构就属于这种，称为卷捻结构。

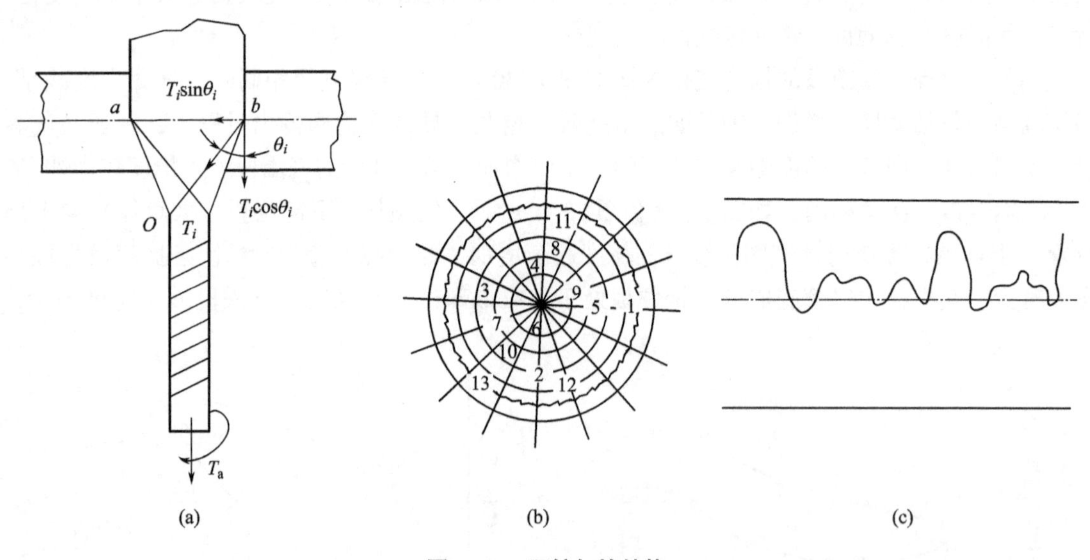

图 7-32　环锭加捻结构

（二）走锭纺纱

走锭纺纱主要在毛纺粗纺细纱机上使用，可分为走锭和走架两种纺纱方式，主要区别是走架细纱机在工作的时候是线轴架做往复运动，走锭细纱机在工作的时候是锭子做往复运动。

但是二者的加捻原理相同，都是利用锭子连续地给纱线加捻的一种非自由端真捻纺纱方法。以走锭纺纱的加捻过程为例，其工艺过程如图7-33所示。锭轴与粗纱平面几乎垂直，但稍稍前倾。在牵伸和加捻过程中，锭子旋转时纱线在锭子顶部滑脱，将捻度加入粗纱中而不是将粗纱卷绕到管纱上。在工作周期的第一阶段，表面转筒将粗纱从线轴架上输送出去，走车以输送速度后移，同时，锭子旋转加进少量捻度。在走车后移到预设点上，输送罗拉停止，而走车继续后移。这样加捻过的粗纱轴向开始得到牵伸，同时继续加入捻度。牵伸结束时，锭速增加到最快，加入最后的捻度。随着走车返回到起点，毛纱就卷到了卷装上。在卷绕过程中，张力弓和卷绕弓缚住粗纱，这样，锭子的旋转就可以将捻过的毛纱以一定的成形方式卷绕到管纱上。

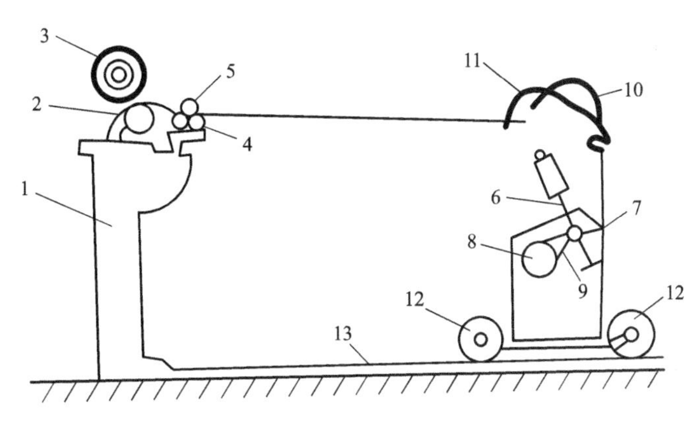

图7-33　走锭加捻示意图

1—机架　2—退卷滚筒　3—毛卷轴　4—下给条罗拉　5—上给条罗拉　6—锭子　7—锭带轮
8—锭子传动滚筒　9—锭绳　10—导纱弓　11—张力弓　12—走车轮　13—轨道

（三）细纱捻系数的选择

1. 细纱捻系数与纱线物理性能关系

（1）与强力及伸长的关系。细纱捻度与纱线强力和断裂伸长的关系如图7-34所示。可见，在一定的捻度范围内，纱线强力和断裂伸长均随捻度的增大而增大，但当捻度增加到一定值 T_k（T_k'）后，反而使纤维强力在纱的轴向的有效分力降低，而且，捻度过大会增加纱条内外层纤维应力的分布不匀，加剧纤维断裂的不同时性，则自 T_k（T_k'）后，断裂强力值和断裂伸长率开始下降。T_k（T_k'）称为临界捻度，与其对应的捻系数称为临界捻系数。

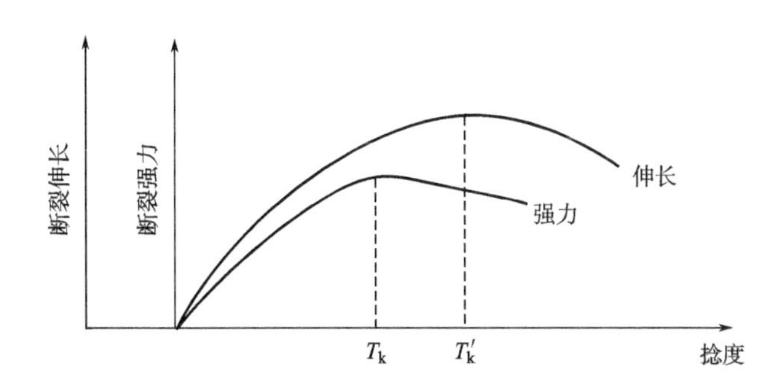

图7-34　捻度与纱线强力和断裂伸长率的关系

（2）与弹性的关系。在一定的拉伸负荷下，细纱受到拉伸而伸长，其长度称为总伸长。当负荷去除后，被拉伸的细纱很快回缩，但不能回缩到原有长度，这个可回缩的长度称为弹性伸长。细纱的弹性伸长率 C_0 可用下式求得：

$$C_0=\frac{\varepsilon_1}{\varepsilon_0}\times100\%$$

式中：ε_1——弹性伸长；

ε_0——总伸长。

在负荷一定、捻度不大的情况下，随着捻度的增加，弹性伸长 ε_1 增加，总伸长下降，故弹性随着捻度的增加而增大。但捻度达到一定程度后，弹性下降，同样也存在临界值。细纱弹性增加，其承受反复拉伸能力提高，纱线耐疲劳。

（3）与光泽、手感的关系。捻度大时，捻回角 β 也大，光向旁边侧面反射，光泽就差；反之，光泽就好。捻度大时，纤维间压力大，纱的紧密度增加，手感较坚硬；反之，手感柔软。但捻度过小，纱易发毛，手感松烂，光泽也不一定好。

（4）与捻缩的关系。纱条加捻后使纤维成螺旋线倾斜而引起纱条长度的缩短，称为捻缩，用捻缩率 K 表示。

$$K=\frac{L_f-L_0}{L_f}\times100\%$$

式中：L_f——前罗拉输出纱条的理论长度；

L_0——筒管上的实际卷绕长度。

细纱的捻缩率随捻度的增加而增加，捻缩率的增加反过来又影响细纱的线密度和生产效率，故在纺纱工艺设计中必须考虑捻缩这个因素。

2. 细纱捻系数的选择依据 由以上分析可见，细纱捻系数主要是根据纱线的用途和最后成品的要求来选择。

（1）机织用纱。机织物的经纱，由于所经过的工序多，承受的张力大，要求强力高，弹性好，因此，捻系数应大一些；纬纱因经过的工序少，承受的张力也较小，为了避免纬缩疵点，其捻系数应小一些。一般情况下，同线密度的经纱捻系数比纬纱大 10%～15%。对于高密度的府绸类织物，因经纱浮于织物表面，所以其捻系数应适当小些，而纬纱捻系数应适当大些，以增加纬纱的刚度，使经纱易于凸起而形成颗粒状，这对改善织物的外观风格和手感均有好处。对于麻纱类织物，经纱捻系数应大些，这可使织物具有滑爽感。

（2）针织用纱。针织物一般要求柔软度较高，故针织用纱的捻系数应比机织用纱小些，但也因品种的不同而不同。棉毛衫用纱的捻系数应小些；汗衫要求有凉爽感，捻系数应大些。起绒织物及捻线用纱，捻系数应小些。

（3）其他影响因素。细纱捻系数的选择还应参照纱的线密度、使用的纤维原料、纺纱系统、温湿度及机械状态等因素综合考虑。

在国家纱线标准中规定了各种不同粗细的细纱其捻系数的选择范围，生产中应在保证成纱品质的前提下，尽可能采用较小的捻系数，以提高细纱机的生产效率。表 7-3 列出了常用细纱品种的捻系数选择范围。

表 7-3　常用细纱品种捻系数

棉纱品种	线密度(tex)	经纱	纬纱
普梳织布用纱	8.4~11.6	340~400	310~360
	11.7~30.7	300~390	300~350
	32.4~194	320~380	290~340
精梳织布用纱	4.0~5.3	340~400	310~360
	5.3~16	330~390	300~350
	16.2~36.4	320~380	290~340
普梳针织、起绒用纱	10~9.7	不大于 330	
	32.8~83.3	不大于 310	
	98~197	不大于 310	
精梳针织、起绒用纱	13.7~36	不大于 310	
涤/棉混纺纱	单纱织物用纱	330~380	
	股线织物用纱	320~360	
	针织内衣用纱	300~330	
	经编织物用纱	370~400	

（四）细纱捻向的选择

如前所述，就单纱而言，捻向与加捻后纱条的力学性质无关，但可通过不同捻向的细纱相互配合而得到不同风格的织物。图 7-35 所示为经纬纱不同捻向配置在平纹织物中的反映。图 7-35（a）为经纬纱的捻向相同，则在经纬纱交错处的纤维倾斜方向一致，彼此容易吻合而密贴，使织物具有紧密的外观及触感，但织物表面由于经纬纱的纤维排列彼此相反，易引起光线的漫反射作用而减弱光泽，因而纹路不甚明显。图 7-35（b）为经纬纱的捻向不同，则在织物表面的纤维倾斜方向一致，纹路清晰，但在经纬纱交错处的纤维倾斜方向相反，经纬纱被不同的纤维倾向所隔开，不能紧密接触，因此，织物质地松厚而柔软。不同捻向的经纬纱一般在斜纹织物上采用较多，以得到清晰的纹路及柔软的手感。

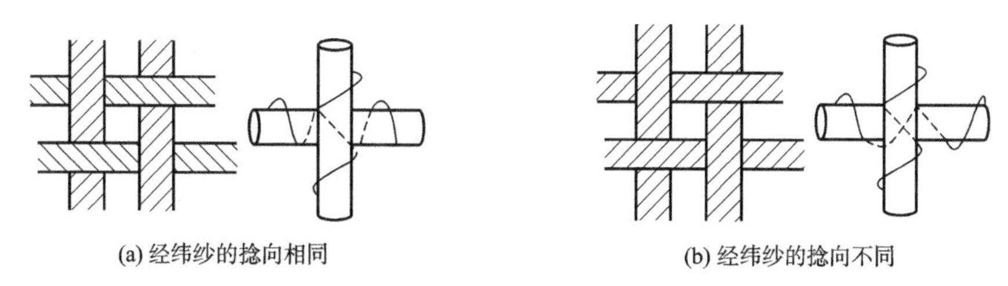

(a) 经纬纱的捻向相同　　(b) 经纬纱的捻向不同

图 7-35　经纬纱的捻向在平纹织物中的反映

此外，由于纤维倾向不同而引起的反光方向不同，使织物表面呈现明暗反映，例如，在经纱中采用 Z 捻与 S 捻间隔排列时，可以织出隐条闪光效应的织物。

三、加捻在股线加工中的应用

为使股线加捻时各根单纱的受力均匀，以形成结构稳定、强力较高的股线，一次并捻的

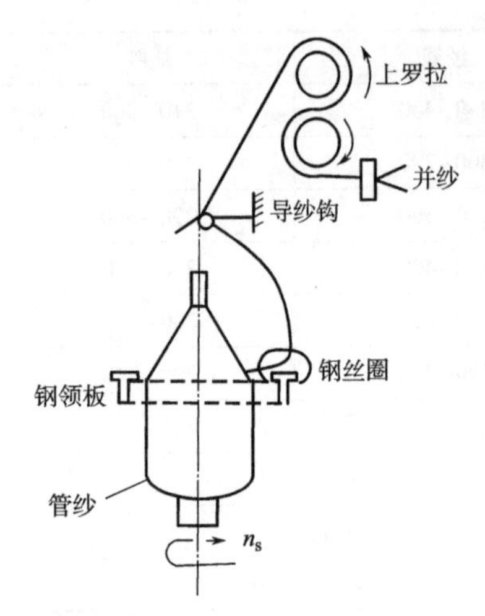

图 7-36 环锭纺股线加捻过程

单纱根数一般在 5 根以内，称初捻线；初捻线还可按一定方式进行合股并合加捻，得到复捻线。股线加捻前一般要经络筒和并纱等准备工序。股线的捻向可以与单纱相反，称为股线反向加捻；也可以与单纱相同，称为股线同向加捻。

（一）股线加捻工艺过程

1. 环锭纺股线加捻 环锭纺股线加捻由环锭捻线机完成，靠钢丝圈回转时对两根或两根以上并合的单纱进行加捻，如图 7-36 所示，其过程和环锭细纱机基本相同。当钢丝圈带动并纱沿钢领回转一周时，纱条上便获得一个捻回，管纱上的股线捻度 $T_t=\frac{n_s}{V}-\frac{1}{\pi D_x}$，络筒后的股线捻度 $T=\frac{n_s}{V}$。

2. 倍捻加捻 倍捻纺纱是靠储纱盘的回转来实现的，其加工对象一般为两根或两根以上的股线，不加捻单纱。如图 7-37 所示，A 点为套在静止空心管上的并纱筒子，并纱由筒子顶端引出经 B 进入 C 点处的锭管和 D 点处的储纱盘的径向孔 E，再经 F 点处的导纱钩引向 G 点处的输出罗拉，H 为并纱的退绕点，H 和 G 均可视作握持点，F 的中心对准锭管的中心线。当储纱盘随锭子如矢向回转一周时，E 则带动纱线绕锭子轴线回转，使 GE 纱段绕本身轴线自转一周而获得一个 S 捻，这和环锭的加捻基本相同。与此同时，E 还使 DH 纱段也绕本身轴线自转一周获得一个 S 捻，转向与 GE 纱段相同。DE 纱段绕锭子轴线公转，没有获得捻回，D 和 E 可分别视为 DH 和 GE 纱段的实际加捻点。

在图 7-37 中，单位时间内由 E 加给 DH 段的捻回为 n，同一时间内，自 D 输出的捻回为 $T_{DH}V$，根据稳定捻度定理，则 $T_{DH}V=n$，得：

$$T_{DH}=\frac{n}{V}$$

与此同时，由 E 加给 GE 段的捻回为 n，由 DH 经 D 和 E 加给 GE 段的捻回为 $T_{DH}V$，而自 G 输出的捻回为 $T_{GH}V$，则 $T_{GH}V=n+T_{DH}V=2n$，得：

$$T_{GH}=\frac{2n}{V} \tag{7-40}$$

式（7-40）即为股线最后的捻度。可见，当储纱盘（加捻器）回转一周，可给 GH 段纱条加上两个捻回，这就是倍捻的形成原理。在加捻过程中，纱线形成两个气圈。从并纱筒子的退绕点 H 到空心管的顶端 B 形成第一个气圈，这个气圈的张力即为退绕张力，它随并纱筒子直径的变化而变化并随退绕点 H 的上下移动而变化。退绕张力的大小影响股线质量。稳定退绕张力是依靠装在筒子顶端或筒子中心的张力装

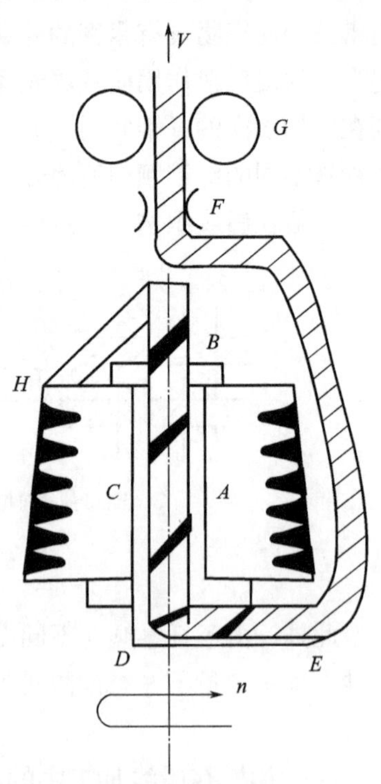

图 7-37 倍捻加捻工艺过程

置（图中未画出）来调节。当纱线离开储纱盘而引导到导纱钩时，形成了第二个气圈，这个气圈的张力基本上是稳定的。

3. 单程加捻股线 单程加捻股线是指利用假捻原理及其转化手段将两根无捻长丝束或同捻向的两根单纱进行一次捻合直接形成的复捻线，可省去初捻和并线两道工序。

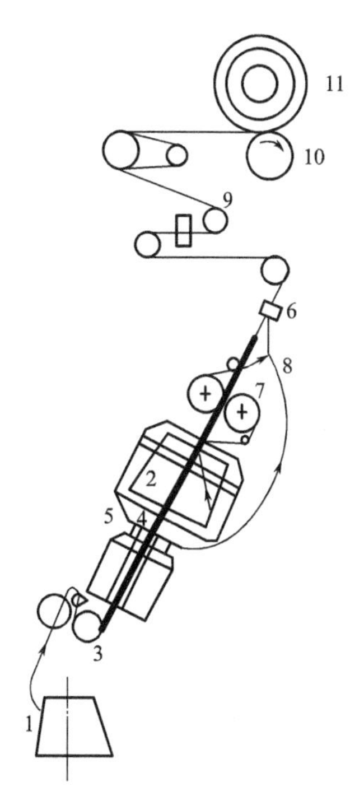

图 7-38 单程复捻过程

图 7-38 所示为帘子线的单程复捻过程，1 和 2 为两个无捻长丝束筒子，其中一束长丝自1引出后，经下张力装置 3 进入电动机锭子的空心轴，并从锭子的侧孔 4 穿过，经储纱盘 5 到达导纱器 6 的孔眼，此孔眼对准锭子中心线。当锭子回转时，丝束 1 在 4 和 6 间形成大气圈，这个气圈是由下张力装置和储纱盘给予丝束的摩擦阻力并克服了气圈离心力和纱线的卷绕张力而取得平衡后获得的。按假捻原理，丝束在假捻点 4 的上段纱条和下段纱条各获得方向相反、数量相等的捻回，最后自 6 输出的纱段上是不存在捻回的。但是，由于筒子 2 套装在锭子的不回转部分，当其上引出的丝束在经上张力装置 7 到达导纱器孔眼 6 的过程中，由于力的平衡使从 2 退出的丝束和从 1 退出的丝束在 8 处汇合，从 2 退出的丝束随从 1 退出的丝束回转而形成小气圈，借助上张力装置使小气圈的张力调节到与大气圈的张力相等，则大、小气圈的两个分力形成一个与合股线方向一致的合力。在这种情况下，由 6 输出的股线即为复捻线，它与两根单股纱段具有捻向相反、捻回相等的真捻。也就是说，如果在 6 以下的两根单股纱段不在 8 处汇合，则通过 6 以后仅仅获得两根假捻的单纱，但因汇聚点 8 的作用，使 6 以上的两根单股纱段合捻在一起成为股线。因此，不难理解，本来是两根假捻单纱变成了单纱和股线都是真捻的复捻线。汇聚点 8 是使单股假捻转化为合股真捻的关键，汇聚点 8 又称合股复捻点。形成的复捻线经导辊 9 由卷绕罗拉 10 绕成复捻筒子 11。

（二）股线加捻的捻幅

股线的各种性质，在很大限度上取决于股线中纤维所受应力分布状态和结构的相互关系。捻幅表示纤维与轴线的倾斜程度，并可近似地表示纤维变形或应力的大小。因此，一般采用捻幅的概念来描述股线中纤维应力分布和结构的变化。

1. 双股反向加捻 如图 7-39 所示，设股线单纱为椭圆形，图 7-39（a）表示单纱的原有捻幅，外层纤维的捻幅为 P_0，距单纱中心距离为 r 的任一点处的捻幅为 P_0'；图 7-39（b）表示股线加捻时造成的捻幅，外层纤维的捻幅为 P_1，距股线中心 O_2 距离为 R 的任一点处的捻幅为 P_1'；图 7-39（c）表示单纱捻幅和股线加捻时的捻幅综合后的结果捻幅 P_x。令 r_0 为椭圆小半径，则：

$$P_x = P_0' - P_1'$$

因为：

$$P_0' = P_0 \frac{r}{r_0} \quad P_1' = P_1 \frac{r_0 + r}{2r_0}$$

所以：

$$P_x = P_0 \frac{r}{r_0} - P_1 \frac{r_0 + r}{2r_0}$$

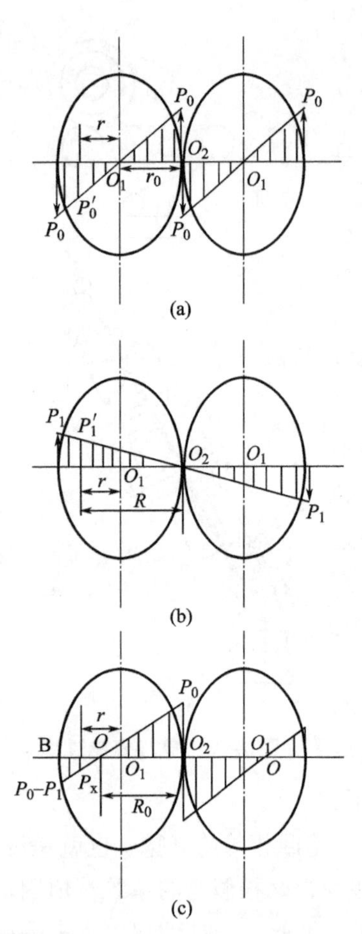

图 7-39　双股反向加捻的捻幅变化

又因：　　　　$R=r+r_0$

所以：
$$P_x=\frac{R}{2r_0}(2P_0-P_1)-P_0 \tag{7-41}$$

式（7-41）为坐标原点在 O_2 时，双股反向加捻后，O_2B 线上任一点的结果捻幅 P_x。

在 B 点，$R=2r_0$，综合捻幅 $P_B=P_0-P_1$，即双股线反向加捻后，外层纤维捻幅较单纱捻幅小，手感不发硬。

在 O_2 点，$R=0$，综合捻幅 $P_{O_2}=-P_0$，即股线中心的捻幅等于单纱的最大捻幅。

当结果捻幅 $P_x=0$ 时，即 $\frac{R}{2r_0}$（$2P_0-P_1$）$-P_0=0$，得：

$$R=\frac{2r_0P_0}{2P_0-P_1}=R_0 \tag{7-42}$$

R_0 点的结果捻幅等于零，此点称为捻心，以图 7-39（c）中的 O 点表示，R_0 为捻心半径。应该指出，按式（7-41）计算的捻幅，只是 O_2B 线上各点的综合捻幅 P_x。通过股线中心 O_2 的其他直线上各点的综合捻幅须用矢量相加。如图 7-40 所示，股线截面上任一点 M（不在 O_2B 线上）的综合捻幅 P_x 为该点上单纱捻幅 P_0' 与股线捻幅 P_1' 的矢量和。

由余弦定理得：

$$P_x^{\ 2}=(P_0')^2+(P_1')^2-2P_0'P_1'\cos\angle CEM$$

所以：
$$P_x^{\ 2}=\frac{2P_0-P_1}{4r_0^{\ 2}}(2P_0r^2-P_1R^2)+\frac{P_0P_1}{2}$$

在 $\triangle OMO_2$ 中：
$$\overline{OM}^2=\overline{OO_2}^{\,2}+R^2-2R\overline{OO_2}\cos\delta \tag{7-43}$$

在 $\triangle O_1O_2M$ 中：
$$\cos\delta=\frac{R^2+r_0^{\ 2}-r^2}{2Rr_0}$$

且 $\overline{OO_2}=R_0=\frac{2r_0P_0}{2P_0-P_1}$，代入式（7-43），并两边各乘 $\frac{(2P_0-P_1)^2}{4r_0^{\ 2}}$，得：

$$\frac{(2P_0-P_1)^2}{4r_0^{\ 2}}\times\overline{OM}^2=\frac{(2P_0-P_1)^2}{4r_0^{\ 2}}\left[\left(\frac{2r_0P_0}{2P_0-P_1}\right)^2+R^2-2R\,\frac{2r_0P_0}{2P_0-P_1}\cdot\frac{R^2+r_0^{\ 2}-r^2}{2Rr_0}\right]$$

整理后，得：

$$\frac{(2P_0-P_1)^2}{4r_0^{\ 2}}\overline{OM}^2=\frac{2P_0-P_1}{4r_0^{\ 2}}(2P_0r^2-P_1R^2)+\frac{P_0P_1}{2}=P_x^{\ 2}$$

于是
$$P_x=\overline{OM}\,\frac{2P_0-P_1}{2r_0} \tag{7-44}$$

$\overline{OM}$ 为股线截面内任意一点距捻心 O 的距离。式（7-44）表明，股线截面上任意一点，无论是否在 O_2B 线上，综合捻幅与距捻心的距离成正比，因此，捻心 O 为求综合捻幅的真正中心。若以 O 为圆心作无数同心圆，那么同一个圆上的捻幅应相等。为分析简便起见，现仅分析 O_2B 线上的捻幅分布。

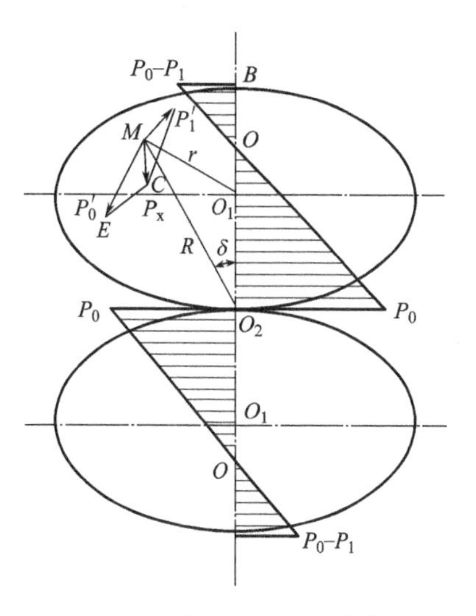

图 7-40 股线中任一点的捻幅

若股线捻幅等于单纱的捻幅，即 $P_1=P_0$，则股线最外层纤维与股线轴向平行，捻幅为零，股线表面可获得最佳的光泽，手感柔软，纵向耐磨性能好，如图 7-41 所示。此时，股线捻系数 α_1 与单纱捻系数 α_0 有如下关系：

因为捻幅 $P=2\pi rT_t$，$r_1=2r_0$，所以，$P_1=\dfrac{2\pi r_1\alpha_1}{\sqrt{\mathrm{Tt}_1}}$，$P_0=\dfrac{2\pi r_0\alpha_0}{\sqrt{\mathrm{Tt}_0}}$。当 $P_1=P_0$ 时，则 $\alpha_1=\dfrac{\sqrt{2}}{2}\alpha_0$。

若股线捻幅大于单纱捻幅，即 $P_1>P_0$，则股线中平均捻幅增加，纤维倾斜度增大，但外层捻幅仍较小，如图 7-42 所示。此时，股线强力和弹性都有所提高，光泽和手感也好。

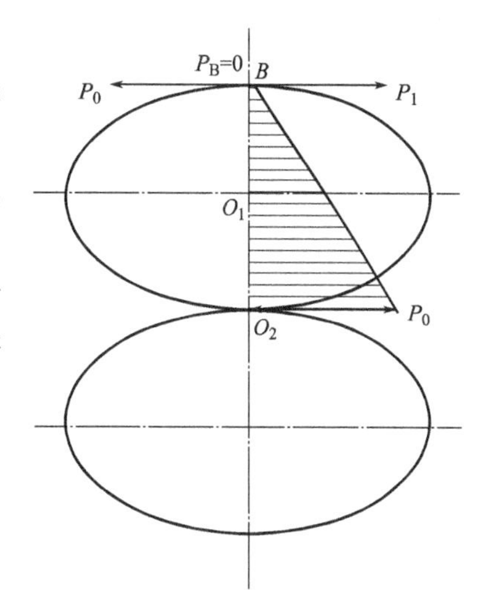

图 7-41 股线反向加捻时纤维排列的轴向性

若股线捻辐为单纱捻幅的两倍，即 $P_1=2P_0$，则股线内外层捻幅一致，内外层应力分布均匀，股线强力最佳，如图 7-43 所示。此时，股线捻系数 α_1 与单纱捻系数 α_0 的关系为 $\alpha_1=\sqrt{2}\alpha_0$。

2. 双股同向加捻 双股同向加捻时，股线加捻的方向与反向加捻时相反，故只需改变式（7-41）中 P_1 的符号，即可得到捻幅 P_x，如图 7-44 所示。

$$P_x=\frac{R}{2r_0}(2P_0+P_1)-P_0$$

在 B 点，$R=2r_0$，综合捻幅 $P_B=P_0+P_1$。

在 O_2 点，综合捻幅 $P_{O_2}=-P_0$。捻心半径 R_0 为：

$$R_0=\frac{2r_0P_0}{2P_0+P_1} \tag{7-45}$$

由式（7-45）及图 7-44 可知，当 $R<R_0$ 时，股线 P_x 为负值，且随 R 的增大而减小；$R>R_0$ 时，P_x 为正值，且随 R 的增加而增大。小于 R_0 处的捻幅较单纱原有捻幅小，大于 R_0 处的捻幅较单纱原有捻幅大。因此，双股线同向加捻时，其内外层纤维的捻幅差异很大，其应力与变形的差异也很大。外层纤维的捻幅增加，说明外层纤维较紧张，故股线手感较硬实。

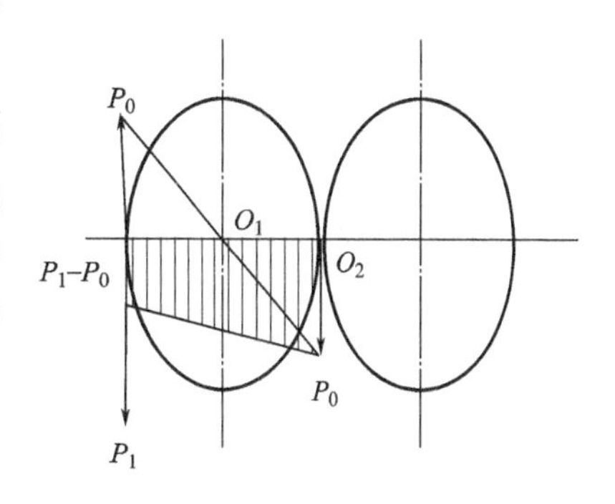

图 7-42 $P_1>P_0$ 时的平均捻幅

（三）股线捻系数的选择

1. 捻系数对股线性能的影响 股线的性质比较复杂，

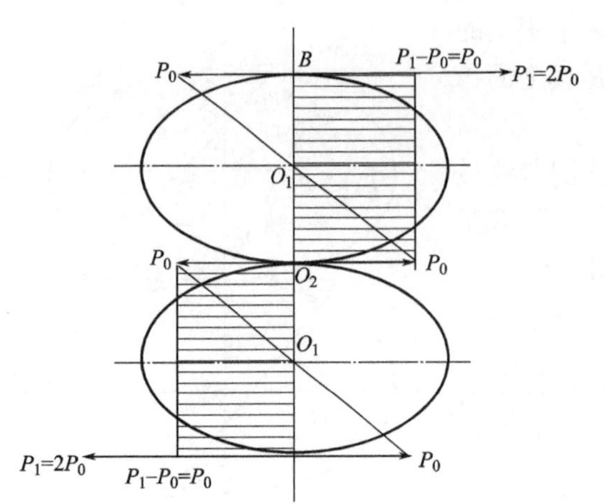

图 7-43 $P_1=2P_0$ 时的捻幅分布

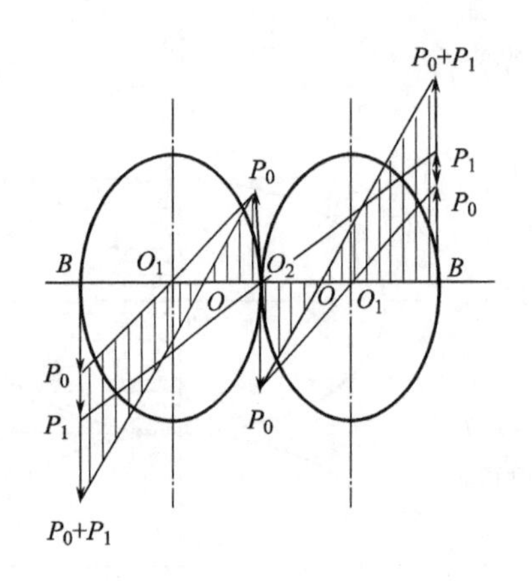

图 7-44 双股同向加捻的捻幅

它与单纱性质（捻度、强力、伸长、弹性等)、股线合股数、捻向、加捻方法及加捻程度等因素有关。

(1) 与强力的关系。股线加捻后改变了纤维的捻幅及其应力应变，这在很大程度上决定了股线的强力。股线捻系数与股线强力的关系如图 7-45 所示。由图可见，股线反向加捻时，开始阶段，股线强力随股线捻系数的增加而增加，达到最大值后，随捻系数的增加而降低。这是因为在开始阶段股线的内外层捻幅差异减小，应力与变形均匀，有利于股线强力的增加，但超过最大值后，随着捻系数的增加，纤维受到的应力与变形加大，对股线强力不利。当单纱捻系数较小时，其最高强力对应的股线捻系数较大，最大强力也高。当 $P_1=2P_0$ 时，即 $\alpha_1=\sqrt{2}\,\alpha_0$，股线能获得较好的强力。股线同向加捻时，开始由于并合作用及股线结构的变化，强力随捻系数的增加而增大，强力增加的速率较反向加捻时快，且达最大强力时的捻系数较反向时低。这是由于同向加捻时，随着捻系数的增加，内外层纤维捻幅差异迅速加大，应力与变形差异加大，所以强力随捻系数的增加而迅速下降。

(2) 与伸长的关系。由于股线加捻增加了股线中单纱与单纱之间的联系，且纤维的倾斜状态和捻幅分布发生变化，改善了纱线结构，使股线的弹性较好，承受反复载荷的能力也提高。股线捻系数与伸长的关系如图 7-46 所示。

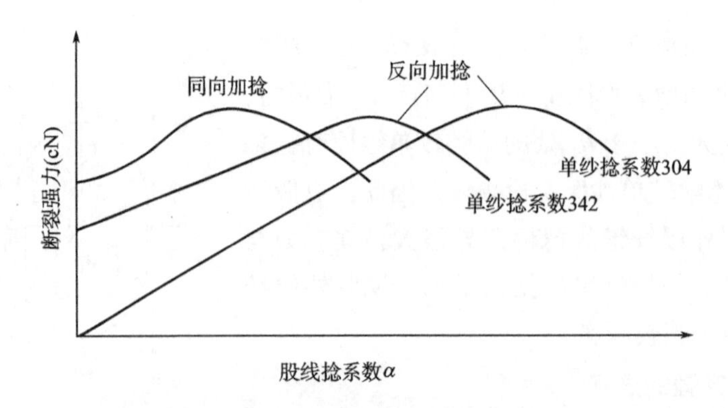

图 7-45 股线捻系数与强力的关系

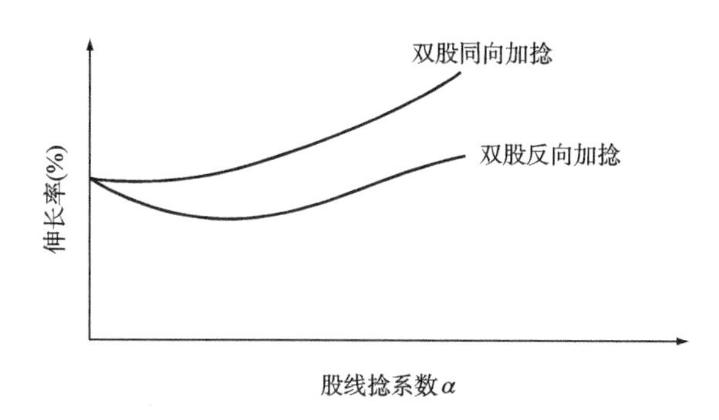

图 7-46　股线捻系数与伸长的关系

由图可见，股线反向加捻时，开始由于外层纤维捻幅减小，伸长稍有所下降，随着捻系数的增加，并且当 $P_1>P_0$ 时，外层纤维的捻幅增加，伸长也增加。同向加捻时，纤维的平均捻幅随捻系数的增加而增加，所以股线的伸长也增加，数值也比反向加捻时大。

（3）与光泽、手感和耐磨性的关系。股线的光泽和手感取决于股线表面纤维的倾斜程度，外层纤维与轴向平行时，光泽和谐，手感柔软。双股反向加捻，当 $P_1=P_0$，即 $\alpha_1=\frac{\sqrt{2}}{2}\alpha_0$ 时，能得到较好的光泽与手感。因为反向加捻时，股线的捻幅分布和应力分布均匀，当股线表面纤维受到磨损时，内部的纤维仍保持一定的联系，股线的结构不会立刻遭到破坏。如果股线捻系数与单纱捻系数配合适当，提高股线表面纤维的轴向性，可使轴向移动时的耐磨性能提高。

（4）与捻缩（捻伸）的关系。当股线内纤维平均捻幅大于单纱内纤维平均捻幅时，产生捻缩；当股线内纤维平均捻幅小于单纱内纤维平均捻幅时，则产生捻伸。如图 7-47 所示，双股反向加捻时，股线平均捻幅开始减小，股线伸长，α_t 点为股线伸长达到极大值之点，此点的平均捻幅为极小值，即 $\alpha_1=0.414\alpha_0$；继续增加股线捻系数，当 $P_1=P_0$ 时，股线平均捻幅与单纱相同，股线捻缩为零，如 α_{t0} 点，此时，$\alpha_1=0.707\alpha_0$；之后随股线捻系数的增加，平均捻幅增加，捻缩也增加。同向加捻时，股线平均捻幅随股线捻系数的增加而增加，其捻缩总是增加的。

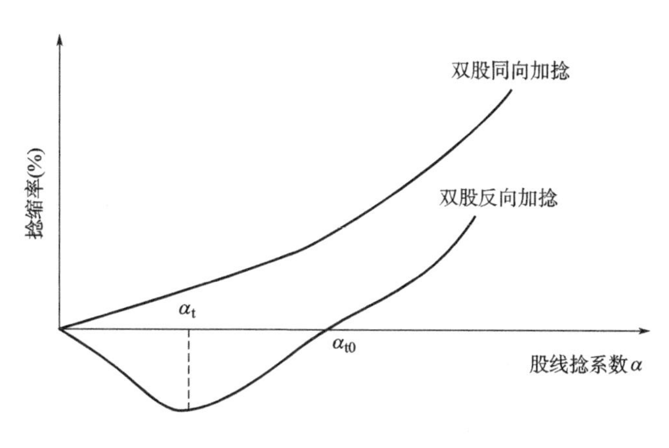

图 7-47　股线捻系数与捻缩的关系

2. 股线捻系数的选择依据 股线的捻系数应根据股线的用途及单纱捻系数合理选择。股线捻系数对单纱捻系数的比值$\frac{\alpha_1}{\alpha_0}$称为捻比，强捻单纱的股线捻比可小些，经线的捻比在1.2~1.4范围内，纬线的捻比在1.0~1.2范围内。若要求光泽、手感、耐磨性好，捻比可选0.7~0.9。表7-4为不同用途股线的捻比值。

表7-4 不同用途股线的捻比值

产品用途	产品特征	$\frac{\alpha_1}{\alpha_0}$
织造用经纱(线)	紧密,毛羽少,强力高	1.2~1.4
织造用纬纱(线)	光泽好,柔软	1.0~1.2
针织棉毛衫,袜子用线	柔软,光洁,结头少	0.8~1.1
针织汗衫用线	紧密,滑爽,光洁	1.3~1.4
缝纫用线	紧密,光洁,强力高,圆度好,捻向SZ,结头及纱疵少	双股1.2~1.4 三股1.5~1.7
帘子线	紧密、弹性好、强力高,捻向ZZS	初捻2.4~2.8 复捻0.85左右
绉捻线	紧密,爽滑,伸长大,强捻	2.0~3.0
腈/棉混纺	单纱采用弱捻	1.6~1.7
黏纤纯纺、黏纤混纺	紧密,光洁	1.3左右
刺绣线	光泽好,柔软,结头小而少	0.8~1.0
巴厘纱织物用线	硬挺,爽滑,同向加捻,经热定型	1.3~1.5

讨论专题五：总结加捻原理在各类纱线成形中的应用

思考题：

1. 什么是捻度、捻系数、捻向、捻回角和捻幅？
2. 解释捻回的传递现象、捻陷现象以及阻捻现象，并分析捻陷和阻捻对加捻区各段纱条捻度的影响。
3. 什么是稳定捻度和假捻效应？分别列举在纱线成形加工中的应用。
4. 纱线的加捻程度可以用哪些指标进行衡量？应用范围如何？
5. 分析翼锭纺纱粗纱加捻过程，并列出设计粗纱捻系数时需要考虑的影响因素。
6. 分析环锭纺细纱加捻过程，并列出设计细纱捻系数时需要考虑的影响因素。
7. 简要分析同向加捻和反向加捻后，股线的捻度变化以及对纱线性能的影响。

第八章　卷绕

本章知识点：

1. 卷绕的目的、要求。

2. 卷绕的基本类型与适用范围、卷绕基本方程与卷绕张力。

3. 纤维卷和纤维条的卷绕过程与种类。

4. 粗纱的卷绕与成形。重点掌握有捻粗纱的卷绕方程，了解现代粗纱机的卷绕成形机构。

5. 环锭纺细纱的卷绕与成形。重点掌握细纱卷绕过程对钢领板的运动要求以及卷绕方程，了解现代细纱机的电子成形系统。

6. 筒子纱的卷绕与成形过程。

7. 卷绕张力的成形与控制。重点掌握粗纱和细纱卷绕过程中的张力分布、细纱张力与断头的关系及调控措施。

第一节　概述

一、卷绕的目的与要求

（一）卷绕的目的

就现有技术而言，纺纱还需要经过多机台、多工序相互配合才能生产出满足要求的纱线产品。目前，除棉纺清梳联工序可以将开清棉的纤维流直接输送到梳棉机外，其他大部分加工工序或设备间仍需要不同性状的半制品作为生产的衔接与过渡。这就需要对各工序输出的半制品进行卷绕并形成符合要求的卷装形式。因此，卷绕的目的如下。

1. 满足各机台的生产要求　各机台对喂入半制品的性状要求不同，例如，棉纺精梳机要求纤维制品以棉卷形态喂入；环锭细纱机喂入制品的卷装形式为粗纱；一些新型成纱设备可直接以纤维条的形态喂入。因此，各机台、各工序之间通过卷绕可形成合适的半制品卷装，以有序衔接纺纱全流程的生产加工，保证纺纱过程的连续性。

2. 满足半制品的储存与运输要求　纺纱半制品的生产周期和工艺要求各不相同，对半制品进行适量储存，首先要考虑工序、设备间的产量匹配，使生产稳定；其次储存能使半制品消除静电、回复弹性、稳定捻度、平衡回潮等，满足工艺要求；此外，半制品的卷装尺寸、重量等要便于储存与运输。

（二）卷绕的要求

根据卷绕的目的，对纤维制品的卷绕成形有下列要求。

1. 合适的卷绕张力　合适的卷绕张力可保证卷绕过程顺利和卷装成形良好。张力过大，纤维制品易产生意外伸长甚至断裂，影响半制品质量和生产效率；张力过小，纤维制品的卷装成形不良，容易在储存运输过程中产生塌肩松垛现象，造成因“瞎管、瞎轴”产生的耗损。同时，为适应高速化生产，更需确保卷绕成形良好，防止在本工序卷绕以及后道工序的退绕过程中产生粘连、松弛、扭结或脱圈等问题。

2. 较大的卷装容量 在高速高产的发展趋势下，为减少落纱、换管或换筒的次数，要求在不影响挡车工操作、便于运输与储存、卷绕密度适当的情况下，应综合考虑增加卷装的容量，以提高劳动生产率，降低生产成本。同时较大的卷装容量也有利于提高产品质量。

3. 保持纤维制品的物理机械性能 不同的卷装作为各机台、各工序生产加工过程中的过渡制品，卷绕过程应不对半制品或成品的内在质量、外观、均匀度和其他品质产生影响，尽量保持纤维制品原有的物理机械性能，保证产品的合格率。

二、纺纱系统中的卷绕

目前，纺纱系统中采用的卷绕及卷装形式主要有纤维卷、纤维条、粗纱、管纱和筒子纱。其中，纤维卷的卷绕主要在棉纺纺纱系统开清棉工序的清棉成卷机和精梳前准备工序的条卷机、并卷机、条并卷联合机等设备上应用。但随着清梳联技术的成熟应用，开清棉工序加工的散纤维可通过管道气流直接输送到梳理设备，因此，纤维卷的卷装形式在开清棉工序已不多见。其他卷装形式的卷绕过程主要发生在各纺纱系统中的梳理、并条、针梳、粗纱、细纱、络筒等工序。

第二节　卷绕作用基本原理

一、卷绕的基本类型

纺纱过程中，半制品的结构、形状各不相同，其卷装的形式也不同，按照半制品的卷装形式，可分为以下几种类型。

（一）纤维卷卷绕

纤维卷卷绕是指有一定宽度和厚度的二维或平面纤维层的卷绕，其规律近似阿基米德螺旋线，卷绕时没有横动或升降运动，输出的纤维层直接卷绕在卷辊上，用于宽而厚的产品。棉纺清棉成卷机生产的棉卷以及条卷机、并卷机与条并卷联合机生产的筵棉等均采用此种形式。

（二）圈条卷绕

圈条卷绕是摆线式卷装形式，一般以摆线的运动轨迹圈放在条筒内，条筒可以保护纤维条的结构，避免卷装形式发生变化，用于粗大而其强力较小的半制品，在纺纱加工成形中应用较多。梳理机、针梳机、并条机和精梳机等输出的半制品均以圈条卷绕方式形成合适的卷装。

（三）圆柱型卷绕

圆柱型卷绕以平行螺旋线形式将纤维制品卷绕在圆柱形纱管上，卷绕时通过导纱器横动或筒管升降满足成形要求，用于具有一定强力且卷绕动程长的半制品的卷绕。但该种卷绕方式速度较慢，且绕纱螺距小。粗纱机、并纱机等输出的半制品采用圆柱型卷装。

（四）圆锥型卷绕

圆锥型卷绕以交叉螺旋线的形式将纱条卷绕在纱管上，卷绕时纱条在卷绕轴方向对筒管作较大速度的横动或升降运动，卷绕张力较大，适合高速卷绕和退绕，在细纱机、捻线机和络筒机上广泛采用，满足卷装成形要求。

二、卷绕方程

（一）卷绕速度方程

纺纱生产过程要尽量减少纤维制品的意外伸长，降低断头率，确保半制品的卷绕密度均匀一致。因此，理论上来讲，在加工过程中，单位时间内的卷绕长度应与输出长度相等。

在不考虑往复运动和无加捻的条件下，单位时间内的卷绕长度为：

$$V_w = \pi d_w n_w \tag{8-1}$$

式中：V_w——卷绕线速度，即单位时间内的卷绕长度；

d_w——卷绕直径；

n_w——卷绕转速。

与此同时，单位时间内输出长度为：

$$V_f = \pi d_f n_f \tag{8-2}$$

式中：V_f——输出罗拉的线速度，即单位时间内的输出长度；

d_f——输出罗拉直径；

n_f——输出罗拉转速。

因此，可得到如下的卷绕速度方程：

$$n_w = \frac{d_f}{d_w} n_f \tag{8-3}$$

一般情况下，单位时间内的输出长度是不变的，即输出速度 n_f 不变，输出罗拉的直径 d_f 也不会变化，但卷绕直径会随着卷装的增加而增大，因此，由式（8-3）可知，卷绕速度要随着卷装直径的变化而变化。

（二）升降/往复速度方程与卷绕螺距

在现有的各类型卷绕中，除了纤维卷和圈条卷绕形式只考虑回转运动外，其他半制品和成品的卷绕运动都有往复运动，如粗纱、细纱的升降运动及转杯纺纱、络筒的横向导纱运动。因此，在卷绕过程中，应确保单位时间内卷绕的升降高度/横动长度与卷装的轴向卷绕高度/卷绕长度相等。

则有升降/往复速度方程：

$$V_h = h \frac{V_f}{\pi d_w} \tag{8-4}$$

式中：V_h——升降机构/横动装置线速度，即单位时间内卷绕的升降高度/横动长度；

h——纤维制品轴向卷绕螺距。

式（8-4）表明，在卷绕成形过程中升降/往复速度 V_h 也是随卷绕直径的变化而变化的。

由式（8-4）可推导出卷绕螺距：

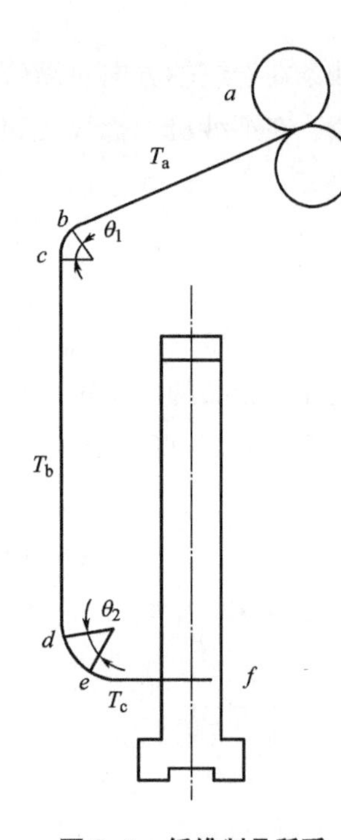

图 8-1 纤维制品所受卷绕张力示意图

$$h=\frac{V_h}{V_f}\pi d_w \tag{8-5}$$

当升降或者导纱装置做往复运动时，不仅其速度是变化的，而且卷绕螺距是可以调节的。

三、卷绕张力

为使卷绕顺利且卷装成形良好，纤维制品在卷绕过程中保持一定的张紧程度十分必要，这也是对卷绕成形的基本要求之一。

（一）卷绕张力的形成

图 8-1 为在卷绕成形过程中纤维制品所受的卷绕张力示意图。图中：a 点为纤维制品输出端；bc 段和 de 段分别代表纤维制品自输出端至卷绕点可能受到的摩擦包围弧，θ_1、θ_2 分别表示其对应的圆心角；f 点为卷绕端；T_a 表示 ab 段的卷绕张力；T_b 表示克服 bc 段摩擦力后 cd 段的卷绕张力；T_c 为克服 bc 段和 de 段的摩擦力后 ef 段的卷绕张力。在有加捻的机台中，如粗纱和细纱，ab 段的张力又称为纺纱张力。

根据欧拉公式，可得：

$$T_b=T_a e^{\mu\theta_1} \tag{8-6}$$

$$T_c=T_b e^{\mu\theta_2}=T_a e^{\mu(\theta_1+\theta_2)} \tag{8-7}$$

式中：μ——机件对纤维制品的摩擦系数。

可见，当纤维制品自 a 点输出至卷绕到 f 点，整根纤维制品上的各段张力是变化的，$T_c>T_b>T_a$，卷绕张力 T_c 最大。

（二）卷绕张力对成纱过程的影响

在纺纱过程中，当纤维制品某断面处的强力小于在该处的卷绕张力时，就发生意外伸长或者断头，影响产量、质量和消耗。如图 8-2 所示为卷绕张力 T_s 和纺纱强力 P_s 的变化曲线。由图可知：①卷绕张力的平均值比纺纱强力的平均值小得多，一般为平均强力的 1/4～1/3；②卷绕张力和纺纱强力都是随时间而变化的，且变化具有随机性；③当纱线某一点的卷绕张

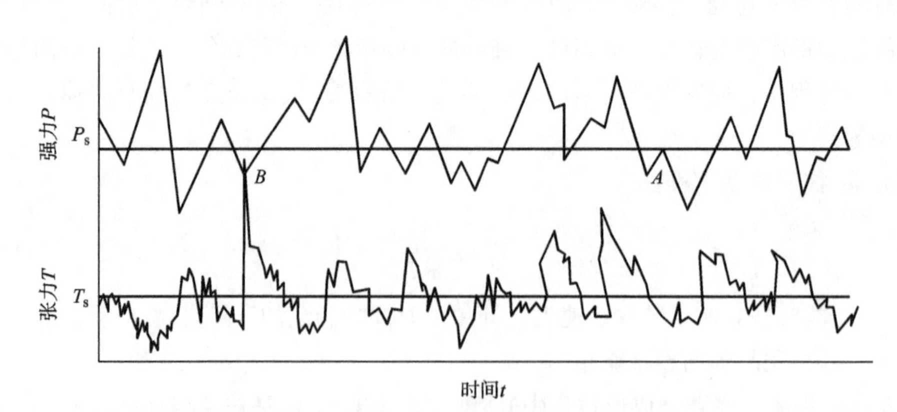

图 8-2 纺纱张力 T_s 和纺纱强力 P_s 的变化曲线

力大于该点的纺纱强力时，就产生断头。如图中的 A、B 点。不难看出，断头实质是发生在卷绕张力波动的波峰和纱线强力波动的波谷的交叉点。因此，卷绕张力的变化范围要适当控制，以兼顾成形与断头。在生产过程中，一般通过调整卷绕机构来调节合适的卷绕张力，避免产生意外伸长、毛羽和断头等不良现象。

第三节　卷绕在成纱工艺中的应用

一、纤维卷卷绕

纤维卷要达到一定的规格和均匀要求，必须控制好纤维层的纵、横向均匀度，因此，纤维层要压紧密实，纤维卷结构要层次清晰，成形良好，表面纤维不相互粘连，以免因纤维卷结构的破坏而影响后道工序半制品或成品的质量。常见的纤维卷卷绕分罗拉式和带式两种。

（一）卷绕过程

1. 罗拉式卷绕　罗拉式卷绕因其结构简单最为常见，如传统开清棉机、条卷机、并卷机、条并卷联合机等。以条卷机为例，如图 8-3 所示，罗拉式卷绕一般由一对成卷罗拉（成卷罗拉 1 和成卷罗拉 2）与棉卷辊组成。在成卷过程中，纤维层经紧压罗拉压紧后，输送给一对同向回转的成卷罗拉，在成卷罗拉表面摩擦力的被动传动下，棉卷辊将纤维层卷绕在棉卷扦或筒管上，从而制成一定长度或规格的纤维卷。满卷后，由落卷机构将纤维卷落下，换上空棉卷辊后继续生产。

罗拉式卷绕结构简单，但存在两个问题：一是成卷过程中纤维卷各向受力不均匀，意外伸长大，小卷的纵向均匀度不易控制；二是成卷过程中纤维卷与两个成卷罗拉始终保持两个接触点，接触点处的摩擦力使纤维产生静电，易造成纤维卷的粘连，破坏其局部结构，从而影响纤维卷的质量。

2. 带式卷绕　带式卷绕在棉纺条并卷联合机和粗纺梳毛机上有应用，以条并卷联合机为例，如图 8-4 所示，带式卷绕机构一般由一个专用皮带张紧压力机构和纤维卷绕辊组成。纤

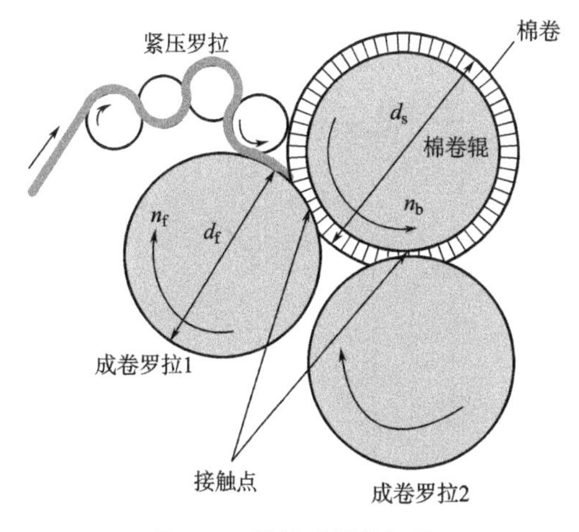

图 8-3　罗拉式卷绕机构

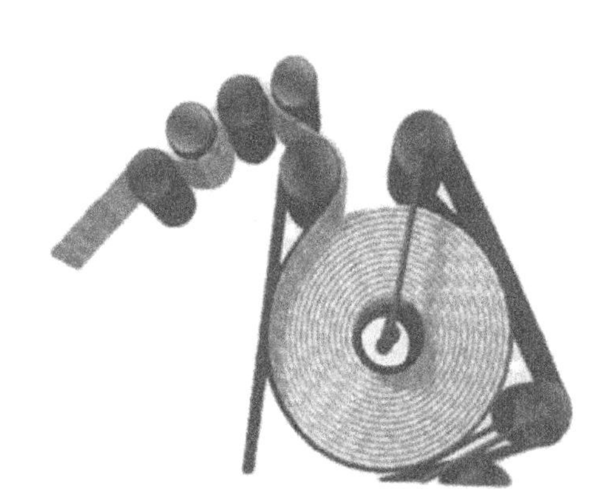

图 8-4　带式卷绕机构

维层经紧压罗拉压紧后，输送到卷绕皮带与纤维卷绕辊之间，顺皮带运动使纤维层卷绕在筒管上。在成卷过程中，卷绕皮带始终以“ʊ”形式紧密包围着纤维卷，并对纤维卷产生向内的压力。随着纤维卷直径的增大，皮带与纤维卷包围角发生变化，在开始成卷时，皮带与纤维卷的包围角为180°，满卷时为270°。

带式卷绕因从成卷开始到结束，皮带始终以柔和的方式控制纤维层的卷绕运动，将压力均匀地分布在纤维卷的圆周上，不会对小卷结构产生局部的破坏，具有可减少纤维卷在退绕过程中产生粘卷等优点。

（二）卷绕方程

纤维卷的卷绕仅在成卷机构的作用下绕着纤维辊做回转运动，无加捻器和横动装置。考虑到卷绕过程中对卷绕张力的要求，应有一定的张力牵伸，根据卷绕速度方程式（8-3），可得纤维卷卷绕速度：

$$n_w = K\frac{d_f}{d_w}n_f \tag{8-8}$$

式中：d_w——卷绕直径；

n_w——卷绕转速；

d_f——输出罗拉直径；

n_f——输出罗拉转速；

K——张力牵伸，可以等于1、略大于1或略小于1（表示有一定的缩率）。

二、圈条卷绕

（一）圈条过程

图8-5所示为某型号并条机的圈条过程，棉条经一对小压辊2紧压后输入圈条盘4（由齿形带3传动）的斜管1，再向下输出并按一定规律圈放在条筒5内。棉条随斜管做等速回转，条筒放在圈条器的底盘6上，与圈条齿轮同向或反向回转，由于圈条盘中心与条筒中心之间有一偏心距，条筒转速比圈条盘慢，这样棉条便在条筒内呈近似摆线轨迹铺放，且棉条在条筒内形成一个中央有气孔的圆柱形圈条卷装。棉条的圈放成形必须由圈条器转动和底盘的回转两种运动同时完成，不仅能增加条筒的容量，而且从条筒引出时不会产生意外伸长，同时在条筒内置有弹簧与托盘，其作用是使纤维条始终处在条筒的顶部，便于卷绕和退绕，不破坏纤维条的结构。

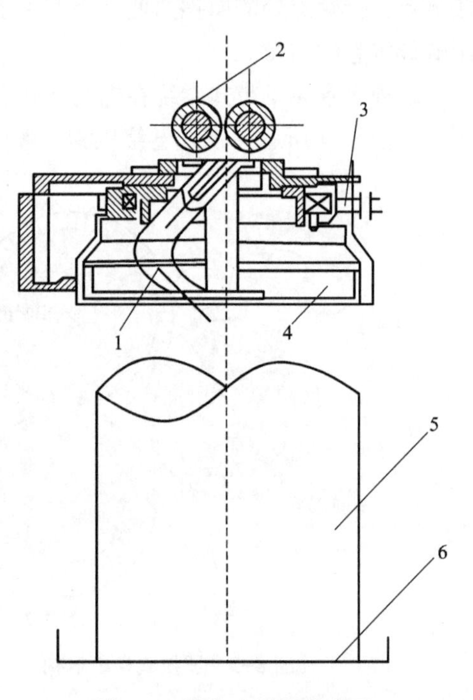

图8-5　圈条盘及圈条成形

（二）圈条种类及特点

圈条分大圈条和小圈条两种。如图8-6所示，$2r$为圈条直径，D为条筒直径。当圈条直径$2r$大于条筒半径（$D/2$）时，称为大圈条；当圈条直径$2r$

小于条筒半径（$D/2$）时，称为小圈条。

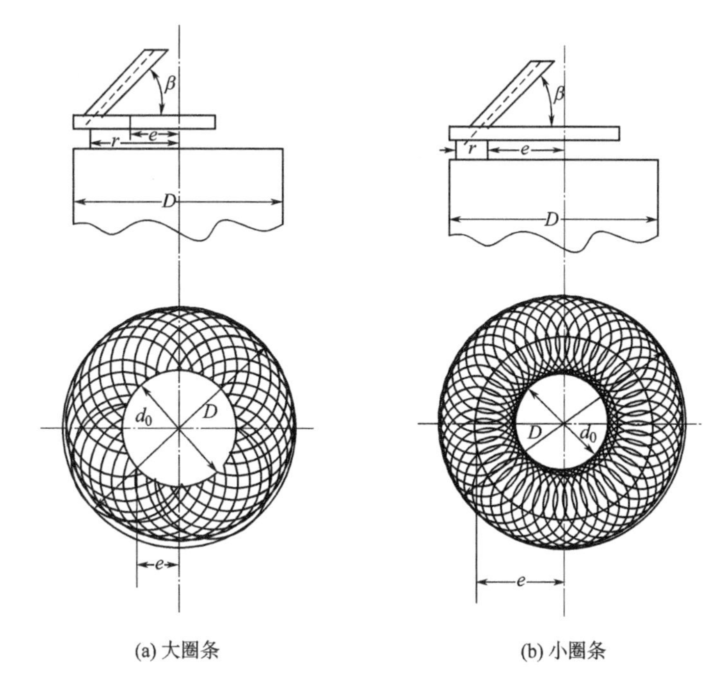

图 8-6 圈条种类

大圈条时，条子在互相交叉处留有气孔（d_0），圈条轨迹半径大，每层圈条数和重叠密度都比小圈条小。在两种圈条斜管倾角β相同时，大圈条盘的高度高。如果大、小圈条的出条速度相同，小圈条的圈条速度较高，条子的离心力较大，有可能被甩出条筒，因此，一般小条筒要用大圈条。但大圈条的结构尺寸大，回转惯性大，动力消耗大，不利于机器的制动和启动。在高速大卷装的发展趋势下，采用大条筒小圈条的优势更加明显。

（三）圈条成形的主要参数

1. 偏心距与圈条半径

圈条盘中心与圈条底盘中心间的距离 e 称为偏心距，如图 8-7 所示。偏心距的大小由条筒直径 D、圈条半径 r 及气孔大小而确定：

$$e=\frac{D}{2}-\left(\frac{d}{2}+r+C\right) \quad (8-9)$$

$$r=r_0+\frac{d}{2} \quad (8-10)$$

式中：d——条子压缩后宽度，mm；

C——条子与条筒内壁间的边间隙，mm；

r——近似等于圈条轨迹半径，mm；

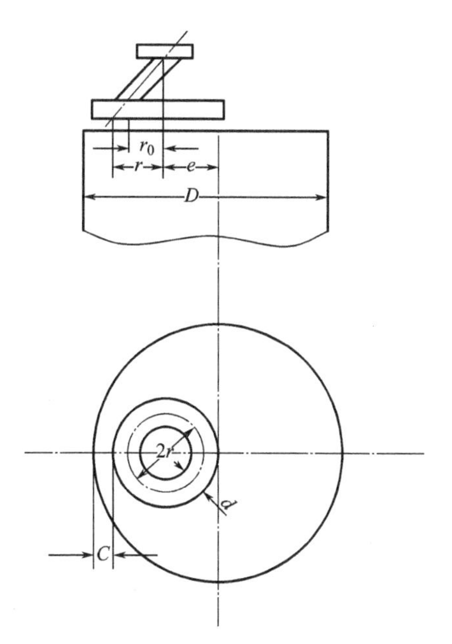

图 8-7 偏心距与圈条半径间的关系

r_0——圈条斜管上口中心至下口内缘半径。

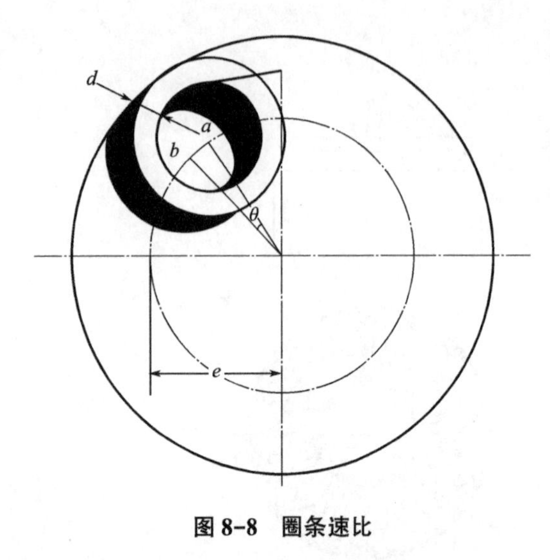

图 8-8　圈条速比

2. 圈条盘与圈条底盘的速比　圈条盘与圈条底盘的转速比 i，简称为圈条速比，i 值选择合理，可以使圈条排列紧密、外形整齐，增大条筒的容量。i 为圈条盘转一圈，圈条底盘转过 θ 角，其大小应该使圈条底盘在以偏心距 e 为半径的圆周上转过的弧长 $\widehat{ab}$ 恰好等于条子压扁后的宽度 d，如图 8-8 所示，则：

$$\frac{2\pi}{\omega_2}=\frac{d}{\omega_1 e} \quad i=\frac{\omega_2}{\omega_1}=\frac{2\pi e}{d} \tag{8-11}$$

式中：ω_1——底盘的角速度，rad/s；

ω_2——圈条盘斜管旋转的角速度（rad/s）。

由式（8-11）可知，理论圈条速比 i 与偏心距 e 成正比，与条子压缩后宽度 d 成反比。当 d 一定，i 随 e 的增加而加大。在实际生产的过程中，大条筒小圈条实际配置的圈条转速比往往要小于理论速比，目的主要使相邻的条子圈与圈之间存在空隙，减少条子之间纤维的相互粘连，避免产生发毛等不良现象。但对于小条筒大圈条或者有较大半径的大条筒小圈条来说，由于纱条盘放的重叠密度小，退绕时每圈纱条的重量较大，曲率半径较大，所以引出时比较顺利，因而不易粘连，为了增加条筒容量，小条筒大圈条以及有较大半径的大条筒小圈条实际圈条速比大于理论值。

3. 圈条轨迹长度　因圈条斜管与条筒中心间存在偏心距 e，因此，当圈条斜管做等速回转运动时，由斜管输出的棉条在空间的绝对轨迹呈正圆形，而条筒圈条底盘同时做慢速相对回转时，条子在条筒内的相对轨迹呈摆线形。图 8-9 所示为按相对运动方法做出的圈条轨迹曲线。

图中 ω_2 为圈条盘的角速度，ω_1 为条筒底盘的角速度，r 是圈条轨迹半径。圈条盘与圈条底盘的回转可以同方向，也可以反方向。

其轨迹方程分别如下式所示：

同向回转：

$$\begin{aligned} x&=r\cos\left(1-\frac{1}{i}\right)\phi+e\cos\left(\frac{\phi}{i}\right)\\ y&=r\sin\left(1-\frac{1}{i}\right)\phi-e\sin\left(\frac{\phi}{i}\right)\end{aligned} \tag{8-12}$$

反向回转：

$$\begin{aligned} x&=r\cos\left(1+\frac{1}{i}\right)\phi+e\cos\left(\frac{\phi}{i}\right)\\ y&=r\sin\left(1+\frac{1}{i}\right)\phi+e\sin\left(\frac{\phi}{i}\right)\end{aligned} \tag{8-13}$$

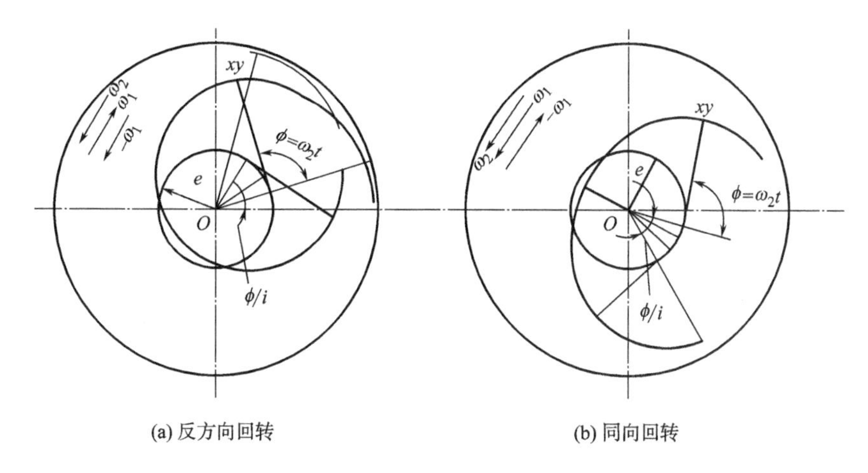

(a) 反方向回转　　(b) 同向回转

图 8-9　圈条轨迹分析

式中：

$$i=\frac{\omega_1}{\omega_2}$$

由式（8-12）可得：

$$dx=\left[-r\left(1-\frac{1}{i}\right)\sin\left(1-\frac{1}{i}\right)\phi-\left(\frac{e}{i}\right)\sin\left(\frac{\phi}{i}\right)\right]d\phi$$

$$dy=\left[r\left(1-\frac{1}{i}\right)\cos\left(1-\frac{1}{i}\right)\phi-\left(\frac{e}{i}\right)\cos\left(\frac{\phi}{i}\right)\right]d\phi$$

$$dS=(dx^2+dy^2)^{1/2}$$

$$S=\int_0^{2\pi}dS\approx 2\pi r\left[1-\frac{1}{i}+\frac{1}{2}\times\frac{e^2}{i^2r^2}\times\frac{1}{1-\frac{1}{i}}\right]$$

如略去第三项的高阶项，则：

$$S\approx 2\pi r\left(1-\frac{1}{i}\right) \tag{8-14}$$

如条筒与圈条盘反向回转时，由式（8-13）可得：

$$S\approx 2\pi r\left(1+\frac{1}{i}\right) \tag{8-15}$$

比较式（8-14）和式（8-15）可知，当圈条盘与底盘反向回转时，其每圈的长度略长。

4. 圈条牵伸　棉条从小压辊输出至圈放在条筒内，因棉条会产生一定的弹性变形和弹性回缩力，因此，在圈条过程中棉条须保持一定的张力牵伸（卷绕张力），以便保证棉条不拥堵，顺利输出，一般用圈条牵伸来表示。

一圈圈条的轨迹长度与圈条斜管一转时小压辊输出棉条长度之间的比值即为圈条牵伸 E_e。

在圈条盘转一圈时，小压辊输出的须条长度 S_0 为：

$$S_0=\pi dn \tag{8-16}$$

式中：d——小压辊直径；

n——小压辊在圈条盘转一圈时的转数。

圈条牵伸 E_e 为：

$$E_e=\frac{S}{S_0}=\frac{2\pi r}{\pi dn}\left(1\pm\frac{1}{i}\right) \tag{8-17}$$

E_e 值过小时，斜管容易堵塞；E_e 值过大时，因小压辊输出长度小于圈条轨迹长度，已被圈入条筒的棉条则会被斜管拉动，棉条易造成意外牵伸。因此，根据纤维特性，纺棉时 E_e 控制在 1.00~1.06；纺化纤时，E_e 要适当掌握，一般略小于 1。

三、粗纱卷绕

在传统的环锭纺纱加工过程中，粗纱分为有捻粗纱和无捻粗纱，其卷装均采用圆柱型卷绕形式完成。有捻粗纱机的纤维适纺范围广，对温度、含油、回潮率等适应范围较大，应用更加普遍；无捻粗纱机的适纺纤维范围较窄，通常在毛纺纺纱系统的部分产品上有应用。

（一）卷绕与成形过程

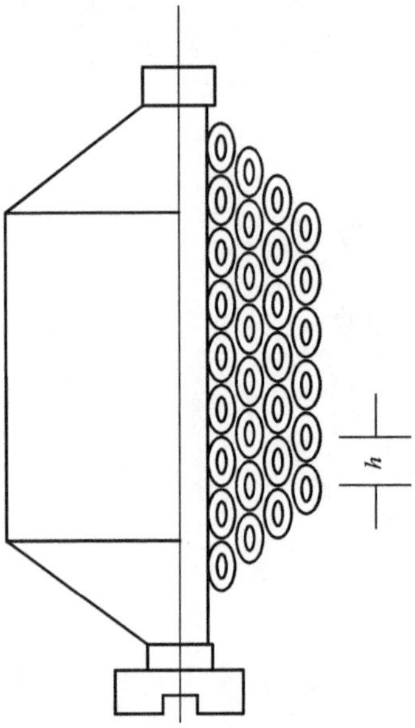

1. 有捻粗纱 图 8-10 所示为有捻粗纱的卷装形式，为圆柱型平行螺旋线卷绕方式，属于长动程卷绕，需要通过锭翼与筒管的相对回转和相对移动两种运动的合成来实现。

（1）相对回转运动。锭翼与筒管做相对回转运动，利用二者的转速差引导粗纱沿筒管的径向自里向外逐层进行卷绕，管纱的直径也因此逐渐增加。

筒管与锭翼可以同向回转，也可以反向回转，一般多采用前者。当筒管转速大于锭翼转速时，称为管导式；反之，称为翼导式。纺纱中多采用管导式，在生产上有以下优点：

①当粗纱断头时，筒管上的纱尾在回转气流作用下，紧贴于管纱上，不致乱飞；

②随着卷绕直径的增加，管纱重量随之增大。采用管导式，筒管直径越大，其转速越低，动力消耗较均衡，回转亦较稳定；

③传向锭子的轮系中齿轮个数较少，开车启动时锭子总是略先转动，使压掌至筒管间纱段松弛，而翼导式开车瞬间该段张力增加，容易引起伸长或断头。

图 8-10 有捻粗纱卷装

无论采用管导式还是翼导式，因粗纱捻向一定，故其转向不变，但因压掌位置不同，其绕纱方向相反，如图 8-11 所示。

（2）相对移动。通过筒管与锭翼的相对移动，引导粗纱沿筒管轴向上下逐圈排列。为防止在卷绕和运输过程中因两端脱圈或两端崩塌而造成坏纱，卷绕动程应逐层缩短，以使两端形成截头圆锥形的卷装形式，如图 8-10 所示。

2. 无捻粗纱 图 8-12（a）所示为无捻粗纱的卷装形式，采用卷绕滚筒和筒管边转动边往复横动的卷绕方式，将粗纱卷绕成圆柱形筒子。卷绕滚筒装在往复游车上，游车采用椭圆齿轮及曲柄滑块机构驱动往复运动，如图 8-12（b）所示。主动椭圆齿轮 1 传动与其

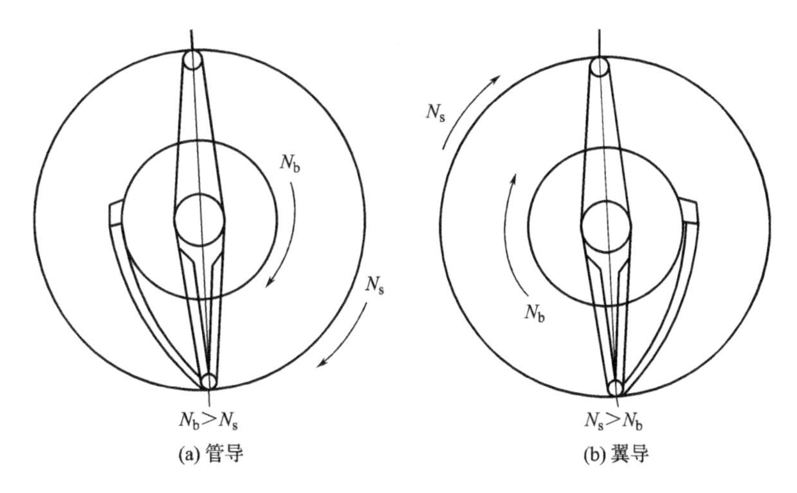

图 8-11　管导、翼导式卷绕方法

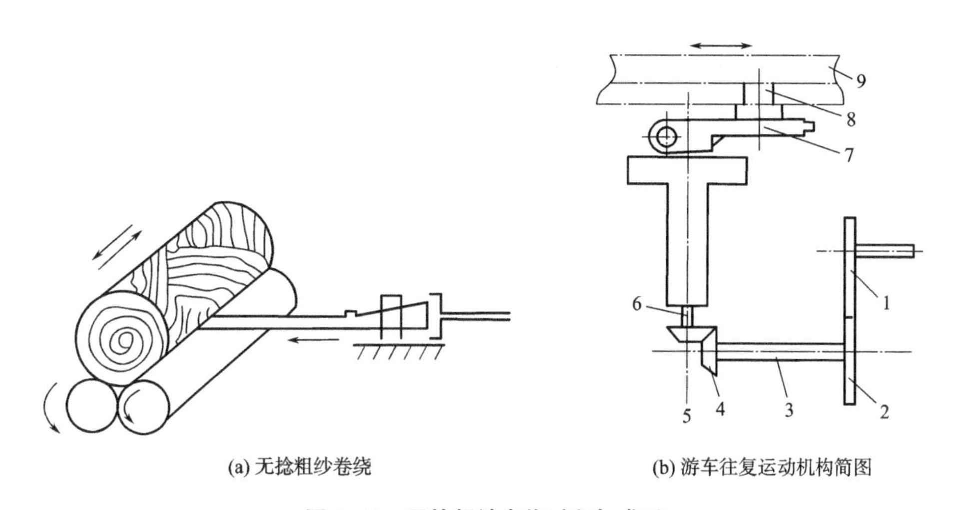

图 8-12　无捻粗纱卷绕过程与成形

啮合的另一椭圆齿轮 2，使伞齿轮 4 一起转动，并带动曲柄轴 6 转动，装在曲柄轴 6 上端的曲柄 7 也同时转动。曲柄 7 上滑块 8 受游车 9 上的槽孔的限制，在槽孔上往复运动的同时，带动游车 9 左右往复运动，实现交叉卷绕。图中 3 为轴，5 为伞齿轮。该卷绕装置粗纱卷绕线速度为：

$$V_w=\sqrt{V_b^2+(2\pi rN'_k)^2} \tag{8-18}$$

式中：V_w——粗纱卷绕线速度，m/min；

V_b——卷绕罗拉表面线速度，m/min；

r——滑块旋转半径，m；

N'_k——曲柄轴转速，r/min。

（二）卷绕与成形方程

因有捻粗纱机纺制的粗纱其应用更加普遍，重点以有捻粗纱为例，介绍其卷绕与成形方程以及机构。

1. 卷绕速度方程 为实现正常卷绕，必须保证任一时间内前罗拉输出的实际长度等于筒管的卷绕长度，即：

$$V_F=\pi D_x N_w \text{ 或 } N_w=V_F/(\pi D_x) \tag{8-19}$$

式中：D_x——粗纱管卷绕直径，mm；

V_F——前罗拉输出的线速度，mm/min。

式（8-19）表示了卷绕速度与卷绕直径的关系，称为卷绕速度方程。

在管导式卷绕时，筒管转速与锭翼转速之差称为卷绕速度，即：

$$N_w=N_b-N_s \text{ 或 } N_b=N_s+N_w \tag{8-20}$$

式中：N_w——卷绕速度，r/min；

N_b——筒管转速，r/min；

N_s——锭翼转速，r/min。

将式（8-19）代入式（8-20），得筒管转速方程：

$$N_b=N_s+\frac{V_F}{\pi D_x} \tag{8-21}$$

在一落纱过程中，粗纱的捻度是不变的，式（8-21）中的 N_s 和 V_F 不变，但 D_x 在一落纱时间内逐层由小变大，所以筒管转速 N_b 将随粗纱卷绕直径 D_x 的增大而逐层减小。由此可见，筒管转速 N_b 是由恒速的锭速 N_s 和变速的卷绕速度 $V_F/(\pi D_x)$ 两部分速度合成的，而合成的结果仍是变速。

图 8-13 所示为 N_b、N_s、N_w 与卷绕直径 D_x 之间的关系。可见，在一落纱的时间内，锭子速度不变，筒管转速与卷绕速度随卷绕直径的增加而逐层减小，并且在同一层纱内，筒管转速和卷绕速度也不变，但绕一层纱所需的时间随着层数的增加而有所增加。

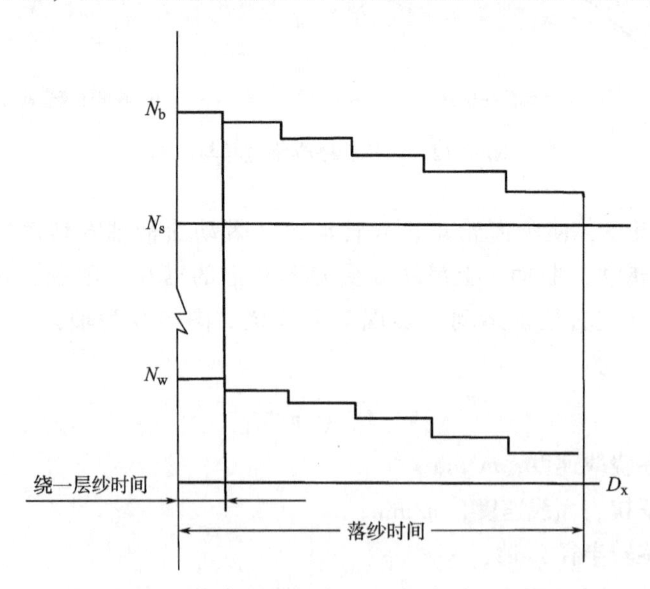

图 8-13 一落纱过程中 N_b、N_s 和 N_w 与 D_x 的关系

2. 升降速度方程 有捻粗纱机上粗纱沿筒管轴向的紧密排列由龙筋的升降运动来完成。为实现正常卷绕，必须保证任一时间内龙筋的升降高度与筒管的轴向卷绕高度相等，即：

$$V_L = h\frac{V_F}{\pi D_x} \qquad (8-22)$$

式中：V_L——下龙筋（筒管）升降速度，mm/min；

h——粗纱轴向卷绕圈距，mm。

式（8-22）表示龙筋升降速度和卷绕直径的关系，称为粗纱机的升降速度方程。图 8-14 所示为龙筋升降速度 V_L 与卷绕直径 D_x 的关系。从图中可以看出，在一落纱时间内，龙筋升降速度随卷绕直径的逐层增大而逐层减小，但在同一纱层内，龙筋的升降速度不变。实践表明，龙筋升降一单程所需的时间，随卷绕直径的逐层增加而增加。

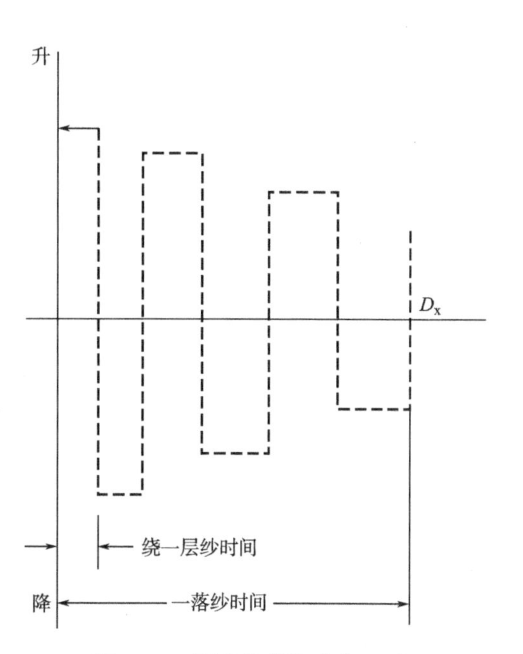

图 8-14　下龙筋升降速度 V_L 与卷绕直径 D_x 的关系

（三）卷绕与成形机构

1. 传统粗纱机　传统粗纱机的卷绕成形是由一个电动机及差动装置、锥轮（俗称铁炮）变速装置、成形装置、摆动装置、换向机构、张力微调机构等共同来完成。图 8-15 所示 FA401 型粗纱机，主轴由电动机传动，它一方面传向锭子，另一方面经捻度变换齿轮和捻度阶段变换齿轮传向上锥轮和前罗拉。上、下锥轮由小皮带传动，下锥轮经卷绕齿轮传向差动装置和升降齿轮，前者经摆动装置传向筒管，而后者经换向齿轮、升降轴传动下龙筋。锥轮皮带受成形装置的控制，沿锥轮轴向移动。由于锥轮为一圆锥体，各截面的直径不等，当移动锥轮皮带时，便改变了上、下锥轮的传动比，从而改变了筒管的转速和下龙筋的升降速度。图中：齿轮 m 的齿数为 56^T，齿轮 n 的齿数为 68^T；i_s 为主轴至锭子的传动比，i_d 为差速装置的传动比，i_b 为齿轮 n 至筒管的传动比，i_z 为捻度齿轮至前罗拉的传动比；y 为锥轮皮带所在位置的上锥轮半

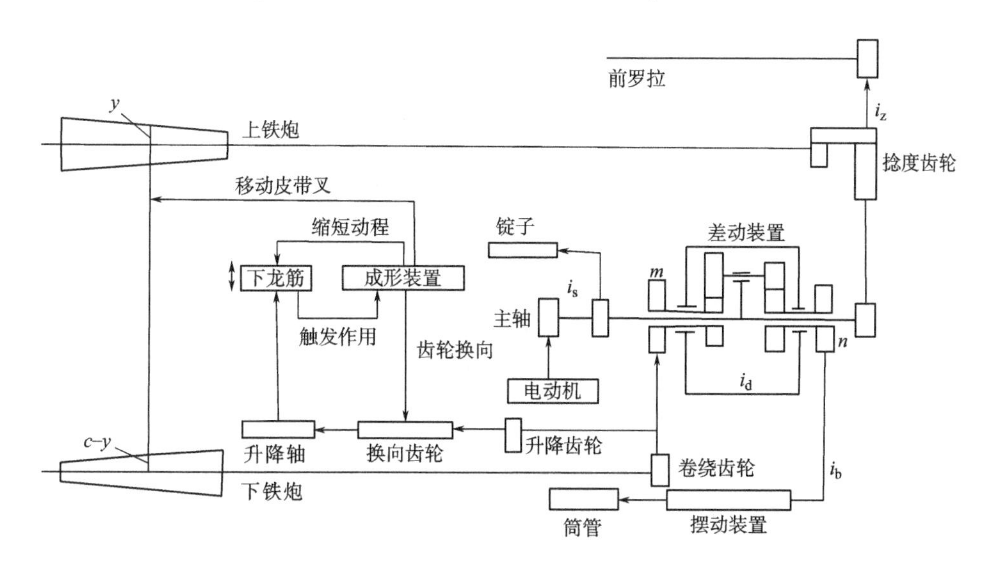

图 8-15　FA401 型粗纱机卷绕传动关系图

径，c 为上下锥轮半径之和。

传统粗纱机的变速机构包括差动装置和变速装置等，其作用是控制筒管和下龙筋的变速运动。

①差动装置。差动装置利用同一对锥轮同时完成筒管和下龙筋的变速运动，位于粗纱机的主轴上，处于锥轮至筒管间的位置，其结构为一周转轮系，作用是把主轴传入的恒速和锥轮传入的变速合成一种速度，通过摆动装置再传动筒管，以完成卷绕作用。图 8-16 所示为 FA401 型粗纱机差动装置。

采用差动装置，使主轴承担大部分载荷，锥轮仅负担变速部分的传动，可大大减轻锥轮的负担和锥轮皮带的溜滑；工艺上改变粗纱捻度需要调换捻度牙时，可在前罗拉输出速度变化的同时改变上、下锥轮速度，使卷绕速度相应变化，而不需作其他调节即可保持粗纱的正常卷绕；此外，落纱生头时，只需抬起下锥轮，使卷绕速度等于零，前罗拉输出的须条可作生头时包筒管用，而不需另外的生头机构。

②变速装置。如图 8-17 所示，在传统粗纱机卷绕过程中，变速是通过一对上、下锥轮的外形曲线来实现的，其原理是在任意皮带传动位置处，上、下锥轮的半径和为一常数。变速装置由锥轮、皮带和带动皮带在锥轮上移动的皮带叉等部件组成。主动锥轮由主轴传动，速度恒定，并通过皮带传动被动锥轮，移动皮带位置，则被动锥轮变速。当空管卷绕时，锥轮皮带处于起始位置，在主动锥轮的大端，也即被动锥轮的小端，此时，被动锥轮转速最大；以后每卷绕一层粗纱，成形装置控制锥轮皮带向主动锥轮小端移动一小段距离，主动锥轮直径减小，被动锥轮直径增大，转速减慢。

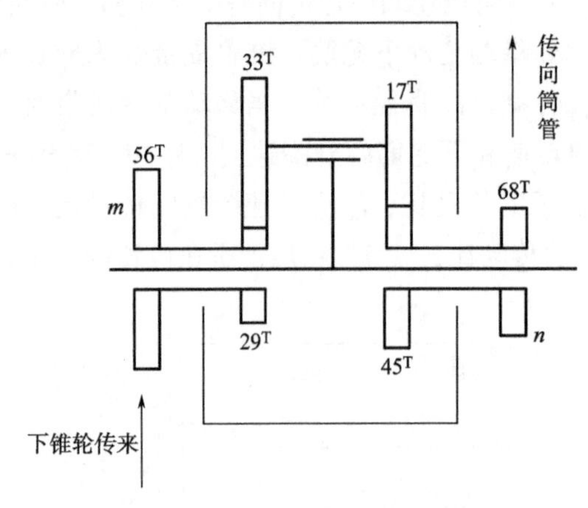

图 8-16　FA401 型粗纱机差动装置

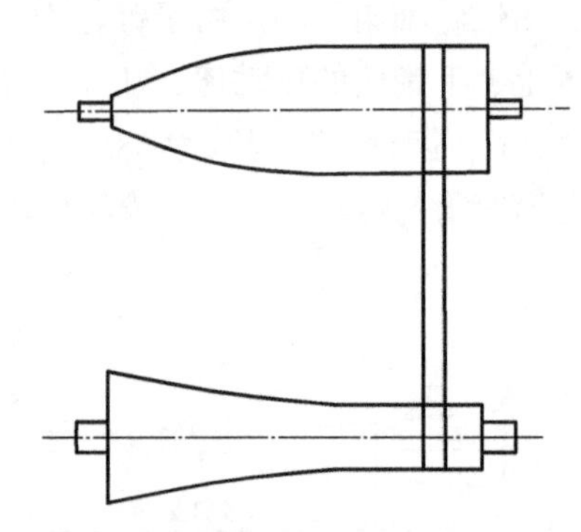

图 8-17　粗纱上、下锥轮变速装置

2. 新型粗纱机　随着计算机、变频电动机和传感器技术的发展和应用，新型粗纱机的卷绕与成形也向着现代化、智能化方向发展。如图 8-18 所示，现代新型粗纱机采用工业控制计算机通过控制多个变频电动机，分别传动锭翼、罗拉、筒管、龙筋等机构，实现粗纱机同步牵伸、卷绕成形的要求，简化了传动机构，提高了控制精度，也为粗纱机高速化提供了技术保证。其中，卷绕机构采用电子成形粗纱卷绕，取消了传统粗纱机中的差动装置、锥轮变速装置、成形装置、摆动装置、换向机构、张力微调机构等机械装置。

新型粗纱机主要由以下几部分组成。

（1）电子成形控制系统。以某公司四电动机控制系统粗纱机为例，如图 8-19 所示，四

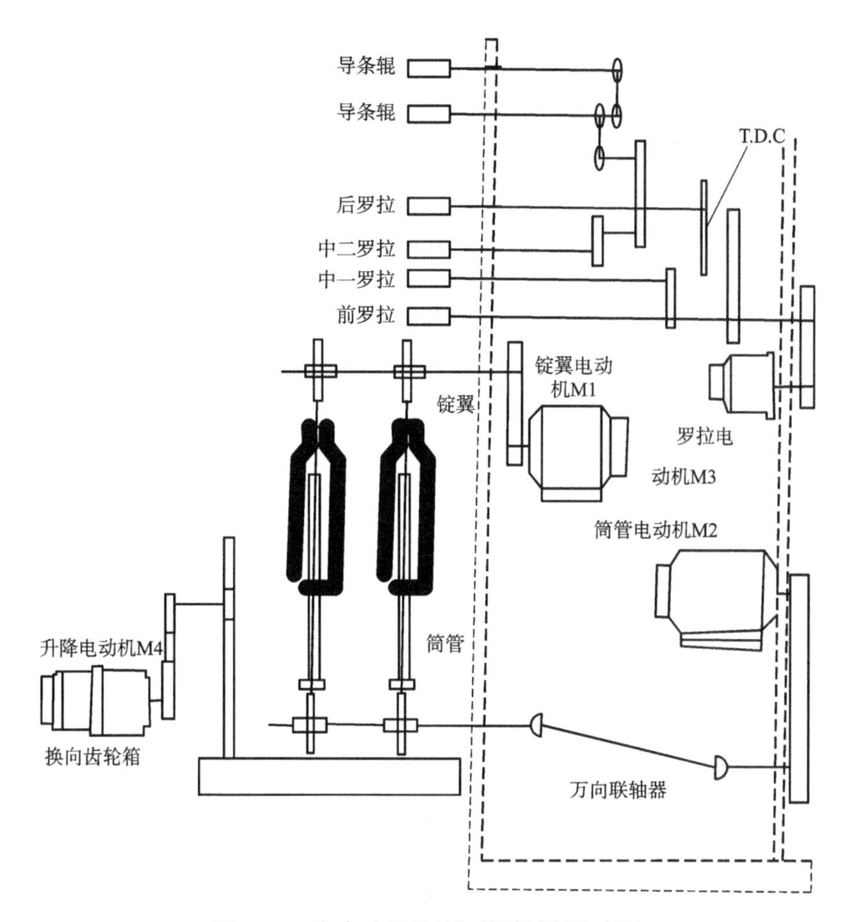

图 8-18　多电动机粗纱机传动控制示意图

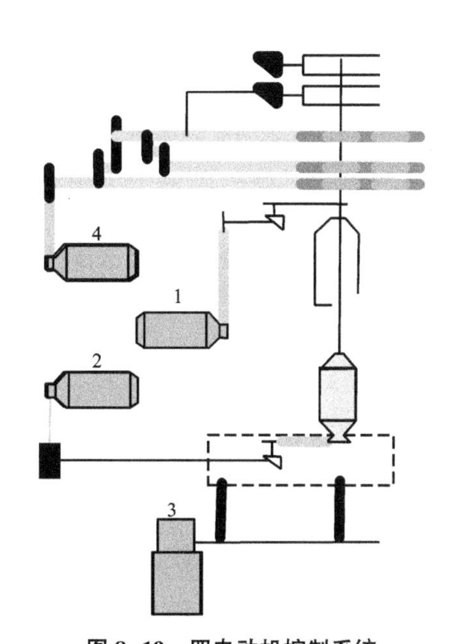

图 8-19　四电动机控制系统

1—锭翼电动机　2—筒管电动机　3—龙筋电动机　4—罗拉电动机

个电动机分别独立驱动，其中卷绕部分的锭翼电动机控制锭翼转动，筒管电动机控制筒管转动和龙筋升降。在电动机上安装的速度变换器由微计算机进行同步控制，只要输入平均锭翼转数和粗纱定量等基本条件，计算机便可根据卷绕直径的变化自动改变卷绕转速。

（2）电子成形卷绕方程。由粗纱的卷绕方程式可知，在一落纱中，随着卷绕的进行，纱层的增加导致筒管的卷绕直径逐步增大，而粗纱每层的厚度基本无差异，按照这一规律，可求得：

$$D_x = D_0 + 2n\delta_1 + n(n-1)\Delta$$

式中：D_x——卷绕第 n 层粗纱时的卷绕直径，mm；

D_0——空筒管直径，mm；

n——粗纱卷绕的层数；

δ_1——粗纱初始卷绕厚度，mm；

Δ——粗纱每层厚度的增加值，mm。

由此可得，电子成形粗纱机的筒管卷绕方程为：

$$N_b = N_s + \frac{V_F}{\pi[D_0 + 2n\delta_1 + n(n-1)\Delta]} \tag{8-23}$$

粗纱初始卷绕厚度主要与粗纱的定量（粗细）有关，按下式而定：

$$\delta_1 = 0.1596\sqrt{\frac{W}{\gamma}} \tag{8-24}$$

式中：W——粗纱定量（g/10m）；

γ——粗纱密度，不同原料其粗纱密度也不同（g/cm^3）。

粗纱每层增加值 Δ 的大小与锭翼结构、一落纱中的压掌压力变化等有关，但对同一机型其 Δ 的影响规律是一致的。Δ 主要影响纺中纱和大纱时的筒管转速，亦即影响中、大纱的卷绕张力，因此，Δ 应在 δ_1 设定后再进行相应设定或调整粗纱的张力为宜，Δ 一般为 δ_1 的 0.3%~0.4%。

四、细纱卷绕

细纱机的卷绕属于圆锥型卷绕，其特点是卷绕往复一动程内，卷绕半径连续变化，而且是往复式交叉卷绕。细纱管纱的成形要求卷绕紧密、层次清楚、不互相纠缠、不脱圈，而且有利于后道工序高速（轴向）退绕，以及便于搬运和储存等。

（一）卷绕与成形过程

1. 基本过程 细纱管纱都采用有级升的圆锥型交叉卷绕形式，又称短动程升降卷绕。环锭细纱机的卷绕和加捻是同时完成的。如图 8-20（a）所示，前罗拉输出的纱条经导纱钩后穿过钢领上的钢丝圈，绕到插在锭子上的细纱管上。锭子回转时，借助纱线张力的牵动，使钢丝圈沿钢领回转，因摩擦阻力等作用，钢丝圈回转总是滞后于细纱管转速，它与细纱管的转速差（即细纱的卷绕转速）使纱条卷绕到细纱管上。同时，随着钢领板的升降完成具有一定成形要求的卷绕，如图 8-20（b）所示。截头圆锥形的大直径，即管身的最大直径 d_{max} 比钢领直径小 3mm 左右，小直径 D_0 即筒管的直径，每层纱的绕纱高度为 h，管纱成形角为 $\frac{\gamma}{2}$。

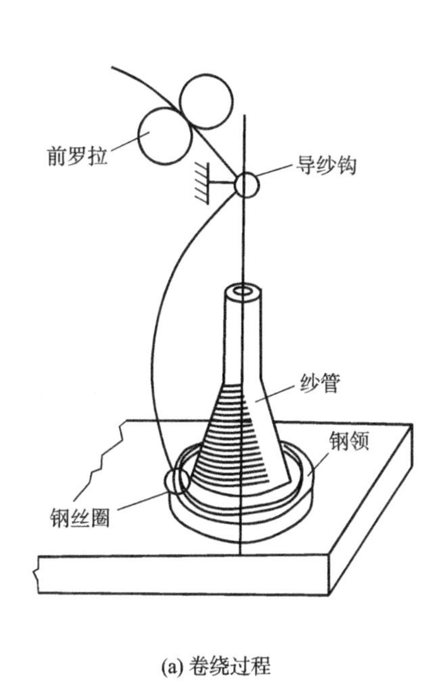

(a) 卷绕过程

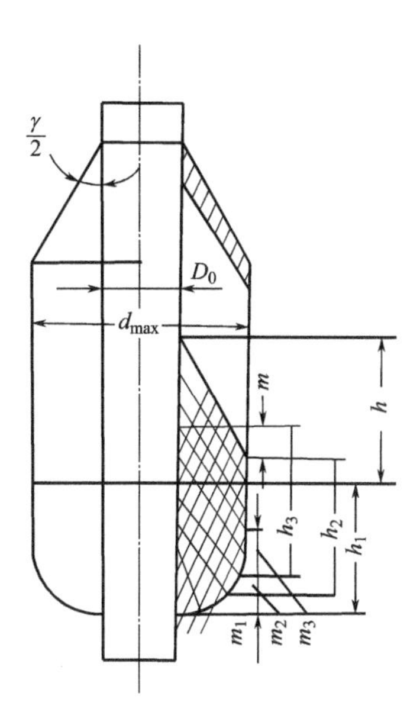

(b) 管纱卷装形式

图 8-20　细纱卷绕成形过程与管纱卷装形式

2. 钢领板运动要求　为了将细纱加工成满足要求的卷装形式，钢领板的运动应满足下列要求。

（1）钢领板做短动程升降运动，每次升降后应有级升，由成形凸轮完成。钢领板的往复升降运动靠凸轮作用于摆臂上的转子而使摆臂上的牵拉链条来回拉动分配轴旋转，再由分配轴上链轮带动钢领板升降拉杆，从而实现钢领板沿升降导杆上下运动。钢领板级升装置由棘轮机构带动蜗轮蜗杆机构完成。钢领板带动钢领钢丝圈做短动程 h 升降，每升降卷绕一层纱后钢领板由级升轮及凸钉式机构控制完成一个很小的级升（升距）m。

（2）钢领板升降运动一般上升慢，下降快。钢领板的升降速度变化由成形凸轮来控制，如图 8-21 所示。为了保持相邻的纱层次分清，不重叠纠缠，防止退绕时脱圈，凸轮的上升部分角度为 270°，下降部分角度为 90°，这样钢领板向上卷绕时速度慢，纱圈密些，称作卷绕层；向下卷绕时速度快，纱圈稀些，称作束缚层，起到隔离和束缚两层密绕纱层的作用。

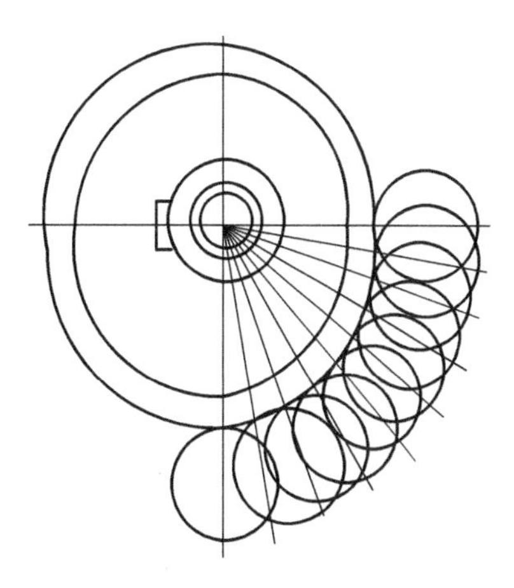

图 8-21　成形凸轮

（3）管底成形阶段，绕纱高度和级升由小逐层增大。在管底卷绕成形时，为了增加管纱的容量，防止纱线从筒管大头脱圈，每层纱的绕纱高度和级升均较管身部分卷绕时小。从空管卷绕开始，绕纱高度和级升由小逐层增大，直至管底卷绕完成，才转为常数 h 和 m，即管底阶段卷绕时，$h_1<h_2<h_3<\cdots<h_n=h$，$m_1<m_2<m_2<\cdots<m_n=m$，当管底卷绕成形完成时，才转变为常数 h 和 m。

（二）卷绕运动方程

1. 卷绕速度方程 根据圆锥螺旋线的参数方程：

$$\left.\begin{aligned} x&=(r-z\tan\gamma)\cos\theta \\ y&=(r-z\tan\gamma)\sin\theta \\ z&=\frac{h}{2\pi}\theta \end{aligned}\right\} \tag{8-25}$$

式中：x、y——底圆的垂直坐标轴；

z——等节距螺旋线的高度；

r——底圆半径；

γ——圆锥角；

h——螺距；

θ——角位移。

可推导出圆锥螺旋线的卷绕长度 s：

$$s=\sqrt{\left(r_B-\frac{h}{2\pi}\theta\tan\gamma\right)^2+\left(\frac{h}{2\pi}\right)^2\sec^2\gamma}\,\theta \tag{8-26}$$

式中：角位移 $\theta=2\pi n_w t$，则：

$$s=\sqrt{\left(r_B-\frac{h}{2\pi}\theta\tan\gamma\right)^2+\left(\frac{h}{2\pi}\right)^2\sec^2\gamma}\,2\pi n_w t$$

根据卷绕要求，单位时间内的卷绕长度应等于输出长度，细纱捻度大，考虑纱条加捻后的捻缩率，单位时间的输出长度为：$\pi d_F n_F e$。

则：$$\sqrt{\left(r_B-\frac{h}{2\pi}\theta\tan\gamma\right)^2+\left(\frac{h}{2\pi}\right)^2\sec^2\gamma}\,2\pi n_w=\pi d_F n_F e$$

其中 $r_B=\frac{1}{2}d_B$，所以：

$$n_w=\frac{d_F n_F e}{d_B\sqrt{\left(1-\frac{h}{\pi d_B}\theta\tan\gamma\right)^2+\left(\frac{h}{\pi d_B}\right)^2\sec^2\gamma}}$$

为简化起见，令：

$$C=\frac{d_F n_F e}{\sqrt{\left(1-\frac{h}{\pi d_B}\theta\tan\gamma\right)^2+\left(\frac{h}{\pi d_B}\right)^2\sec^2\gamma}}$$

则有：

$$n_w=\frac{C}{d_B} \tag{8-27}$$

上式中：n_w 为卷绕速度；r_B 为卷绕半径；d_B 为卷绕直径；d_F、n_F 分别为输出罗拉直径和转速；t 为卷绕时间；e 为捻缩率。式（8-27）即为圆锥形卷绕的卷绕速度方程。由式（8-27）可知，卷绕速度随着卷绕直径变化的规律是很复杂的，这也是圆锥形卷绕与圆柱形卷绕的根本区别。

细纱的卷绕速度等于锭子速度与钢丝圈速度之差，因此，钢丝圈的速度方程为：

$$n_t = n_s - n_w = n_s - \frac{C}{d_B} \tag{8-28}$$

式中：n_s——锭子速度；

n_t——钢丝圈速度。

在式（8-28）中，锭子的速度 n_s 是恒定不变的，因此，钢丝圈的速度要随着卷绕直径的变化而变化，其变化规律也是很复杂的。但环锭纺纱加捻卷绕的奥妙就在于卷绕段纱条带动钢丝圈在钢领上回转时，由于卷绕张力的变化，使钢丝圈与钢领表面的摩擦以及在钢领上的姿态发生变化，进而改变了钢丝圈的转速，使钢丝圈的速度具有自适应卷绕直径和卷绕速度变化的特点，不需要像粗纱机那样有一套复杂的变速卷绕成形机构，但其适应范围有限，卷绕直径过大、过小或纺纱速度过大都会因不相适应而产生问题（断头），这也是环锭纺纱卷装容量小、纺纱速度低的主要原因。

卷绕速度的变化规律如图 8-22 所示。

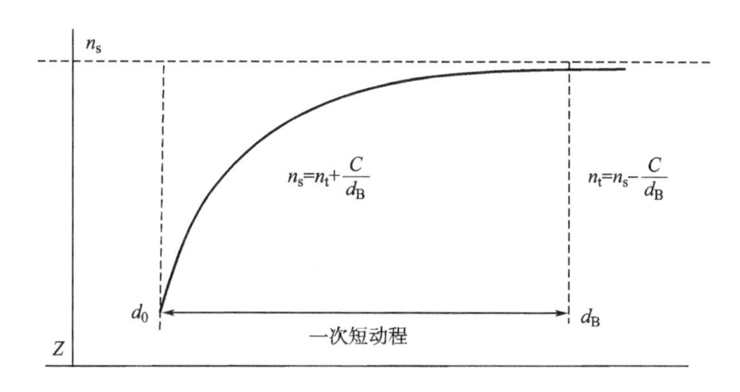

图 8-22 细纱卷绕速度变化规律

2. 升降速度方程 在采用圆锥型短动程交叉卷绕的细纱成形中，往复升降规律应能满足同层纱卷绕节距 h（螺距）不变，以保证均匀的卷绕密度。

由卷绕基本原理可知，升降速度为：

$$V_h = hn_w$$

将式（8-27）代入得：

$$V_h = h\frac{C}{d_B} \tag{8-29}$$

升降速度的变化规律如图 8-23 所示。

从图 8-23 中可以看出，在细纱管上卷绕大直径时，升降运动速度要慢；反之，卷绕小直径时，升降运动速度要快，升降运动速度与卷绕直径呈现近似反比关系，只有这样，才能保证同层纱圈节距相等。

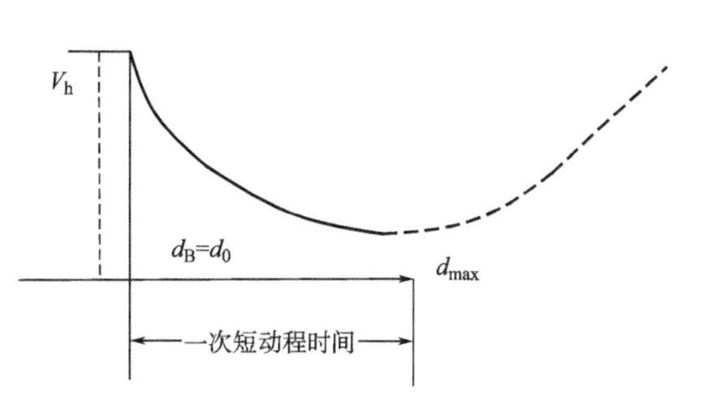

图 8-23 圆锥形卷绕升降速度变化

环锭细纱机上为保持圆锥面各处卷绕密

度相同，钢丝圈随钢领升降的速度应满足式（8-29）要求。另外，根据细纱成形的小动程往复式及管底成形卷绕要求，钢领板除应满足上升和下降速度的变化外，还应满足级升和管底成形的要求，其运动规律如图 8-24 所示。

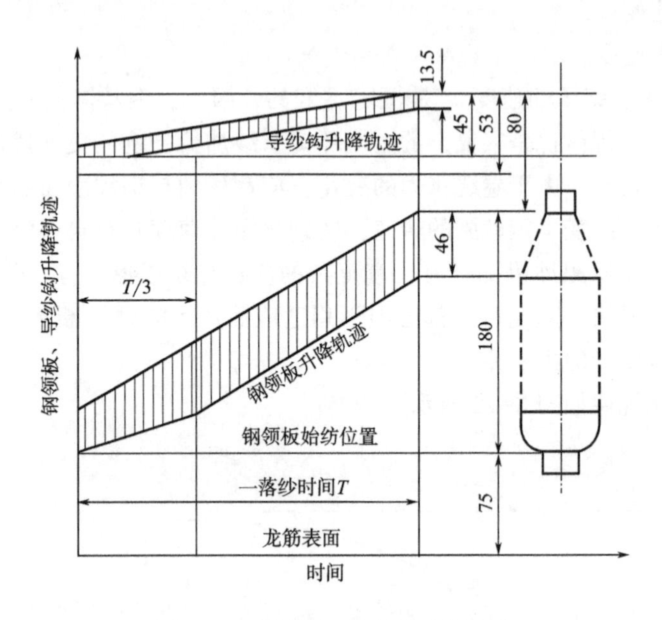

图 8-24　钢领板、导纱钩升降轨迹

（三）电子成形系统

细纱机采用电子成形系统后，取消了棘轮机构、凸轮机构、卷绕密度变换齿轮等，避免了机械凸轮经过桃尖时的动作引起的换向冲击，减少机械磨损，减少功耗；改变了传统的纺纱成形工艺，可根据用户对纺纱品种的要求，通过人机界面进行参数设置。采用电子凸轮改善了纺纱成形曲线，满足了高速络筒不脱圈的要求。

1. 电子凸轮系统的组成　电气部分主要由交流伺服系统、PLC 可编程控制器、开关电源、触摸屏和接近开关组成，系统的输出通过 PLC 输出模块给主机，所有工艺参数和点动操作都在触摸屏上完成。电子凸轮通过模拟机械凸轮的运动以达到控制钢领板升降机构等运动的目的。与机械成形凸轮相比，控制精确性高，操作便捷，工作人员只需要更改输入参数即可随时改变工艺，大幅度减小了劳动强度，提高了工作效率，也满足了高速络筒的要求。

2. 电子凸轮系统的控制原理　电子凸轮系统利用计算机控制交流伺服电动机驱动钢领板升降。如图 8-25 所示，PLC 将接收到的用户输入信息通过运算，以脉冲的形式发送给伺服驱动器，伺服驱动器驱动电动机转动，再经减速器减速、增大扭矩后，由蜗轮蜗杆改变传输方向，通过链条带动钢领板运动。编码器实时监测伺服电动机的转速并将信号反馈给伺服驱动器，PLC 再根据反馈的信息作进一步修正，形成闭环控制回路，提高了控制的准确性。

电子凸轮控制钢领板运动的输入输出点的定义如下：I0.0 为启动开关，按下该开关后，钢领板立即回到预设位置，即始纺位置；I0.1 为中途停车，信号接通后钢领板立即停止运动；I0.2 为中途落纱满纱信号，此信号接通钢领板下降到最低位置；I0.3 为全机停止，信号接通后钢领板回到最低位置；Q0.0 为伺服脉冲信号；Q0.2 为 PC 输出的脉冲信号的方向。

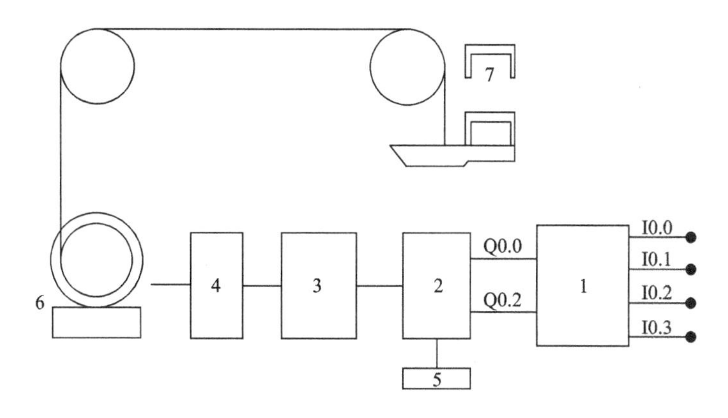

图 8-25 电子凸轮系统示意图

1—PLC 2—伺服驱动器 3—伺服电动机 4—减速器 5—编码器
6—蜗轮蜗杆 7—钢领板升降机构

由于机械成形凸轮是等角速度运转的，且凸轮每转动一圈，带动钢领板上升下降一次短动程。根据该特点，利用 PLC 中“多段管线生成包络表”的方法模拟机械凸轮运动，设计电子凸轮。将钢领板上升时成形凸轮的转动角度按一定角度划分为一段管线（包络表最多有 255 管线），根据钢领板上升位移与时间的关系式，可以求出每段管线内的钢领板上升位移，继而得到管线内 PLC 发送的脉冲数目给伺服驱动器，驱动伺服电动机转动相应的角度，通过链条带动钢领板运动一段距离。当该段管线内的脉冲串输出完成后，钢领板就完成一次上升短动程。下降控制原理也同上升一样，当钢领板完成一次上升下降动程后，循环以上操作直至整管细纱卷绕完成。

五、筒子纱卷绕

筒子纱主要是络筒工序和并纱工序的纤维制品，利用槽筒或急行往复的导纱钩，将细纱机或者捻线机的管纱重新卷绕成具有较大容纱量的筒子纱卷装。随着高速、短流程、大卷装的新型纺纱技术的不断发展，筒子纱卷装在气流纺、转杯纺等细纱成形中的应用也越来越多。

根据卷绕的筒子的形状，筒子纱卷装分为圆柱形筒子和圆锥形筒子。当纱线以螺旋线卷绕于筒子表面时，螺旋线与筒子横切面的夹角 α 称为卷绕角，如图 8-26 所示。当 $\alpha<10°$时，各层相邻的纱圈近似于平行，称为平行卷绕；反之，当 $\alpha>10°$时，相邻两层纱圈相互交叉很显著，称为交叉卷绕。筒子纱卷绕均为交叉式螺旋线卷绕。两交叉纱圈所形成的夹角 2α 称为交叉角。交叉角的大小与筒子的卷绕密度和筒子的紧密程度有密切关系，交叉角大时，卷绕密度减小，但筒子坚牢度提高。在工艺上，交叉角应根据纱的粗

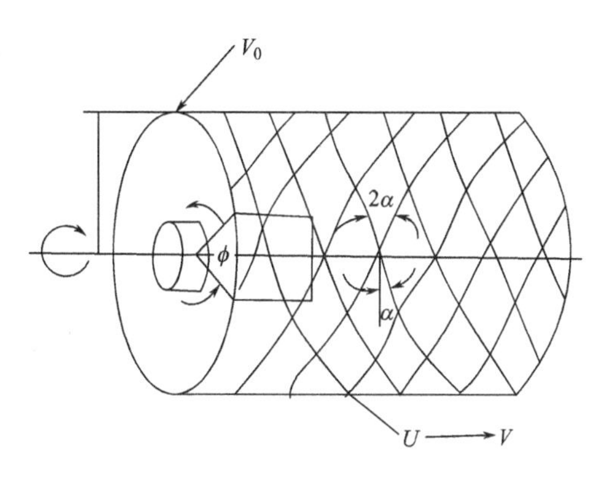

图 8-26 筒子纱成形

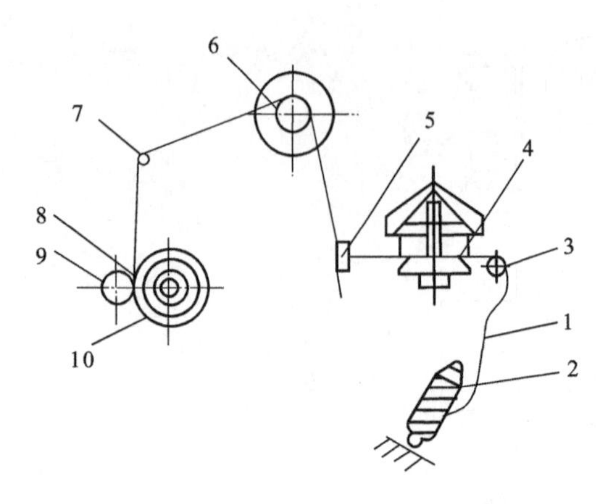

图 8-27 急行往复式并纱机工艺流程图

细、卷绕成形的需要以及机构状态等进行选择。一般纱线线密度小时，交叉角应稍大些。

(一) 圆柱形筒子纱卷绕

1. 卷绕与成形过程 图 8-27 所示为急行往复式并纱机的圆柱型筒子纱卷绕过程。从筒子或者纱管 2 中引出的纱 1，通过导纱杆 3、张力装置 4、断头自停装置 5、导轮 6、横动导纱杆 7 后进入导纱瓷牙 8 的小槽内。横动导纱杆由成形凸轮通过转子等机件的驱动，做往复运动，从而使得装在导纱杆上的导纱牙带动纱线做往复运动，完成交叉卷绕成形。待卷绕的筒管 10 紧压在高速回转的胶木滚筒 9 表面，依靠摩擦力的作用使筒管回转，将纱交叉卷绕到筒管 10 上。

2. 卷绕速度方程 依靠筒子本身的回转运动及纱线沿筒子轴向的往复运动的综合作用，纱线有规律地绕到筒子上。以急行往复的导纱钩引导纱线在圆柱形筒子上做交叉式卷绕的速度为：

$$V=\sqrt{V_{n}^{2}+V_{0}^{2}}=\sqrt{(\pi D_{1}n_{1}e)^{2}+(2Tn_{2})^{2}}\times\frac{1}{1000} \tag{8-30}$$

式中：V_0——筒子线速度，m/min；

V_n——导纱器往复速度，m/min；

D_1——滚筒直径，mm；

n_1——筒子转速（r/min）；

e——滑动系数（一般为 0.94~0.96）；

T——导纱器动程，mm；

n_2——导纱器每分钟往复次数。

交叉卷绕的圆柱形筒子在卷绕每一层纱时卷绕直径一致，筒子靠滚筒摩擦传动，其圆周速度始终不变，导纱器的变化是周期性的，而且速度差异不大，所以卷绕张力和卷绕密度都比较均匀。但在下道工序使用需退绕时，必须从筒子侧面放出纱线，而放出速度保持不变，则筒子转速将随筒子直径的减小而增大，就引起筒子强烈的震动，因而严重影响到纱线的张力。此外，在开始放出纱线时，必须克服筒子的惯性而使纱线的张力很大，在停车时，筒子将因惯性而继续旋转，使纱线从筒子上松出。在高速卷绕时此缺点更为突出。

(二) 圆锥形筒子纱卷绕

1. 卷绕与成形过程 常见的圆锥形筒子是由槽筒摩擦传动的，如图 8-28 所示，自动络筒机的槽筒由电动机

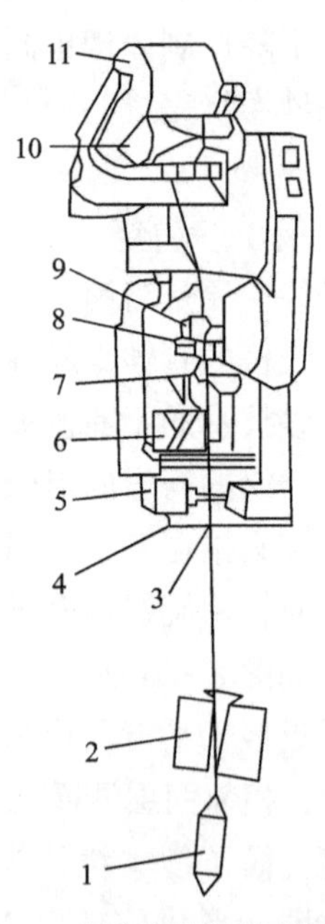

图 8-28 自动络筒机络筒示意图

1—管纱 2—气圈控制器 3—余纱剪切器 4—预清纱器 5—张力装置 6—自动捻接器 7—电子清纱器 8—张力传感器 9—上蜡装置 10—槽筒 11—筒子

传动，安装在筒锭握臂上的筒子紧压在槽筒上，依靠槽筒的摩擦作用绕自身的轴线做回转运动卷绕纱线，槽筒表面的沟槽作为导纱器引导纱线做往复的导纱运动，使纱线均匀地卷绕到筒子表面。槽筒在络筒机上有着举足轻重的作用，它一方面摩擦传动筒子回转，另一方面依靠其表面的沟槽引导纱线，使纱线均匀、逐层地卷绕到筒子上。

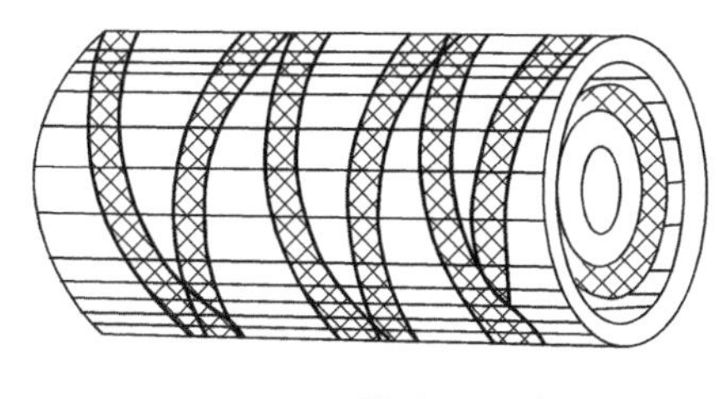

图 8-29 槽筒式滚筒

2. 卷绕与成形方程 圆锥形筒子交叉卷绕时，纱线一层一层有规律地绕在筒子表面而形成螺旋线形状，也是筒子回转运动和槽筒导纱槽运动合成的结果，这两种运动均由槽筒来完成。槽筒的结构如图 8-29 所示。

（1）传动半径。槽筒作为摩擦滚筒，一方面靠摩擦带动筒子回转，另一方面其沟槽又带动纱线做往复运动。由于筒子大小端直径不同，因此，在筒子上只有一点的速度等于传动滚筒的表面速度，其余各点的速度均不相同，因此，在卷绕过程中会产生滑移。筒子表面与槽筒表面速度相同的一点称为传动点，以 K 表示，如图 8-30 所示。在这一点上筒子的回转半径叫做传动半径，以 R_K 表示。图中 R_1 和 R_2 分别表示筒子小端与大端的半径，筒子与槽筒接触的各点不可能都做纯滚动，传动点左右各点都有滑动，因此，产生了摩擦。传动点两边的摩擦力方向不同。槽筒作用于小端的摩擦力 F_1 有推动筒子加速回转的趋势，即摩擦力 F_1 的方向与筒子的回转方向相同，相应的摩擦力矩为 M_1。而槽筒作用于大端的摩擦力 F_2 有使筒子减速回转的趋势，即摩擦力 F_2 的方向与筒子的回转方向相反，相应的摩擦力矩为 M_2。

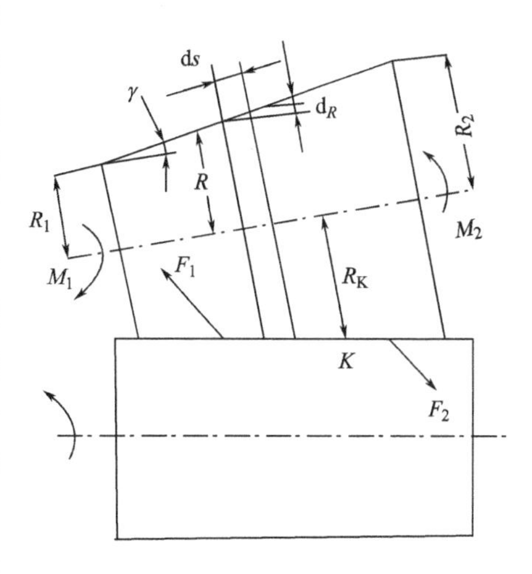

图 8-30 圆锥形筒子的传动半径

设筒子在槽筒上回转是稳定的，即筒子均匀地压在槽筒上，则此两矩应平衡。即 $M_1 = M_2$。在筒子半径为 R 处取一微段 $\mathrm{d}s$，其上的摩擦力矩为：

$$\mathrm{d}M = \mathrm{d}F \cdot R$$

而
$$\mathrm{d}F = f \cdot q \cdot \mathrm{d}s = f \cdot q \cdot \frac{\mathrm{d}R}{\sin\gamma}$$

式中：q——槽筒对筒子单位长度上的反作用力；

f——筒子与槽筒间的摩擦系数；

γ——筒子的半锥角。

所以：
$$\mathrm{d}M = f \cdot q \cdot \frac{\mathrm{d}R}{\sin\gamma}R = \frac{f \cdot q}{\sin\gamma}R \cdot \mathrm{d}R$$

$$M_1 = \frac{fq}{\sin\gamma}\int_{R_1}^{R_K} R \cdot \mathrm{d}R = \frac{fq}{2\sin\gamma}(R_K^2 - R_1^2)$$

$$M_2 = \frac{fq}{\sin\gamma}\int_{R_K}^{R_2} R\mathrm{d}R = \frac{fq}{2\sin\gamma}(R_2^2 - R_K^2)$$

因为：
$$M_1 = M_2$$

所以：
$$R_K = \sqrt{\frac{(R_1^2 + R_2^2)}{2}} \tag{8-31}$$

而筒子的平均半径为：

$$\overline{R} = \frac{R_1 + R_2}{2} \tag{8-32}$$

所以不难证明，筒子的传动半径总是大于其平均半径。由此可见，筒子的传动偏于锥形筒子的大端。但由于筒子卷绕为等厚度增加，则在卷绕过程中传动点 K 的位置逐渐向筒子小半径方向移动。即 R_K 逐渐向 $\overline{R}$ 趋近。所以，当筒子直径增加时，筒子大端速度逐渐减小，小端速度逐渐增大，并都逐渐接近于卷绕速度。

（2）卷绕速度方程。在卷绕过程中，筒子靠槽筒摩擦做回转运动，从而使 K 点获得圆周速度 V_1；同时，纱线受槽筒沟槽引导作用做往复运动，获得导纱速度 V_2，V_1 和 V_2 的合成速度即为该点的卷绕速度 V，如图 8-31 所示。

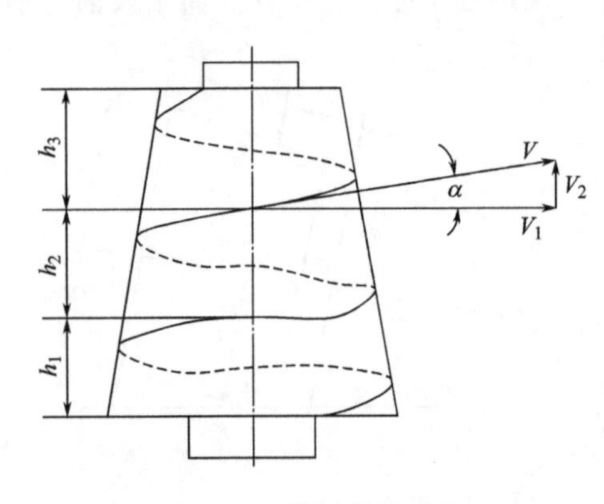

图 8-31　槽筒卷绕速度

卷绕速度 V 可用下式近似计算：

$$V = \sqrt{V_1^2 + V_2^2}$$

$$V_1 = \pi D_c n_c \eta$$

$$V_2 = n_c \overline{h}$$

所以：
$$V = n_c\sqrt{(\pi D_c \eta)^2 + \overline{h}^2}$$

式中：n_c——槽筒转速；

D_c——槽筒直径；

$\overline{h}$——槽筒每一转平均横向动程，即平均节距；

η——筒子与槽筒间的滑移系数。

由于：
$$V_1 = \pi D_c n_c \eta = \pi D_K n_K$$

所以：
$$n_K = n_c \times \frac{D_c}{D_K} \times \eta \tag{8-33}$$

式中：n_K——筒子的回转速度；

D_K——筒子的传动半径。

第四节　卷绕过程中的张力与断头

一、粗纱卷绕张力与断头

在生产中，因卷绕结构不同，无捻粗纱的张力调整相对简单，只要保持卷绕速度略大于出条速度即可，有捻粗纱的张力调整较复杂，下面重点分析有捻粗纱的张力与断头。

（一）粗纱张力的影响

1. 粗纱张力的形成

从前罗拉输出至卷绕到筒管上，整根粗纱各段的卷绕张力分布如图 8-32 所示。T_a 为前罗拉至顶孔处的张力，又称为纺纱张力；T_b 为克服锭翼顶孔至侧孔段摩擦力后 CD 段纱条的卷绕张力，这段纱条在锭翼空心臂内；T_c 为克服锭翼顶孔至侧孔段以及锭翼空心臂出口至压掌段的摩擦力后，EF 段纱条的卷绕张力。设 θ_1 和 θ_2 分别表示粗纱在锭翼顶端和压掌处的摩擦包围角，则根据式（8-6）和式（8-7）可得，各段纱条上的张力关系为 $T_c>T_b>T_a$。生产上习惯把 AB 段纱条上的张力称为粗纱张力或纺纱张力，当 AB 段绷紧时张力大，松弛时张力小。

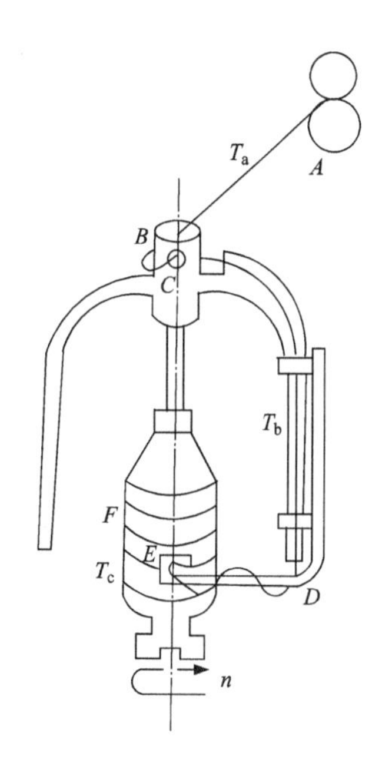

图 8-32　粗纱张力分布

2. 粗纱张力对产品质量的影响

粗纱张力的大小和均匀程度，对粗纱和细纱的条干、重量不匀及断头都有很大影响。张力过大，意外牵伸增加，粗纱条干恶化；张力过小，成形松烂，搬运、储存和退绕时发生困难。张力差异过大，张力不匀，例如，大、中、小纱之间或前、后排之间以及台与台间的张力差异，会直接影响粗纱长片段重量差异、细纱重量不匀及其重量偏差。因此，在粗纱质量控制中，除要充分注意牵伸部分对产品质量的影响外，还应特别注意卷绕部分的张力对产品质量的影响，在传统粗纱机上尤为重要。但新型全计算机粗纱机已基本实现恒张力纺纱，不再需要线下调整。

（二）粗纱张力的测算与调整

1. 粗纱张力的测算　生产中一般用粗纱伸长率来间接反映粗纱张力。但粗纱张力与伸长率是两个完全不同的物理概念，不可混为一谈。当粗纱捻度一定时，伸长率大，则粗纱张力也大；伸长率小，粗纱张力也小。因此，粗纱伸长率的大小就反映了粗纱张力的大小。

粗纱伸长率以同一时间内筒管上卷绕的实测长度与前罗拉输出的计算长度之差对前罗拉输出的计算长度之比的百分数表示，即：

$$\varepsilon = \frac{L_1 - L_2}{L_2} \times 100\% \tag{8-34}$$

式中：ε ——粗纱伸长率；

L_1——筒管上卷绕的实测长度；

L_2——前罗拉同一时间内输出的计算长度。

生产实际中，主要是通过控制粗纱伸长率的大小和差异来控制粗纱张力的，一般要求伸长率在 1%～2.5%范围内，台与台间、前后排间、大小纱间的伸长率差异应不大于 1.5%，超过范围时，应予以调整。

2. 粗纱张力的调整　粗纱张力的调整与设计是根据所纺粗纱的原料、线密度、捻度、卷绕条件、回潮率、温湿度等的影响而定的。但是实际生产中，使用的原料不同、粗纱的线密度不同、捻系数不同、锭翼顶端绕1/4圈或3/4圈以及压掌上绕的圈数不同、环境温湿度不同、回潮率不同等，都影响粗纱张力。因此，尽管采取很多措施，如通过升降速度（升降齿轮）、卷绕直径（空筒管直径）、锥轮皮带起始位置和每次移动距离（成形齿轮）等调节锥轮变速来调节粗纱张力，但往往仍难以适应生产的要求。在此情况下，通过张力补偿装置以及CCD张力调整装置调整控制粗纱张力的方法逐渐发展起来。

（1）传统粗纱机张力补偿装置。张力微调补偿装置的安装位置一般紧靠成形装置或锥轮皮带附近。根据一落纱伸长率的变化规律，微量地修正锥轮皮带的移动量，控制筒管卷绕速度，使粗纱伸长率得到一定正值或负值的补偿，使一落纱中粗纱伸长率的差异保持稳定。

粗纱机采用的张力补偿装置按调节持续时间的不同，可分为连续调节和分段调节两大类。连续调节张力补偿装置在一落纱过程中使锥轮皮带每次移动距离发生连续变化，如FL-16和国产A454型粗纱机采用的偏心齿轮式张力微调装置。分段调节装置在一落纱过程中分段进行调节，即将一落纱分为若干阶段，各阶段间锥轮皮带每次移动距离不等，但同一阶段每次移动距离相等，如FA401型粗纱机采用的圆盘式、瑞士立达公司F1/1A和国产A456E粗纱机采用的补偿轨式、日本丰和RMK-2型粗纱机上采用的差动靠模板式等张力微调装置。

使用张力补偿装置，当车间温湿度等因素发生变化时，可随时调节纺纱张力，对控制和减小粗纱伸长率，降低成纱质量具有积极作用。

（2）CCD张力调整装置。CCD是指电荷耦合器件，是一种用电荷量表示信号大小、用耦合方式传输信号的探测元件，具有自扫描、感受波谱范围宽、畸变小、体积小、重量轻、系统噪声低、功耗小、寿命长、可靠性高等一系列优点，并可做成集成度非常高的组合件。利用CCD图像传感器在线检测粗纱纺纱段张力，检测精度可以达到0.1mm。因此，只要设定了正确的纺纱张力，就可以很好地控制纺纱中的张力波动，实现恒张力纺纱，从而改善粗纱质量，所以现代新型粗纱机多采用此技术调整张力。

如图8-33和图8-34所示，现代新型粗纱机在前罗拉与锭翼之间的前后排粗纱上各安装CCD张力传感器，组成CCD光电全景摄像系统，对前罗拉输出的纱条进行检测和张力的自动控制。CCD光电全景摄像系统在粗纱通道侧面连续摄取并计算，判别粗纱条通过时所处位置线（1、2、3）与预拟位置线（基准线）距离的变化来判定粗纱的张力状态，经A/D转换反

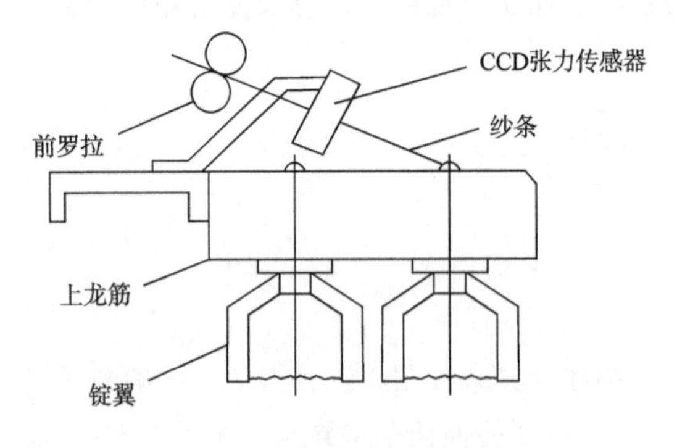

图8-33　CCD粗纱张力检测装置

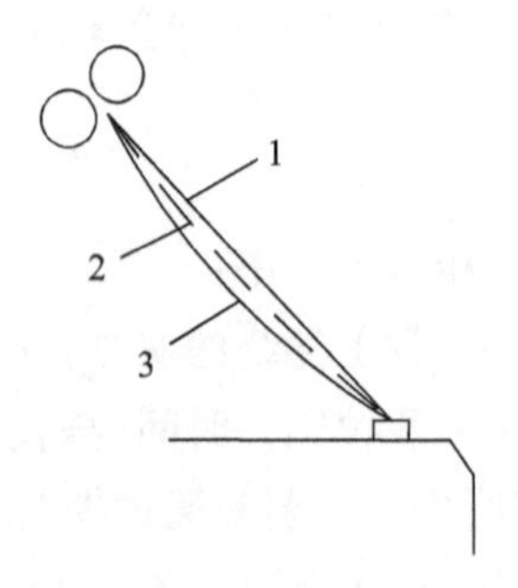

图8-34　粗纱机的CCD张力测试示意图

1—张力过大（粗纱张紧）　2—张力合适

3—张力过小（粗纱松弛）

馈给计算机，经放大、比较等过程，将调整结果由计算机输出，控制变频器，改变筒管转速和龙筋升降速度。在整个纺纱过程中，通过严格按数学模型控制粗纱张力，实现对纱线的近似恒张力卷绕控制，精准地控制粗纱的伸长，使粗纱的质量大大提高。

更换品种时，可自动选择最佳的张力状态，不必重新手动设定。但在实际生产中，由于CCD检测的取样量较少，具有一定的局限性，因此，必须首先正确设定基础纺纱张力，再由CCD进行在线微调。

粗纱基础纺纱张力可以通过经验或张力测试来确定，然后在实际开车时稍作调整修改；也可以通过调整粗纱捻度的大小来适应纺纱张力，但要注意不能因捻度而影响后道细纱的牵伸和成纱质量。

二、细纱卷绕张力与断头

（一）卷绕张力分析

1. 细纱卷绕张力的形成 在环锭纺纱的加捻卷绕过程中，纱线要拖动钢丝圈回转，须克服钢丝圈和钢领间的摩擦力、导纱钩和钢丝圈给予纱线的摩擦力及气圈段纱线回转时所受的空气阻力等，因此，纱线的轴向承受了相当大的张力。细纱卷绕张力可分为三段，如图8-35所示：前罗拉钳口至导纱钩区间纱线受到的卷绕张力 T_s，又称为纺纱段张力；导纱钩至钢丝圈间纱线受到的卷绕张力，又称为气圈张力，其中 T_0 为导纱钩处气圈顶端张力，T_R 为钢丝圈处气圈张力；钢丝圈至管纱间纱线受到的卷绕张力 T_w。

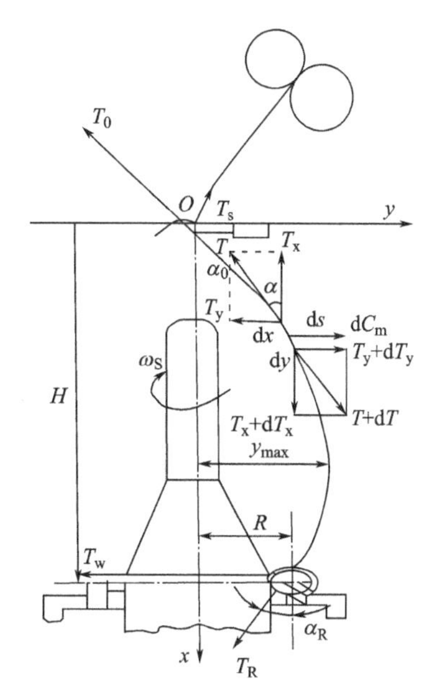

图8-35 环锭纺细纱卷绕张力分析

（1）导纱钩处气圈顶端张力 T_0：T_s 值一般可用动态应变仪进行测定，而气圈顶端张力 T_0 与 T_s 间存在以下关系式：

$$T_0 = T_s e^{\mu_0 \theta_0}$$

式中：μ_0——纱线与导纱钩间的摩擦系数；

θ_0——纱线在导纱钩上的包围角。

（2）钢丝圈处的气圈张力 T_R：T_R 与 T_0 间的关系可通过气圈的力学分析求得。

导纱钩至钢丝圈间的纱线，在钢丝圈的拖动下以钢丝圈速度围绕锭子轴高速回转，且纱条做直线移动。作用在这段纱线上的力有离心力，其方向与纱线的回转轴垂直。在离心力的作用下使纱线形成向外凸起的曲线，同时还受到空气阻力，其方向与纱线外凸曲线的回转方向相反，使纱线形成向后凸起的曲线。另外，作用力还有哥氏力、纱线本身的重力等。在以上诸力的综合作用下，使纱线形成一条空间封闭曲线，称为气圈。为讨论分析方便起见，一般略去次要的力，如重力、空气阻力、哥氏力，将气圈视为平面气圈。平面气圈曲线可用下式表示：

$$y = \frac{R}{\sin(aH)}\sin(ax) \tag{8-35}$$

式中：R——钢领半径，cm；

H——气圈高度，cm；

y——气圈半径；

x——气圈高度位置；

a——离心力系数。

$$a = \sqrt{\frac{m\omega_t^2}{T_x}}$$

式中：ω_t——气圈回转速度；

T_x——气圈张力 T 的垂直分量（g）；

m——纱线的线密度（g/cm）。

根据气圈上的力学分析，并通过气圈力学方程式求得：

$$T_0 = T_R + \frac{1}{2}mR^2\omega_t^2 \tag{8-36}$$

对式（8-35）求 x 导数得：

$$\tan\alpha_R = \frac{dy}{dx}|x = H = aR\cot(aH) \tag{8-37}$$

（3）卷绕张力 T_w：T_w 与气圈底部张力的关系式由欧拉公式求得：

$$T_w = T_R e^{\mu\theta} = KT_R \tag{8-38}$$

式中：μ——纱线与钢丝圈的摩擦系数；

θ——纱线对钢丝圈的包围角；

K——系数，由实验测得。

由以上分析可看出，卷绕过程中张力分布规律为：$T_w>T_0>T_R>T_s$

2. 研究细纱卷绕张力的意义 保持适当的张力是保证正常加捻卷绕的必要条件。当张力过大时，不仅增加动力消耗，而且会使断头增加；当张力过小时，纤维在加捻三角区不能充分内外转移，影响成纱结构和强力，还会使卷绕密度降低，影响卷装容量和成形结构，也会因气圈膨大而碰隔纱板，使纱条毛羽增多，光泽变差，同时又因钢丝圈运行不稳定而增加断头。

研究纺纱张力的目的是通过掌握它与动态强力的比例，研究导纱钩的结构及其安装位置等对张力的影响。研究气圈张力 T_0、T_R 的目的是通过了解气圈形状与张力的关系，分析影响纺纱张力的因素，也可以由直观的气圈形态来掌握张力的变化。研究卷绕张力 T_w 是为了掌握钢丝圈的重量变化、钢丝圈与钢领的摩擦力变化（包括钢丝圈的形状和速度）、钢领与筒管卷绕比对张力的影响等。因此，研究细纱卷绕张力的目的是要保持张力大小与纱线线密度及强力大小相适应，以提高卷绕质量，降低细纱断头率。

（二）影响卷绕张力的因素

1. 气圈形态的影响 由式（8-35）得知，气圈是一正弦曲线，其振幅 A 和波长 λ 分别为：

$$A = \frac{R}{\sin(aH)}$$

$$\lambda = 2\pi/a = \frac{2\pi}{\omega_t}\sqrt{\frac{T_x}{m}} \tag{8-39}$$

描述气圈形态的方法目前常用的有气圈底角 α_R 和气圈最大半径 y_{max} 两种，α_R 反映气圈的大小。图 8-36 所示为气圈形态图，由图可见，气圈形态随 aH 值的不同而变化。

当气圈高度 $H>\lambda/2$ 时，即气圈高度超过 π/a，会出现气圈的波节，即出现多节气圈。若出现气圈波节则会造成气圈崩溃，从而不能正常纺纱。当 $H=\lambda/2$，即 $H=\pi/a$ 时，由于 $\sin(aH)=0$，则 $y_{max}=\infty$，即气圈凸形为无穷大（在实际中有阻尼的纺纱条件下不会出现 $y_{max}=\infty$ 的情况），也不能正常纺纱。故在环锭纺纱时，应保证 $H<\lambda/2$，即 $H<\pi/a$，仅在此时才有单气圈。在一落纱中，气圈形态是随着气圈高度和纺纱张力的变化而变化的。这里着重分析气圈高度 H 对气圈形态的影响，由式（8-39）及图 8-36 可知：

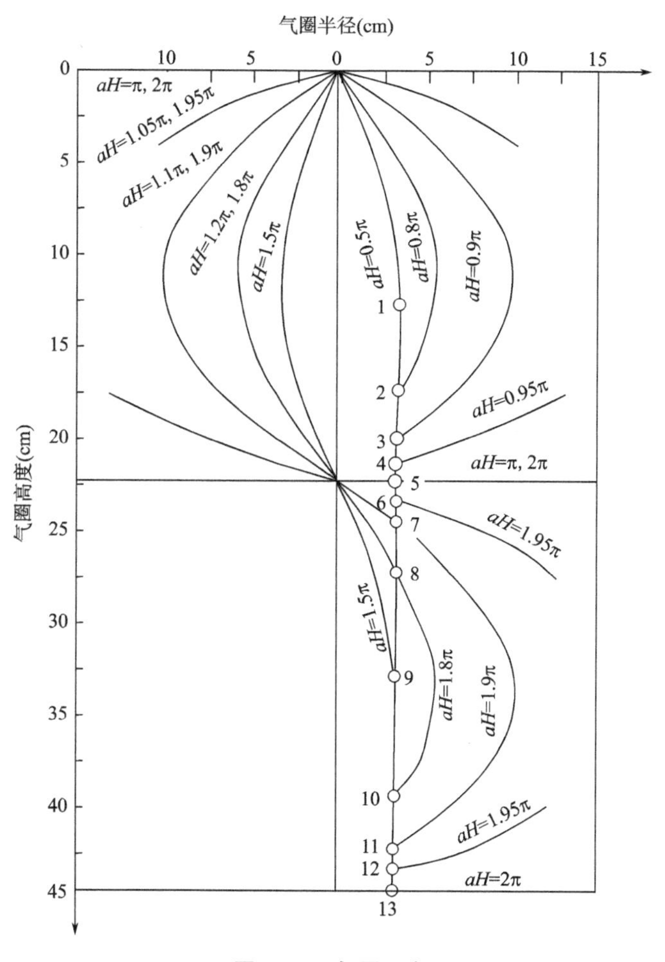

图 8-36　气圈形态

当 $aH\leqslant 0.5\pi$ 或 $H\leqslant(0.5\pi/\omega_t)\sqrt{T_x/m}$ 时，$y_{max}=R$ 或 y_{max} 不出现，这种情况多出现在大纱阶段；当 $\pi>aH\geqslant 0.5\pi$，即在 $\pi/2\sim\pi$ 间时，或 $\pi/2a<H\leqslant\pi/a$ 的范围内时，由 $y=[R/\sin(aH)]\sin(ax)$ 知，只有 $ax=0.5\pi$，才有最大气圈出现，即 $y_{max}=R/\sin(aH)$，且当 H 越大时，则 y_{max} 越大。

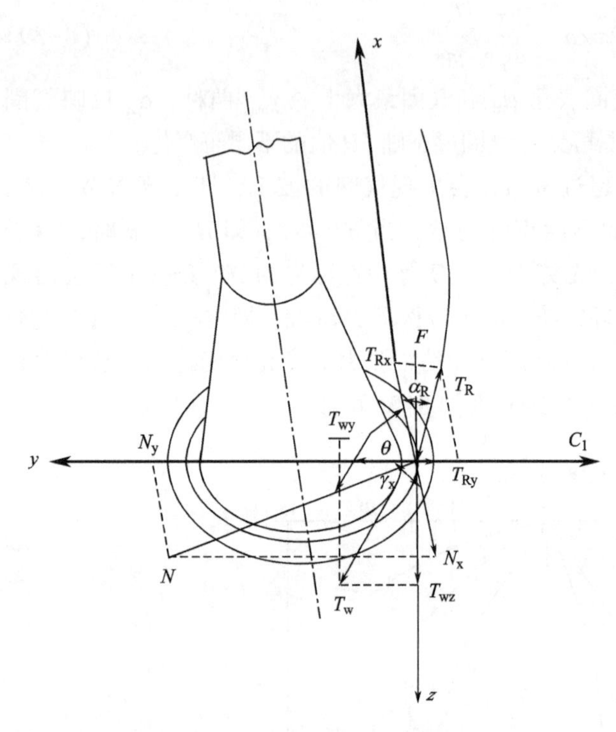

图 8-37 钢丝圈上的作用力

根据以上分析可知：在一落纱中，由小纱到大纱，随着气圈高度 H 的缩小，气圈凸形 y_{max} 将逐渐减小，气圈底角 α_R 也将逐渐由负角变为正角。

根据气圈方程可知，在 $\pi/2a<H<\pi/a$ 范围内，即气圈出现 $y_{max}=R/\sin(aH)$ 的条件下，当其他条件（如 H）变化相同时，纱线张力 T_x 越大，则 y_{max} 越小，气圈凸形越小；反之，则气圈凸形越大。由此可知，纱线张力大小直接影响气圈形态；纺纱时的气圈形态也能反映张力的大小。生产上常通过控制气圈形态来调整纺纱张力。

2. 钢丝圈的影响 纱线张力主要来源于钢丝圈在钢领上高速回转时所产生的摩擦力，因此，可通过分析钢丝圈的受力求得 T_R 与钢丝圈运动的特性方程。将钢丝圈上的作用力简化为通过钢丝圈重心的空间汇交力系，如图 8-37 所示。

列出三个轴向的平衡方程：

$$\sum F_x = 0:\ T_R\cos\alpha_R - N\cos\theta = 0 \tag{8-40}$$

$$\sum F_y = 0:\ N\sin\theta + T_w\cos\gamma_x - C_t - T_R\sin\alpha_R = 0 \tag{8-41}$$

$$\sum F_z = 0:\ T_w\sin\gamma_x - fN = 0 \tag{8-42}$$

解方程得：

$$T_R = \frac{C_t}{K\left(\cos\gamma_x + \frac{1}{f}\sin\gamma_x\sin\theta\right) - \sin\alpha_R} \tag{8-43}$$

式中：f——钢丝圈与钢领间的动摩擦系数；

C_t——钢丝圈离心力；

γ_x——T_w 与 y 轴间的夹角；

θ——钢领对钢丝圈的反力与 x 轴间的夹角。

$$C_t = \frac{G_t}{g}R\omega_t^2 = \frac{4\pi^2 G_t n_t^2}{3600g} \tag{8-44}$$

式中：G_t——钢丝圈重量，g；

R——钢丝圈回转半径，近似为钢领半径，cm；

n_t——钢丝圈回转速度，r/min；

g——重力加速度，981cm/s²。

由式（8-43）、式（8-44）可知，钢丝圈运动与卷绕张力及气圈底部张力有着密切的关系：钢丝圈重量 G_t 与 T_R 成正比，在日常生产中，依靠调节钢丝圈重量来调节纱线张力；钢领与钢丝圈间的摩擦系数 f 与纱线张力 T_R 成正比，当钢丝圈重量增加时，该摩擦系数也会增加；钢领半径 R 与纱线张力 T_R 成正比，增大卷装或加大钢领直径时，均会增大纱线张力。

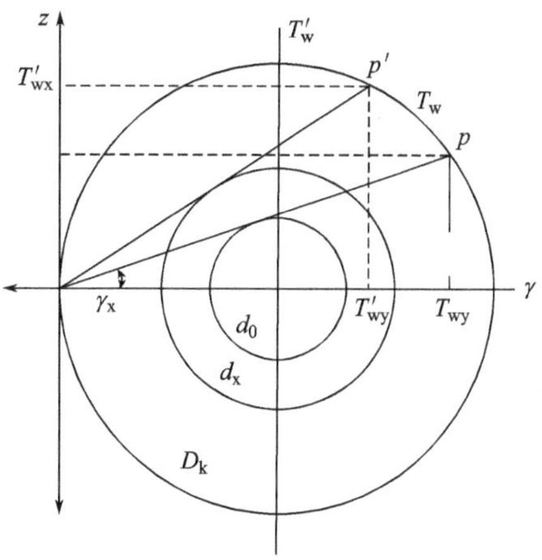

3. 卷绕直径的影响　卷绕直径的变化主要影响卷绕角 γ_x 的变化。图 8-38 所示为卷绕直径与纱线张力的关系，由图可知：

图 8-38　卷绕直径与纱线张力的关系

$$\sin\gamma_x = d_x/D_k$$

$$\gamma_x = \sin^{-1} d_x/D_k \qquad (8-45)$$

当空心管卷绕时（即小直径时），若卷绕角为 γ_0，则：

$$\sin\gamma_0 = d_0/D_k$$

式中：d_0——筒管直径；

d_x——卷绕直径；

D_k——钢领直径。

式（8-45）说明卷绕直径 d_x 的变化影响卷绕角 γ_x 的变化，也影响卷绕张力 T_w 的变化。由式（8-41）~式（8-43）及式（8-45）可看出，当卷绕小直径时，卷绕角 γ_x 小，$\sin\gamma_x$ 值小，在 f、N 值一定时，T_w 与 T_R 大；当卷绕大直径时，则相反，卷绕角小，则纱线张力大。为避免纱线张力变化过大，$\sin\gamma_0 = d_0/D_k$ 的取值要合理，即筒管直径 d_0 不能过小，也就是卷绕角 γ_x 不能过小，也不能过大。γ_x 太小，T_w 与 T_R 都增加，容易断头；γ_x 太大，则 d_0 必然加大，致使容纱量太小而不经济。

在钢领板每一升降动程中，张力有明显变化。当钢领板在大直径卷绕时，纱线张力小；当钢领板上升到顶端，在小直径卷绕时，则纱线张力大。必须指出，在钢领板每一升降动程中，钢领对钢丝圈的反作用力 N 也随 γ_x 有变化，其大小对张力的影响则相反。但因其影响小，故最终测得的张力变化规律仍与上述相同。

4. 一落纱过程中纺纱张力变化　在一落纱中，纺纱品种与线密度确定后，锭子速度、钢领半径、钢丝圈型号等也随之确定，纺纱张力将随着气圈高度和卷绕直径的变化而变化。

图 8-39 所示为固定导纱钩时，一落纱过程中张力 T_s 的变化规律。由图可以看出，小纱时的纺纱张力最大，并随着纱直径的增大而逐渐减小；当大纱时，又有增大的趋势。小纱时纺纱张力 T_s 大是因为气圈纱段长，离心力大，凸形大；中纱时气圈高度适中，凸形正常，纺纱张力小；而大纱时张力略有增大。

特别在管底成形过程中，因气圈长、气圈回转的空气阻力大，且卷绕直径偏小，故张力大。管底成形完成以后，卷绕直径变化起主导作用，故张力在钢领板每一升降动程中有较大变化。在大纱满管前，钢领板上升到小直径卷绕部位，因气圈短而过于平直，失去弹性调节作用，造成张力剧增。

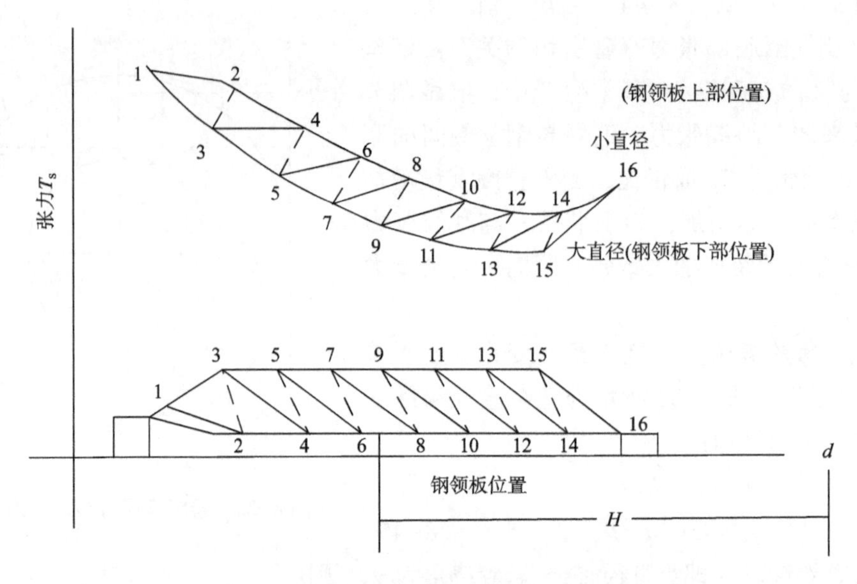

图 8-39 一落纱过程中张力的变化规律（固定导纱钩）

5. 锭速的影响 当高速后，钢丝圈的速度增加，钢丝圈回转所产生的离心力 C_t 增加，同时，随气圈的回转速度增加而使空气阻力相应增加，引起气圈凸形增大。但当锭速增加时，由于张力随 ω_t^2 比例增加，结果使 α 值不变，故高速后气圈形态无变化，但纱线张力有显著变化。

（三）细纱断头分析

细纱工序是纺纱质量和产量的关键工序，细纱断头多将使挡车工劳动强度增加，造成看台减少，产品制成率低，成本增加，而断头本身也会造成产品质量的下降和波动。因此，如何及时发现和减少断头是细纱工序的一项重要工作。

1. 细纱断头的分类 按断头的位置不同，细纱断头可以分为成纱前断头和成纱后断头两类。

成纱前断头是指粗纱经过牵伸在细纱机前罗拉纺出纱条前的断头，发生在喂入部分和牵伸部分，如粗纱断头、空粗纱、集合器阻塞、胶圈内积花、绕皮辊、绕罗拉等原因造成的断头。

成纱后断头是指从细纱机前罗拉钳口至筒管间这段纱条在加捻卷绕过程中发生的断头，也称纺纱断头。造成成纱后断头的主要原因包括：加捻卷绕元件不正常，如锭子振动、跳筒管、钢丝圈楔住、热磨损飞圈以及气圈形态不正常、操作不良、温湿度掌握不好、原棉波动大、工艺设计不当、半制品结构不良等。

2. 细纱断头规律 一般情况下，成纱前断头较小，因此，这里主要对成纱后的断头进行分析。在生产实践中，一般的断头规律如下。

（1）一落纱中的断头分布是小纱断头最多，占 50%左右；中纱断头最少，占 20%左右；大纱断头次之，占 30%左右。

（2）成纱后的断头多发生在纺纱段，在钢丝圈至筒管间的断头较少，而气圈部分的断头很少，当钢领与钢丝圈配合不当、钢丝圈跳动、纱条通道过窄等，会使气圈下部断头增多，钢领衰退、钢丝圈偏轻而引起气圈凸形过大，撞击隔纱板，使纱条断裂。

（3）随着锭速增加或者卷装的加大，张力加大，断头增加。

（4）由于机械的原因，少数锭子可能出现重复断头，该部分锭子被称为异常锭子。据统计，细纱30%～35%的断头是由5%异常锭子造成的。

另外，当天气变化或者温湿度波动以及配棉成分变化时，都会引起断头增加。

3. 细纱断头检测 如何在千万纱锭中发现断头的纱锭或有问题的异常锭子很关键。传统方法是靠挡车工巡回、机修工检修和试验员抽检机台的千锭时断头来发现这5%有问题的锭位，但上述方法存在工作量大、易漏锭、依赖经验等种种弊端。

而在线检测技术的发展很好地解决了这一难题。在线检测系统利用传感器、信息和计算机技术，能及时有效地监测钢丝圈的运动或者纺纱段的纤维状态，从而发现机台锭位定点断头，可以在线全程跟踪所有锭位运转信息，近年得到快速发展。其中，以检测钢丝圈的运动状态来检测细纱断头的在线检测系统应用更为普遍，通过在每个锭位的外侧钢领板上固定的检测头，检测钢丝圈的飞行来判断是否断头，然后亮灯，同时安装在后罗拉的机械装置停止喂入粗纱，减少原料浪费。某些细纱机单锭在线检测系统在检测到细纱断头后，可通过Wifi、Zigbee等传输协议，及时、多状态显示断头数据，便于即时掌握信息并进行调整。

（四）细纱断头的控制

根据前文所述卷绕张力与强力的关系，造成断头的原因主要是纺纱过程中瞬时纺纱张力大于纱线某点强力。因此，减少细纱断头可从纺纱张力的控制和纱条强力的提高两方面着手。

1. 稳定纺纱张力 张力突变是形成断头的直接原因，多与机器状态及高速部件状态不良、钢领以及钢丝圈的选用不当有关。因此，要稳定纺纱张力。

（1）稳定气圈形态。根据气圈形态分析可知，纱线张力与气圈形态有密切关系。当气圈凸形过大（即 y_{max} 过大）时，气圈最大直径超过隔纱板间距，引起气圈猛烈撞击隔纱板，导致气圈形态剧烈变化，使钢丝圈运动不稳定，易发生楔住和飞圈而断头。同时，当气圈顶角 α_0 过大时（图8-35），若纱线上有较大粗节或结杂通过导纱钩时，气圈顶部会出现异常凸形，则纱线易被缠住，从而造成气圈断头。气圈凸形过大的现象以小纱时较严重。气圈凸形过小，说明纺纱张力过大，则接头时拎头重，操作困难。小纱时，在导纱钩与筒管间距离较小时，因气圈顶角 α_0 过小，易引起气圈顶部纱段与筒管顶部摩擦而断头。大纱时气圈更趋平直，失去气圈对张力波动的弹性调节能力，若此时出现突变张力，就易引起纱线通道与钢丝圈磨损缺口交叉，造成下部断头，或突变张力迅速传递到弱捻区而引起上部断头。

由以上分析可知，气圈凸形过大、过小都会引起断头。为降低断头率，生产上常用控制气圈形态来调节纱线张力以减少细纱断头，应尽量减小一落纱过程中气圈形态的差异。因小纱时气圈形态易过大，大纱时气圈形态易过小，只有中纱时气圈形态和顶角都适中，纱线张力适当而稳定。因此，要减少大、小纱断头，应充分发挥气圈形态对张力波动的调节能力，使纱线张力和气圈形态尽量向中纱靠拢，即在纺小纱阶段应压低导纱钩的位置，尽量压缩最大气圈高度，在大纱阶段增加最短气圈高度，并选择合适的钢丝圈号数，使管底完成阶段在卷绕大直径时气圈不撞击隔纱板，又不使管纱气圈顶部纱段与筒管头发生接触摩擦。为更有效地降低小纱断头，目前生产的细纱机都采用变动程导纱钩升降装置。

使用气圈环也可稳定纺纱张力，减少断头。但环的直径对纱的摩擦程度不同，直径小则纱摩擦严重，成纱毛羽多。一般气圈环的选用在考虑锭距的条件下，以偏大为宜。

（2）合理选用钢丝圈。

①钢丝圈重量（号数）的选用。在生产中，一般通过选用合适的钢丝圈重量来调节纺纱张力。选择的主要依据是能维持一个正常的气圈形态，实现较低的断头率，重点应考虑管底成形刚结束时在卷绕大直径条件下，气圈不应过大，以及大纱卷绕小直径时，气圈又不应过小，以此来选用钢丝圈重量。同时要根据钢领的运转时间，及时选用更适合当时条件的钢丝圈号数。随着钢领使用时间的增加或钢领的衰退，生产中会出现气圈膨大、细纱发毛和断头增加的现象，这时要加重钢丝圈。

②钢丝圈使用周期的掌握。为减少断头与稳定生产，除纺细特纱因钢丝圈使用期长，采用自然换圈（飞掉一个换一个）外，一般都采用定期换圈（到一定时期全部更换）。新换的钢丝圈与钢领的磨合有一个走熟期，在此期间钢丝圈运行不稳定，易引起断头，所以最好选在中纱时期换圈，以减少纺大纱或落纱后小纱时的断头，特别是大大减少小纱飞圈的情况。

③钢丝圈抗楔能力的提高。可以降低钢丝圈的重心；提高钢领和钢丝圈的接触位置，稳定钢丝圈的运动状态；加深钢领内跑道，在不影响刚度和强度的条件下，减薄颈壁厚度，防止钢丝圈内脚碰钢领颈壁。

（3）钢领的选择与修复。

① 使用小直径钢领。随着细纱机集体落纱、全自动络筒机以及细络联技术的发展，采用小直径钢领越来越有技术经济优势。钢领直径小，纺纱过程中卷绕直径的变化就小，纺纱的平均张力及其变化小，增大了纺纱强力和纺纱张力的差值，有利于降低断头。

② 钢领衰退的修复。钢领经一定时期运转，会出现高速性能衰退的现象。衰退出现的早晚与钢领处理时的淬火质量、锭速、钢领边宽、钢丝圈号数等密切相关。以前采用碳氮共渗处理法修复衰退钢领，目前采用的方法包括镀镍、镀铬和镀镍复合镀层，并采用电镀技术。研究表明，后者比碳氮共渗处理法具有抗磨性能好、摩擦系数稳定且较低、纺纱张力稳定且显著减小、成纱毛羽少、走熟期短、成纱条干 *CV* 值低、气圈控制能力强、拎头适中等特点。

（4）锭子的变频调速。锭子采用变频调速是减少断头和均衡一落纱中断头分布的有力措施。锭子在恒速传动时，一落纱过程中，小纱张力大，中纱张力小而稳定，大纱张力又有所增加。在钢领板一次升降过程中，卷绕大直径时张力小，卷绕小直径时张力大。上述张力变化规律决定了小纱断头最多，中纱断头最少，大纱断头又有所增加的断头分布规律。小纱断头多，限制了锭速的提高，而中纱断头少，锭速潜力也不能发挥，影响了机器生产率的提高。因此，锭子变速调节的原则是：张力大时锭速适当降低，张力小时锭速适当增高。锭速调节方法有两种：一种是按小纱、中纱和大纱的张力变化和断头分布规律来调节锭子速度，即小纱锭速较低，中纱锭速较高，大纱锭速又降低，这种调节方法称为基本调节法；另一种是在基本调节速度的基础上，随着卷绕直径和气圈高度变化作速度调节，称为逐层调节法，如图 8-40 所示。

采用恒张力纺纱技术，在小纱、中纱和大纱（甚至在钢领板的一个升降动程中）时采用变频控制系统自动调节锭速，保证一落纱中张力尽量恒定，达到减少断头或提高产量的目的。

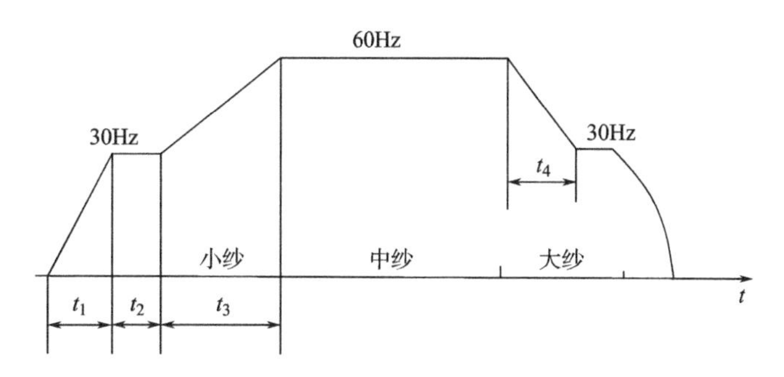

图 8-40　锭子变速

2. 提高动态强力　在环锭细纱加捻卷绕过程中，大部分断头发生在导纱钩至前罗拉的纱段上，主要原因为：①从前钳口输出的须条由于受上罗拉（胶辊）的下压而贴附在下罗拉表面，在下罗拉上形成包围弧，使捻回不能传递至钳口，形成了弱捻区或无捻区；②在捻回传递过程中，导纱钩对纱线的摩擦阻力引起的捻陷及捻回传递的滞后现象，使纺纱段的捻度逐渐减小，形成弱捻纱段；③一落纱过程中捻度的变化，特别是小纱卷绕大直径时纺纱段平均捻度最小，比管纱平均捻度要少 22%左右，致使纺纱强力明显降低，这也是小纱管底成形完成阶段卷绕大直径时断头较多的原因之一，一落纱过程中纺纱段捻度分布如图 8-41 所示；④罗拉握持力不足引起纤维从纱线中滑出等。

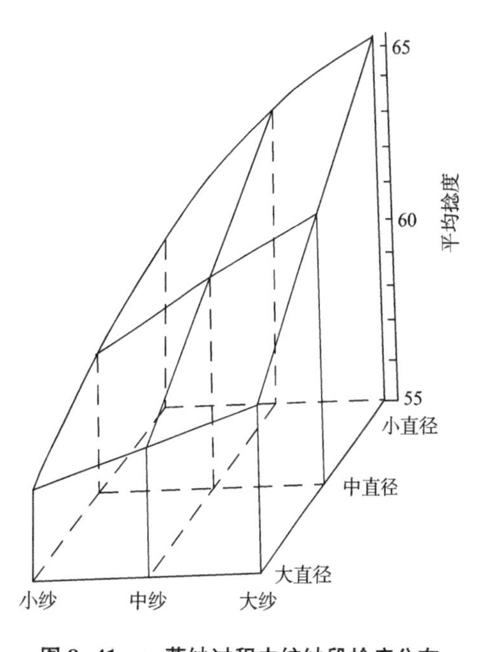

图 8-41　一落纱过程中纺纱段捻度分布

从动态强力测定结果可知，动态强力比管纱强力低得多，当遭遇过大的突变张力时，即产生断头。故提高动态强力对降低断头率有重要意义。

（1）减小无捻纱段的长度。如图 8-42 所示，罗拉包围角 γ 的大小影响无捻纱段长度，即影响罗拉钳口握持的须条纤维伸入已加捻纱线中的数量和长度，它对纺纱动态强力颇有影响。

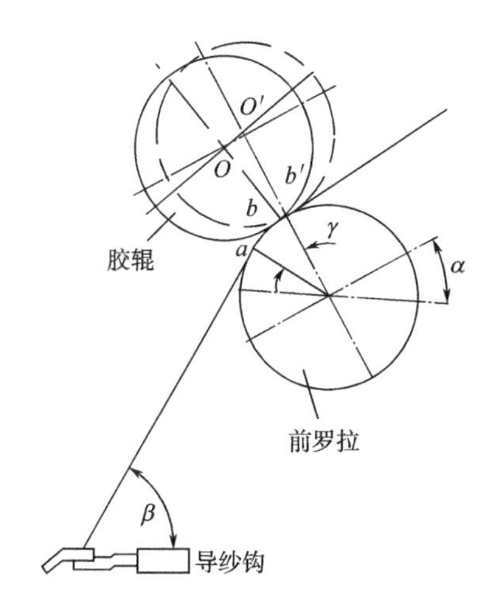

图 8-42　胶辊前冲时的罗拉包围弧

纱条在罗拉上的包围角 γ 与导纱角 β 及罗拉座倾角之间的几何关系为：$\gamma=\beta-\alpha$。因此，欲减小 γ，就必须减小导纱角 β，或增大罗拉座倾角 α，α 在细纱机设计中已定。若 α 过大，会给接头操作带来不便，故在 β 与 α 已定的条件下，生产上一般采用胶辊前冲来减小包围弧长度，即从 $\widehat{ab'}$ 减小为 $\widehat{ab}$。但胶辊前冲使浮游区长度增加，胶辊前冲过大会影响罗拉加压的有效性，从而影响牵伸效果，故一般胶辊的前冲量只有 2~3mm。

(2) 增加纺纱段的动态捻度。第七章对环锭细纱机加捻过程的分析，得到了影响纺纱段捻度的工艺参数，如纺纱段长度、导纱角、前罗拉包围弧、气圈高度等，因此，通过优化细纱机的断面设计，使这些参数达到最优，来降低由包围弧和导纱钩引起的弱捻、捻陷作用，增加纺纱段的动态捻度，从而提高纺纱段纱条的动态强力。

(3) 增加前罗拉对须条的握持力。根据一落纱或卷绕大小直径的纺纱段捻度试验，在大纱卷绕小直径时，纺纱段的捻度一般较大，这时的动态强力也较高，理论上上部断头应较小，但事实上大纱断头要比中纱多，其原因一方面是张力波动大，另一方面是由于此时的罗拉握持力远小于纱线上的张力，实际测定也说明了这一点。因此，增加罗拉握持力对降低断头有积极意义。

(4) 新结构环锭纺纱技术。近年来，为提高成纱质量和生产效率，在传统环锭纺纱机上进行了大量革新改进，出现了集聚纺纱（紧密纺纱）、赛络纺纱、扭妥纺纱等新结构环锭纺纱技术，并成功应用于实际生产。其中最具代表性的环锭集聚纺纱方法有效地解决了纺纱断头、成纱毛羽等问题。该部分的内容详见第九章。

思考题：

1. 卷绕的基本类型有哪些？分别在纺纱系统的哪个工序使用？
2. 圈条的种类有哪些？各有什么优缺点？
3. 分析有捻粗纱机的卷绕与成形过程，并推导卷绕速度方程和升降速度方程。
4. 分析环锭纺细纱机的卷绕与成形过程，并列出对钢领板的运动要求。
5. 简要分析圆柱形和圆锥形筒子纱的卷绕与成形过程。
6. 分析粗纱和细纱张力产生的原因，并从稳定张力及提高动态强力角度分别列出降低细纱断头的措施。

第九章　新型成纱

本章知识点：

1. 传统成纱方法的局限性。
2. 新型成纱方法的分类。
3. 环锭集聚成纱原理及其纱线特征。
4. 各种气流式集聚纺纱的集聚过程与特点。
5. 环锭复合成纱原理及其纱线特征。
6. 各种环锭复合成纱的加捻过程、纱线结构与性能特点。
7. 自由端成纱原理及其纱线特征。
8. 各种自由端成纱的加捻过程、纱线结构与性能特点。
9. 非自由端成纱原理及其纱线特征。
10. 各种非自由端成纱的加捻过程、纱线结构与性能特点。

第一节　概述

一、传统成纱方法的局限性

环锭纺纱自1828年问世以来，至今已近200年的历史，因此环锭纺纱也被称为传统成纱方法。环锭细纱机被广泛采用以来，经过不断研究改进，现已达到相当高的水平，目前锭速已经达到15000~25000r/min，甚至更高，而且原料适应性强，适纺线密度和品种广，成纱结构紧密，强力较高。因此，环锭纺纱在当代纺纱领域中仍占有主导地位，迄今为止仍然是最主要的纺纱方法，但其在成纱质量、成纱原理方面仍存在一定的局限性。

（一）成纱质量的局限性

环锭纺纱由于其在加捻成纱过程中存在加捻三角区，致使成纱毛羽多，纱线表观光洁程度难以满足现代高速织机的织造要求，也难以满足高支高密类织物外观纹理清晰的产品要求；环锭纺纱的加捻使纱线内应力大、扭力不平衡、柔软性差，导致织物纹路歪斜、手感硬；环锭纺纱对适纺纤维长度、线密度等要求较高且较难纺制超低线密度纱线。因此，近年来对传统环锭纺纱技术的革新改造方兴未艾，出现了集聚纺纱、赛络纺纱、赛络菲尔纺纱、索罗纺纱、嵌入式复合纺纱、扭妥纺纱等新结构纺纱方法，这些革新技术是在环锭纺纱的基础上，通过在喂入部位、罗拉牵伸部位或加捻成纱部位等附加多根粗纱或长丝喂入装置、纤维集聚装置、假捻装置等，以降低纱线的毛羽、消除纱线的内应力、提高适纺性能。

1. 环锭纺纱线毛羽的产生　环锭纺纱过程中，纱线获得捻度的方式为纱线卷绕在纱管的同时带动钢丝圈回转，钢丝圈每回转一圈，纱线即获得一个捻回。在这样的加捻方式中，捻回自下而上由钢丝圈经过导纱钩，最终传递到前钳口，而在前钳口处，须条经过牵伸后呈有一定宽度的扁平带状。扁平带状须条从前罗拉输出，在纺纱张力的作用下，紧贴前罗拉表面时，形成一个包围前罗拉表面的弧（包围弧）。如图 9-1（a）所示，当捻回传递到前罗拉表面时，由于包围弧的阻碍，捻回只能传至 d 点终止，无法传递到前罗拉钳口线 ef，在捻回传递终止点与前罗拉钳口线间形成三角形。纤维从无捻到有捻成纱的区域 fed，称为加捻三角区，也称无捻或弱捻三角区。在加捻三角区内，由于纺纱张力和捻回传递的作用，有一定宽度的须条从前罗拉输出后逐步向中间集中，成为有捻的圆柱形纱线。但处于须条边缘的一些纤维很难全部被控制收拢，而形成一些头端自由纤维 c，如图 9-1（b）所示。输出须条真正宽度 B 要大于加捻三角区的宽度 b。这些头端自由的纤维或完全自由纤维，在成纱过程中或捻附在纱体表面形成毛羽，或变成飞花。

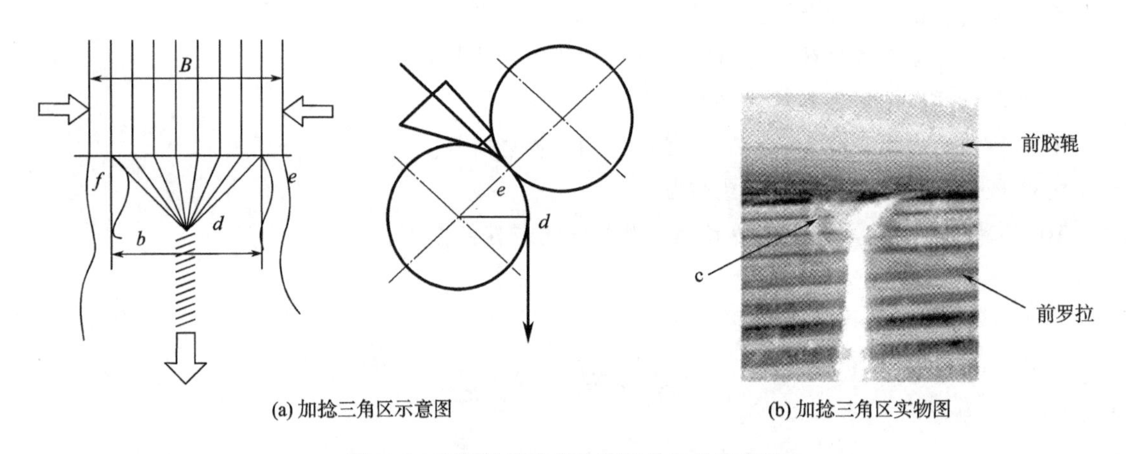

(a) 加捻三角区示意图　　(b) 加捻三角区实物图

图 9-1　环锭纺纱前罗拉钳口处加捻三角区

在细纱工序后，纱线还需经过络筒、上浆、织造等工序才能成为织物，在这些工序中，纱线会受到反复摩擦，导致毛羽不断增多，尤其在络筒过程中，毛羽增加明显。在织造过程中，纱线毛羽的存在会导致织造时纱线间的摩擦力增大，形成织疵，严重时导致纱线断头，影响织机效率。此外，大量的纱线毛羽会使织物表面起毛起球，纹理不清晰，还会影响织物的染色效果。目前，在织造前普遍采用上浆工艺，以减少毛羽对织造的影响，但上浆会形成二次毛羽，对织造同样有不利影响。因此，纱线毛羽成为继纱线强力、条干外越来越受到重视的纱线质量指标，特别是由于环锭纺纱独特的加捻成纱方法，致使其纱线毛羽较多，而大于 3mm 的有害毛羽更多。虽然在后续加工中可通过烧毛、上浆、上蜡等措施减少毛羽的影响，但这些措施都不是从产生毛羽的加捻三角区出发，因而不能从根本上解决纱线毛羽问题，同时还会增加成本。因此，有效减少毛羽成为环锭纺纱技术革新的主要方向。

2. 环锭纺纱线残余扭矩的产生　加捻是纱线生产中必不可少的环节。在粗细均匀的纤维须条上施加适量的捻回，使得纤维间相互抱合，在这个过程中，纤维被弯曲、扭转，产生扭矩。在纺纱及后加工过程中，一部分纱线扭矩会被释放，但仍有一部分保留在纱体内，形成纱线的残余扭矩。纱线的残余扭矩使纱线产生扭结，将纱线对折可清楚观察到两根纱线扭结在一起，当纱线捻度极大，如强捻纱，单纱也会直接扭结。由于纱线残余扭矩的存在，纱线会产生自动退捻的趋势以释放残余扭矩，这在针织物表面会更明显地表现为线圈的歪斜，一般称为纬斜，以及机织物表面不平整，这会影响织物的性能和结构的稳定，影响最终产品的外观效果。

由于纱线残余扭矩对后道工序及成品的种种不利影响，有大量研究旨在减少纱线残余扭矩。对于热塑性纤维，可以采用热处理。对棉/涤混纺纱的热处理明显减小了纱线扭矩。然而对于棉、羊毛等天然纤维纱线，减少残余扭矩的方法则比较复杂。目前工业上普遍采用蒸纱、丝光、初捻线 ZS 或 SZ 双股线反向加捻工艺等释放残余扭矩，稳定纱线结构，以减少针织物线圈歪斜，增加机织物表面的平整度。

3. 环锭纺纱的适纺性　环锭纺纱过程中，纺纱张力决定成纱强力，所纺纱线任意一段的强力只要低于纺纱张力，就会导致纺纱断头而影响纺纱的连续进行。理论而言，纺纱加捻三角区为纺纱过程中最薄弱的环节，该部位纤维须条纺纱强力大小直接影响环锭纺纱断头率以及纤维纺纱连续性，只要该部位须条横截面内纤维强度不够高，根数不够多，就会出现纺纱断头，如图 9-2 所示。一般通过两个途径来实现纤维须条在环锭细纱机上正常连续的纺纱：一是通过调整纺纱工艺，降低纺纱张力，提高纱线捻度；二是通过合理选配纤维，使得细纱工序须条所包含的纤维具有足够的纺纱品质，以提高纺纱过程中纱线强力。环锭纺纱过程中，纺纱张力是促使纺纱三角区纤维内外转移以达到成纱目的的主要因素，不可消除，且环锭纺纱加捻和卷绕同时进行，消除纺纱张力，卷绕将无法完成。提高纱线捻度虽然能在一定程度上增强纺纱须条强度，但捻度过高会带来许多负面效果，如生产效率降低、纱线断裂强度下降、扭矩过大等。因此，在其他纺纱条件达到最佳的情况下，要保证环锭纺纱连续稳定生产，必然要求纺纱三角区须条截面内纤维有足够的线密度、根数与长度以及合适的线密度、模量、卷曲与表面摩擦等性能，以满足纺纱过程中纱条任何一处强力高于纺纱张力。

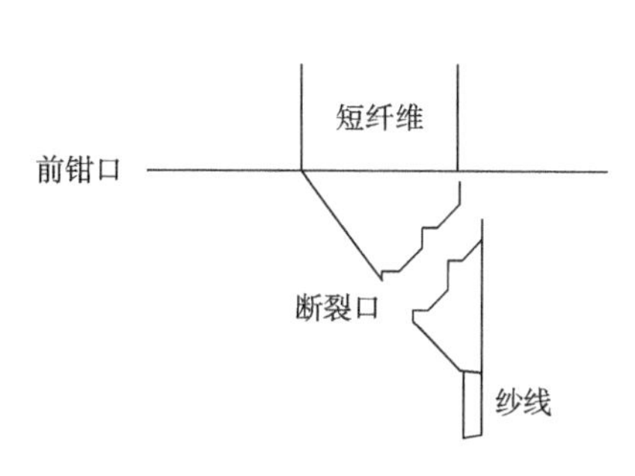

图 9-2　环锭纺纱加捻三角区的断头

以所纺纤维的根数为例，纱条截面内纤维根数减少，纱条纺纱强力降低。当纱条内纤维根数降到一定值时，就会出现纱条强力过低而不能成纱，这也是传统环锭纺纱很难开发超高支纱线的根本原因。纱条截面包含足够纤维不仅是满足纱条连续稳定纺纱的需要，也是保证成纱质量的需要。首先在须条牵伸过程中，当输出纱条截面根数低到一定程度时，条干不匀会急剧恶化；其次，纱条截面纤维根数越少，纤维之间抱合力越低，纤维不易良好地捻入纱体，所以纱线越细，长毛羽相对越多，纱线外观越差；最后，纱条截面纤维根数越少，纱线强度和耐磨性越差，给纱线后续加工带来负担。

（二）成纱原理的局限性

环锭纺纱的加捻原理属于卷绕端回转加捻，加捻卷绕同时完成，即纱管插在锭子上，随锭子高速回转，纱管至导纱钩间的一段纱拖着钢丝圈沿钢领回转，钢丝圈每转一圈给纱线加一个捻回，筒管与钢丝圈转速之差就是纱管单位时间内的卷绕圈数。但这种加捻卷绕的方式，存在如下问题。

1. 产量难以大幅度提高　由第七章第五节，分析环锭细纱加捻过程中推导出的钢丝圈线速度 n_t 与锭速 n_s 的关系式：

$$n_t = n_s - \frac{V}{\pi d_x} \tag{9-1}$$

式中：n_t——钢丝圈转速；

n_s——锭子转速；

V——前罗拉线速度；

d_x——卷绕直径。

设纱线的捻度为 T，由 $T=\frac{n_s}{V}$ 得 $n_s=TV$，代入式（9-1）整理得：

$$n_t = V\left(T - \frac{1}{\pi d_x}\right) \tag{9-2}$$

式中：T——纱线捻度。

由式（9-2）可知，捻度 T 一定时，钢丝圈转速与前罗拉线速度成正比。所以，要提高环锭纺纱机的产量，即增加前罗拉线速度 V，当捻度一定时，钢丝圈的转速就要加快，而钢丝圈在钢领跑道上摩擦回转，如果转速太高，钢领和钢丝圈的摩擦剧烈，会使机件发热损坏严重。就目前的材料和加工制造技术而言，钢丝圈的线速度以不超过50m/s为宜，否则，易产生飞圈而增加断头，严重时不能纺纱。

2. 增大卷装容量受到限制 卷装容量的大小直接影响生产效率的提高。如果卷装大，则满管周期长，停机时间短，机台利用率高，生产效率高。因此，高速化后大卷装尤为必要。对于环锭细纱机来说，增大卷装，就必须加大钢领直径或增加筒管长度。但是，加大钢领直径或增加筒管长度，会引起如下问题。

首先，因环锭纺加捻和卷绕作用同时进行，在加捻过程中，管纱也以锭子的速度高速回转，纱管从空管到满纱，锭子的负荷由小变大。如果进一步加大卷装，势必增加锭子的转动负荷。所以，卷装越大，负荷越大，越不利于锭子的高速。

其次，从式（9-2）可以看出，若增大钢领直径，在捻度和前罗拉线速度不变时，将增加钢丝圈的速度，加速钢丝圈的磨损，缩短钢丝圈的使用寿命。

而且若增大钢领直径或增加筒管长度，在一落纱过程中，大纱、中纱、小纱卷绕时，气圈形态变化和纱线张力波动太大，导致断头率大大增加。

经过长期深入的理论探讨，环锭纺纱中的关键部位：钢领、钢丝圈和锭子，在正常状态下运行必须遵守以下两个固有定律：

$$n_t H = C_1 \qquad n_t D = C_2 \tag{9-3}$$

式中：H——气圈高度；

D——钢领直径；

C_1、C_2——特定固定常数。

由式（9-3）可知，速度受气圈高度 H 的制约，即若提高速度，气圈高度要缩短，也即管纱卷装高度要缩短；速度还受钢领直径 D 的制约，即若提高速度，钢领直径要适当缩小，也即管纱卷装直径要缩小。由此可以得出，环锭纺纱速度若要进一步提高，必须减小管纱卷装尺寸，因此，环锭纺纱的成纱原理使其存在高速度与大卷装的矛盾。

3. 筒管随锭子同速回转不合理 筒管的任务主要是卷绕纱线。环锭细纱机筒管的卷绕速度是筒管实际转速与钢丝圈的转速之差，为筒管回转速度的1%~3%。因而筒管随锭子高速回转，不仅增加电力消耗而且易使锭子震动加剧，引起气圈形态的不稳定，增加卷捻部件的磨损。所以，筒管随锭子高速回转是不合理的。

由此可知，环锭纺纱时，如要加大卷装，就应降低锭速（产量将下降）；如要提高锭速，就应减少卷装（容量将减小），两者不可兼得。所以，环锭纺纱加捻和卷绕同时进行的成纱原理使得其在现有状况下大幅度地提高纺纱速度、增大卷装容量是非常困难的。

二、新型成纱方法的分类

新型成纱方法主要包括新结构环锭纺纱和新型纺纱。新结构环锭纺纱仍保留传统环锭细纱机钢领、钢丝圈、锭子与筒管的加捻卷绕机构，为了提高纱线质量、增加纱线的花色品种，仅是在传统环锭细纱机的喂入机构、牵伸机构与纺纱段等部位进行了革新，是传统环锭纺纱的新发展；新型纺纱不再采用传统环锭细纱机钢领、钢丝圈、锭子与筒管的加捻卷绕机构，将加捻和卷绕作用分开进行，且具有高速高产、大卷装与流程短的特点。

（一）新结构环锭纺纱

为了改善传统环锭纺的成纱质量，21世纪初开启了基于传统环锭纺纱技术的革新与改进，主要包括环锭集聚纺纱和环锭复合纺纱。

环锭集聚纺纱是在环锭细纱机的基础上通过集聚的方法有效缩小加捻三角区的须条宽度，使成纱更加密实、光洁，全面提升了细纱的内在外观质量，是环锭纺纱技术的重大革新。按照集聚形式又可分为气流式集聚纺纱、机械式集聚纺纱、气流+机械式集聚纺纱。

环锭复合纺纱是在环锭细纱机的基础上采用并合、混捻、包覆等多种形式复合纺纱技术，使环锭纺纱线不仅呈现原料、色泽多元化，而且形态结构多样化，进一步拓宽了环锭纺纱线的应用领域。采用复合纺纱技术开发环锭纺新型纱线，已成为环锭纺纱技术进步的一个亮点。目前主要有赛络纺纱（Sirospun）、赛络菲尔纺纱（Sirofil）、索罗纺纱（Solospun）、嵌入式纺纱、扭妥纺纱等。

（二）新型纺纱

由于环锭纺纱的加捻与卷绕同时进行，大幅度提高效率与卷装受到如钢丝圈线速度、钢领直径、纺纱张力等因素的制约。因此，为提高纺纱效率，从20世纪60年代开始，逐渐出现了很多新型纺纱方法。新型纺纱的共同特点就是突破了传统环锭纺纱的加捻卷绕方式，加捻与卷绕分开，有的还在纤维牵伸、凝聚、排列等方面实现了大的突破，也由此使得新型纺纱共同具有速度高、卷装大、纺纱工艺流程短等特点。新型纺纱按成纱原理可分为自由端成纱和非自由端成纱两大类。

自由端成纱是在纺纱过程中，使连续的喂入须条产生断裂，形成自由端，并使自由端随加捻器一起回转而达到使纱条获得真捻的目的。自由端纺纱有转杯纺纱、无芯摩擦纺纱、涡流纺纱、静电纺纱等，其中转杯纺纱是目前最为成熟、应用最广的一种。

非自由端成纱与自由端成纱的主要不同点在于，纺纱过程中喂入须条没有产生断裂，须条两端被握持，借助包缠、假捻等方法将纤维抱合到一起，使纱条获得强力。非自由端成纱有喷气纺纱、喷气涡流纺纱、有芯摩擦纺纱、自捻纺纱、平行纺纱等，其中喷气涡流纺纱是目前纺纱速度最快的一种新型纺纱方法。

第二节　环锭集聚成纱

一、环锭集聚成纱的目的

传统环锭纺纱为了使纱线获得所需的强度，必须加上一定的捻度以束缚纤维。纱线的捻回是由钢丝圈带着纱线在钢领上回转产生的，根据捻回的传递规律，其必将向上传递至加捻段纱条的喂入点，即前罗拉钳口处。但由于牵伸后须条有一定宽度，且输出时受罗拉的摩擦及上罗拉（胶辊）下压的影响，使捻回无法完全进入前钳口。因此，在前罗拉钳口处，存在一个捻度很小、甚至没有捻度的三角形纤维束，称为加捻三角区。纱条在该三角区的无捻或弱捻状态使得纺纱断头增加，形成部分纤维散失，造成大量飞花。

处在加捻三角区的纤维因受纺纱张力和加捻的作用产生了向心压力或径向压力，其规律为在加捻三角区边缘处的纤维，向心压力最大，而在纱轴中心的纤维，向心压力最小。由于内外层纤维受力不同，在加捻三角区中就会发生纤维由外到内、再由内到外的反复转移，其结果会造成纤维端头暴露在主体纱芯之外而形成纱线毛羽的问题；此外，纤维在三角区的内外转移，使环锭纱中的多数纤维呈螺旋线状，纤维平行于纱轴方向的程度较低，整根纱的强力远小于单纤维强力之和，纤维的强力利用系数较低。

可见，加捻三角区的存在对纺纱断头和成纱结构、强力及毛羽等纺纱工艺和纱线质量有决定性的影响。环锭集聚成纱的目的是通过增加一个集聚区来减小或消除加捻三角区，以达到纤维平行顺直、须条收拢紧密，从而降低纱线毛羽、提高纱线强力、减少飞花和断头的目的。

二、环锭集聚成纱的原理

（一）集聚作用

传统环锭成纱与环锭集聚成纱加捻区须条状态对比如图 9-3 所示，由于牵伸和前罗拉的压制作用，钳口处输出的须条为扁平带状，其宽度 $B_1=B_2$，该宽度取决于粗纱捻度、牵伸倍

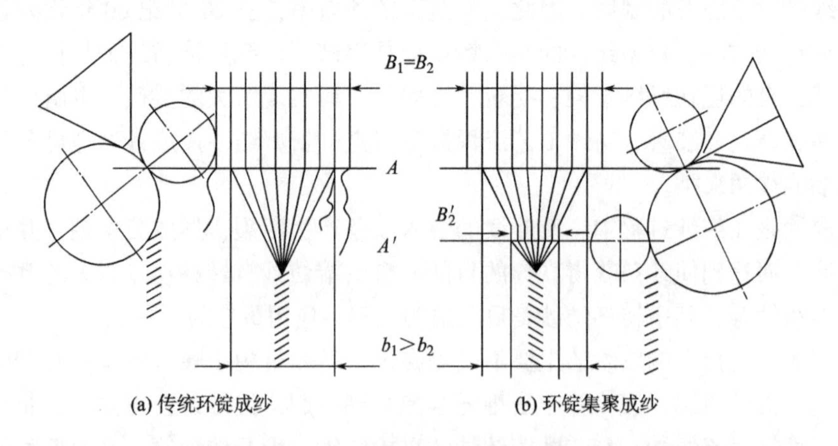

(a) 传统环锭成纱　　(b) 环锭集聚成纱

图 9-3　传统环锭成纱与环锭集聚成纱加捻区须条状态简图

数和所纺纱线的线密度等工艺参数。由于纺纱张力的作用，传统环锭纺从前钳口输出的须条宽度 b_1（即加捻三角区的宽度）要小于 B_1，而远远大于所纺纱线的直径 b_2，形成加捻三角区且须条边缘的纤维呈外扩状态，使得这部分纤维不能被顺利地捻合到主体纱芯中，造成须条中许多边缘纤维或者脱落或者杂乱地附着在加捻的纱体上，形成飞花或毛羽。

环锭集聚成纱是在传统环锭细纱机牵伸装置的基础上，增加一个纤维集聚区 $A—A'$。所谓集聚区，主要是通过负压气流或机械外力，使牵伸后由前钳口输出的须条集聚，即收缩扁平带状须条的宽度，此时，从输出钳口输出的须条宽度远远小于 B_2，而约等于所纺纱线的直径 b_2，即 $B'_2 \approx b_2$。此外，集聚区的外力，还可使纤维伸直，且相互排列紧密，基本消除了加捻三角区和边缘纤维。

图 9-4 为传统环锭成纱与环锭集聚成纱加捻区须条实际状态对比图。从图中可以看出，环锭集聚成纱由于增加了集聚区，纤维束先聚集再加捻，基本消除了加捻三角区和边缘的自由纤维，可得到毛羽少、强力高、结构紧密的集聚纺纱线，而且由于飞花大大减少，车间环境也得到改善。在实际生产中，集聚纺又称紧密纺，其纱线又称紧密纺纱线。

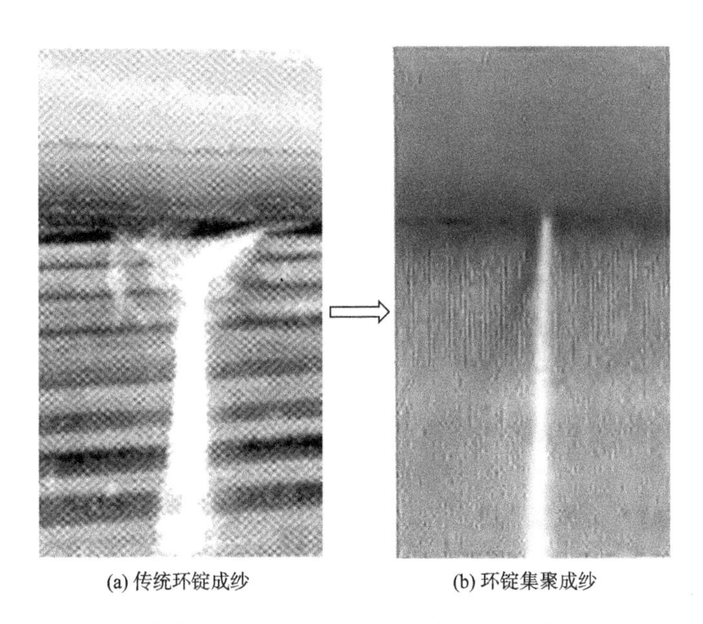

(a) 传统环锭成纱　　(b) 环锭集聚成纱

图 9-4　传统环锭成纱与环锭集聚成纱加捻区须条实际状态

（二）集聚区须条的集聚过程

如图 9-5 所示，以气流集聚为例，需要一套吸风组件，即须条从前罗拉输出后，通过一个带有网孔的装置来托持并输送纤维，网孔装置内置有带倾斜吸风槽的吸风管，吸风管内的负压气流使须条紧贴网孔装置，吸风槽的宽度、长度与倾斜角度要依据须条在集聚区的集聚作用而合理设计，同时，它们又影响纤维在网孔装置上的运动。须条从前罗拉钳口输出后，就立即被倾斜吸风槽（以下简称斜槽）入口 S_1 端的吸风捕获，吸附在网孔装置的表面上，随网孔装置向前运动。由于斜槽与输出方向的倾角，其吸风作用还会使须条沿网孔装置的表面翻滚。在这两种运动的共同作用下，须条集聚并沿斜槽的方向运动至网孔装置与输出胶辊的钳口线 S_2。须条沿网孔装置表面滚动有利于纤维头端更好地卷入须条主体中。对于使用不同原料和纺制不同粗细的纱线可采用具有不同斜槽宽度、长度和倾斜角度的吸风管，以达到最佳的运动条件与集聚效果。网孔装置上的网孔大小取决于所纺纤维的长度和模量，若所纺纤维的长度和模量较大，为保证较好的集聚，需增大网孔尺寸，但较大的网孔，会引起纤维散失增加，耗损增大。因此，长纤维或模量较大的纤维，对吸风组件的要求较高。

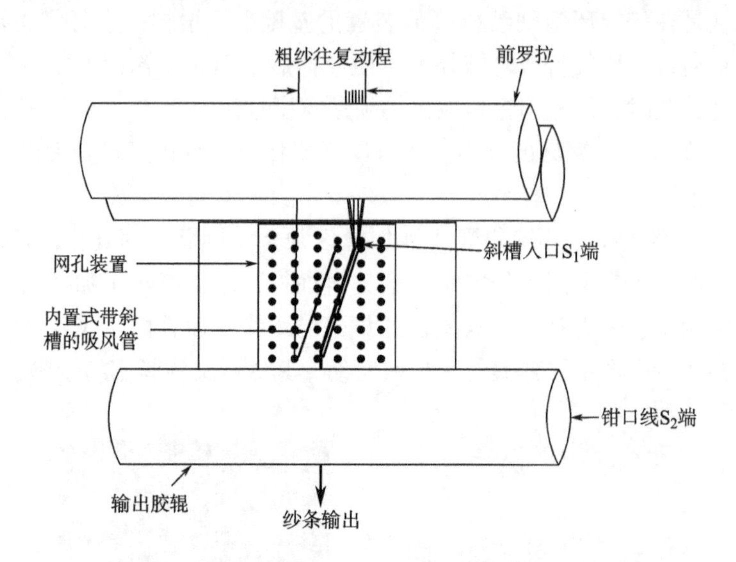

图 9-5 集聚区须条的集聚过程

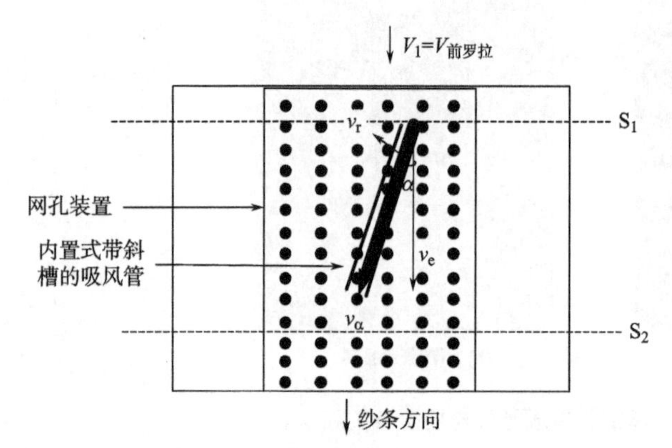

图 9-6 集聚区须条运动的速度合成简图

（三）集聚区须条的运动分析

如图 9-6 所示，须条从前罗拉钳口输出后，立即被网孔装置内斜槽的吸风捕获，随即与网孔装置镶嵌运动，此为集聚区须条的牵连运动；由于斜槽与网孔装置的运动方向有一倾斜角度 α，在吸风吸力的作用下，须条还同时沿着垂直于斜槽方向且紧贴于网孔装置表面进行滚动，此为须条的相对运动。在牵连运动和相对运动的共同作用下，须条最终沿着斜槽的倾斜方向向前运动，此为须条的绝对运动。因此，集聚区须条的绝对运动速度 v_α 可分解为须条随网孔装置对须条的牵连运动速度 v_e 和须条在网孔装置上的滚动所引起的相对运动速度 v_r；v_e 的方向沿着网孔装置的前进方向，而 v_r 的方向则垂直于斜槽的倾斜方向，从而最终使得 v_α 的方向沿着斜槽的倾斜方向。

在须条稳定运动的条件下，集聚区内的须条向前运动，同时由于吸风的作用还绕其自身轴线滚动。为了保证集聚过程中须条中的纤维处于伸直状态，必须使 $v_\alpha=v_1$，v_1 为前罗拉线速度。牵连运动速度 v_e 为：

$$v_e=\frac{v_a}{\cos\alpha} \tag{9-4}$$

由 $v_\alpha = v_1$ 得：

$$v_e = \frac{v_1}{\cos\alpha} \tag{9-5}$$

E 为集聚牵伸比，则：

$$E = \frac{v_e}{v_1} \tag{9-6}$$

把式（9-5）代入式（9-6）得：

$$E = \frac{1}{\cos\alpha} \tag{9-7}$$

又 $E=\dfrac{d_c}{d_f}$（d_c 为网孔装置输出胶辊的直径，d_f 为前罗拉加压胶辊的直径），则：

$$E = \frac{1}{\cos\alpha} = \frac{d_c}{d_f} \tag{9-8}$$

根据集聚纺纱经验得知，集聚牵伸比 E 的范围为 1.01~1.03，从而可知网孔装置内置斜槽倾角 α 的范围为 8.07°~13.86°。试验表明在 $E=1.017$，$\alpha=10.5°$时，纺出的集聚纱除毛羽和单纱强力大幅度改善之外，条干也优于传统的环锭纱。

（四）集聚区内须条的加捻过程

在稳定运动条件下，集聚区须条呈圆柱体。从前罗拉钳口出来的纤维头端运动至斜槽的 S_1 端处，便立即被吸风捕获并迅速捻入须条主体。设集聚区须条的半径为 r，须条滚动转速为 n，须条绕其自身轴线转动所产生的附加捻度为 T_0，如图 9-6 所示，则：

$$v_r = v_e \times \sin\alpha \tag{9-9}$$

$$v_\alpha = v_e \times \cos\alpha \tag{9-10}$$

$$n = \frac{v_r}{2\pi r} \tag{9-11}$$

根据 $T_0=\dfrac{n}{v_\alpha}$，把式（9-9）~式（9-11）代入，若捻度方向为 Z 捻，可得附加捻度为：

$$T_0 = \frac{\tan\alpha}{2\pi r} \tag{9-12}$$

设所纺纱线也为 Z 捻纱时，环锭细纱机的锭速为 n_s，由钢丝圈所加的捻度 T，根据 $T=\dfrac{n_s}{v_e}$，且 $v_\alpha=v_1$，结合式（9-10）可得出环锭钢丝圈所加的捻 T 为：

$$T = \frac{n_s}{v_1} \times \cos\alpha \tag{9-13}$$

集聚纱的最终捻度 T_c 应为环锭钢丝圈所加的捻度与集聚区的附加捻度之和，由式（9-12）与式（9-13）可得出捻度方向为 Z 捻时集聚纱最终捻度：

$$T_c = \frac{n_s}{v_1} \times \cos\alpha + \frac{\tan\alpha}{2\pi r} \tag{9-14}$$

据此分析，总结集聚纱的最终捻度与吸风管斜槽倾斜方向的关系如下。

（1）斜槽的倾斜方向按右上角倾斜时，集聚区须条的附加捻度的方向为 Z 捻。

当纺制 Z 捻纱时，集聚纱的最终捻度为 $T_c=\frac{n_s}{v_1}\times\cos\alpha+\frac{\tan\alpha}{2\pi r}$；

当纺制 S 捻纱时，集聚纱的最终捻度为 $T_c=\frac{n_s}{v_1}\times\cos\alpha-\frac{\tan\alpha}{2\pi r}$。

（2）斜槽的倾斜方向按左上角倾斜时，集聚区须条的附加捻度的方向为 S 捻。

当纺制 S 捻纱时，集聚纱的最终捻度为 $T_c=\frac{n_s}{v_1}\times\cos\alpha+\frac{\tan\alpha}{2\pi r}$；

当纺制 Z 捻纱时，集聚纱的最终捻度为 $T_c=\frac{n_s}{v_1}\times\cos\alpha-\frac{\tan\alpha}{2\pi r}$。

由以上分析可知，要实现集聚纱的最终捻度 $T_c=\frac{n_s}{v_1}\times\cos\alpha+\frac{\tan\alpha}{2\pi r}$，纺制 Z 捻集聚纱时，斜槽的倾斜方向应按右上角倾斜；纺制 S 捻集聚纱时，斜槽的倾斜方向应按左上角倾斜。由于附加捻度的存在，在其他工艺条件不变的情况下，集聚纱的最终捻度提高了，从而提高了集聚纱的强力；在保证集聚纱与传统环锭纱的强力相同的情况下，集聚纱中相应于传统环锭纱的捻度可以降低，这样可以提高细纱机产量，增加经济效益。

三、集聚纺纱线的特征

（一）纱线外观紧密光洁

由于集聚纺减小甚至消除了加捻三角区，须条加捻时其宽度接近所纺纱线的直径，因此，纤维在须条内平行排列，且相互排列紧密，基本不存在边缘纤维，所纺纱线毛羽数量大幅降低，纱线外观紧密光洁，如图 9-7 所示。

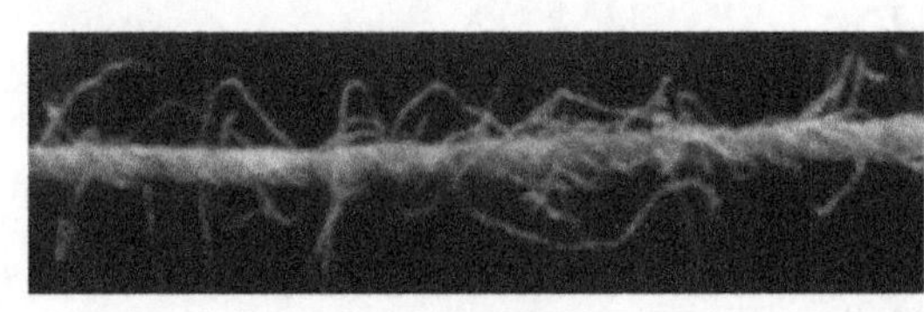

(a) 传统环锭纱

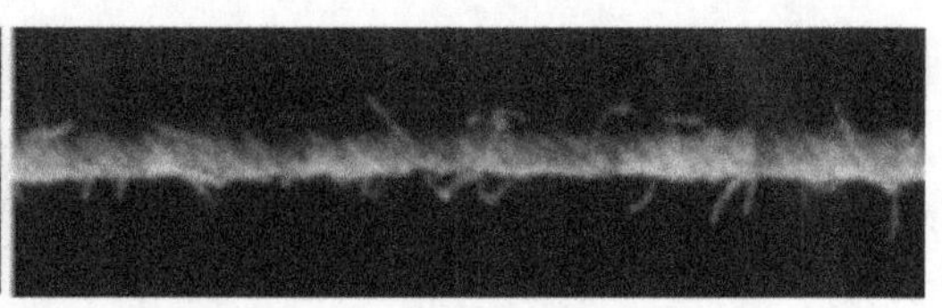

(b) 集聚纺纱线

图 9-7　集聚纺纱线的外观变化

（二）纤维在纱中多呈圆柱形螺旋线形态

由于集聚纺在加捻时纱条已被集聚成了近似圆柱形，内外层纤维所受张力差异很小，因此，纤维内外层转移的幅度、频率与传统环锭纺相比要小得多，可近似看成整体的圆柱形螺旋线运动，所以纱线中的纤维以圆柱形螺旋线为主，其他形态纤维数量较少。

（三）纱线性能提高

集聚纺纱基本上消除了传统环锭纺纱的加捻三角区，因而从根本上消除了产生毛羽的源头，使集聚纺纱线的毛羽，特别是有害毛羽（3mm 以上长度）大幅度减少，比传统环锭纺纱的毛羽减少 80%左右；由于加捻前须条结构和纤维分布趋于理想，而且加捻时原来形成毛羽的纤维都被捻入纱体中，成纱强力可提高5%～10%，强力变异系数减小，在相同强力下纱线的捻度可减少20%左右；条干均匀度改善近2%左右，棉结杂质降低8%～10%；纱线抗摩擦、抗疲劳性都得以改善。

四、环锭集聚成纱的方式与应用

根据产生纤维集聚作用的方式不同，目前国内外集聚纺纱可分三大类：一是气流式集聚，即利用负压气流吸力使集聚区内的纤维横向集中收缩而集聚，主要有吸风鼓+网眼罗拉式集聚、异形吸风管+网格圈摩擦传动式集聚、异形吸风管+网格圈罗拉传动式集聚、吸风嘴+多孔胶圈式集聚等，还有全聚纺、聚纤纺；二是机械式集聚，利用机械方式所产生的强制外力使集聚区内的纤维横向集中而集聚，如集束器、齿纹胶辊、双齿纹胶圈集聚等；三是气流+机械式集聚，利用负压气流吸力和机械作用力结合使纤维集聚，如齿纹气流槽胶辊集聚等。

其中，气流式集聚应用广泛，技术成熟。以下主要介绍气流式集聚的几种主流应用方式。

（一）吸风鼓+网眼罗拉式集聚

1. 集聚过程　网眼罗拉集聚成纱改变了传统牵伸前罗拉的结构，如图9-8所示，把实心前罗拉改为管状的网眼罗拉1，其直径远大于原前罗拉。两个胶辊骑跨在网眼罗拉上，第一胶辊为新增的输出胶辊2，与网眼罗拉组成输出钳口，即加捻时的握持钳口；第二胶辊，即是原前上胶辊3，与网眼罗拉组成牵伸区的前钳口。网眼罗拉内置带吸风槽的吸风鼓，吸风槽逐渐收缩，且有一定倾斜，紧贴在网眼罗拉的内表面。斜形吸风槽插件与负压吸风系统连接。两个钳口之间即是斜形吸风槽上方网眼罗拉表面纤维须条的集聚区。纤维须条从前钳口输出，即受斜形吸风槽的气流作用而逐渐收缩，直至输出钳口，须条由扁平带状收缩集聚成近似圆柱形。此时，从输出罗拉输出的圆柱形须条被加捻时已基本没有了三角区，另外，输出须条的位置处于捻度传递区的上方，减少了网眼罗拉上的包围弧和无捻区，捻回可直达输出钳口，减少和消除了加捻三角区。在集聚区上方，还增设了气流导向罩，保证纤维束以平行状态完成集聚，提高了集聚效果。

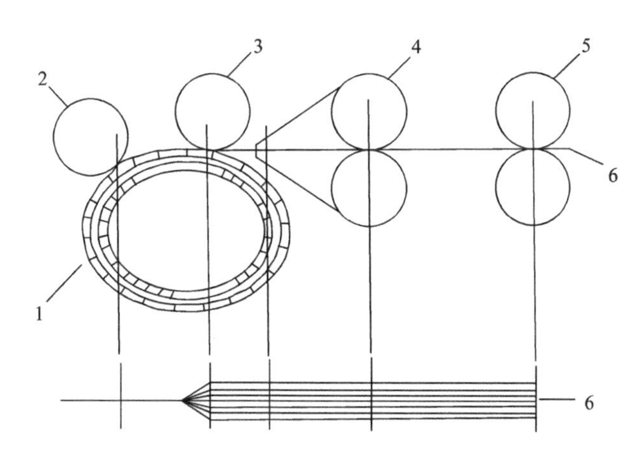

图9-8　吸风鼓+网眼罗拉式集聚

1—网眼罗拉　2—输出胶辊　3—前上胶辊　4—一对中罗拉　5—一对后罗拉　6—须条

2. 特点 该集聚结构改变了原传统牵伸机构的结构状态，加工精度要求高，制造难度大，成本高，难以在老机上改装；由于采用大直径的网眼罗拉，使主牵伸区内浮游纤维区长度变化，对有效控制浮游纤维有一定影响；输出胶辊与前胶辊同时由网眼罗拉摩擦传动，两钳口间即集聚区内，须条在集聚过程中无张力牵伸；可纺纤维的最短长度受到网眼罗拉打孔直径的限制，且要求单纤维必须有适当的模量以防纤维在集聚过程中通过网眼被吸风吸走；集聚作用直抵输出罗拉钳口线，加捻三角区可减至最小。

（二）异形吸风管+网格圈摩擦传动式集聚

1. 集聚过程 形似梨形或香蕉形截面的负压吸风管 1，安装在牵伸机构的前罗拉 3 钳口处，如图 9-9 所示，异形管上面开有一定倾斜角度形吸风槽，槽口对准输出的须条，槽口宽度逐渐缩小，形成从宽到窄的吸风槽，吸风槽的倾角使须条在集聚的同时产生翻滚，这一类似捻合的运动促进了纤维的集聚，较好地消除了加捻三角区，达到了对纤维须条的集中收缩作用。异形管上吸风槽处套有柔性回转的网格圈，在集聚过程中，托持并带动纤维输出，网格圈由一定规格要求的化纤长丝织物制成，类似滤网结构，网眼密度可根据所纺纤维和成纱线密度做适当选择。网格圈由骑跨在异形管上的输出胶辊 2 摩擦传动，输出胶辊与牵伸机构前胶辊之间配装一过桥齿轮 7，相互啮合传动，输出胶辊直径可略大于牵伸机构前胶辊，使须条在集聚过程中产生一定的张力牵伸。

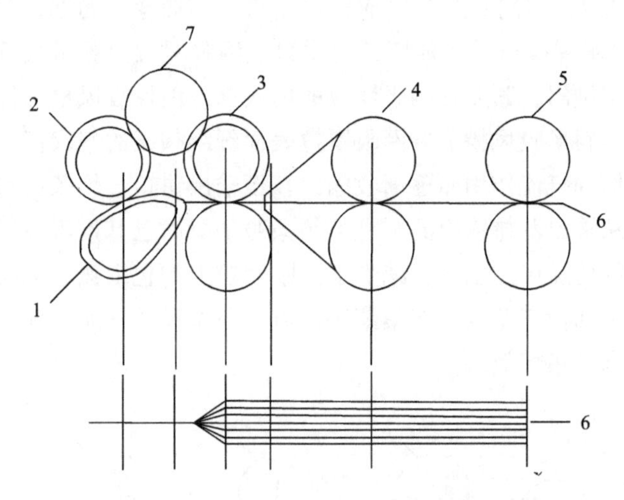

图 9-9 异形吸风管+网格圈摩擦传动式集聚

1—负压异形管 2—输出胶辊 3—一对前罗拉 4—一对中罗拉 5—一对后罗拉 6—须条 7—过桥齿轮

2. 特点 在多锭生产的环锭细纱机上，胶辊直径、罗拉加压等存在一定的锭间差异，会造成各锭网格圈运动速度不稳、不匀；网格圈的材料和制造要求高，表里两面的摩擦性能要能满足长期运转要求，不变形且稳定；异形管上的倾斜狭槽能够保证集聚区内的须条绕其自身轴线回转，使纤维头端完全嵌入须条内；聚集区须条有张力牵伸，可提高纤维的伸直度；由于网格圈上的网眼小，纤维不易被吸风带走，因此，对可加工的纤维没有长度、模量等的限制；由于集聚效果直达输出罗拉钳口线，加捻三角区可减至最小。

（三）异形吸风管+网格圈罗拉传动式集聚

1. 集聚过程 如图 9-10 所示，负压异形管 1 似倒三角形，顶面开有倾斜曲线吸风槽。网格圈 2 不仅套在异形吸风管上，还套在新增设的输出罗拉上，并由钢质撑杆张紧。新增设的输出罗拉由牵伸机构的前罗拉通过过桥齿轮传动，是一个主动传动的网格圈系统。它的集聚过程与异形吸风管+网格圈摩擦传动式相同。

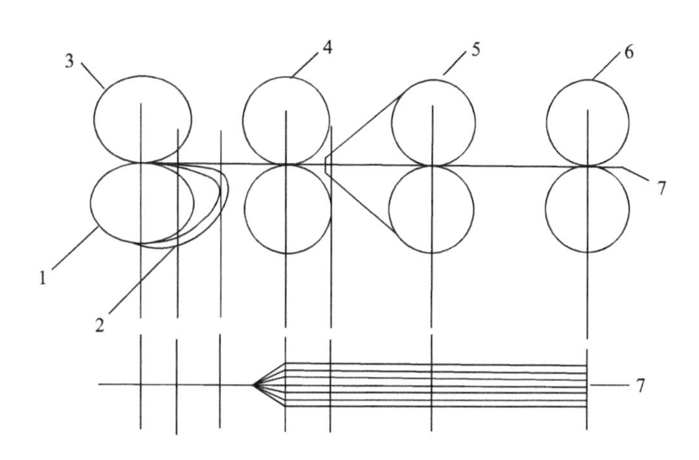

图 9-10　异形吸风管+网格圈罗拉传动式集聚

1—负压异形管　2—网格圈　3—输出胶辊　4—一对前罗拉　5—一对中罗拉　6—一对后罗拉　7—须条

2. 特点　网格圈在输出罗拉与输出胶辊夹持下与其同步回转，无相对打滑，使网格圈运行平稳，更稳定地输送纤维须条；由于输出罗拉传动，异形管的吸风槽与输出钳口有一微小隔距，使气流集聚作用未能延续到输出钳口。其他特点与异形吸风管+网格圈摩擦传动式集聚相同。

（四）吸风嘴+多孔胶圈式集聚

1. 集聚过程　吸风嘴+多孔胶圈式集聚是在细纱牵伸机构前加装一套气流集聚装置，由多孔胶圈、一对输出罗拉和吸风系统组成，如图 9-11 所示，多孔胶圈 1 套在输出胶辊 2 上，多孔胶圈内表面设有固定的吸风嘴，当负压吸风系统使吸风嘴产生负压气流通过多孔胶圈时，多孔胶圈会自动形成一个内陷的凹槽，与负压气流一起收集从牵伸前罗拉输出的须条。多孔

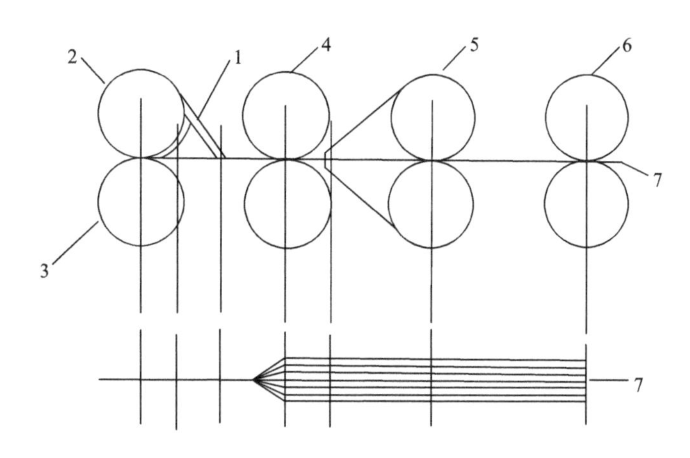

图 9-11　吸风嘴+多孔胶圈式集聚

1—多孔胶圈　2—输出胶辊　3—输出罗拉　4—一对前罗拉　5—一对中罗拉　6—一对后罗拉　7—须条

胶圈下部设置有一个三角形的托板销，它托持多孔胶圈和纤维束，并与多孔胶圈共同夹持纤维束，在导向气流作用下更有效地集聚纤维。多孔胶圈带着须条一边向前运动，一边收缩纤维，使须条形成紧密结构并到达输出钳口，以这种紧密状态接受加捻。

2. 特点 多孔胶圈的运动是由输出罗拉传动，并与前罗拉有一定的张力牵伸；在多孔胶圈输出纤维束后，自动清洁装置对多孔胶圈进行清洁，使其孔眼不易堵塞；由于多孔胶圈的通气孔不是连续的，多孔胶圈与输出钳口间有一微小距离，集聚作用还未完全延续到输出罗拉钳口，已集聚的须条产生了一定的回弹性扩散，这样保留了不影响短纤纱基本性质的小于2mm长度的基本毛羽；加工纤维的长度与模量等受多孔胶圈打孔直径的限制。

上述各种集聚纺纱虽然采用的集聚方式与结构各有不同，但都是在原有传统环锭纺纱的基础上，在牵伸后增加一个集聚区域，通过收缩须条来减小或消除加捻三角区，这一特有的纺纱机理使集聚纺纱在成纱质量、后道加工、产品风格、经济效益等方面均表现出一定的优越性。此外，除吸风鼓+网眼罗拉式集聚外，其他气流聚集方法在传统细纱机上加装和还原都比较容易实现。

第三节 环锭复合成纱

一、环锭复合成纱的目的

环锭复合成纱的目的是在环锭细纱机上采用多种形式复合纺纱技术，将种类不同或结构不同的纤维复合成一种纱线，将不同纤维的优良性能结合在一起，取长补短，提高纱线的质量，优化纱线结构，扩展纱线的应用范围。混纺纱作为复合纱的一种，其历史可追溯到20世纪40年代的棉与黏胶纤维环锭混纺纱，当时只是将黏胶纤维作为棉的代用品，并不以提高纱的性能为目的。将性质不同的纤维混纺或复合以取长补短开始于20世纪50年代后期的棉、毛和涤纶混纺，集中了棉、毛的蓬松、吸湿、保暖和涤纶的强力高、耐磨、挺括、免烫等优点。目前，环锭复合纺纱的目的更多地体现在提高纱线质量上，如降低纱线毛羽、提高纱线强力、丰富纱线结构与扩展环锭纺的适纺性能等方面。本章介绍的主要是除混纺外的其他环锭复合成纱方法与原理。

环锭复合成纱主要有赛络纺纱、赛络菲尔纺纱、索罗纺纱、嵌入式纺纱、扭妥纺纱等，都是利用两种或两种以上组分或结构复合成一种纱线的过程，但这些方法又有一定的区别，主要体现在复合机构、复合的组分、喂入方式、工艺参数的差异等，且它们在提高纱线质量的侧重点不同，如赛络纺纱与索罗纺纱以降低纱线毛羽、提高纱线强力为主要目的；赛络菲尔纺纱以改善织物风格和功能为主要目的；嵌入式纺纱以扩大原料应用范围和降低纱线线密度为主要目的；扭妥纺纱以释放纱线残余扭矩和实现纱线低捻高强为主要目的。

二、环锭复合成纱的原理

（一）复合作用

环锭复合成纱是在环锭细纱机上通过技术改进与创新，由两种或两种以上的不同组分或结构的粗纱与粗纱、粗纱与长丝、粗纱与短纤维纱等输出前罗拉后通过捻合复合在一起，形成结构新颖、性能优良的复合纱线。以两种组分的须条喂入为例，如图 9-12 所示，分别为须条 1 和 2，如是短纤维须条则从后罗拉喂入，经牵伸装置牵伸后输出；如是长丝或纱，则直接从前罗拉喂入，不经牵伸装置。须条 1 和 2 由前罗拉 3 牵伸后输出，形成一个三角区，并汇集到一点 4，经断头自停装置 5 后由锭子 6 和钢丝圈 7 的回转给纱线加捻，捻度自下而上地传递直至前钳口握持处，使得汇聚点上侧的单纱上有捻度，而且与复合纱的捻向一致，由于汇聚点处两根单纱同向回转，使单纱中的纤维端头有可能被卷绕到相邻的另外一根单纱上，而后进入复合纱之中，从而使复合纱结构紧密、表面纤维排列整齐，外观光洁，表面毛羽大幅度下降，条干均匀。特别是处于须条边缘、长度较长的扩散纤维，上述情况更容易发生。可见该方法在消除毛羽方面独具特色。

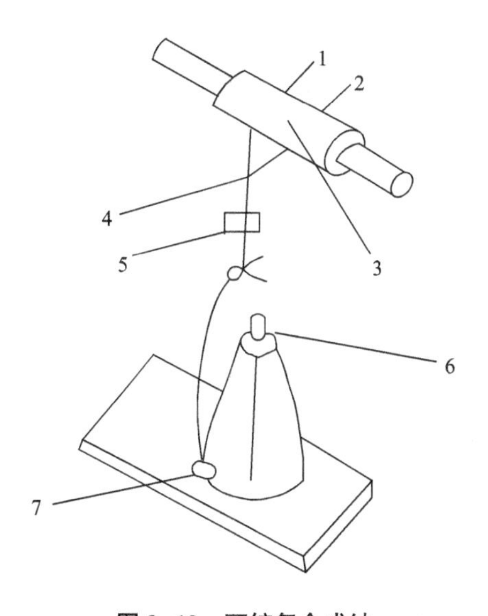

图 9-12　环锭复合成纱

1、2—须条　3—前罗拉　4—汇聚点　5—断头自停装置　6—锭子　7—钢丝圈

（二）加捻过程

1. 单纱与复合纱的捻度　环锭复合成纱的加捻过程如图 9-13 所示，A 为前钳口线，即加捻段纱条的喂入点，B_0 为两根单纱的汇聚点，B 为捻陷点（导纱钩），C 为加捻点（钢丝圈）。AB_0 段为单纱，B_0D 段为复合纱。

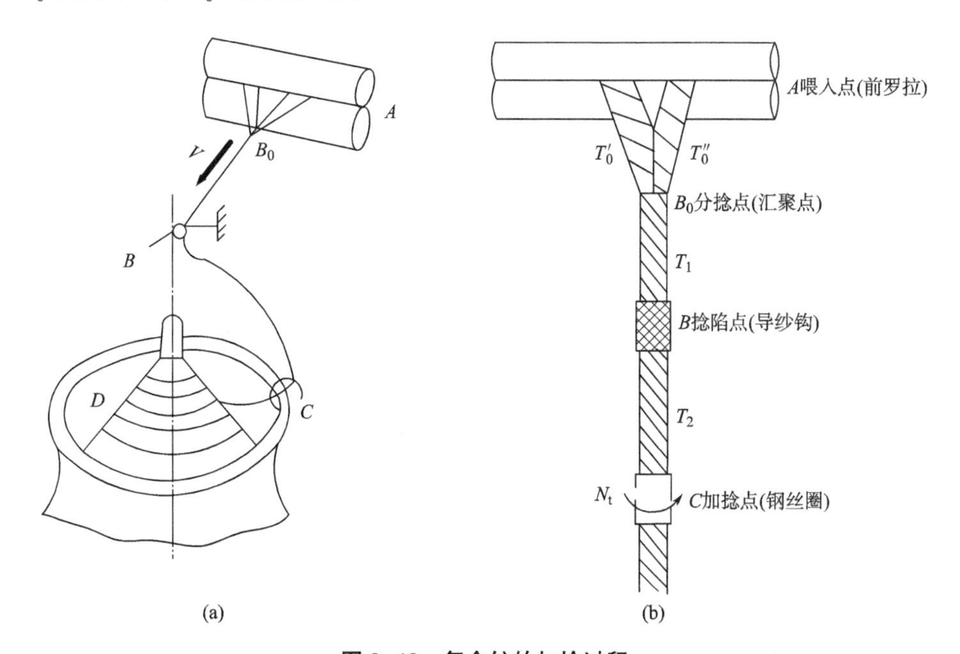

图 9-13　复合纺的加捻过程

以两根纱条为例，加捻时捻回自加捻点 C 向喂入点 A 传递，纱线通过导纱钩时受摩擦阻力的影响产生捻陷，使 BB_0 段纱条的捻度 T_1 小于 BC 段纱条的捻度 T_2；然后，捻回继续向喂

入点传递，在汇聚点 B_0 处分捻，即单根纱条上捻回的方向与复合纱相同，但数量少于复合纱，因此，汇聚点又称为分捻点，引入捻度分配系数 δ 来描述纱条传递过程中的分捻现象，$\delta<1$。受单根纱条的性状差异、纺纱工艺不同等因素的影响，每根纱条上传递的捻度不同，设 δ_1、δ_2 分别为两根纱条的捻度分配系数。其捻度的计算过程如下：

$$T_1 = \eta T_2 \tag{9-15}$$

式中：T_1——分捻点到捻陷点的纱条捻度；

T_2——捻陷点到加捻点的纱条捻度；

η——捻度传递效率。

因此，两根单纱上的捻度为：

$$T'_0 = \delta_1 T_1 = \delta_1 \eta T_2 \tag{9-16}$$

式中：T'_0——第一根纱条捻度；

δ_1——第一根纱条捻度分配系数。

同理；

$$T''_0 = \delta_2 T_1 = \delta_2 \eta T_2 \tag{9-17}$$

式中：T''_0——第二根纱条捻度；

δ_2——第二根纱条捻度分配系数。

根据稳定捻度定理及捻陷和阻捻的概念，可求得从汇聚点 B_0 到卷绕点 D 各段的捻度，其分析过程与第七章第四节中环锭细纱加捻过程的分析一致，可得卷绕到纱管上的复合纱捻度为：

$$T = \frac{N_t}{V} \tag{9-18}$$

式中：T——复合纱捻度；

N_t——钢丝圈转速；

V——纱条输出速度。

由于，$\delta<1$、$\eta<1$，对比式（9-16）~式（9-18），可知 $T'_0<T$，$T''_0<T$。因此，捻回自加捻点向喂入点传递时，受捻陷与分捻的影响，单根纱条上的捻度小于加捻捻度，使输出单根纱条的强力较低，有可能导致单根纱条在加捻三角区处断头。

2. 影响捻度分配的因素 从式（9-16）与式（9-17）可以看出，捻度分配系数 δ 越大，单根纱条上捻度越大，而捻度分配系数 δ 的大小又取决于以下因素。

（1）单根纱条的性状。单根纱条内纤维越长、模量越小、表面越光滑，捻度分配系数 δ 越大；单根纱条越细，捻度分配系数 δ 越大；两根纱条的性状差异越大，两根纱条的捻度分配系数 δ 差异越大。如一根单纱是粗纱，另一根单纱是长丝时，由于两根单纱细度、模量与表面摩擦性能差异很大，造成加捻时两根单纱捻度差异较大，纺制的复合纱耐磨性较差，在后道加工中的各种摩擦作用容易“剥毛”。

（2）喂入张力。喂入张力越大，捻度分配系数 δ 越大；两根纱条的喂入张力差异越大，捻度分配系数 δ 差异越大。在某些工艺与产品开发中，可通过调节两根喂入纱条（或长丝）的张力，生产不同结构的包芯纱、波浪纱、圈圈纱等。

（3）须条间距。两根须条间存在一定的间距，由于捻回传递，使得每根单纱上存在一定的捻度，随着须条间距增大，捻回在传递分捻时的阻力增大，会使捻度分配系数 δ 减小，单根纱条上的捻度减少。

（4）加捻三角区高度。加捻时，一开始获得的捻回保持在纱条上，捻回无法传到单根纱条，随着汇聚点下侧复合纱上的捻度逐渐增加、加捻三角区高度的减小，当加捻三角区高度在加捻扭矩的作用下，不能再缩小时，汇聚点再也不能上升，加捻三角区力矩达到平衡，此加捻三角区高度称为加捻极限高度，此时单根纱条捻度分配系数 δ 最大，单根纱条的捻度也达到极大值。

（5）纺纱张力。纺纱张力越大，单根纱条上的捻度分配系数 δ 越大，单根纱条上传递的捻度越大。纺纱张力由锭子速度、气圈形态等决定，且要保证纱线正常卷绕。

3. 加捻三角区单纱断头　复合成纱是两根或两根以上单纱混捻成一根复合纱，因此，纺相同线密度的纱线，复合纺在加捻三角区每根单纱的线密度与传统环锭纺相比都要小。从复合成纱加捻过程的分析可知，受捻陷和分捻的影响，两根单纱的捻度小于复合纱的捻度。结果是复合纺单纱线密度低而捻度小，这与细纱捻系数（捻度）的选择依据不符，导致断头；此外，当其中一根单纱断头，而另一根未断时，就产生“跑单纱”现象，如不能及时发现，将使输出复合纱产生长细节，影响产品质量。针对复合纺加捻三角区单纱断头问题，需要在纺纱设备上采取专门措施加以避免，如断头打断器、断头自停装置等。

三、复合纱线的特征

（一）径向捻幅大

在单根纱条中放入极少量异色纤维，用以观察纤维的排列和形状。可以看出，单根纱条上的捻向和复合纱的捻向一致。传统环锭纱的轴心位置捻幅为零，由里向外沿径向捻幅逐渐增大，而复合纱是带捻的多根纱条捻合在一起，使得轴心位置也有捻幅，沿径向的捻幅均高于传统环锭纱在相应位置的捻幅，因此，复合纱中纤维排列紧密，纤维间摩擦力抱合力较大。

（二）截面结构多样

由于两根或两根以上纱条从前罗拉输出后捻合在一起，形成了类似股线或缆绳的结构，可以通过控制单根纱条的喂入张力，达到不同的纱线结构，如图 9-14 所示，当两根纱条喂入张力大小基本一致时，形成混捻结构；当一根纱条纺纱张力大于其他纱条纺纱张力时，形成包芯纱结构。

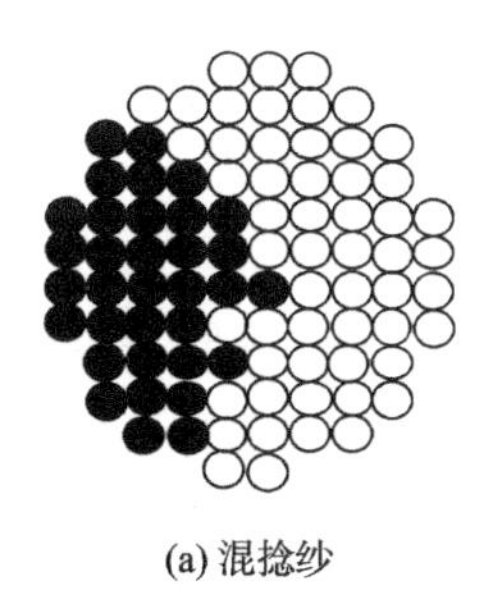

(a) 混捻纱

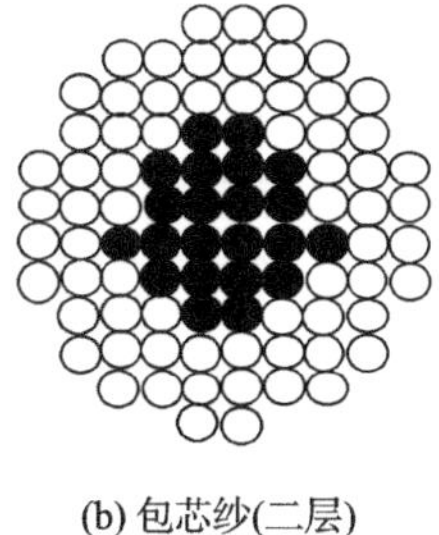

(b) 包芯纱(二层)

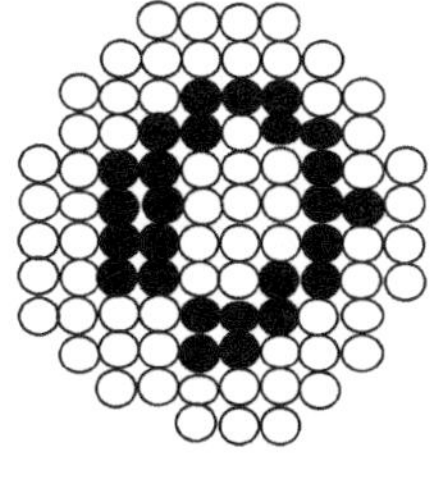

(c) 包芯纱(三层)

图 9-14　复合纱的截面结构

（三）纱线性能提高

多个带捻须条捻合在一起时，单根纱条上的毛羽在捻合时有机会被复合纱捕获，从而使纱线毛羽大大减少，而且由于复合纱内纤维排列紧密，使纱的强力与耐磨性提高。

（四）须条间距影响纱线性能

随着须条间距的增加，单纱中的纤维头端有可能被卷绕到相邻的另外一根单纱上，成纱毛羽减少，当须条间距增大到一定程度时，纤维头端可能在加捻点从成纱中抽出，因此，随着须条间距的增加，纱线毛羽减少；须条间距达到一定值后，毛羽减少的趋势不再明显。纱线强力、伸长等性能随须条间距的增加先增大后减少，这是由于复合纺除了有类似在传统环锭纺前罗拉钳口处的无捻三角区外，在汇聚点上方的单纱捻度较小，属于弱捻区，因汇聚点上方弱捻纱条的动态强力比较低，在须条间距增大后，单根纱条被拉长的情况下，捻回在传递分捻时的阻力增大，会使捻度分配系数减小，单根纱条上的捻度减少，复合纱的断裂强力与断裂伸长率都有所降低。随着须条间距增大，前钳口到汇聚点这一段弱捻纱条的长度越长，单根纱条中纤维之间的联系力越弱，受纺纱张力的影响，当捻度较小的纱条被拉长时，纤维间越易滑脱，故断头率及条干不匀的发生率就会增加。因此，须条间距理论上存在一个最佳值，可以结合试验数据来确定，一般，对羊毛纱，最佳间距为12~14mm；对于棉纱，最佳间距为8mm左右。

四、环锭复合成纱的方式与应用

（一）赛络纺纱

1. 赛络纺纱的加捻过程 在环锭细纱机上生产赛络复合纱，如图9-15所示，把两根不同或相同原料的粗纱平行喂入细纱牵伸区，两根粗纱之间有一定的距离，且处于平行状态下牵伸，在前罗拉钳口处输出两束须条。钢丝圈回转加捻，捻回传递过程中，通过汇聚点，也是分捻点，使得单纱上带有的捻度小于赛络复合纱的捻度，捻向与赛络复合纱捻向相同。从前罗拉输出的每根纱上任一点将回转并沿纱条轴向前移动至汇聚点，许多纤维的端头被相邻纱条捕捉，最后进入赛络复合纱中，因而赛络复合纱毛羽较少，强力高，且合并加捻增加了并合效应，改善了纱线条干。

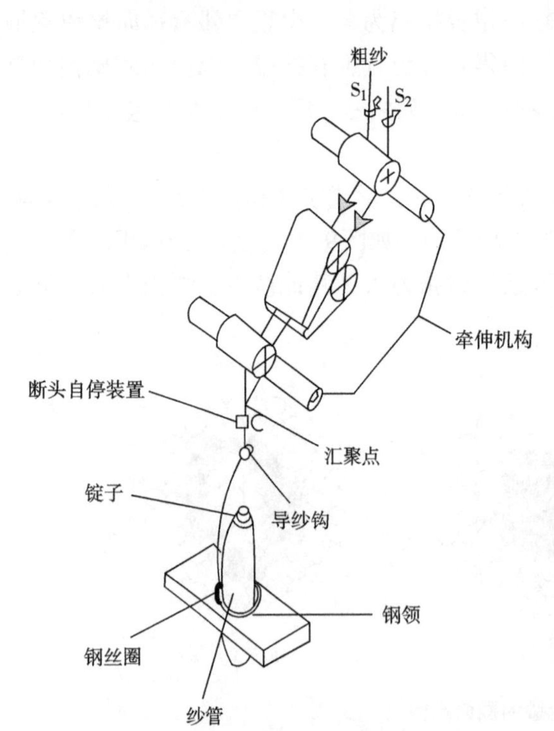

图9-15 赛络纺纱加捻过程示意图

实际上，上述过程类似于并纱合股再加捻的工艺，且复合纱也具有股线的风格和优点。因此，在某种程度上，赛络纺纱可以看做是一种在细纱机上直接纺制股线的新技术，它把细纱、络筒、并纱和捻线合为一道工序，缩短了工艺流程。

2. 赛络纺纱线的结构与性能

（1）纱线的结构。赛络复合纱是由两股低捻须条捻合而成，其结构和单纱及股线比较有一定差异。赛络复合纱由两股纤维束以螺旋状相互捻合在一起，相互之间较为分明，互不相混。将赛络纱退捻，到捻度即将退尽时，可以清楚地看到，纱体中有两股似分未分的纤维束，这种状态既不同于单纱，也不同于股线。

赛络复合纱横截面近似圆形，具有明显的外紧内松结构，两单纱有相互交错包缠融为一体现象，同时复合纱中有少量纤维转移，且单纱与复合纱捻向相同，表面纤维与纱条轴向的夹角最大。而股线横截面是椭圆形，结构比赛络复合纱紧密，合股的两根单纱界面分明，没有交错包缠现象，不能融为一体，基本上不发生纤维转移现象，一般选择单纱与股线的捻向相反。

（2）纱线的性能。由于独特的成纱过程与结构特征，与相同组分、相同纤维原料和相同纱线线密度的环锭纺纱线相比较，赛络复合纱具有纱线强力高、条干好、伸长大及毛羽少的特点；与相同组分、相同纤维原料和相同纱线线密度的环锭纺股线相比较，赛络复合纱具有伸长大、毛羽少的特点。①强力高。由于赛络复合纱是单纱自身加捻与复合纱加捻同时进行，纤维内外转移时受力均衡，纤维互相接触紧密，而且赛络复合纱纱芯也有一定的捻幅，受外力时，纤维强力利用率大，所以赛络复合纱强力较高；②条干好。股线经合股时的并合作用，减少了单纱粗细不匀现象，因而条干较好。而赛络复合纱是细纱机同一罗拉下生产的纱，其机械原因产生的粗、细节是发生在两根单纱条的同一部位，因此，复合纱的条干较股线差。而赛络复合纱借助两根粗纱的并合作用，减弱了粗纱条干不匀对赛络复合纱条干不匀的影响，加之赛络复合纱具有内松外紧的独特结构，应力趋向平衡，因而条干优于传统环锭纱的条干；③伸长大。赛络复合纱具有内松外紧的结构及在细纱机上一次成线，较普通环锭纺股线少用了并、捻等工序，减少了对纤维的机械作用，所以赛络复合纱断裂伸长率比股线大。而传统环锭纺纱由于纺纱工艺不同于赛络纺，没有赛络复合纱的内松外紧结构，其应力处于非均衡状态，所以断裂伸长率不如赛络复合纱；④毛羽少。赛络复合纱的毛羽少于股线及单纱，这是因为赛络纺中单根纱条带有弱捻，因而每根纱上任一点将回转并沿纱条轴向前移动至汇聚点，两根单纱混捻时许多纤维端被相邻的纱条捕捉，最后进入赛络复合纱中，因而赛络复合纱毛羽较少。

（二）赛络菲尔纺纱

1. 赛络菲尔纺纱的加捻过程　赛络菲尔纺是由赛络纺发展而来的，是将赛络纺的一根粗纱换成长丝，和赛络纺一样通过对传统的环锭细纱机改装便可纺制赛络菲尔纱。通常的做法是在传统环锭细纱机上加装一个长丝喂入装置，将长丝从长丝筒子上退绕并引出经过张力盘后，由前罗拉后侧喂入，并与短纤维须条保持一定的距离，经前钳口输出后在加捻三角区汇合，汇聚点以上单纱和长丝都带有一定的弱捻，在汇聚点单纱上的毛羽有机会被长丝捕获，从而使得赛络菲尔复合纱毛羽减少。由于长丝的作用，使得赛络菲尔复合纱强力高、条干好，如图 9-16 所示。

2. 赛络菲尔纺纱线的结构与性能

（1）纱线的结构。赛络菲尔纱表面的单纱和长丝基本上是以股线的形式绕轴线呈螺旋形态纠缠，而且单纱和长丝表面均有同向的捻回，控制不同的单纱与长丝纺纱张力比，长丝在复合纱中的几何位置和螺旋轨迹不同，如图 9-17 所示。因此，可以通过调节单纱和长丝的纺

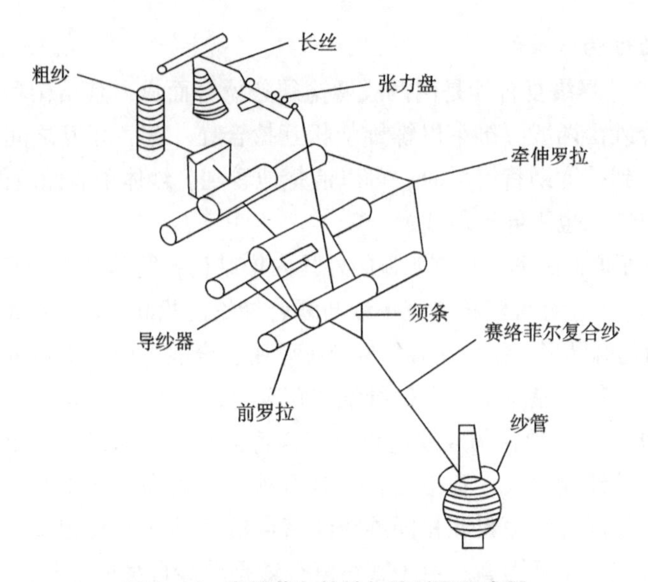

图 9-16　赛络菲尔纺纱加捻过程示意图

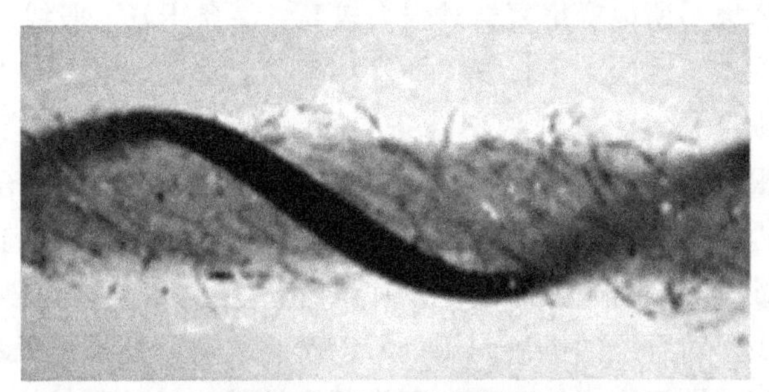

(a) 单纱纺纱张力大于长丝纺纱张力

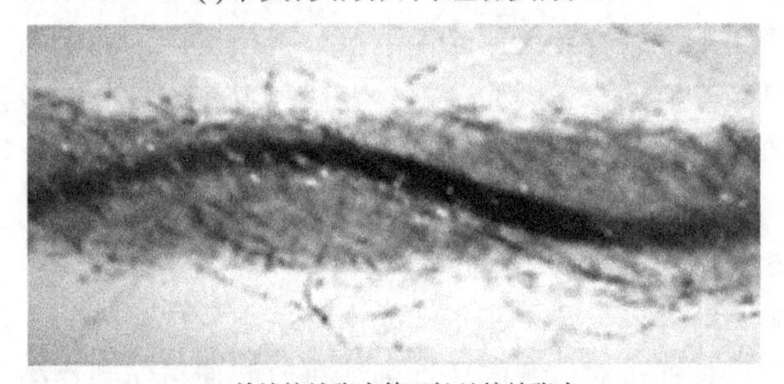

(b) 单纱纺纱张力等于长丝纺纱张力

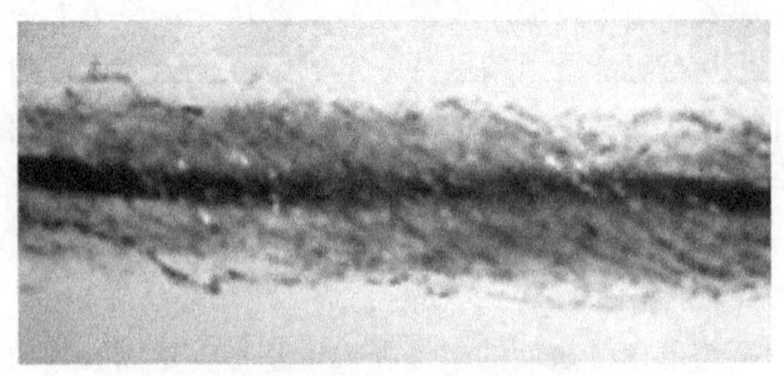

(c) 单纱纺纱张力小于长丝纺纱张力

图 9-17　赛络菲尔纱的结构特征

纱张力比来开发不同结构的赛络菲尔纱。当赛络菲尔纱表面有长丝包缠时，长毛羽少，表面光洁，如图 9-17（a）；当长丝被置于单纱须条中间喂入且张力较大时，可生产包芯纱，如图 9-17（c）。从纱线的横截面切片看，其横截面近似圆形，且具有明显的外紧内松结构。

（2）纱线的性能。由于短纤维外面包覆了一根长丝，使赛络菲尔纺纱线表面的毛羽有所减少。纱的条干、纱疵情况与单纱相比也有明显的改善。另外，由于长丝的增强作用，使纱的强力、伸长有较大幅度提高。

增大长丝张力和长丝与粗纱间距有利于增大纤维间的摩擦力与抱合力以及减少松散纤维，从而使成纱强力提高、伸长增加，同时，还会使捻回的传递更为均匀，有利于降低捻不匀和提高成纱的耐磨性能。

而增大长丝张力和长丝与粗纱间距使条干不匀、粗节数和细节数等指标则呈现先降后增的趋势。这是因为当长丝与粗纱间距过大时，单纱到达汇聚点的距离增加，使单纱的弱捻段长度增加、钳口处纤维散失增加，单纱容易产生意外伸长，而长丝张力的增加也使一部分纤维被挤出纱体的机会增多，最终导致条干恶化和粗、细节增加。

（三）索罗纺纱

1. 索罗纺纱的加捻过程　索罗纺又称缆型纺，如图 9-18（a）所示，索罗纺的关键是在传统细纱机前钳口前加装一个索罗纺罗拉，又称为分割辊，该索罗纺罗拉通过夹钳安装在环锭细纱机的牵伸摇架上，并同下罗拉形成握持钳口，索罗纺罗拉上有特殊的沟槽表面，能对细纱前钳口输出的须条进行分割，一般是 3~5 股，如图 9-18（b）所示，被分割开的纤维束在纺纱张力的作用下进入分割辊的沟槽内，然后在纺纱加捻作用下，可围绕自身的轴心回转，形成一定的捻度，并形成较小的加捻三角区。这些带有一定捻度的纤维束随着纱线卷绕向下输出，当纤维束脱离分割辊后，在汇聚点处并合，由于单根须条上纤维有机会被其他须条捕获而捻入纱体中，因此，成纱毛羽减少，强力提高。由于多根带捻纱条汇合后再捻合形成复合纱，类似缆绳的结构，因而索罗纺又称为缆型纺。

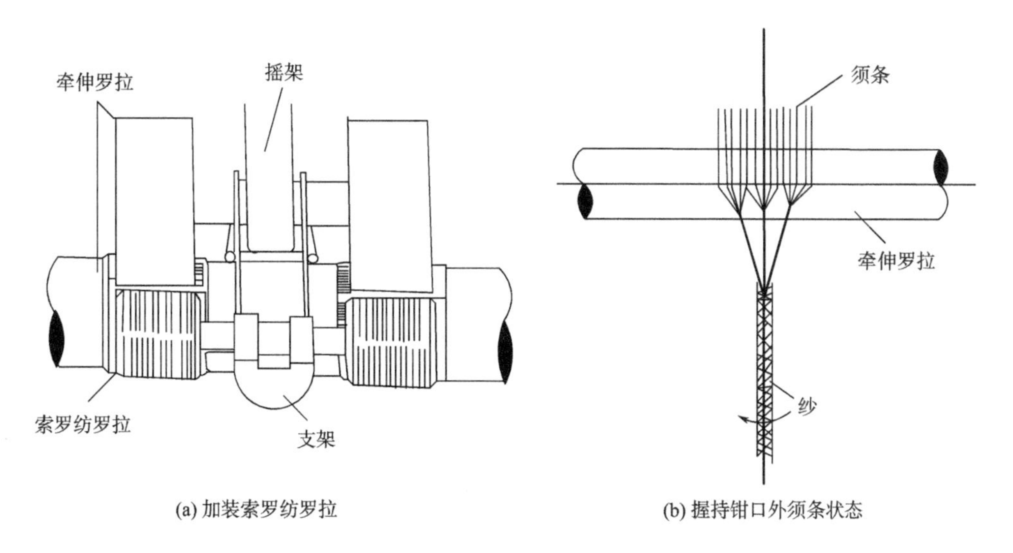

(a) 加装索罗纺罗拉　　(b) 握持钳口外须条状态

图 9-18　索罗纺纱加捻过程示意图

索罗纺利用安装在环锭纺细纱机上的简易附加装置改变了纱线结构，其纱线的耐磨性可以与双股线媲美，可纺出直接用于织造的经纱或纬纱，降低了加工成本，适用于毛纺等长度较长的纤维纺纱。

2. 索罗纺纱线的结构与性能

（1）纱线的结构。通过退捻分析相同条件下纺制的传统环锭纺单纱与索罗纺纱线的捻度分布可以发现，传统环锭纺单纱中纤维分布比较均匀，而索罗纺纱线中存在几股相互缠绕的纤维束，每股纤维束上存在真捻，且捻向与纱线相同，使得单纱中纤维之间抱合力和摩擦力增大，结构更为紧密。

（2）纱线的性能。被分割后每一股单纱在汇聚前均有一定的弱捻，且以不同的角度和速率到达汇聚点并被捻合在一起，汇聚点以上单纱的弱捻及受力的不平衡，使其容易产生意外牵伸，导致细节偏多，使索罗纱的条干均匀度稍逊于传统环锭纺单纱，但粗节、毛粒（棉结）基本接近。

由于索罗纺纱线结构更紧密，使得索罗纺纱的断裂强力、伸长均高于传统环锭纺单纱。相同线密度、相同捻系数的纱线，索罗纺纱线比传统环锭纺单纱的耐磨次数明显提高。

由于纺纱过程中的复合作用，索罗纺纱线的毛羽数明显少于传统环锭纺单纱，其中长毛羽减少量较大，短毛羽的减少量较小。

（四）嵌入式复合纺纱

1. 嵌入式复合纺纱的加捻过程 在传统环锭纺中，由于纱条承受较大的纺纱张力，致使纤维长度短、截面纤维根数太少时成纱比较困难。嵌入式复合纺纱是将赛络纺技术、赛络菲尔纺技术集成并加以创新，在2根粗纱中加入了能够承受较大纺纱张力的2根长丝，有效地增强了短纤维纱条，使纺纱断头降低，适应性提高。嵌入式复合纺纱对适纺纤维长度、纤维根数要求的大幅度下降为降低原料成本、开发超低线密度纱线提供了较大空间。

图9-19所示为嵌入式复合纺纱的加捻过程示意图，沿环锭细纱机前罗拉钳口线 A_1—A_2 方向，两根长丝 F_1 和 F_2 对称地处于最外围形成坚强的大三角平台，两对称的短纤维纱条 S_1 和 S_2 从大三角的内部喂入，分别与长丝 F_1 和 F_2 相汇于 C_1 和 C_2 点。纺纱过程中因捻回的传递两长丝具有一定的捻度，两短纤维纱条一旦接触到长丝，就会有捻合加捻作用，且接触部分与长丝相互扭合为一体，形成加强的纱线须条 C_1—C，同理，另一侧形成 C_2—C，C_1—C 与 C_2—C 于汇聚点 C 点汇合后再加捻扭缠形成复合纱线。由此可以看出，长丝首先对短纤维纱条进行包缠增强，然后再与另一支包缠增强的纱条进行混捻包缠，所以短纤维在成纱过程中被有效地嵌入到成纱主体中。长丝分布在最外围，有效地拦截最靠近前罗拉钳口弱捻松散短纤维纱条所产生的落纤，使其重新捻入对应的长丝增强纤维纱条中；即使短纤维纱条断裂，带有捻度的外部增强长丝位于短纤维运动的前方，依然能捕获和重新搭接纱条继续纺纱。因此，在嵌入式复合纺纱过程中，复合纱的最小极限纺纱强力取决于长丝的强力，而一般长丝强力远远高于纺纱张力，因而避免了断头。

此纺纱系统中，外围长丝提供了一个强大的三角区平台，短纤维纱条在该大三角区内可实现良好地嵌入和有效地纺纱，因此，该技术被称为嵌入式复合纺纱系统，通过采用长丝和短纤维粗纱系统定位技术优化和配置长丝与短纤维的位置，实现短纤维的有效嵌入与长丝对短纤维的捕集。

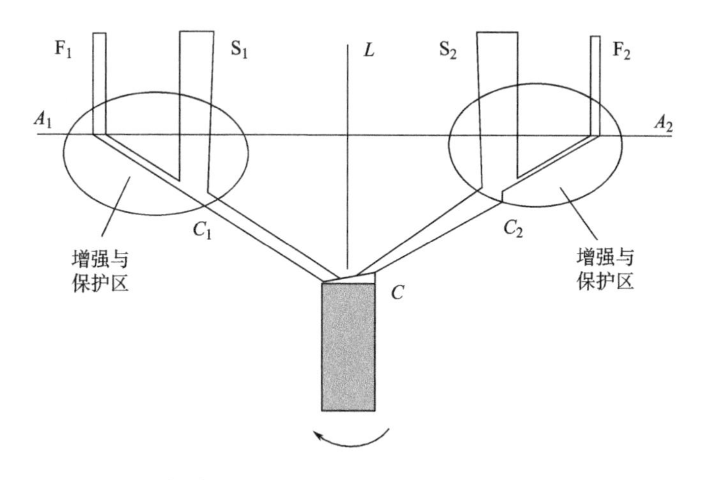

A_1—A_2—前罗拉钳口线　F_1、F_2—长丝　S_1、S_2—短纤维须条

C_1—C、C_2—C—加捻过的纱线须条　C—汇合点

图 9-19　嵌入式复合纺纱加捻过程示意图

2. 嵌入式复合纺纱线的结构与性能

（1）纱线的结构。嵌入式复合纺纱线的结构，总体上与赛络纺纱线相似，但在复合纱截面中有长丝与短纤维两种或两种以上的组分，这一点又类似于赛络菲尔纺纱线的复合结构。因此，从结构上看，嵌入式复合纺纱线实际上是一种赛络纺和赛络菲尔纺混合的纱线，这一点也符合其加捻过程的分析。

（2）纱线的性能。嵌入式复合纺纱过程中，由于一根长丝首先对短纤维纱条进行包缠增强，然后再与另一根包缠增强的纱条进行包缠，所以短纤维在成纱过程中被有效地嵌入到成纱主体中，因此，结构紧密的嵌入式复合纺方式有效地提高了成纱的强伸性能。同时，长丝与短纤维能够有效地相互嵌入，形成稳定、牢固的整体，有效地消除短纤维纱条意外牵伸，成纱条干好。嵌入式复合纺纱过程中长丝对短纤维的紧密包缠、捕集等作用，降低了短纤维的强度不匀，并减少了短纤维头端外露的现象，因而纱线表面光洁，成纱毛羽减少。

嵌入式复合纺纱在提升纱线质量的同时，因其成纱过程对短纤维的捕捉和缠绕作用，避免了短纤维的失落、飞散带来的耗损，提高了短纤维利用率，降低了纺纱所需纤维长度和纤维根数。当长丝或短纤维须条采用水溶性维纶进行伴纺时，能够纺制超高支短纤维纱线，其织物在退维后实现了超轻薄化。

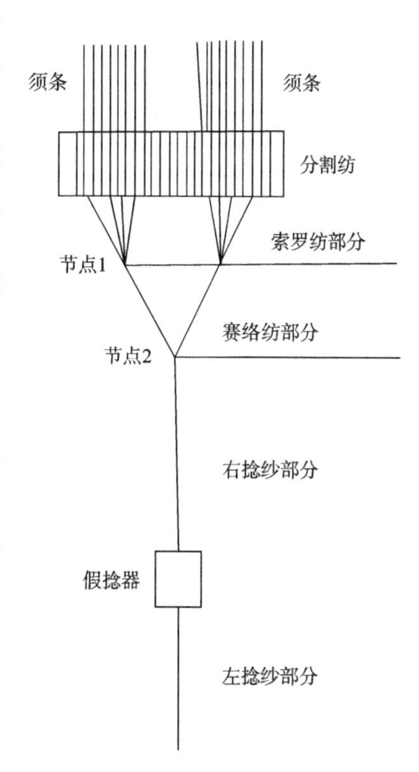

图 9-20　扭妥纺纱加捻过程示意图

（五）扭妥纺纱

1. 扭妥纺纱的加捻过程　扭妥纺纱加捻过程示意图如图 9-20 所示，该技术采用双粗纱喂入，在前罗拉还装

有一个类似索罗纺的分割轮，牵伸后的纤维须条经分割后再汇合，在汇聚点至导纱钩间再加装一个假捻器（包括驱动系统），构成整个扭妥纺纱系统。在传统环锭细纱机的前罗拉和导纱钩之间安装的机械式假捻装置，改变了纤维在成纱中的排列，使成纱的残余扭矩通过其内部平衡而显著降低，在较低的捻度下，得到了扭矩低、毛羽少、强力较高以及手感柔软的扭妥纺纱线。

扭妥纺纱整个过程可以分为假捻器前与假捻器后两大部分，在假捻器前又可简单分为索罗纺部分和赛络纺部分。细纱机采用双粗纱喂入，两根粗纱在牵伸区域始终保持一定的距离且平行向下运动。当经过牵伸的须条从前钳口输出后，每一根须条会被分割轮分割成 2 股以上的纤维束。纤维束先在加捻分捻作用下绕着自身的回转中心旋转而带有弱捻，接着汇交在节点 1，并合后再绕着这些纤维束的中心加捻成索罗纺单纱，接着 2 股索罗纺单纱汇聚于节点 2 合并加捻成右捻纱。在此区域，由于假捻器的作用，使得纱线的捻度远高于正常纱，如图 9-21（a）所示。在假捻器后，纱线会被加上数量相等的反向捻回，使纱的捻度显著降低，如图 9-21（b）所示，并产生左向解捻，促使纤维在该区域产生重新排列，释放残余扭矩与应力，而形成扭妥纺纱线。

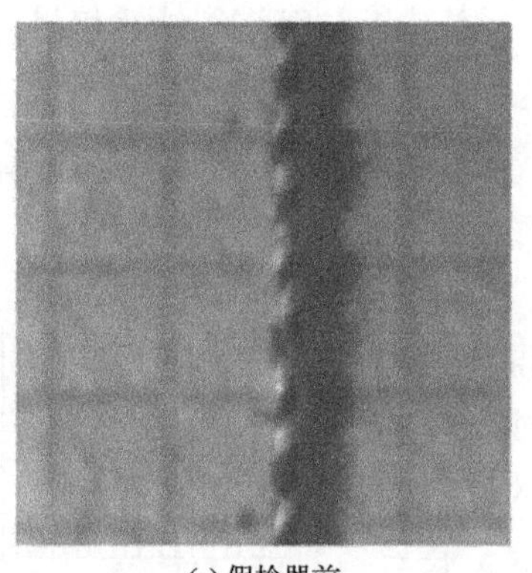
(a) 假捻器前

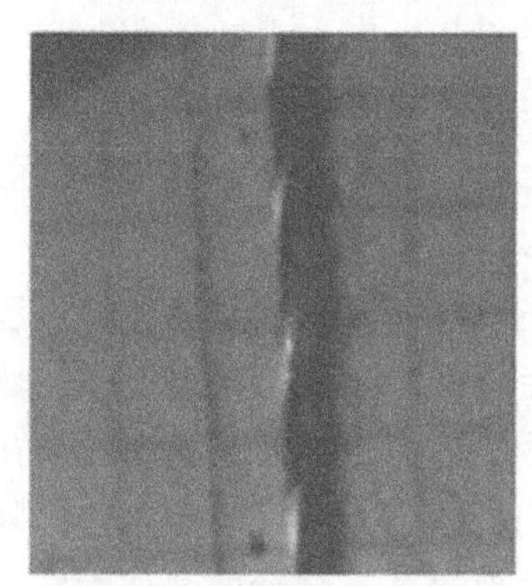
(b) 假捻器后

图 9-21　扭妥纺纱过程中纱线捻度分布

2. 扭妥纺纱线的结构与性能

（1）纱线的结构。扭妥纺纱线中大多数纤维轨迹与传统环锭纱的近似同轴圆锥形螺旋线不同，其轨迹大致呈非同轴异形螺旋线，且其轴线以及螺旋半径在空间上不断变化。此外，扭妥纺纱线中很多纤维片段存在无规律的局部反转现象，即与纱线轴向的空间取向角为负值；在同样的纤维径向位置处，扭妥纺纱线中纤维的平均取向角常常小于传统环锭纱中纤维的平均取向角，这样的结构可以有效平衡纱线扭矩。扭妥纺纱线中，大多数纤维倾向于分布在距离纱芯较近的位置，其径向位置从纱线中心到纱线表面有较大的转移幅值，且频繁变化。

（2）纱线的性能。在低扭矩纺纱系统中，假捻器前纱条的捻度显著增加，使三角区内纤维的张力显著增大，极大地增强了纤维在三角区中的转移，纤维分布集中，假捻器后，解捻使纱条捻度降低，但假捻器与纱条之间的摩擦作用使纱线张力增大，这将有助于纱条中纤维反向转移、重新排列而释放残余扭矩和内应力，形成的低扭矩纱线具有低捻高强的特点。低扭矩纱线中纤维的分布和排列使其内外部都较为紧密均匀，而传统环锭纱的排列分布较为松散，因此，低扭矩纱比传统环锭纱毛羽少。

第四节　自由端成纱

一、自由端成纱的目的

根据本章第一节的分析，传统环锭纺由于在纺纱原理上存在加捻和卷绕作用同时进行的局限性，使其大幅度地提高纺纱速度和增大卷装受到限制。自由端成纱的目的在于克服传统环锭纺成纱原理上的局限性，使加捻和卷绕分开，进而实现高速度、大卷装、短流程、高效率、低成本纺纱。

二、自由端成纱的基本原理

（一）自由端的形成

所谓自由端是指喂入端到加捻器之间的须条是不连续或断开的，即存在一个自由的端头。通常经梳理、并合后形成的连续纤维条不能满足要求，需要在加捻器前设置分梳辊将聚集在一起的须条重新梳理分割成单纤维状的纤维流，以便形成自由端喂入。

（二）纤维流的输送

由分梳辊梳理好的散纤维流通过输纤管喂入加捻器，如图 9-22 所示，输纤管的形状一般为喇叭形，即入口大出口小。根据流体力学的连续原理，单位时间内流入管道内某截面的流量等于流出的流量，即：

$$Q_1 = Q_2$$

而：$Q_1 = S_1V_1$，$Q_2 = S_2V_2$

式中：Q_1、S_1、V_1——1—1 截面的流量、面积和流速；

Q_2、S_2、V_2——2—2 截面的流量、面积和流速。

则：

$$S_1V_1 = S_2V_2$$

即：

$$\frac{V_1}{V_2} = \frac{S_2}{S_1} = E$$

由于 $S_2>S_1$，所以 $V_1>V_2$，由此形成输纤管内气流的速度从入口到出口逐渐增大，使得纤维流在输纤管内有一个逐渐被牵伸的过程，这就是气流牵伸。对于单根纤维来说，由于纤维头端速度大，尾端速度小，因此纤维得到伸直。并且气流牵伸不受牵伸倍数的限制，因此，可以直接喂入线密度较大的纤维条，从而取消粗纱工序，使加工流程缩短。

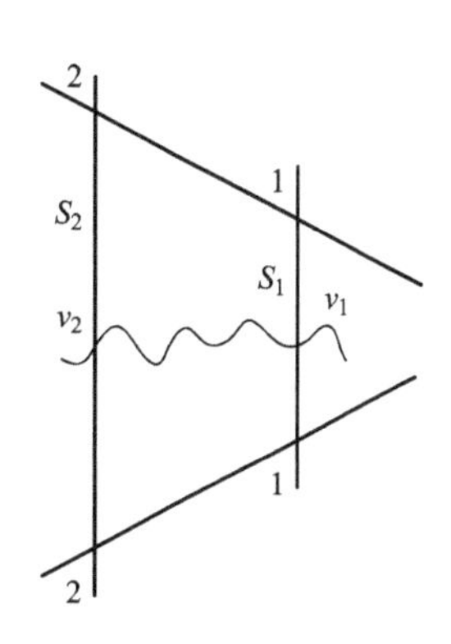

图 9-22　输纤管内纤维状态

（三）自由端成纱加捻卷绕的基本原理

自由端成纱加捻卷绕的基本原理参见第七章第三节和图 7-9，可知，BC 段获得的捻度为：

$$T = \frac{n}{V} \tag{9-19}$$

由于在加捻点与卷绕点之间的须条上形成真捻，并由导纱罗拉引导直接卷绕成筒子纱，将加捻与卷绕分开，省略了络筒工序，实现了大卷装、短流程。由式（9-19）可见，在成纱捻度一定的情况下，要提高产量或增大输出速度 V，即要提高加捻器的转速 n，因不受卷绕的束缚，自由端纺纱加捻器的转速可大幅提高，使输出纱条的速度达到环锭纺纱的 10 倍左右，实现了高速纺纱。

三、自由端成纱的纱线特征

（一）纱线内纤维伸直度较小

经分梳辊分梳后的纤维易受损、弯钩纤维较多，虽经输纤管利用气流的加速能伸直部分弯钩纤维，但这种非接触式的伸直作用较罗拉牵伸钳口的强制作用小，因此，不如环锭纺纱利用罗拉牵伸消除弯钩的作用大。纤维流在由输纤管喂入到加捻器时，纤维流运动速度和方向发生了改变，致使纤维产生对折、弯曲、打圈等现象，严重地影响纱线中纤维的伸直状态。而且自由端成纱纤维加捻时由于处于“自由”状态，没有机械强制作用，所受的纺纱张力较小，使得外层纤维不易向内层转移，内层纤维也不易被压向外层，径向转移程度低，因此，纤维呈圆锥形或圆柱形螺旋线形态较少，如图 9-23 所示，自由端成纱纱线中纤维呈圆锥形螺旋线形态 1 或圆柱形螺旋线形态 2 较少，大部分呈类似 3～15 的纤维形态，即对折、弯曲、打圈等不规则纤维形态。

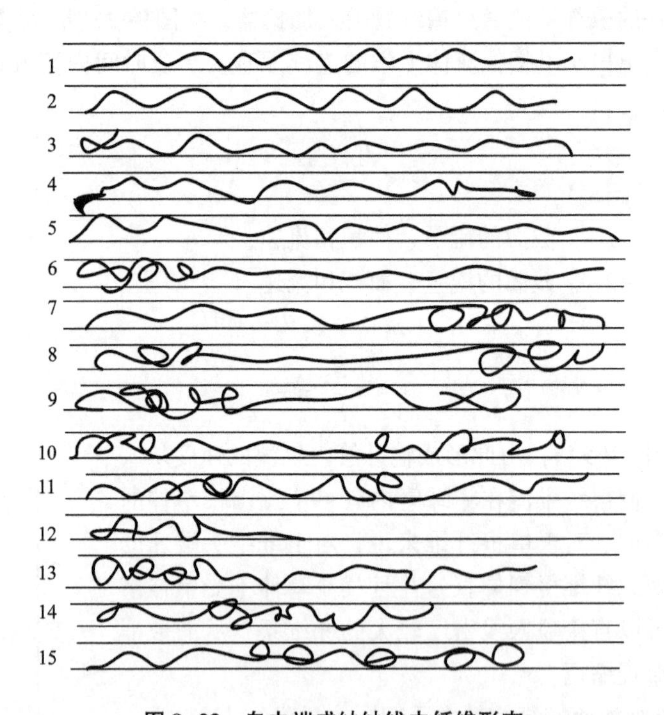

图 9-23　自由端成纱纱线中纤维形态

1—圆锥形螺旋线纤维　2—圆柱形螺旋线纤维　3—前弯钩纤维　4—前、后弯钩纤维　5—中打圈纤维　6—前端卷绕纤维　7—后端卷绕纤维　8—前、后两端卷绕纤维　9—前卷绕、后弯钩纤维　10—前卷绕、中打圈、后弯钩纤维　11—中卷绕纤维　12—纠缠纤维　13—前卷缠、中屈曲纤维　14—前对折纤维　15—后对折纤维

（二）纱线耐磨性较好

由于自由端纺纱的纺纱张力较小，径向转移程度低，外层纤维不易向内层转移，因此，当纱线受到摩擦时，其表层纤维受损，对里层纤维影响较传统环锭纱小，因此，纱线耐磨性普遍比传统环锭纱好。

（三）纱线强力较低

由于自由端成纱纱线中的纤维多数呈不规则状态，伸直状态差，且径向转移小，从而直接影响纱线的强力。因此，自由端成纱的纱线强力普遍低于传统环锭纺纱线的强力。

四、自由端成纱的应用

（一）转杯纺纱

1. 转杯纺纱的工艺过程　目前转杯纺纱的工艺流程主要有两种：开清棉→梳棉→头并条→二道并条→转杯纺纱；清梳联→带自调匀整单程并条→转杯纺纱。

图 9-24 所示为转杯纺纱的工艺过程示意图，纱条从条筒内经喇叭口喂至喂给板和喂给罗拉之间，并在其压力下握持，然后通过分梳辊将纱条分梳成单纤维状态。分梳辊在纤维输送通道处设有排杂装置，在离心力的作用下排除纤维流中的杂质和微尘。被分梳成单纤维状态的纤维依靠分梳辊的离心力和转杯内的负压气流吸力而全部脱离分梳辊表面，并进入纤维输送管道。渐缩形输纤管使纤维在管道中随气流流动而加速运动，受到牵伸并提高纤维伸直度，输纤管内的牵伸倍数可达 400 倍左右。通过输送管道的出口，纤维被送到纺纱转杯内壁的斜面上。转杯由两个中空的截头圆锥组成，两锥体交界处为杯内最大直径，形成一个凝聚纤维的凹槽，即凝聚槽。纤维在转杯高速回转的离心力作用下，从杯壁斜面（称滑移面）滑向内壁最大直径处的凝聚槽内，并在此叠合成环形的凝聚须条，称为“环形纱尾”。由于纤维在凝聚槽内沿其周向循环排列，从而产生单纤维之间的巨大并合效应。

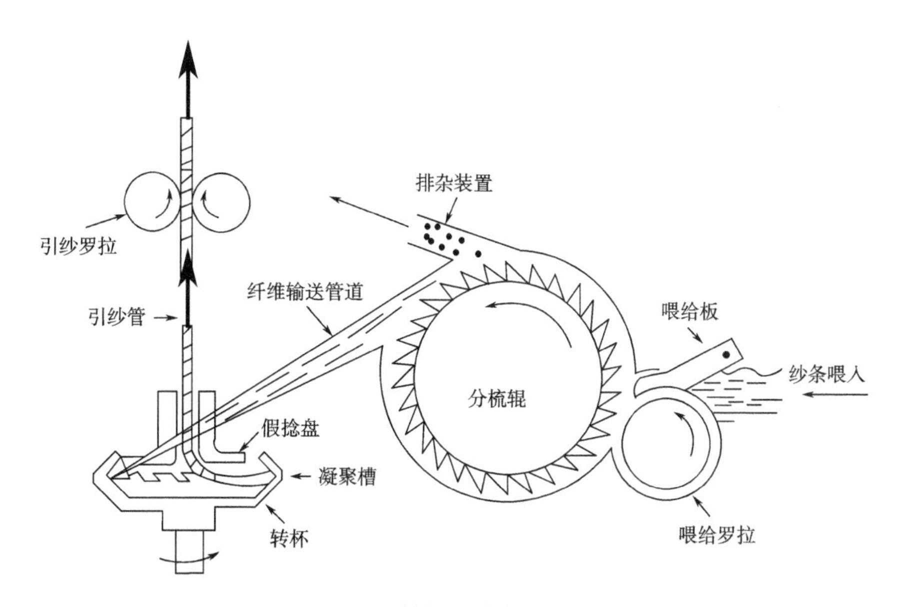

图 9-24　转杯纺纱的工艺过程

开车生头时，将种子纱（引纱）送入引纱管，由引纱管补入的气流吸入纺纱杯，由于纺纱杯内气流高速回转产生的离心力，使种子纱的头端贴附于凝聚须条上。种子纱一端被引纱罗拉握持，另一端和凝聚须条一起随纺纱杯高速回转，使纱条获得捻度，并借加捻使种子纱与凝聚须条捻合在一起。此时，将纱管放下，引纱罗拉将握持纱条连续输出，凝聚须条便被引纱剥离下来，在纺纱杯的高速回转下加捻成纱。此后，纤维不断地喂入，纱线不断地引出，形成连续纺纱过程。引出的纱线被卷绕在纱管上，直接形成筒子纱。纱条在回转加捻的过程中，受到阻捻盘的摩擦阻力，产生假捻，使阻捻盘至剥离点间一段纱条的捻度增多，可以增加回转纱条与凝聚须条间的联系力，以减少断头。

2. 转杯纺纱的加捻过程

（1）加捻过程。如图 9-25（a）所示，由于受转杯内负压的作用，纤维经输纤管随气流吸入转杯的内壁，依靠离心力沿杯壁斜面滑移至转杯的最大直径处（凝聚槽）而形成纤维环（环形纱尾），转杯旋转对纱条进行加捻。

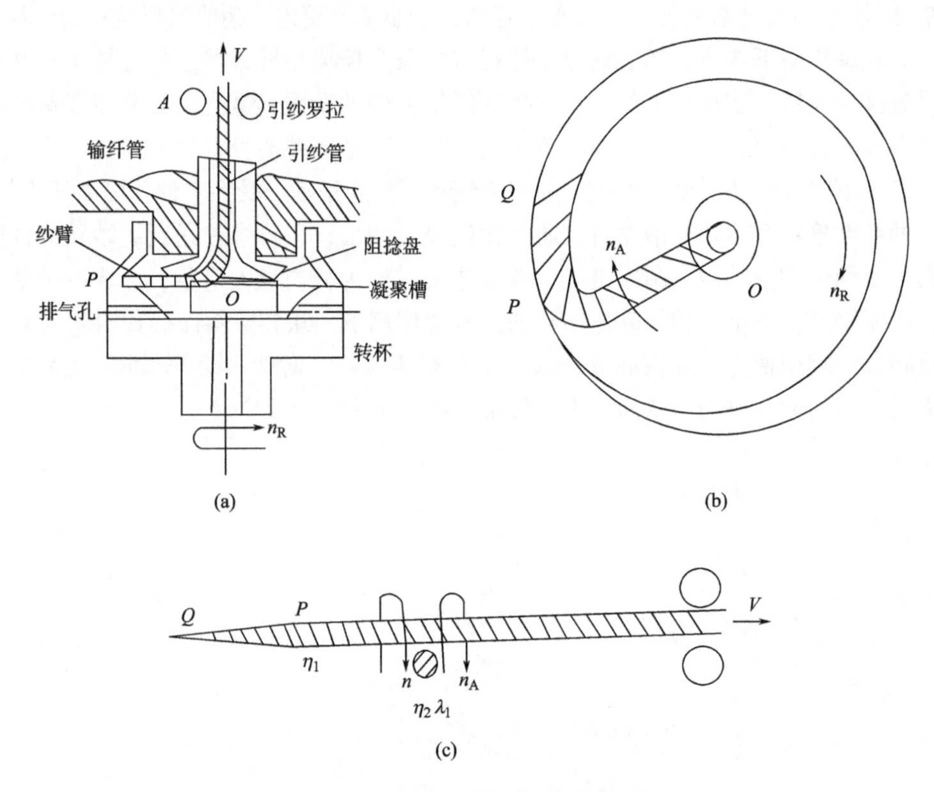

图 9-25　转杯纺纱加捻过程示意图

当转杯高速回转时，受离心力作用使纤维环 PQP 紧贴在凝聚槽上，如图 9-25（b）所示，O 为阻捻盘中心，也是引纱管的底部中心，P 为剥离点，OP 纱段称为纱臂。在顺向剥取的情况下，纱臂的转速大于转杯的转速，即 $n_A>n_R$，称为超前剥取。当纱臂 OP 以 O 为中心转动一周时，在 O 处的纱条上产生的扭力矩使纱段 OA 绕自身轴线旋转一周，给 OA 段纱条加上一个真捻捻回，并自 O 经 P 向 Q 传递，PQ 称为捻回传递长度，O 为实际加捻点。纱臂 OP 上的捻度是由 O 点传来的真捻与由阻捻盘产生的假捻两者组成，其值大时，传递长度 PQ 就长，对正常纺纱有利，但不利于成纱质量。捻回传递长度还与凝聚槽对纱条形成的抗扭力矩有关，当抗扭力矩与纱条的真捻扭力矩及阻捻盘的假捻扭力矩达到平衡时，捻回就不再传递。抗扭力矩是由纤维与凝聚槽在剥离区的摩擦力所产生的。

现设纱臂的转速为 n_A，引纱速度为 V，则转杯纱的捻度为：

$$T = \frac{n_A}{V} \tag{9-20}$$

引纱速度 V 与纱臂转速 n_A 有如下关系：

$$V = (n_A - n_R)\pi D\eta \tag{9-21}$$

式中：D——转杯的直径；

η——捻缩率。

故：

$$n_A = n_R + \frac{V}{\pi D\eta} \tag{9-22}$$

将式（9-22）代入式（9-20），得：

$$T = \frac{n_R}{V} + \frac{1}{\pi D\eta} \tag{9-23}$$

式（9-23）中的 $(\pi D\eta)^{-1}$ 为一常数，由转杯直径和捻缩率决定。因它的大小与各种线密度纱条的捻度值相比很小，所以一般情况下，此值可忽略不计。

转杯纺纱的成纱捻向是由转杯的回转方向决定。如果转杯角速度的矢量方向朝向引纱罗拉时，得 S 捻；背离引纱罗拉时，得 Z 捻。

（2）加捻区内的捻度分布及其影响因素。加捻过程中，纱臂在一定的张力下被压紧在阻捻盘表面，由于纱臂的回转，阻捻盘对纱条便产生切向摩擦阻力，使纱条沿阻捻盘表面滚动而产生绕本身轴线的自转运动，结果在阻捻盘的两侧纱条上便加上数量相等、捻向相反的捻回。阻捻盘相当于一个假捻器，其两端的握持点分别为剥离点 P 和引纱罗拉 A。若纱臂上的假捻捻向与真捻捻向相同，则可使 OP 段的捻度增加。

在转杯纺纱机上，阻捻盘既是假捻点，又是捻陷点，阻止捻回自 O 向 P 传递。将图 9-25（a）与（b）展开成如图 9-25（c）所示，根据稳定捻度定理及假捻、捻陷和阻捻的概念，可以求得图中各段纱条上的捻度。

PQ 段：由 O 加给的捻回为 n_A，因受阻捻盘和剥离点的捻陷影响，实际 O 给 PQ 段加上的捻回为 $n_A\eta_1\eta_2$，由阻捻盘加给的假捻为 $n'\eta_1$，而自 P 带出的捻回为 $T_{PQ}V$，则 $n_A\eta_1\eta_2+n'\eta_1=T_{PQ}V$，得：

$$T_{PQ} = \frac{n_A}{V}\eta_1\eta_2 + \frac{n'}{V}\eta_1 \tag{9-24}$$

式中：n'——阻捻盘对纱条的摩擦阻力而引起的纱条自转转速；

η_1——剥离点 P 的捻度传递效率；

η_2——阻捻盘的捻度传递效率。

OP 段：由 O 实际加给的捻回为 $n_A\eta_2(1-\eta_1)$，由阻捻盘实际加给的假捻为 $n'(1-\eta_1)$，由 PQ 段带入的捻回为 $T_{PQ}V$，而自 O 带出的捻回为 $\lambda T_{OP}V$，则 $n_A\eta_2(1-\eta_1)+n'(1-\eta_1)+T_{PQ}V=\lambda T_{OP}V$，因 $T_{PQ}V=n_A\eta_1\eta_2+n'\eta_1$，则：

$$T_{OP}=\frac{n_A\eta_2}{V\lambda}+\frac{n'}{V\lambda} \tag{9-25}$$

式中：λ——阻捻盘的阻捻系数。

AO 段：由 O 实际加给的捻回为 n_A（$1-\eta_2$），由阻捻盘实际加给的假捻为 $-n'$，由 OP 段经 O 带入的捻回为 $\lambda T_{OP}V$，而自 A 输出的捻回为 $T_{AO}V$，则 $n_A(1-\eta_2)+\lambda T_{OP}V-n'=T_{AO}V$，因 $\lambda T_{OP}V=n_A\eta_2+n'$，则：

$$T_{AO}=\frac{n_A}{V} \tag{9-26}$$

式中：T_{AO}——成纱捻度。

比较式（9-24）和式（9-25），因 $\eta_1<\eta_2$，且 η_1 与 η_2 均小于 1，故 $T_{OP}>T_{PQ}$，且 T_{PQ} 随 $\eta_1\eta_2$ 和 n' 的增加而增加，即当剥离点和阻捻盘处的捻陷小或阻捻盘的假捻作用增大时，则传递长度内的纱尾捻度增加。比较式（9-25）和式（9-26），当 $\eta_2\geqslant\lambda$ 或增大 n' 时，则 $T_{OP}>T_{AO}$；反之，当 n' 很小，且 $\lambda>\eta_2$ 时，则纱臂捻度不足，容易引起杯内断头。因此，适当增大阻捻盘的假捻作用或减小阻捻盘的捻陷作用，可增加纱臂段的捻度，对降低断头有利。转杯纺整根纱条上的捻度分布如图 9-26 所示，实线表示 n' 和 η_2 较大时的捻度分布，虚线表示 n' 和 η_2 较小时的捻度分布。

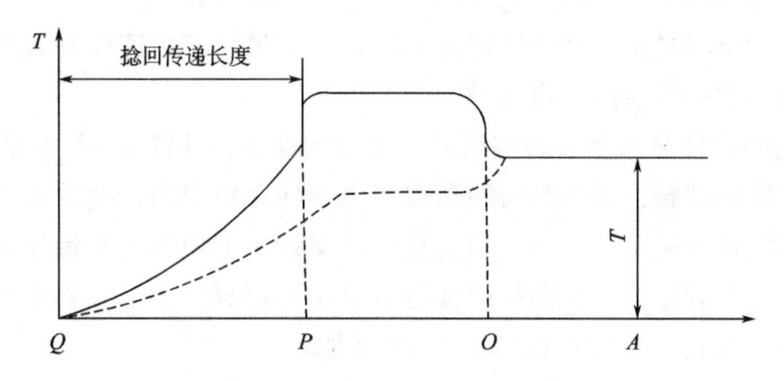

图 9-26　转杯纺加捻区的捻度分布

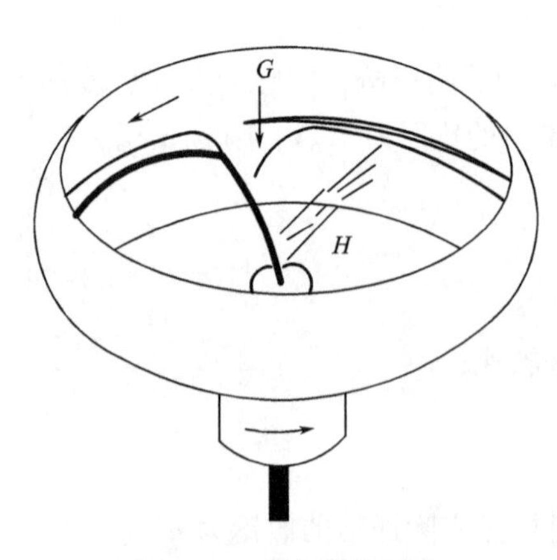

图 9-27　搭桥纤维形成

由于阻捻盘的假捻效应，使纱臂段纱条上有较多的捻度，而且捻度能越过剥离点传递到凝聚槽中。捻度从剥离点起过渡到无捻须条的这段长度，即纤维环上有捻回的一段弧长称为捻度传递长度。假捻效应和捻度传递长度的增加将增加纱臂与纤维环的联系力，对减少杯内断头有利。

3. 转杯纺纱线的结构与性能

（1）纱线的结构。图 9-27 所示，在转杯加捻过程中，在纤维环的尾端 G 点处，有少量的纤维骑跨在回转纱条上，一些输纤管喂入的纤维还没有到达凝聚槽就直接骑跨在回转纱条上（H 点处），形成所谓搭桥纤维，使纱的外表形成包缠纤维。因此，转杯纱的最大特征是纱体表面具有由搭桥纤维形成的不同包缠程度的缠绕纤维（包缠纤维）。转杯纱由纱芯和外包（缠绕）纤维两部分组成。

单根纤维在由输纤管经纺纱杯滑移壁进入凝聚槽的过程中，其速度在渐缩形的输纤管内越来越大，以最大速度进入纺杯，并沿滑移面向下进入凝聚槽，在这一过程中纤维的运动方向和速度发生了改变，致使纤维产生对折、弯曲、打圈等现象，影响了转杯纺纱线中纤维的伸直状态。转杯内回转纱条上所受的张力较小，在剥离点处，纱条的张力更小。因此，剥离点处须条中纤维的向心挤压力大大减小，再加上凝聚槽中须条的密度较大，从而外层纤维不易向内层转移，内层纤维也不易被压向外层。因此，转杯纱中圆锥形和圆柱形螺旋线纤维比环锭纱少，而弯钩、对折、打团、缠绕纤维却比环锭纱多。

（2）纱线的性能。由于转杯纱中纤维形态比较紊乱，纱中纤维伸直度较低，弯钩纤维多，纤维在纱中纺纱张力低，径向迁移程度小，纱线紧密度小，以及分梳辊造成部分纤维断裂等原因，使得转杯纱强度比环锭纱低，约为环锭纱的80%～90%。转杯纱的包缠结构使得2～3mm以上毛羽比环锭纱少50%以上，但离散性较大。转杯纺纱不用罗拉牵伸，其纱线没有因罗拉牵伸所产生的机械波和牵伸波，而且转杯纺纱在纤维凝聚过程中有并合均匀作用，因此，转杯纱的条干均匀度比环锭纱好。

因为环锭纱纤维呈有规则的圆锥型螺旋线，当反复摩擦时，螺旋线纤维逐步变成轴向纤维，整根纱就解体而很快磨断。而转杯纱外层包有不规则的缠绕纤维，故转杯纱不易解体，因而耐磨度好，一般转杯纱的耐磨度比环锭纱高10%～15%。同线密度的转杯纱比环锭纱粗10%～15%，意味着转杯纱蓬松、丰满、厚实、上浆率及吸色性能都比环锭纱好。由于分梳辊带有除杂装置，而且在转杯中纤维与杂质有分离作用，故转杯纱比较清洁，纱疵小而少，转杯纱的纱疵数只有环锭纱的1/4～1/3。

（二）无芯摩擦纺纱

1. 无芯摩擦纺纱的工艺过程　摩擦纺一般纺制高线密度与超高线密度纱线。以纺制棉型高线密度纱为例，其工艺流程为：开清棉→梳棉→摩擦纺纱；对条干要求高时，其工艺流程为：开清棉→梳棉→头道并条→二道并条→摩擦纺纱；当纺废棉时，其工艺流程为：扯松→开清棉→梳棉→摩擦纺纱。

以DREF2型摩擦纺纱机为例，其工艺过程如图9-28（a）所示，一组条子（最多6根）喂入喇叭口1，经由三对罗拉2、3、4组成的牵伸装置，使须片呈薄层喂入分梳区，接受分梳辊5的开松梳理而成为单纤维。分梳辊周围覆以罩壳6，但在纤维进、出口处各有一段弧面是开口的，以利于排杂。经分梳后的单纤维在其离心力和来自吹风管7的气流共同作用下，从分梳辊上剥离。在沿挡板8下落的过程中，随尘笼内胆的负压气流而到达两尘笼的楔形区。如图9-28（b）所示，当两个尘笼同向回转时，一个尘笼对须条产生向下的摩擦力$N_1\mu$，另一个尘笼对须条产生向上的摩擦力$N_2\mu$，从而形成回转力矩，促使纱尾的自由端回转，给纱条施加捻度。因纱尾是靠尘笼的摩擦产生滚动而加捻的，尘笼直径约为纱尾直径的100倍。如不计滚动时的滑溜，则尘笼回转一周加给纱尾的理论捻回为100。设加捻效率为20%，则尘笼一转可给纱条加上20个捻回，故摩擦纺属于低速高产的纺纱方法，其加捻效率的大小取决于尘笼对纱条的吸力（即法向压力N）大小和尘笼与纱条间的摩擦系数μ等。加捻后成纱被输出后直接卷绕成筒子纱。

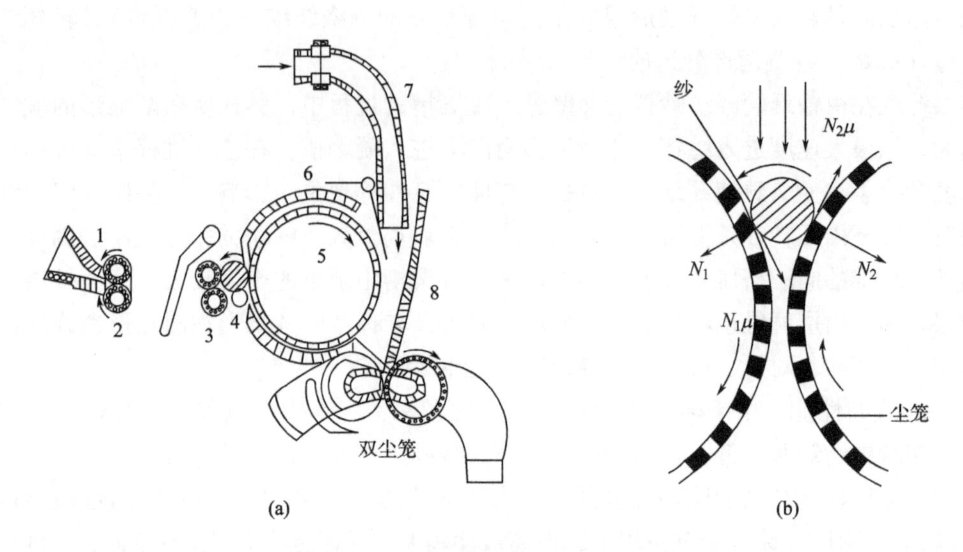

图 9-28　无芯摩擦纺纱的工艺过程

1—喇叭口　2—后罗拉　3—中罗拉　4—前罗拉　5—分梳辊　6—罩壳　7—吹风管　8—挡板

2. 无芯摩擦纺纱的加捻过程

(1) 加捻过程。如图 9-29 所示，由分梳辊开松并输送的单纤维落在两个尘笼间的楔形槽（*AB* 区）中，先落入的纤维一经凝聚（靠尘笼内的负压产生对纤维的吸附能力），就被尘笼表面摩擦力带动回转而形成初步的纱体，后落入的纤维则包覆并捻入这个正在输出的纱体上。*AB* 区既是凝聚区，又是预加捻区，它使纱体的里外层获得不同的捻度，实际上是纱尾在 *AB* 区内形成了纱体径向捻度分布的基础，也可以说是成纱里外层都在 *AB* 区获得了不同的基础捻度。纱体再通过 *BC* 区（其长度约占尘笼总长度的 1/3），沿着尘笼的轴向，被引纱罗拉握持并送向卷绕机构卷成筒子纱。

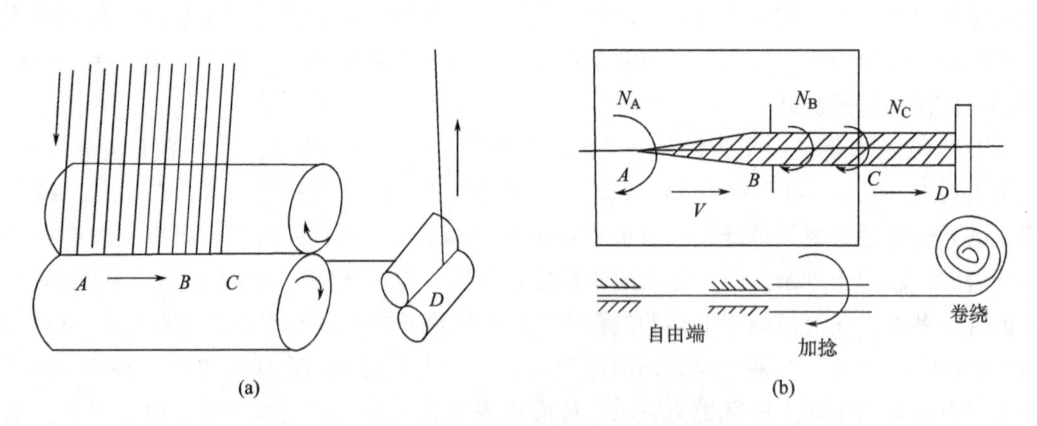

图 9-29　无芯摩擦纺纱加捻过程示意图

BC 区为捻度的增强区，纱的外层捻度在此区形成，即最外层的纤维由 *B* 点开始捻入纱体，到 *C* 点基本上全部包覆在纱体中。里层的纤维也逐步增强了捻度。

CD 区对纱体里外层捻度起到整理和匀整作用，因为在凝聚区直至尘笼的输出点 *C* 为止，

纱体上沿长度方向获得的捻度是不均匀的，经过 CD 区可以使由于喂入纤维不匀造成的捻度不匀得到改善。

（2）纱条里外层捻度分布特点。摩擦纺成纱在形成分层结构的同时，还导致了成纱里外层捻度的不同，即径向的捻度差异。这种差异的形成过程较为复杂，包括两个阶段：纱尾（自由端）的预加捻过程和纱体的加捻过程。根据测定，纱条芯层的捻度为表层捻度的 1.5~2.5 倍，如以平均值计，则纱芯层捻度近似于表层捻度的 2 倍。设纱条为圆形且其密度相等，则纱条的平均捻度可近似地以分割内外层纤维数量相等的这一层纤维的捻度来表示。通过计算可得：纱条的平均捻度约为外层捻度的 1.3 倍，说明外层纱条的捻度只有平均捻度的 0.8 倍左右。

在实际成纱过程中，加捻是在半握持、半自由状态的凝集槽内进行的，纱尾各截面处的直径、抗扭刚度、尘笼对纱体的吸附力、纤维与尘笼的摩擦系数、空气阻力以及纱体回转时受添加纤维的牵连作用等因素将会使纱条在加捻过程中产生不同程度的滑溜，从而影响加捻效率。生产环境的温湿度变化也会引起尘笼表面摩擦性能发生改变，同样影响加捻效率。在滑溜率较大的情况下，加捻效率 η 一般在 10%~20%之间。因此，在设计成纱外层捻度时，可用下式计算实际捻度 T：

$$T=\frac{Dn}{dV}\eta \tag{9-27}$$

式中：D——摩擦辊（尘笼）直径；

n——摩擦辊（尘笼）转速；

d——成纱直径；

V——引纱速度；

η——加捻效率。

3. 无芯摩擦纺纱线的结构与性能

（1）纱线的结构。

①纤维在纱体中的排列形态。无芯摩擦纺纱过程中纤维进入凝聚区的形态各异，纤维与回转纱尾相遇直至完全捻入纱尾的位置与时间都具有随意性。纤维进入凝聚区时，沿成纱输出方向的分速度要比成纱输出速度高许多倍。因此，纤维凝聚到纱尾时，其运动速度的大小及方向都要发生变化，要突然减速并几乎产生 90°转向，这样极易使纤维形成弯钩、折皱和屈曲，纤维的伸直度因此受到破坏。

无芯摩擦纺的纺纱速度为环锭纺的 10~25 倍，为转杯纺的 2.5 倍，但纺纱张力仅为环锭纺的 20%，为转杯纺的 14%，这导致纤维在纺纱过程中内外转移困难，纤维伸直少，纱线强力低、毛羽多。

②纱的分层结构。

a. 组分分层。无芯摩擦纺纱过程中，纤维以垂直于成纱输出方向并沿尘笼楔形凝聚区逐渐添加并捻入锥形纱尾上，使摩擦纱形成从纱芯到外层逐层包覆的分层结构。图 9-30 所示为 6 根条子并排喂入时，成纱在组分上形成分层结构的情况。

条子①中的纤维落在楔形凝聚区的起点，即纱梢的顶端，成为纱的最内层，条子②、③、④、⑤、⑥的纤维则依次喂入，逐层凝聚而捻入纱体中，条子⑥中的纤维则最后加入纱体，

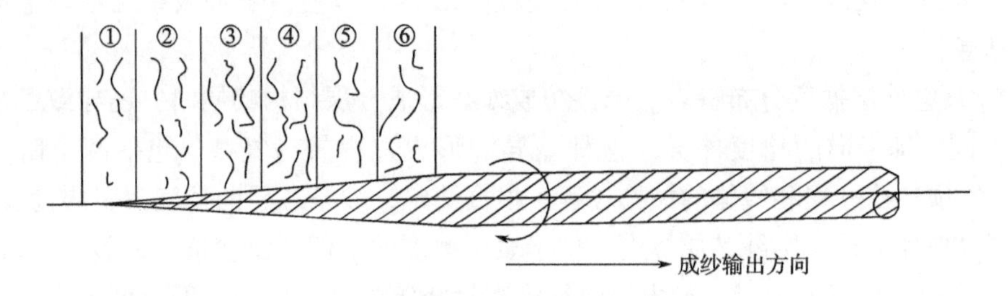

图 9-30 组分分层的形成

形成最外层。这种从里到外逐层包覆的组分分层结构，为无芯摩擦纺纱产品的品种多样化以及合理利用原料性能提供了新途径，是其他纺纱方法难以实现的。

b. 捻度分层。无芯摩擦纺在形成组分分层的同时，还使纱体中的捻度具有沿径向由里到外逐层减少的分布，形成成纱内紧外松的捻度分层结构。

（2）纱线的性能。无芯摩擦纺的成纱原理造成纤维在纱中排列紊乱、平行伸直度差、纤维的长度利用系数小、呈圆柱形和圆锥形螺旋线的纤维少、纤维径向压力小、摩擦抱合力小等，纱粗而蓬松，使得其毛羽、强力等成纱性能都比传统环锭纺纱和其他新型纺纱差。由于纤维在尘笼楔形区的并合作用，使得其条干和强力不匀比传统环锭纺纱和其他新型纺纱稍好一些。

由式（9-27）可知，无芯摩擦纺的加捻效率与所纺纱线的线密度成正比，即线密度越小，加捻效率越低，加之无芯摩擦纺纱的加捻效率本来就比较低，只有 10%～20%，因此，在实际生产中无芯摩擦纺纱比较适合纺特粗线密度纱，一般在 100tex 以上（5 英支以下），纺纱所用的原料等级较低，成纱的档次不高。但其低速高产、适纺纤维广，纱线具有组分分层、内紧外松的独特结构，是其他纺纱方法所不具备的。

（三）涡流纺纱

1. 涡流纺纱的工艺过程 纺纱以加工化纤为主，其工艺流程为：开清棉→梳棉→头道并条→二道并条→涡流纺纱。

图 9-31 为涡流纺纱的工艺过程示意图，纱条从条筒中引出，由喂给罗拉和喂给板喂入，经分梳辊开松，借助分梳辊的离心力和气流吸力的作用，进入纤维输送管，通过涡流管壁上的输纤孔进入涡流管，输纤孔与涡流管成切向配置，使纤维以切向进入涡流管壁与纺纱器堵头之间的通道，并以螺旋运动下滑而进入涡流场中。

涡流管的另一端接抽气真空泵，用以抽真空，使涡流管内的空气压力低于大气压。空气从切向进风孔、切向输纤孔及引纱孔进入涡流管。由进风孔进入涡流管的空气有一部分气流向上扩散，这股气流起纺纱作用，称为有效涡流；一部分气流被抽气真空泵吸走，不起纺纱作用，称为无效气流；从输纤孔输入的气流是向下的涡流，由引纱孔进入的气流是起平衡作用的另一股向下的涡流。以上三股涡流以同一方向旋转，在纺纱器堵头下方的某一位置三个轴向分速度达到平衡，形成一个近似平衡的涡流场，这就是纺纱位置。喂入的单纤维就在其涡流场内进行凝聚并加捻形成纤维环。当生头纱从引纱孔被吸入涡流场，在离心力的作用下甩向管壁与纤维环搭接，纱条即被引出，经引纱罗拉，直接卷绕成筒子纱。

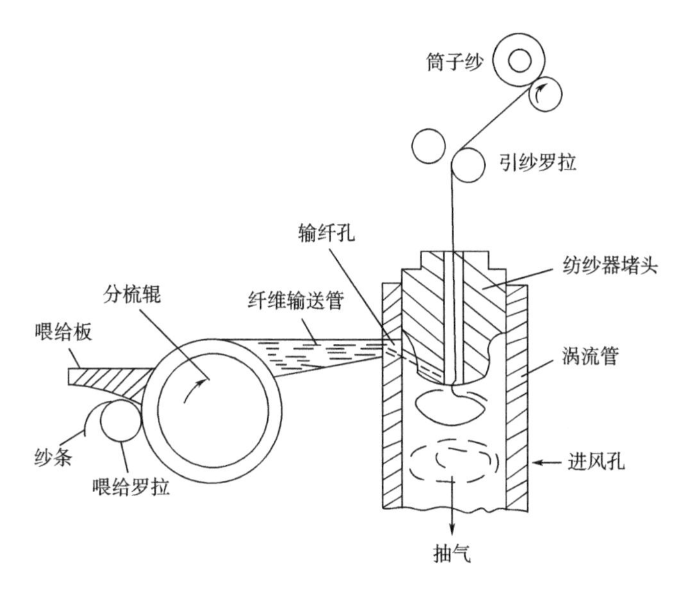

图 9-31　涡流纺纱的工艺过程

2. 涡流纺纱的加捻过程

（1）加捻过程。涡流纺纱属于自由端纺纱，在纺纱过程中，纤维的转移、凝聚、加捻和成纱全部借助气流完成。涡流纺纱的纺纱器结构简单，取消了高速回转的机件，借助高速回转的气流推动纱条实现加捻。

如图 9-32 所示，在涡流管内，经分梳辊分梳的单纤维在涡流场中重新分布和凝聚，形成连续的纤维环，种子纱纱尾从引纱孔吸入后随涡流回转，与纤维环搭接形成环形纱尾，纱尾环随涡流高速回转，从而对纱条加捻，同时纱条上的捻度不断地向纱尾末端传递。不断喂入的开松纤维高速进入涡流场，与纱尾相遇时，即被回转的纱条抓取，而凝聚到纱条上去。纱条不断输出，纤维不断凝聚，使纱尾形成由粗逐渐变细的纱条。纱条受涡流的作用，绕涡流管的中心高速旋转进行加捻。设涡流的速度为 n_1，纱条的转速为 n_2，由于空气阻力与管壁摩擦阻力的影响，$n_1>n_2$，纱条捻度 T 为：

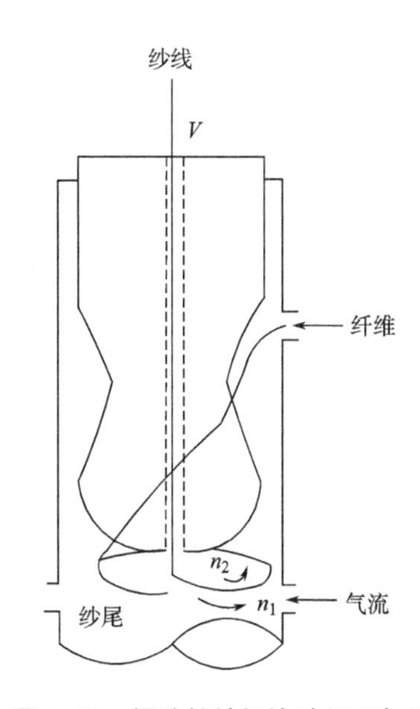

图 9-32　涡流纺纱加捻过程示意图

$$T=\frac{n_2}{V} \tag{9-28}$$

式中：V——引纱的速度。

加捻效率 η 为：

$$\eta=\frac{n_2}{n_1} \tag{9-29}$$

由式（9-28）与式（9-29）得纱条的捻度为：

$$T = \frac{n_1}{V}\eta \tag{9-30}$$

由式（9-30）所示，涡流纺纱的捻度由气流回转速度、引纱速度与加捻效率决定，涡流纱捻度的大小与气压压力及稳定性有关，而加捻效率与所纺纱线线密度有关，所纺纱线线密度越高，其受空气阻力和管壁摩擦阻力就越大，加捻效率就越低。

（2）纱条在涡流管的位置对捻度的影响。纱条在涡流管内高速回转，因其纱尾不被握持，纱尾运动时可能不与管壁接触，也可能与管壁接触，这主要取决于纱条受力后的平衡位置和涡流场的状况。图 9-33（a）为纱条不与管壁接触的情况。纱条两侧气流的速度差使纱条除绕涡流管中心公转外，还绕自身轴线做同向自转。纱条公转一转，获一个捻回，纱条自转对捻度值的影响不大。图 9-33（b）为纱条与管壁接触的情况，因管壁对纱条的摩擦阻力，纱条所加捻度会有所减少，但这时纱条与涡流管中心偏离的距离 R 较纱条不与管壁接触时略大，这是对纱条增速有利的一面。由于纱条的密度大于空气的密度，纱条在离心力作用下向涡流管中心外侧运动，纱条与涡流管中心偏离的距离 R 与纱条的转速关系如下：

$$n_2 = n_1 - C\sqrt{\frac{d^3}{R}} \tag{9-31}$$

式中：d——纱条的有效直径；

C——常数。

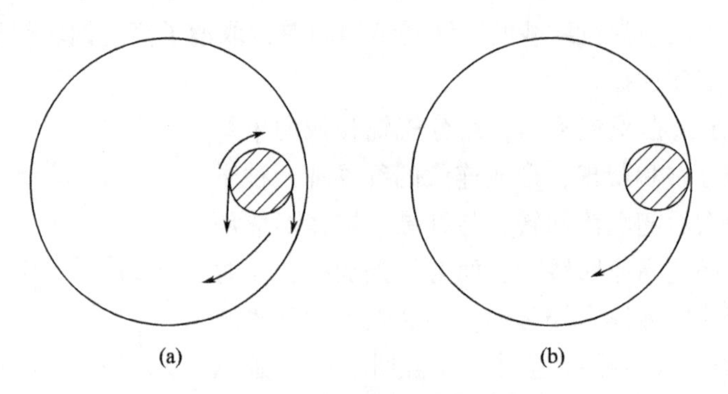

图 9-33　纱条在涡流管中的运动

由式（9-31）所示，随 R 的增大，n_2 也增大，加捻效率高，捻度高。当 R 不变，纱条直径 d 增大，即纱条粗时，n_2 下降，纱条加捻少；纱条直径 d 减小，即纱条细时，n_2 增大，纱条加捻多。这符合高线密度纱需要捻度小，低线密度纱需要捻度多的规律。当纺纱线密度变化范围不大时，不需要改变涡流纺的工艺条件，捻度可自行调节，这是涡流纺纱的一大特点。

3. 涡流纺纱线的结构与性能

（1）纱线的结构。由于涡流纺纱主要靠气流控制纤维，属非接触式，不及机械作用可靠有力，因而纱条中纤维的平行伸直度较差，大部分呈弯钩或屈曲状态。另外，涡流纱还有内外层纤维的捻回角不一致，呈包芯结构以及有短片段条干不匀等结构特点，其原因也是由于纤维在涡流纺纱中完全是靠气流转移、凝聚、加捻而引起的。

（2）纱线的性能。涡流纱的强力为环锭纱的 60%~90%，与转杯纱接近。但是涡流纱的

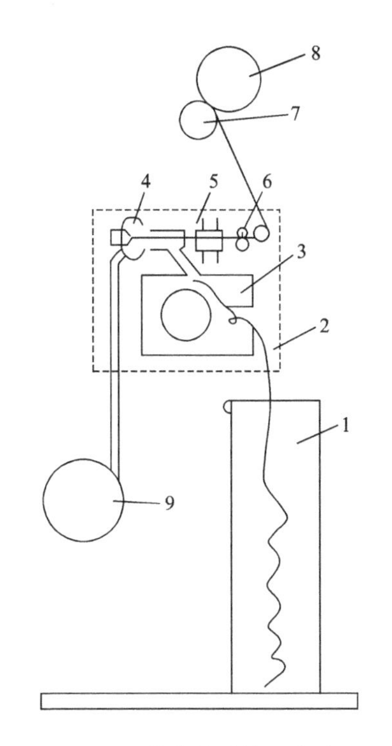

图 9-34　静电纺纱的工艺过程

1—条筒　2—纺纱器　3—分梳辊　4—高压静电场　5—加捻机构　6—引出罗拉　7—槽筒　8—筒子纱　9—总吸风管

织造断头并不多，而且股线强力也不低于同线密度、同种类的环锭纱股线。另外，涡流纱起绒织物的强力接近于同线密度环锭纱起绒织物的强力，涡流纱织物起绒后织物强力只降低 5%左右，而环锭纱织物起绒后强力降低 40%之多。其原因是涡流纱中打圈纤维多，呈闭环形毛羽，纤维两头端均缠绕在纱芯上，起绒后，表面纤维被拉断，不影响承担强力的纱芯；而环锭纱织物起绒后，拉断了纱中纤维，使纱的强力大幅度下降。因此，涡流纱较适宜作起绒织物。

涡流纱的短片段不匀率比转杯纱高，而乌斯特条干不匀率与转杯纱和环锭纱相仿。另外，涡流纱的粗细节、棉结比转杯纱和环锭纱都多，其原因主要是在输送纤维过程中，纤维伸直度差，输送纤维流不均匀。

（四）静电纺纱

1. 静电纺纱的工艺过程　纺纱适合纺回潮率较高的天然纤维，以纺制纯棉纱为例，其工艺流程为：开清棉→梳棉→头道并条→二道并条→静电纺纱。

图 9-34 所示为静电纺纱的工艺过程，喂入的棉条从条筒 1 中引出，进入纺纱器 2 中，纺纱器由分梳辊 3、高压静电场 4 与加捻机构 5 组成。经分梳辊开松成单根纤维，并除去部分杂质，然后由气流将纤维从分梳辊上吸走，送入封闭的高压静电场内。在高压电场中产生的静电力，能起到平行、伸直、凝聚和输送纤维的作用，并使纤维向加捻器方向运动。当种子纱通过加捻器，被吸入静电场内后，凝集成束的纤维就添补到纱尾上。经过加捻器高速回转，而被加上捻度。最后由引纱罗拉输出，被卷绕成筒子纱。

2. 静电纺纱的加捻过程　静电纺纱也属于自由端成纱，如图 9-35 所示，同样是利用分梳辊与输纤管分梳、输送纤维流，由电场力凝聚纤维，再由加捻装置加捻成纱，引纱罗拉引出并直接卷绕成筒子纱。封闭的高压静电场内，左端是带正电荷的电极，右端是带负电荷的电极。由于纤维 AB 本身带有水分，在静电场的感应下，纤维发生电离或极化作用，纤维中的正、负离子分别向纤维两端密集，左端带负电荷，右端带正电荷，产生与电极相反的电荷。因此，一根纤维的头端与相邻纤维的头端相斥、与相邻纤维的尾端相吸。这种同电相斥、异电相吸的力量，即纤维 AB

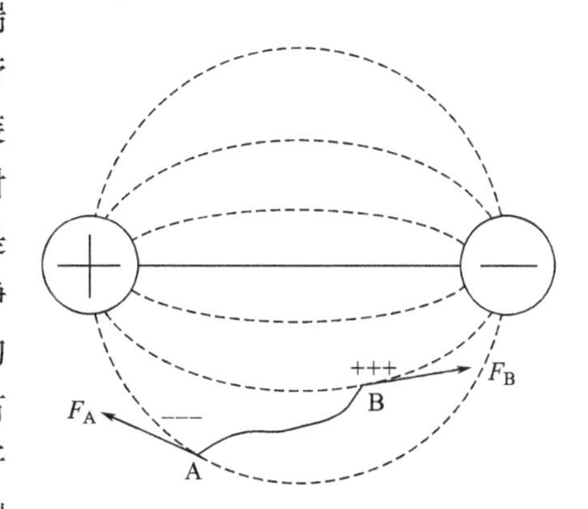

图 9-35　静电场纤维受力情况

左右两端受到的作用力 F_A 与 F_B，使纤维定向、伸直，按场力线排列，随加捻器高速回转，被加上捻度。单根纤维上的电荷量，由电场强度决定。由于静电纺纱对纤维回潮率要求比较高，纺化纤有一定困难，加捻效率低，纱疵较多等原因，静电纺技术在短期内重大突破比较困难。

3. 静电纺纱线的结构与性能

（1）纱线的结构。静电纺纱线与其他自由端纺纱一样，纤维伸直度较差，排列比较紊乱。静电纺纱线的中间部分是纱芯，纤维比较平直，外层是包缠纤维，近似圆锥形或圆柱形螺旋线纤维。

（2）纱线的性能。静电纺纱线的强力、断裂伸长、弹性比环锭纱要低。单纱强力比环锭纱低20%左右，断裂伸长约低30%，这主要是由于纤维伸直度差所造成。但是静电纺纱线也有类似转杯纱的一些优点，主要是纱线耐磨度好、成纱毛羽少、染色鲜艳等。

第五节　非自由端成纱

一、非自由端成纱的目的

自由端成纱中自由端的形成主要靠分梳辊分梳，纵向分离纤维须条的方法，这种方法会损伤纤维，而且自由端纤维加捻时纺纱张力低，成纱过程中纤维平行伸直度差，使得成纱中纤维的有效长度减少，纱线强力降低。非自由端成纱指在喂入点至加捻点之间的须条是连续的纺纱方法，纱线可以形成真捻也可以形成假捻。形成真捻的非自由端成纱如手摇纺纱、走锭纺纱、翼锭纺纱和环锭纺纱，在第七章第三节已经介绍，这里不再赘述。本节主要介绍非自由端假捻成纱，即自喂入点至加捻点纱条是连续的，其两端分别被喂给罗拉和引纱罗拉所握持，而加捻在中间，形成假捻，纺出的纱不是真捻结构，而是在加捻过程中通过包缠、自捻等方法将假捻转化成纱。

非自由端成纱的目的在于既要克服自由端成纱纱线强力低的问题，又要打破传统环锭纺成纱原理的局限性，将加捻和卷绕分开，从而实现高速度、大卷装、短流程、高效率、低成本纺纱。其方法主要有喷气纺纱、喷气涡流纺纱、有芯摩擦纺纱、自捻纺纱、平行纺纱等。

二、非自由端成纱的基本原理

（一）非自由端成纱的牵伸过程

非自由端成纱的连续须条在喂入加捻器之前，也要经过牵伸使其线密度达到成纱的要求。非自由端成纱的牵伸机构与传统环锭细纱机的牵伸机构相仿，大都是四罗拉（也有三罗拉和五罗拉）双短或长短胶圈牵伸。非自由端成纱喂入的须条一般是条子或大定量粗纱，因此，其牵伸机构一般为超大牵伸或大牵伸机构，牵伸倍数可达50～300倍。此外，由于非自由端成纱加捻和卷绕作用分开进行，纺纱速度比传统环锭纺高10倍以上，这就要求其牵伸机构也要适应高速。鉴于以上两点，非自由端成纱的牵伸过程具有高速牵伸和超大牵伸的特点。

为了满足高速牵伸与超大牵伸，而又要保证成纱条干均匀，采用了“重加压、紧隔距、零钳口、强控制、密集合”的牵伸工艺。

（二）非自由端成纱加捻卷绕的基本原理

非自由端纺纱与自由端纺纱的本质区别在于喂入端的纤维集合体受到控制而不自由。如图9-36所示，喂入端受到一对罗拉握持，另一端绕在C点处的卷装上。如A、C两端握持不动，当B处的加捻器绕纱条轴向回转时，AB段与BC段须条上均获得捻回，且捻回数量相等，方向相反。当A端输入而C端输出（卷绕）时，单位时间内由加捻器加给AB段的捻回数为n。同一时间，由AB段输出的捻回数为T_1V，则$T_1V=n$，即$T_1=\frac{n}{V}$。单位时间内，由加捻器加给BC段的捻回为$-n$，这是因捻回方向与AB段相反，AB段输入BC的捻回为T_1V；同一时间由BC输出的捻回为T_2V，则：

$$T_2V = T_1V - n = 0$$

$$T_2 = 0 \qquad (9-32)$$

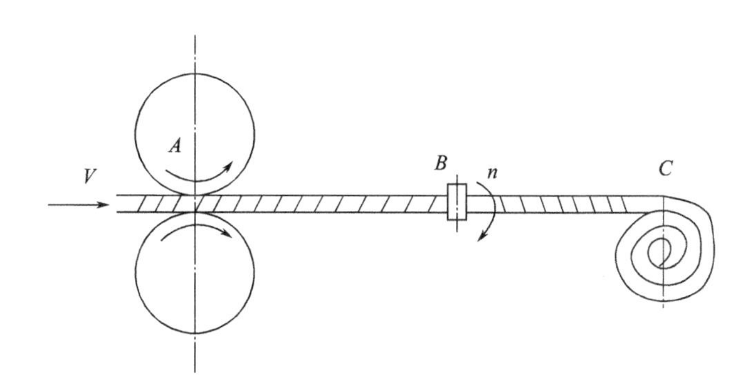

图9-36　非自由端成纱加捻示意图

由式（9-32）可见，中间加捻器加的是假捻，即喂入端AB段有捻回存在，而输出端BC段并未获得捻回。非自由端成纱通过包缠、自捻等方法将假捻转化而成纱，例如，喷气纺和喷气涡流纺以短纤维包缠短纤维的形式成纱；有芯摩擦纺是以短纤维包缠短纤维或长丝（纱）的形式成纱；自捻纺是以带有假捻的两根纤维须条自捻成纱；平行纺是以长丝（纱）包缠短纤维的形式成纱。

非自由端成纱通过包缠或自捻将假捻进行转换，形成了有强力的纱线，直接卷绕成筒子纱，与自由端纺纱一样，实现了加捻和卷绕分开进行，同样具有高速、大卷装、短流程的特点。

三、非自由端成纱的纱线特征

（一）纱线内纤维伸直度较好

由于非自由端成纱大都采用罗拉牵伸，且成纱过程中纤维没有速度与方向的急剧变化，纤维伸直度好，加捻时纱条两端受到机械握持力，使纺纱张力较大，纱线内纤维能进一步伸直，并有一定转移，加捻后呈圆锥形或圆柱形螺旋线形态纤维比例高于自由端成纱。

（二）纱线结构多样化

非自端成纱若是通过包缠将假捻转换而成纱，那么纺制的纱线为包缠结构，纱芯为假捻退捻形成的平行纤维，纱的外面是包缠纤维，还可形成短包长、长包短、短包短等多种包缠形式。非自端成纱若是通过自捻将假捻转换成纱，纱的结构为股线，而且捻度和捻向沿纱线的纵向呈周期性变化或不匀。

（三）纱线强力较高

由于非自由端成纱纱线内纤维伸直度较自由端成纱高，因此，非自由端成纱的纱线强力要高于自由端成纱的纱线强力。对于包缠结构的非自由端成纱纱线的强力，根据其包缠的效果，如紧包缠纤维的比例高低，使得其强力接近于或稍低于传统环锭纱，但其耐磨性要高于传统环锭纱。对于自捻形成的非自由端纱线，由于纱条上捻度的不均匀分布以及无捻或弱捻区的存在，使其强力和强力不匀比传统环锭纱要差。

四、非自由端成纱的应用

（一）喷气纺纱

1. 喷气纺纱的工艺过程 喷气纺纱机有两种喂入方式，即粗纱喂入和条子喂入，其前纺工艺流程与传统环锭纺纱的工艺流程无太大区别。喷气纺纱由于成纱原理的限制，较适合涤/棉混纺纱和化纤纯纺纱，以纺制涤/棉混纺精梳纱为例，其工艺流程为：

棉：开清棉→梳棉→精梳前准备→精梳─┐
　　　　　　　　　　　　　　　　　　├→（2~3 道）混并条→喷气纺纱
涤：开清棉→梳棉→预并条───────┘

若喂入的是粗纱，在前方工艺中要加上粗纱。

喷气纺纱机主要由喂入、牵伸、假捻包缠和卷绕四部分组成。它是利用压缩空气在喷嘴内产生螺旋气流对牵伸后的须条进行假捻并包缠成纱。

喷气纺纱的工艺过程如图 9-37（a）所示。单根或两根纱条 1 从条筒中引出后，进入牵伸部分 2 进行牵伸。由于喷气纺纱由纱条直接牵伸成细纱，而且所纺纱的线密度较小，所以牵伸倍数较大，一般在 50~300 倍。喂入纱条经牵伸后，输出的纤维须依靠喷嘴盒 3 入口处的负压，被吸入喷嘴 4 加捻器中，在喷嘴内切向喷射气流的作用下加捻。加捻器由第一喷嘴和第二喷嘴串接而成，两喷嘴的喷射气流旋转方向相反，第二喷嘴气压大于第一喷嘴。由于一级喷嘴反向气流的解捻作用，须条边缘的纤维自须条中分离出来成为头端自由纤维，这些纤维在喷嘴内旋转气流作用下，紧紧包缠在芯纤维的外层而成纱，形成包缠纱。成纱后由引纱罗拉 5 引出，经电子清纱器 6 后，由卷绕辊筒 8 直接绕成筒子纱 7。

若在牵伸罗拉处喂入染色纱或染色粗纱，则可简单地生产花色纱线。若将两种不同的短纤维条喂入牵伸装置的后罗拉，如图 9-37（b）所示，则可生产出完全为短纤维的双重结构纱，即包芯纱或双股纱。

2. 喷气纺纱的加捻过程

（1）喷嘴结构及气流规律。如图 9-38（a）所示，喷嘴是喷气纺的关键部件，喷嘴内的气流必须产生螺旋回转，才能对主体纤维施以假捻，故要求从喷孔切向喷气。喷嘴孔眼对喷嘴轴线的倾斜角，称为喷射角。如图 9-38（b）所示，二级喷嘴的喷射孔直径和喷射角应比一级喷嘴的大，使二级喷嘴内的气流回转能量大于一级喷嘴，即二级喷嘴的气流转速较高，两个喷嘴的气流转向必须相反。如图 9-38（c）所示，设喷射角为 α，喷孔出口的气流速度为 V，V 可分解成 V_T 和 V_S。$V_T=V\sin\alpha$，使纱条旋转而产生假捻；$V_S=V\cos\alpha$，使引纱孔的吸口处产生负压，一方面有利于旋转涡流场向前推进，另一方面便于引纱。

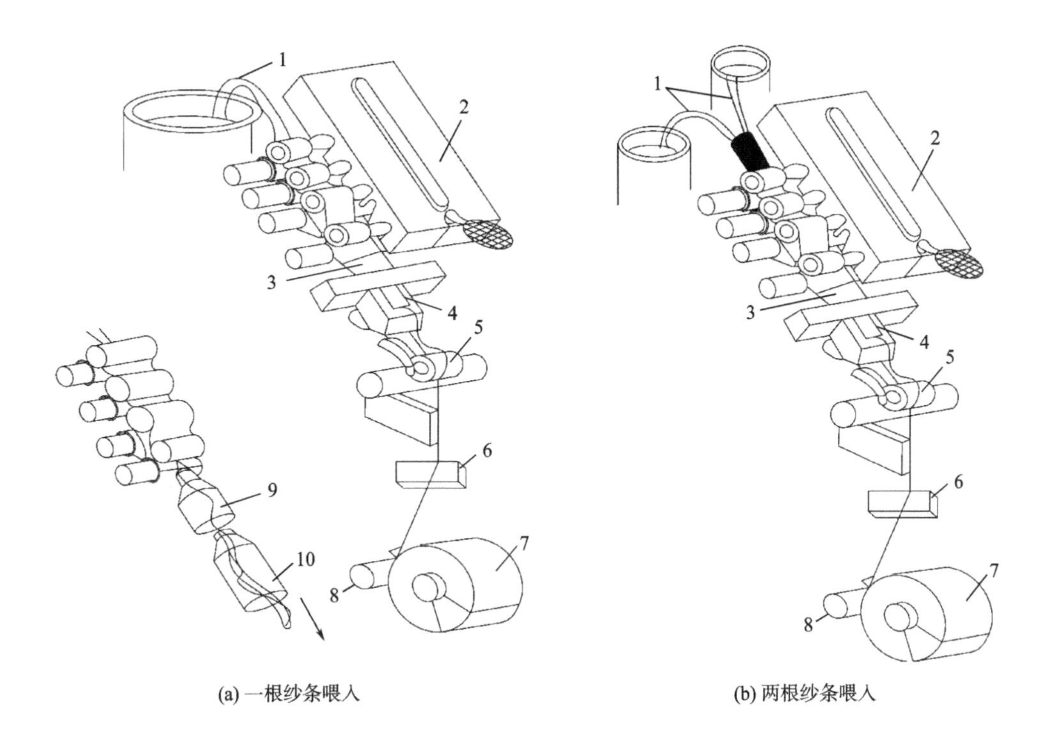

(a) 一根纱条喂入　　(b) 两根纱条喂入

图 9-37　喷气纺纱的工艺过程

1—纱条　2—牵伸部分　3—喷嘴盒　4—喷嘴　5—引纱罗拉　6—电子清纱器　7—筒子纱　8—卷绕辊筒　9—第一喷嘴　10—第二喷嘴

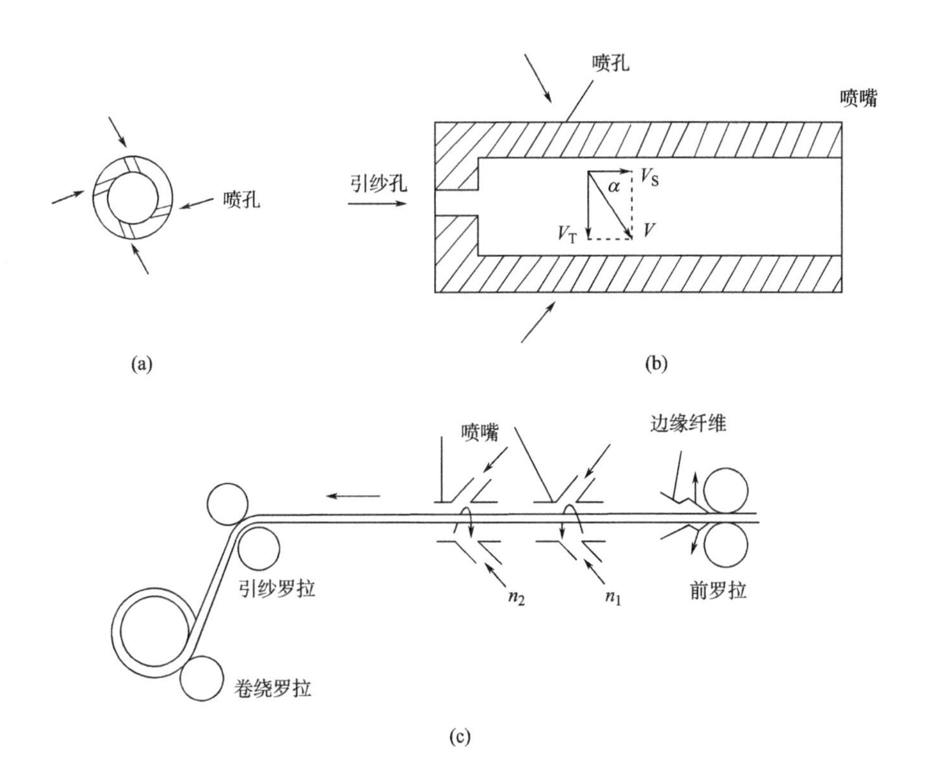

图 9-38　喷嘴结构及气流规律

（2）头端自由纤维的产生。如图9-38（b）所示，由前罗拉输出的扁平带状须条，受气流转速较高的二级喷嘴的作用而产生捻回，当捻回向前罗拉钳口传递时，由于前罗拉输出的须条有一定宽度（扁平带状），处于须条左右两侧的边缘纤维，因其头端受罗拉、胶辊的摩擦及周围气流的影响而不受捻回的控制，暂时呈自由状态，称为头端自由纤维，而其尾端则受到罗拉钳口的控制。由于两喷嘴的喷射气流方向相反且第二喷嘴气流强度（气压）大于第一喷嘴，第一喷嘴只能使纱条产生与第二喷嘴的气流旋转方向相反的小气圈，减弱了第一喷嘴至前罗拉纱段上的捻回，形成弱捻区，有助于形成头端自由纤维。

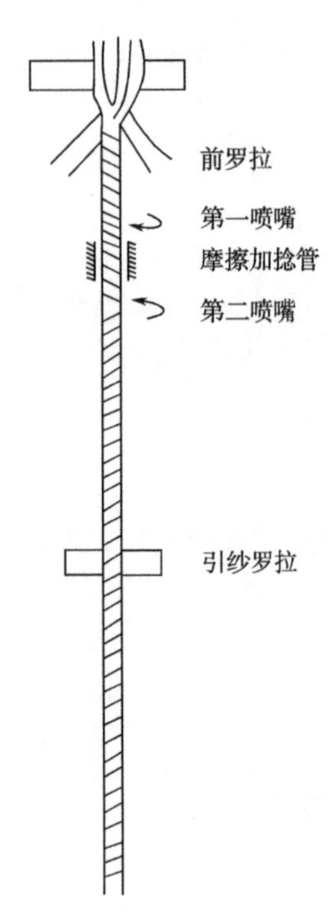

图9-39　喷气纺纱加捻过程示意图

（3）加捻过程。喷气纺纱的加捻过程为“假捻→退捻→包缠”。如图9-39所示，由于第二喷嘴气流强度（气压及旋转速度）远大于第一喷嘴，因此，从第二喷嘴到前罗拉钳口间整段纱条的捻回由第二喷嘴的气流方向决定。设第二喷嘴加的捻回为S向，则第一喷嘴加的捻回为Z向；又因前罗拉钳口处须条纤维的主体长度远大于喷嘴入口与钳口间的距离，纤维处于被握持状态（喷嘴属非积极握持状态），形成由前罗拉钳口和引纱罗拉两端握持、中间加捻的非自由端假捻纺纱。因此，第二喷嘴与前罗拉之间，整段纱条呈S捻，经第二喷嘴出口之后纱条应逐步退捻至无捻。

位于第二喷嘴与前罗拉间的第一喷嘴，由于气流强度弱且喷嘴加捻属非积极握持状态，第二喷嘴所加的捻回可通过第一喷嘴传递到前罗拉钳口。第一喷嘴只能使纱条产生与第二喷嘴的气流旋转方向相反的小气圈，减弱了第一喷嘴至前罗拉纱段上的捻回，形成弱捻区，利于前罗拉钳口前须条外边缘纤维的扩散和分离，形成头端自由的边纤维。在气流作用下，一部分头端自由纤维随主体纱条的不断加捻和输出，其头端将会被主体纱条表面所捻合，但此时由前钳口至第一喷嘴之间的主体纱条已获得一定数量的S捻，此后随主体纱条的继续加捻与输出，捻合上去的头端自由纤维也将随之获得S捻，并与纱芯保持一定的初始捻回差；一部分头端自由纤维，一旦被吸入加捻器，即在第一喷嘴旋转气流的作用下，按气流旋方向（Z捻方向）绕在主体纱芯上，这一初始包缠方向与纱条假捻方向相反；一部分头端自由纤维也可能没有被加上捻回；一部分头端自由纤维也可能完全离开纱体，呈完全自由的状态。

当纱条越过第二喷嘴后，主体S捻向开始反向（Z向）退捻。纱条在强烈的退捻作用下，纱芯捻度将退尽，而外面的与纱芯有捻回差的S捻纤维、初始缠绕Z捻纤维、无捻头端自由纤维或完全自由纤维随退捻力矩Z方向包缠，形成喷气包缠纱。

（4）纤维包缠过程。由于气流作用，纱芯外包缠纤维呈四种状态：与纱芯有捻回差的S捻纤维、初始缠绕Z捻纤维、无捻头端自由纤维和完全自由纤维，它们的包缠过程如下。

①与纱芯有捻回差的S捻纤维包缠。如图9-40所示，当主体纱条通过二级喷嘴后，逐渐开始退捻，此时头端自由纤维也随之退捻，待主体纱芯退捻到一定程度后，由于两者存在一定的捻回差，则包缠纤维将产生反向包缠，并随主体纱芯的继续退捻而越包越紧，直至主体纱芯的假捻全部退完为止。设与纱芯有捻回差的S捻纤维捻度为T_1，纱芯退捻Z向捻度为

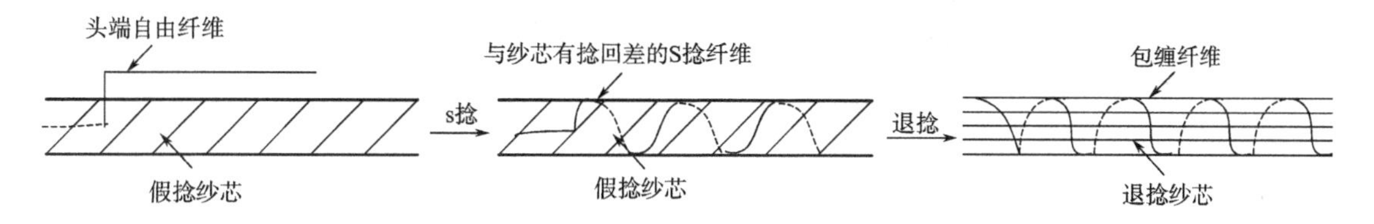

图 9-40　与纱芯有捻回差的 S 捻纤维包缠

T_2，则最终包缠纤维的 Z 向捻度 $T=T_2-T_1$。

②初始缠绕 Z 捻纤维包缠。如图 9-41 所示，头端自由纤维在第一喷嘴气流旋转的作用下，在纱芯上形成 Z 向缠绕的初始包缠，当纱条越过第二喷嘴后，纱芯 S 捻向开始反向（Z 向）退捻，当纱芯退捻时，头端自由纤维也会随之退捻，紧密缠绕在主体纱芯上，形成紧密包缠。设初始缠绕 Z 捻纤维捻度为 T_1，纱芯退捻 Z 向捻度为 T_2，则最终包缠纤维的 Z 向捻度 $T=T_2+T_1$。

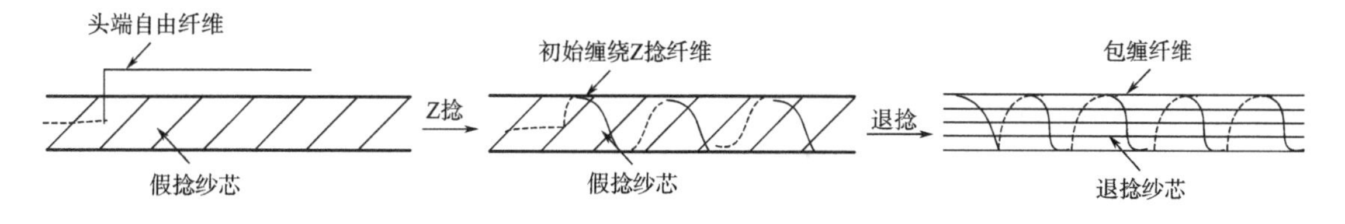

图 9-41　初始缠绕 Z 捻纤维包缠

③无捻头端自由纤维包缠。如图 9-42 所示，当纱芯作 Z 向退捻时无捻头端自由纤维以退捻方向包缠在纱芯上。设纱芯退捻 Z 向捻度为 T_2，则最终包缠纤维的 Z 向捻度 $T=T_2$。

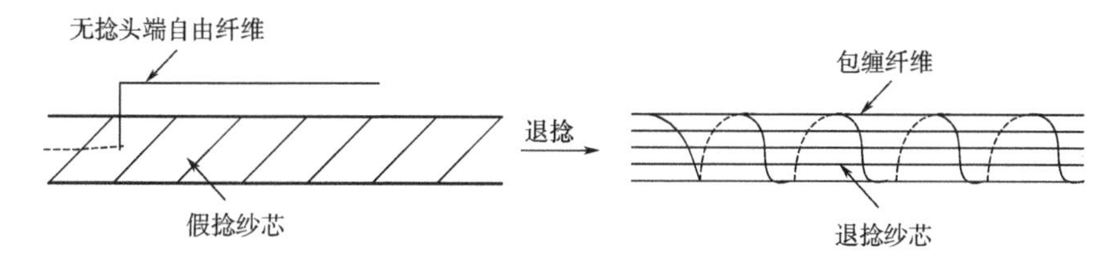

图 9-42　无捻头端自由纤维包缠

④完全自由纤维包缠。如图 9-43 所示，纱芯外表附有完全自由纤维，在假捻纱芯 Z 向退捻时，完全自由纤维以退捻方向包缠在纱芯须条上。设纱芯退捻 Z 向捻度为 T_2，则最终包

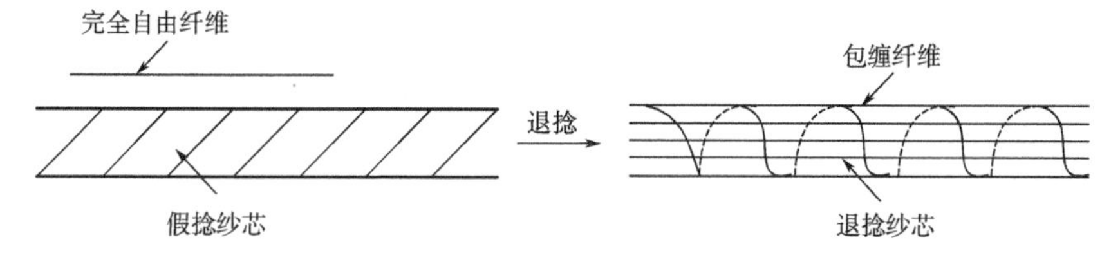

图 9-43　完全自由纤维包缠

缠纤维的Z向捻度 $T=T_2$。包缠的情况与纤维性质（长度、模量）和纱芯接触状况有关，尤其在纺纱气圈高速转动时，自由纤维短或接触不良，形成包缠的难度大。

综上所述，双喷嘴加捻器喷气纺纱成纱的关键是：前罗拉输出须条要有一定宽度，要有一定数量的头端自由的边纤维可从须条中分离扩散出来，是形成包缠纤维的基础；两个喷嘴的气流转向要相反，且二级喷嘴的气流旋转动能和速度要大于一级喷嘴；第一喷嘴的作用是在前钳口外的纱段形成弱捻区，促使边纤维很好地分离扩散，以增加头端自由纤维的数量，使得更多的头端自由纤维进入纱道后形成初始包缠或加大初始捻回差，使反向包缠更加紧密；第二喷嘴的作用是对纱条积极加捻，使整段纱条上呈现同向捻回（假捻），在纱条退捻时获得紧密包缠。

3. 喷气纺纱线的结构与性能

（1）纱线的结构。通过对喷气纺纱假捻包缠成纱原理的分析，可以得出其纱线结构的特点为：纱芯主体纤维基本呈平行状态，占截面总体纤维数量的80%~90%；在纱芯外层的纤维，仍属纱芯纤维而非外包纤维，呈现出与二级喷嘴气流方向相同的捻回，但占纱芯纱线比例较少；最外面为包缠纤维，呈多种包缠状态，占截面总体纤维数量的10%~20%，包缠纤维形态可分为有规律的螺旋包缠、无规律的螺旋包缠和无规律的捆扎包缠。这种包缠结构的纱线受拉时，包缠纤维受到张力，对芯纤维产生向心压力，使芯纤维间的摩擦力和抱合力增加，使喷气纱具有了一定的强力和其他力学性能。

（2）纱线的性能。喷气纱和环锭纱对比，强力低，手感粗硬，但条干好、粗细节少，纱疵、棉结杂质少，耐摩擦性能好，染色性能好；虽然喷气纱的强力低，但强力不匀率低于环锭纱；由于喷气纱表面纤维是包缠结构，纱的毛羽少，3mm以上的毛羽比环锭纱少80%~90%，其毛羽具有方向性，顺纱线前进方向，使其摩擦性能具有方向性。由于喷气纱为包缠捆扎成纱，因此，密度小，结构较蓬松，同线密度的喷气纱直径较粗，直径比环锭纱粗4%~5%，手感粗糙。

（二）喷气涡流纺纱

1. 喷气涡流纺纱的工艺过程 喷气涡流纺是条子或粗纱直接喂入，喷气涡流纺的工艺流程与喷气纺基本一致。

喷气纺纺制纯棉纱，成纱强度只有相应环锭纱的50%~60%，纺纱断头高；喷气涡流纺纱机是在喷气纺纱机的基础上发展而来，喷气涡流纺纱机与喷气纺纱机基本相同，但喷嘴结构进行了改进，解决了纺纯棉纱的问题。

喷气涡流纺纱的工艺过程如图9-44所示，一根或两根棉条同样经过高速超大牵伸，从前罗拉输出，须条进入喷嘴进行加捻，喷嘴的结构如图9-45所示，须条被吸入由锥体1形成的纤维输送通道2，纤维输送通道入口大、出口小，使气流输送中纤维加速运动，纤维引导针3一端固定在锥体中心，另一端对准空心锭子6的顶端入口，纤维在输送管道中旋转，绕在引导针上，由于纤维与针棒的摩擦和阻碍，使捻度无法向前罗拉钳口传递，在针棒处形成部分自由端纤维7。喷孔4与涡流室5成相切配置，使喷射气流在涡流室旋转，空心锭子6顶端成锥形，自由端纤维7倒伏在空心锭子顶端的锥形面上，在高速旋转气流作用下，使这部分自由端纤维包缠在另一部分非自由端纤维8上面，一起进入空心锭子6，然后经清纱器，卷绕成筒子纱。

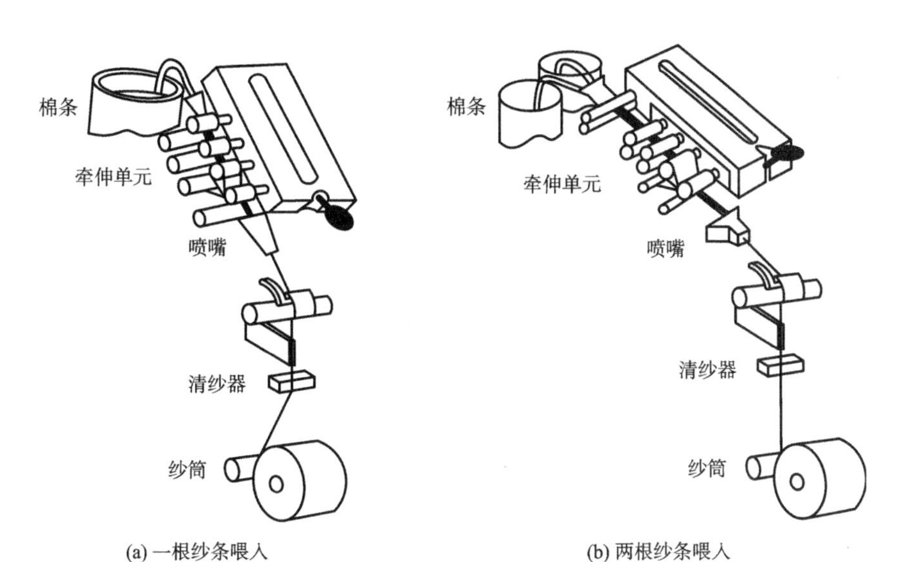

(a) 一根纱条喂入　　(b) 两根纱条喂入

图 9-44　喷气涡流纺纱的工艺过程

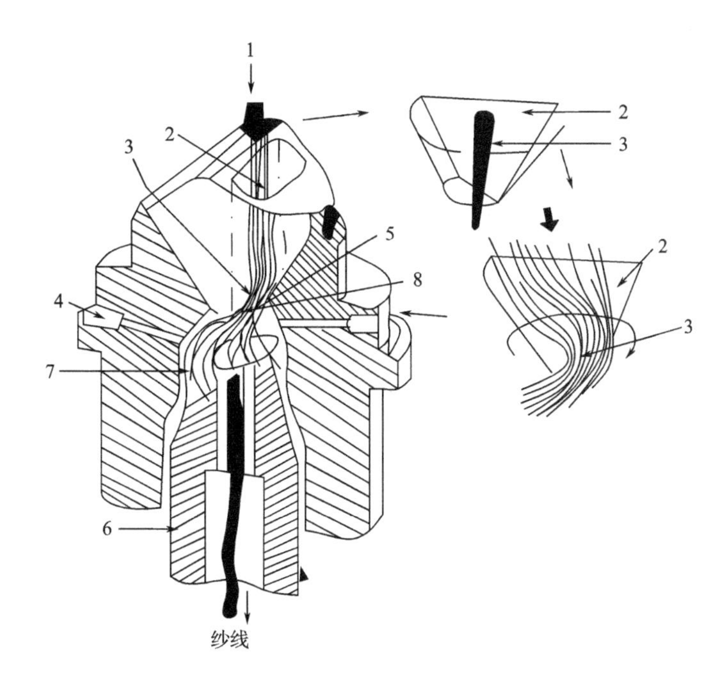

图 9-45　喷气涡流纺喷嘴结构

1—锥体　2—纤维输送通道　3—引导针　4—喷孔　5—涡流室
6—空心锭子　7—自由端纤维　8—非自由端纤维

2. 喷气涡流纺纱的加捻过程

（1）半自由端的形成。如图 9-46 所示，纤维头端离开前罗拉钳口后在喷嘴入口负压的作用下，顺着引导针的引导滑入空心锭子入口处的纱尾芯部，然后当纤维尾端脱离前罗拉钳口后，形成尾端自由纤维，4 个喷射孔的喷射气流与圆锥形内圆壁（涡流室）相切，形成旋转气流（涡流），在圆锥形涡流室内旋转。纱条随涡流旋转加捻，捻回向前罗拉钳口传递时，引导针与螺旋纤维通道入口阻碍了捻回继续向上传递，从而确保尾端纤维能够在高速旋转气流的作用下产生更多的自由尾端纤维，即自由端，但纱芯部分仍然是连续的，故喷气涡流纺技术可称为半自由端纺纱技术。自由尾端纤维越多，对纱芯的包缠越好，这也是喷气涡流纱较喷气纱强力大幅提高的关键。尾端自由的纤维在高速旋转的气流作用下倒伏在空心锭子入口外围的锥面上并随之旋转，这使纤维的尾端弯钩得到很好消除。

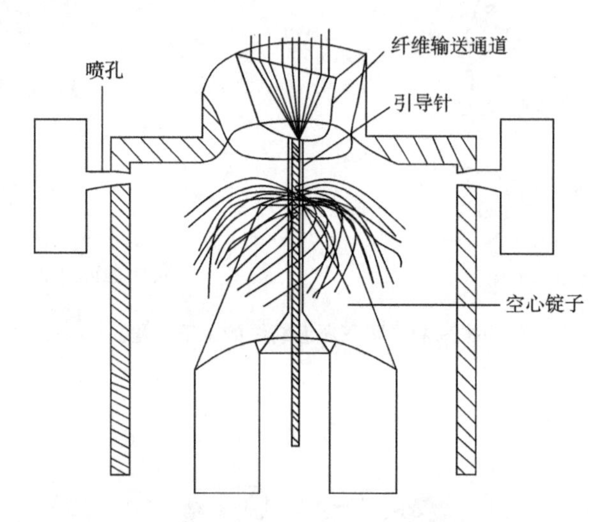

图 9-46　喷气涡流纺加捻过程示意图

对喷气涡流纺喷嘴中的须条而言，纤维在前罗拉、纱尾与高速旋转气流的控制与作用下得到有序输送，这有别于转杯纺等自由端纺纱，减少了纤维完全靠气流输送与凝聚引起的弯钩或打折现象，从而提高了纱中纤维强力利用系数。

（2）加捻过程。喷气涡流纺技术是利用高速旋转气流对喷嘴中倒伏在空心锭子入口的自由尾端纤维加捻包缠纱芯而成纱的一种纺纱方法。如图 9-46 所示，前罗拉输出的须条，从纤维输送通道螺旋旋转喂入，绕着引导针，纤维头端在引导针的引导下与空芯锭子中的引纱尾搭接，纤维另一端被旋转气流吹散，顺气流旋转倒下，形成一个伞形的状态，在空芯锭子顶端旋转，给须条加捻。纤维从前罗拉不断喂入添加在伞形纱尾上，并随气流不断地吹散旋转而连续加捻成纱。

3. 喷气涡流纺纱线的结构与性能

（1）纱线的结构。喷气涡流纺是半自由端纺纱，纱的结构和性能与喷气纱有明显差异，但又不同于环锭纱。喷气涡流纱的纱芯纤维状态基本平行，占纱截面纤维总数的 40%左右，这与引导针引导须条中的部分非自由端纤维先进入空心锭内孔有关；而纱的主体是外部纤维，约占 60%，与环锭纱相似，且螺旋线排列在纱体中。可以认为喷气涡流纱是由纱芯纤维基本平行无捻度（占 40%）和纱主体纤维呈螺旋线捻回这两部分组成，喷气涡流纱表面包缠纤维的数量明显高于喷气纱，使得喷气涡流纱强力高于喷气纱，因此，喷气涡流纺突破了喷气纺不能纺纯棉纱的局限。

（2）纱线的性能。喷气涡流纱与环锭纱相当，条干稍差，毛羽则比环锭纱明显减少，有时可减少95%。纱的外观光洁，耐磨性好，纱较蓬松，制成织物吸湿性好，洗涤快干，织物抗起毛口、起球性好。

（三）有芯摩擦纺纱

1. 有芯摩擦纺纱的工艺过程　有芯摩擦纺纱与无芯摩擦纺纱工艺流程基本一致。

以DREF3型摩擦纺纱机为例，其与DREF2型摩擦纺纱机在结构上的不同之处在于有两套纤维喂入牵伸机构，可以加工包芯纱等花式纱产品。如图9-47所示，DREF3型摩擦纺纱机由两套喂入牵伸机构（1、2）和一对尘笼4加捻机构组成。第一喂入牵伸机构1是一套四上四下双胶圈罗拉牵伸装置，在此喂入一根纱条，经牵伸装置牵伸后喂入尘笼的加捻区形成芯纱；经第二牵伸装置2喂入的纤维经分梳辊开松后，作为外包纤维包在芯纱上形成包芯纱，由引纱罗拉引出卷绕成筒子纱。

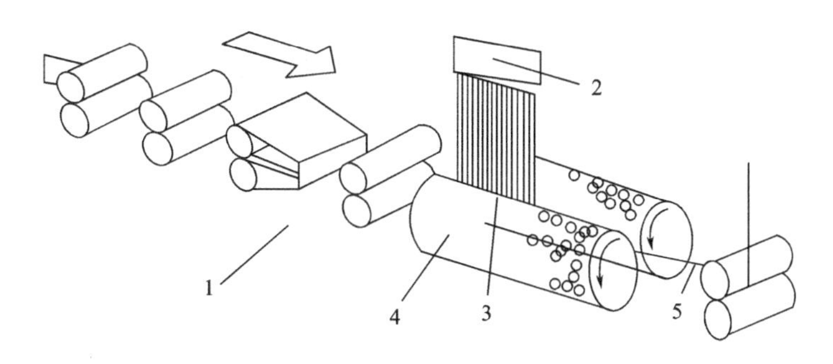

图9-47　有芯摩擦纺纱的工艺过程

1—第一喂入牵伸机构　2—第二喂入牵伸机构　3—纤维流　4—尘笼　5—纱

2. 有芯摩擦纺纱的加捻过程

（1）加捻过程。有芯摩擦纺纱和无芯摩擦纺纱相比，虽然都是靠两只尘笼加捻，但在成纱原理上有着本质不同。无芯摩擦纺纱生产普通纱，属自由端纺纱，成纱为真捻结构；而有芯摩擦纺纱生产包芯纱，属非自由端纺纱，成纱属假捻包缠结构。

如图9-47所示，如果在有芯摩擦纺纱只有从第一牵伸装置喂入的连续纤维条，这个纤维条一端被前罗拉钳口握持，另一端被引纱罗拉握持，而在中间受到加捻器尘笼的摩擦加捻作用。此种加捻方式属于假捻，即在喂入端（前罗拉至尘笼间）的纤维条上获得的捻回与输出端（尘笼至引纱罗拉间）的纤维条上获得的捻回方向相反，在离开引纱罗拉后，纱条上正、反方向的捻回由于受到相反方向扭矩的作用，将在某一时间阶段内完全抵消，纱条最终不存在任何捻回。有芯摩擦纺纱就是利用第二牵伸装置喂入单纤维作为包覆纤维的办法来保持假捻，当单纤维落在纱芯纤维条之上，随着尘笼对芯纤维条进行加捻和引纱罗拉对芯纤维条沿轴向牵引，包覆纤维即以螺旋形包覆在纱芯外面起到固定芯纱中捻度的作用。从而使有芯摩擦纺成纱的主体部分芯纱纤维束具有一定的捻度，而且外包纤维也会给纱芯径向挤压，增加了纤维间的摩擦力与抱合力，使纱线具有了强力。其纱条捻度计算式同式（9-27）。

（2）影响捻度的因素。

①尘笼负压。尘笼负压越大，纱条捻度越大，因为负压越大，纱条与尘笼之间接触越紧密，摩擦力矩越大，纱条的加捻效率越高。

②尘笼转速。尘笼转速与捻度成正比，尘笼转速越高，纱条捻度越大。

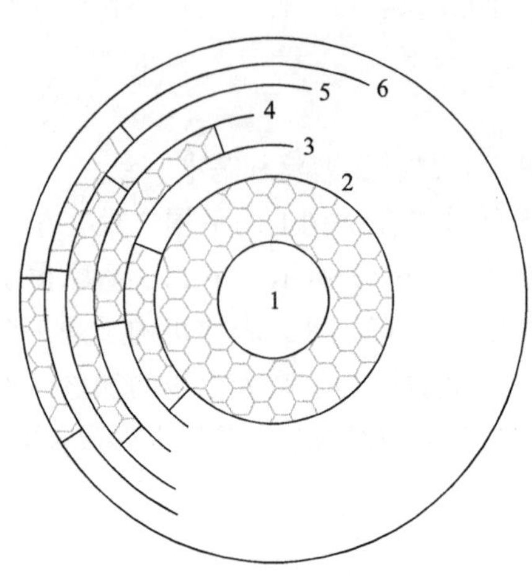

图 9-48 摩擦纺的包芯纱结构

1—长丝或短纤维作为芯纱

2~6—外层包覆的纤维

③芯纱纺纱张力。芯纱纺纱张力越大，捻度减小，导致成纱质量下降，因为芯纱纺纱张力大，芯纱张紧程度大，刚度增加，抗扭力矩增加，使得纱条加捻效率下降，捻度减少。

④外包纤维凝聚部位。当外包纤维喂入越靠近尘笼左端（芯纱入口），纤维凝聚早，获得捻回越多，成纱质量较好。

3. 有芯摩擦纺纱线的结构与性能

（1）纱线的结构。有芯摩擦纺纺制的纱为包芯纱结构，用长丝或短纤纱作芯纱，垂直喂入的外包纤维分层次被搓捻在芯纱上，其外包纤维的结构与无芯摩擦纱中纤维结构相同，也存在捻度和组分分层，形成有特色的包芯纱，如图 9-48 所示。这种包芯纱，利用芯纱的选材可提高强力，外层包覆的纤维可选天然、舒适型纤维或彩色纤维，有效地利用各种纤维的特性。

由于加捻过程为搓捻，外层包覆的纤维与芯纱的结构不牢固，因此，后加工过程应避免反复摩擦引起剥皮现象。

（2）纱线的性能。有芯摩擦纱由于芯纱可以是长丝，其强力主要体现在芯纱即长丝的强度，其可纺线密度相比无芯摩擦纺大大降低。

（四）自捻纺纱

1. 自捻纺纱的工艺过程 自捻纺适纺长度 55mm 以上的中长化纤、毛、麻、绢等长纤维，其纺纱工艺流程根据所纺纤维的品种和产品要求而异。例如，纺制中长化纤纱时，其工艺流程为：开清棉→梳棉→头道并条→二道并条→三道并条→自捻纺；纺制毛精梳纱时，其工艺流程为：精梳毛条→混条机→头道针梳→二道针梳→三道针梳→粗纱→自捻纺纱。

图 9-49 所示为自捻纺纱的工艺过程，由前罗拉输出的两根纱条，一端受前罗拉握持，另一端受汇合导纱钩的握持，在两握持点之间有一对既做往复运动又做回转运动的搓辊（相当于假捻器），须条经搓辊的搓动，在搓辊两侧的须条分别获得捻向相反的 S 捻和 Z 捻的单纱条。当两根捻向交替变化的单纱离开搓辊而在汇合导纱钩处相遇时，由于两根纱条各自的退捻力矩产生了自捻作用而相互捻合成一根股线，然后卷绕成筒子纱。

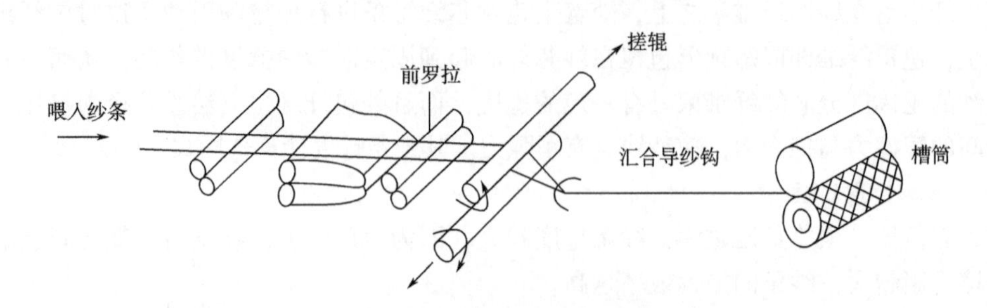

图 9-49 自捻纺纱的工艺过程

2. 自捻纺纱的加捻过程

(1) 自捻作用。由于搓捻辊在两根纱条上同时施加同向假捻，且两根纱条上的捻向正反交替，因而由加捻而产生的退捻力矩，终将趋于捻度相互抵消。如果在退捻力矩退捻之前把两根有相同捻向的纱条紧并在一起，由于两根纱条接触表面上的相互作用力方向相反、大小相等，则在接触面上摩擦力的相互作用下，使两根纱条以接触面为中心相互抱合成股，其外侧按退捻力偶方向回转，自行合股捻合，直至合股的抗扭力矩与降低后的纱条退捻力矩相平衡为止，这种作用称为自捻作用。

(2) 加捻过程。自捻纺纱就是利用自捻作用，使两根单纱条捻合成一根双股纱即自捻纱。如图 9-50 (a) 所示，两根平行排列的须条，其两端被握持，中间按相同方向用力搓捻后，并握持假捻点，则假捻点两侧的须条上，获得捻向相反的捻回，左侧为 Z 捻，右侧为 S 捻。此时，假捻点两侧具有相同方向的退捻力矩，但因假捻点受到握持约束，而不能释放退捻。图 9-50 (b) 表示将上述两根有捻纱条沿全长紧贴，当手松开时，假捻点两侧纱条上的退捻力矩所受的约束消失，两根单纱条因退捻而产生自捻作用，互相捻合，形成一根具有 S 捻、Z 捻交替捻向、捻度稳定的双股纱。

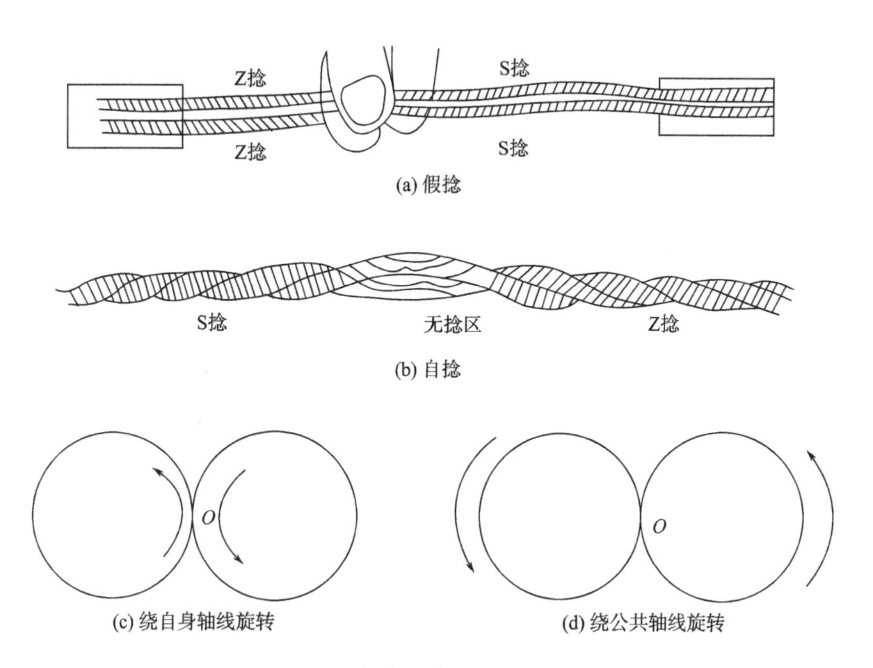

图 9-50　自捻纺纱加捻过程示意图

产生自捻作用的动力是因两根单纱条各自的退捻力矩，有使各根单纱条绕自身轴线旋转的趋势，如图 9-50 (c) 所示，但由于两根单纱条沿全长紧密接触，在接触处两纱条的周向运动受到约束，因而不能绕自身轴线分别进行退捻回转，只能绕两纱条的接触处即公共轴线 O 回转，从而互相捻合，如图 9-50 (d) 所示。因退捻力矩与加捻力矩的方向相反，所用双股纱的合股捻向与两根单纱条的捻向也相反。当两根单纱条剩余捻度的退捻力矩与自捻纱的退捻力矩平衡时，自捻作用自行停止，就形成自捻纱的稳定结构。

同理，两根须条，其中一根有捻，而另一根无捻，这样的两根须条紧贴接触时，有捻的一根具有退捻的趋势，但受到两须条接触处对其周向运动的约束，而不能绕自身轴线旋转，就与另一根无捻须条捻合在一起，也会发生自捻作用，但捻合较松。

由以上分析可知，自捻过程就是将单纱条获得的假捻转化为双股纱真捻的过程。转化的条件是两根单纱条必须平行排列、全面接触和及时释放对假捻点的约束。

3. 自捻纺纱线的结构与性能

(1) 自捻纱种类。

①ST（同向自捻纱和相差自捻纱）。经搓捻辊加捻后的单纱条，得到的是周期性的 S 捻和 Z 捻交替变化的捻度。在这交替的中间部分是无捻区，此处纤维完全平行，是强力很低的薄弱环节。而当两股有捻单纱条汇合时，如两根捻向相同的各片段完全重合时（即 S 捻与 S 捻、Z 捻与 Z 捻、无捻区与无捻区重合），这样组成的自捻纱称为同相自捻纱，其结构如图 9-51（a）所示。同相自捻纱的无捻区正巧是两根单股纱的无捻区重叠，突出了自捻纱的弱点，影响纱的强力和条干。故同相自捻纱断头率高，质量差，而且无捻区在织物表面产生条痕，既不适用于自捻纺纱机的正常生产，也不宜用于织造。

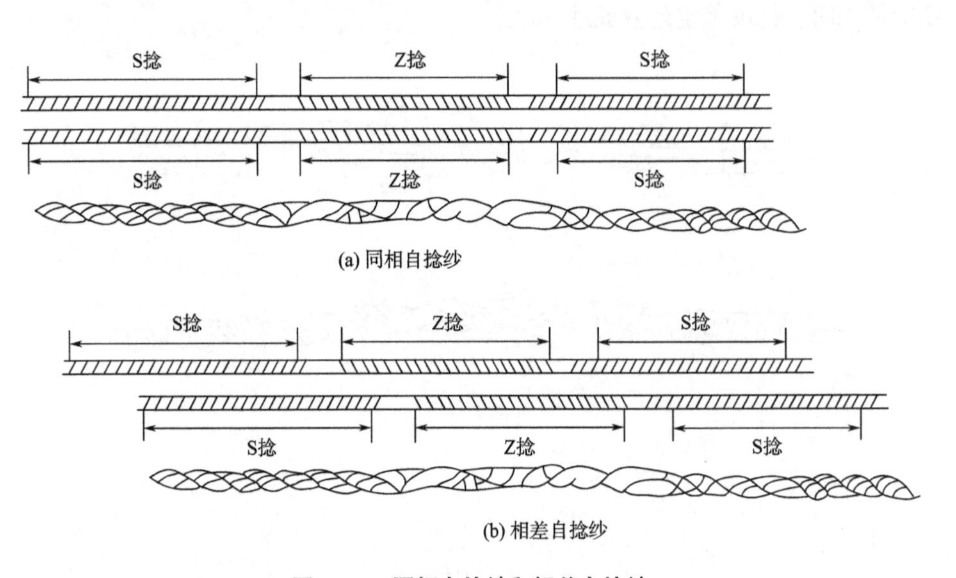

图 9-51　同相自捻纱和相差自捻纱

为了克服同相自捻纱的弱点，当自捻纱的两根单纱条汇合时，可使它们各自捻向相同的片段以及无捻区错开一定距离，此距离的长度称为相位差。此时的自捻纱称相差自捻纱，如图 9-51（b）所示，在相差自捻纱中，两根单纱条捻向相同的片段发生自捻，得到较强的自捻捻度。一根单纱条的无捻区和另一根单纱条的有捻片段也能自捻，而得到较弱的自捻捻度。两根单纱条捻向相反的片段相遇，因单纱条各自的退捻力矩相反，故不能绕公共轴线自转，就形成了自捻纱的无捻区。相差自捻纱的无捻区内，因两根单纱条有捻，故具有一定强力，两根单纱条上的无捻区被分散开，各自又与有捻纱条发生自捻，也具有一定强力，因而消除了自捻纱的薄弱环节。故相差自捻纱的强力和耐磨性较同相自捻纱明显提高。所以，实际生产中纺制的自捻纱均是相差自捻纱。

相位差使自捻纱的强力提高，但相位差并非越大越好，相位差也有一临界值，此时自捻纱的强力最大。当相位差超过此临界值时，自捻纱的强力反而下降。其原因是相位差越大时，合股无捻区的长度越大，再加上两旁毗邻的弱捻段所占的范围越大，正常有捻段所占的范围越小，增大了较薄弱环节和薄弱环节的分布密度，反而使自捻纱的强力下降。另外，相差自捻纱由于以一部分弱捻段代替了同相自捻纱的正常有捻段，所以它的半周期捻度是随着相位差的增大而逐渐下降的，捻度下降给纱线强力也带来不利的影响。

在实际生产中，实现相位差的方法是将两根单纱条的汇合导纱钩改成两个相互错开的钢丝钩，使一根单纱条经过较远的导纱钩后折回到另一导纱钩并同另一根单纱条相遇，这样两股单纱条在汇合之前所走的路程不相等，这就使原先的同相关系改变为两个无捻区错开的相位差关系，错开的距离就等于相位差的大小。

②STT（自捻股线）。相差自捻纱虽然有较高的强力和耐磨性能，但仍保留着捻度的交替性，股纱上仍有无捻区。因此，布面外观上仍存在条花或有规律的花纹，就强力而言也不适宜做经纱。为此，需要采用捻线机或倍捻机把一根自捻纱当做两根单纱的组合，对它进行追加捻度，成为具有单一捻向的双股线，称为自捻股线或加捻自捻纱。只要自捻捻度和追加捻度控制适宜，用这种自捻股线织布，布面上的条花或花纹可以得到改善。图 9-52 所示为自捻股线的形成过程。

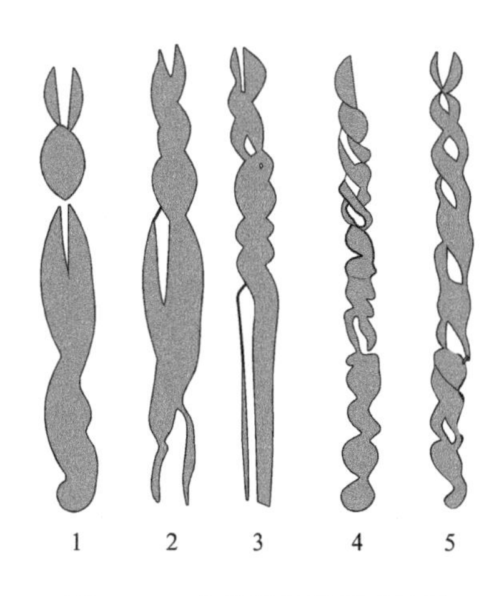

图 9-52　自捻股线的形成过程

图 9-52 中 1 表示从自捻纺纱机生产的自捻纱原来的状态，中部为无捻区，上、下两个片段的捻向相反（上部是 S 捻、下部是 Z 捻）。2 表示开始追加捻度时的状态，如按上半部的 S 捻向加捻后，上半部的 S 捻增加而下半部的 Z 捻被抵消而退捻。这是因为自捻纱本身是一平衡结构，所以 S 捻段及 Z 捻段是同时受到追加捻度的影响，即在 Z 捻段退捻的同时，S 捻段也获得捻度。继续追加捻度直至退掉全部 Z 捻，使下半部处的两根单纱条出现完全平行和合股捻度为零的状态，如图 9-52 中 3 的状态。这种状态叫做对偶，达到这个阶段所需要的追加捻度叫做对偶捻度，它的大小取决于原先的单纱条捻度的大小。继续再追加捻度的结果如图 9-52 中 4 的状态。纱的全部捻度都成为单一方向，但是捻度分布很不匀。追加捻度的最后结果如图 9-52 中 5 的状态，捻度分布有改善，但比环锭纺的捻线的捻度不匀要大，这就是自捻纺纱的最后成品自捻股线，它具备了织造的条件。

（2）纱线的结构。自捻纱线具有不同于环锭纱线的结构特点，一是自捻纱具有环锭纱所没有的捻度分布和结构的周期性；二是影响环锭股线捻度的变化只有两个因素，即单纱捻度和股线捻度，而自捻股线则不同，有单纱条捻度、自捻纱捻度和自捻股线捻度（追加捻度）三个变化因素。

①纱条的捻度及其分布。当两根须条通过一对既往复又回转的搓捻辊加捻后，获得一正一反、捻向相互交替间隔的有捻纱段，即在一段 S 捻之后，紧接着一段 Z 捻，中间有很短一段无捻区组成一个单元的捻度分布，如此不断重复。因为搓捻辊的速度在往复过程中两头慢、中间快，呈正弦曲线分布，所以单纱条的捻度也大致呈正弦曲线分布，即两头稀、中间密的

状态。由于自捻纱是靠单纱条退捻力矩的作用而自捻成纱的，单纱条的退捻力矩越大，自捻纱的反向退捻力矩也越大，所以自捻纱的捻度分布与单纱条捻度分布是一致的。实际实验所得的自捻纱捻度分布曲线并非正弦曲线，而接近梯形曲线，是捻度重新分布的结果。

②自捻股线的结构。STT 纱虽然只有一个方向的捻回，但也有强捻、中捻与弱捻区段。由于各区段捻度的不同，引起自捻纱截面形状和大小也呈周期性变化：紧捻及中捻区段，截面较圆整紧密；弱捻区段，截面较扁平松散。就大多数区段来说，自捻纱都比同线密度环锭纱股线松散，截面直径也较大，

(3) 纱线的性能。

①ST 纱是明显存在 S 捻向和 Z 捻向并带有无捻区交替出现的股线。这种纱不能承受与综筘的摩擦和织造开口时的张力变化，最后只能供纬纱和针织使用。自捻纱结构的周期性，在机织物上易形成条路，用作纬纱也易显现菱形纹路。如通过特殊浆纱处理，也会随机形成经向条影。因此，需要选择能隐蔽条纹的织物，如色纱色织、隐条、提花织物、花呢织物、异色经纬交织以及起绒织物等。

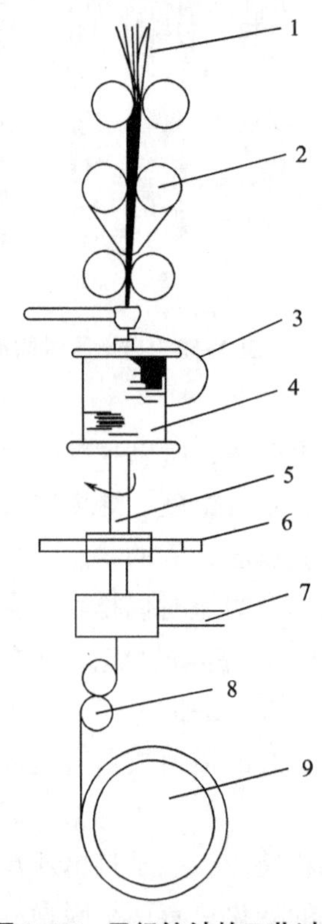

图 9-53 平行纺纱的工艺过程

1—条子（粗纱） 2—牵伸系统 3—外包长丝（纱线） 4—长丝筒子 5—空心锭子 6—皮带盘 7—吸风管 8—引纱罗拉 9—筒子

②STT 自捻股线的捻度分布还有一定的周期性。如 ST 纱的捻度过多，追加捻度必然随之增大，则 STT 纱强捻与弱捻段捻差增大，影响光泽和手感，如 ST 纱捻度较低，捻度不匀又较小时，由此制得的 STT 纱能获得较好的织物外观和手感。这种纱可用做机织纱，但捻不匀比环锭纱大，而成本比环锭纱低。

(五) 平行纺纱

1. 平行纺纱的工艺过程 平行纺一般纺制花式纱线，以回用原料纺制 200tex 平行纱为例，其工艺流程为：扯松→梳理→平行纺。

平行纺纱的工艺过程如图 9-53 所示，平行纺纱采用条子（粗纱）1 喂入，条子（粗纱）进入垂直放置的高速牵伸系统 2，经牵伸成为平行排列无捻度的短纤维须条进入空芯锭子 5，空心锭子在皮带盘 6 带动下产生旋转，长丝筒子套在空心锭子上和空心锭子同速旋转，空芯锭子外套的长丝筒子 4 上绕有外包缠长丝（纱线）3，短纤维须条与包缠长丝（纱线）共同进入空芯锭子，在吸风管 7 作用下，短纤维须条与包缠长丝（纱线）向下运动，由于长丝筒子的旋转，每转一圈长丝（纱线）就对短纤维须条加上一个捻回，形成平行纱，经过引纱罗拉 8，卷绕到筒子 9 上。

2. 平行纺纱的加捻过程　从牵伸机构输出的短纤维须条，两端分别受前罗拉和引纱罗拉的握持，中间由空心锭子进行加捻，属两端握持，中间加捻，因此，从引纱罗拉输出的短纤维须条加上了假捻。对于空心锭子外长丝筒子上的长丝（纱线），只有在输出罗拉一端握持，因此，空心锭子加的捻度为真捻，捻度大小为空芯锭子的转速与引纱罗拉线速度的比值。空心锭子外长丝筒子上的长丝（纱线）以真捻的形式螺旋形包缠在平行排列的短纤维须条外面，长丝（纱线）通过对短纤维施加径向压力，而在单纤维之间产生必要的抱合力形成平行纱，如图 9-54 所示。

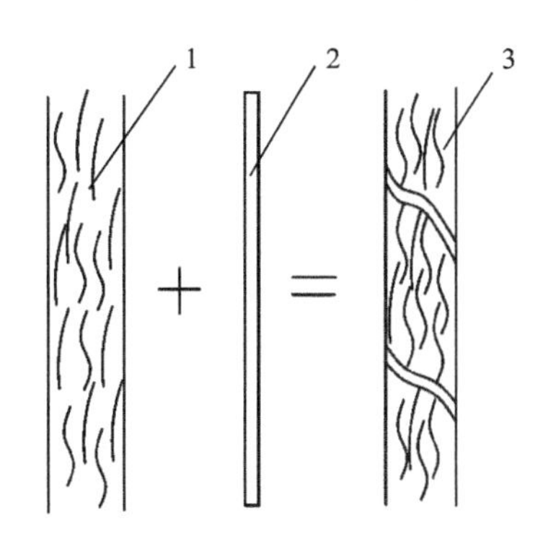

图 9-54　平行纺纱加捻过程示意图

1—短纤维须条　2—长丝（纱线）　3—平行纱

3. 平行纺纱线的结构与性能

（1）纱线的结构。平行纱有明显的双层结构，由外包纤维和芯纤维两部分组成。芯纤维沿纱轴向平行排列，可采用多种天然纤维或化纤短纤维。外包纤维可用各种不同规格和性能的化纤长丝或已纺好的短纤维纱。平行纱的截面成圆形，当纱条不承受张力时，纱条轴向会呈现轻微的起伏现象，给人一种饱满的感觉，平行纱的织物有仿毛感。平行纱截面中的纤维根数少，纱体细而平滑，可减少与综筘、针眼等的摩擦，相对而言，织造过程中断头较少。

（2）纱线的性能。因长丝呈螺旋状包缠在短纤维须条的外面，当纱条受到拉伸时，外包长丝对短纤维施加径向压力，增加了纤维之间的摩擦力。同时纱芯短纤维伸直度好，接触面积大，受力均匀，长度利用率高，使成纱强力提高。由于纱芯纤维平行、无捻，长丝包缠短纤维对须条均匀度无破坏作用，而且高倍牵伸有利于芯纱中的短纤维伸直平行。因此，平行纱的条干均匀度优于环锭纱。平行纱毛羽较少，比环锭纱降低 1.5~3.5 倍，因而可使下道工序中的灰尘和飞花明显减少。用同样线密度的短纤维纺纱，平行纱可比环锭纱纺更细的纱，这是因为平行纱的芯纱无捻，外包长丝较紧的缘故。即纺同样线密度的纱时，平行纱可用较粗的短纤维，从而使纺纱成本相应降低。平行纱的蓬松性较好，与同线密度的环锭纱相比，其直径比环锭纱大 10%左右。良好的蓬松性，使平行纱的优异毛细管效应，从而具有良好的吸湿性能。

讨论专题六：传统环锭纺纱的局限性以及新技术的发展与应用。

思考题：

1. 传统成纱方法的成纱质量和成纱原理各有什么局限性？

2. 分析环锭集聚纺的成纱原理及其纱线特征。

3. 分析各种气流式聚集纺纱的集聚过程及其特点。

4. 分析环锭复合成纱的成纱原理与纱线特征。

5. 分析赛络纺纱、赛络菲尔纺纱、索罗纺纱、嵌入式纺纱、扭妥纺纱的加捻过程及纱线结构与性能特点。

6. 分析自由端成纱的成纱原理与纱线特征。

7. 分析转杯纺纱、无芯摩擦纺纱、涡流纺纱、静电纺纱的加捻过程及纱线结构与性能特点。

8. 分析非自由端成纱的成纱原理与纱线特征。

9. 分析喷气纺纱、喷气涡流纺纱、有芯摩擦纺纱、自捻纺纱、平行纺纱的加捻过程及纱线结构与性能特点。

参考文献

[1] 杨锁廷. 纺纱学 [M]. 北京：中国纺织出版社，2004.

[2] 于修业. 纺纱原理 [M]. 北京：中国纺织出版社，1995.

[3] 郁崇文. 纺纱学 [M]. 3 版. 北京：中国纺织出版社，2019.

[4] 谢春萍，王建坤，徐伯俊. 纺纱工程：上册 [M]. 3 版. 北京：中国纺织出版社，2019.

[5] 陆再生. 棉纺工艺原理 [M]. 北京：中国纺织出版社，1995.

[6] 郁崇文. 纺纱系统与设备 [M]. 北京：中国纺织出版社，2005.

[7] 任家智. 纺纱原理 [M]. 北京：中国纺织出版社，2002.

[8] 薛少林. 纺纱学 [M]. 西安：西北工业大学出版社，2002

[9] 宗亚宁，刘月玲. 新型纺织材料及应用 [M]. 北京：中国纺织出版社，2009.

[10] 西北纺织工学院毛纺教研室. 毛纺学 [M]. 北京：纺织工业出版社，1980.

[11] 严伟，李崇丽，吕明科. 亚麻纺纱、织造与产品开发 [M]. 北京：中国纺织出版社，2005.

[12] 上海纺织控股（集团）公司，棉纺手册（第三版）编委会. 棉纺手册 [M]. 3 版. 北京：中国纺织出版社，2004.

[13] 上海纺织工业专科学校纺纱教研室主编. 棉纺工程 [M]. 北京：纺织工业出版社，1989.

[14] 刘国涛. 现代棉纺技术基础 [M]. 中国纺织出版社，1999.

[15] 中国纺织大学绢纺教研室. 绢纺学 [M]. 北京：纺织工业出版社，1985.

[16] 孙卫国. 纺纱技术 [M]. 北京：中国纺织出版社，2005.

[17] 王善元，于修业. 新型纺织纱线 [M]. 上海：东华大学出版社，2007.

[18] 谢春萍，徐伯俊. 新型纺纱 [M]. 2 版. 北京：中国纺织出版社，2009.

[19] 王建坤，张淑洁. 新型纺纱技术 [M]. 北京：中国纺织出版社，2019.

[20] 肖丰. 新型纺纱与花式纱线 [M]. 北京：中国纺织出版社，2008.

[21] 徐卫林，陈军. 嵌入式复合纺纱技术 [M]. 北京：中国纺织出版社，2012.

[22] 狄耿峰. 新型纺纱产品开发 [M]. 北京：中国纺织出版社，1998.

[23] 杨锁廷. 现代纺纱技术 [M]. 北京：中国纺织出版社，2004.

[24] 宋绍宗. 新型纺纱方法 [M]. 北京：纺织工业出版社，1983.

[25] 竺韵德，俞建勇，薛文良. 集聚纺纱原理 [M]. 北京：中国纺织出版社，2010.

[26] 曹继鹏. 梳理针布的设计与选配 [M]. 北京：中国纺织出版社，2016.

[27] Werner Klein. The Rieter Manual of Spinning [M]. Wintherthur：Rieter Machine Works Ltd，2014.

[28] 陈玉峰，曹继鹏. C80 和 TC19i 高产梳棉机关键技术进步分析 [J]. 辽东学院学报（自然科学版），2019，26（4）：229-236.

[29] 于学智，孙鹏子. 梳棉机锡林与活动盖板间隔距的探讨 [J]. 纺织导报，2011（2）：37-40+42.

[30] Mohammad Mamunur Rashid，KZM Abdul Motaleb，Ayub Nabi Khan. Effect of flat speed of carding machine on the carded sliver and yarn quality [J]. SAGE Publications，2019，14：1-8.

[31] 郭昕，曹继鹏，许兰杰. 梳棉机盖板速度对梳理质量的影响 [J]. 大连工业大学学报，2014，33（6）：448-451.

[32] 孙鹏子. 梳棉机盖板速度的研究与选择 [J]. 棉纺织技术，2007，35（7）：14-18.

[33] 张志丹，孙鹏子，曹继鹏. 梳棉机锡林速度对纤维长度分布的影响 [J]. 棉纺织技术，2015，43（7）：1-4.

[34] 曹继鹏，张志丹，孙鹏子. 锡林速度对盖板花纤维长度分布的影响 [J]. 纺织学报，2015，36（3）：24-27.
[35] 于学智，孙鹏子. 梳棉锡林速度对杂质去除效果的影响 [J]. 棉纺织技术，2013，41（3）：19-21.
[36] 曹继鹏，张明光，许兰杰，等. 锡林刺辊线速比与成纱质量关系的探讨 [J]. 棉纺织技术，2018，46（12）：1-4.
[37] 张志丹，石东来. 梳棉机锡林速度对纱线质量的影响 [J]. 辽东学院学报（自然科学版），2013，20（2）：91-93.
[38] 张毅，李水有. 梳棉机锡林速度对色纺纱质量的影响 [J]. 现代纺织技术，2015，23（2）：43-45.
[39] 于学智，孙鹏子. 锡林刺辊速比与生条质量关系的试验探讨 [J]. 棉纺织技术，2009，37（3）：18-20.
[40] 邵英海，张明光，曹继鹏，等. 锡林刺辊速比对梳棉质量的影响 [J]. 纺织学报，2020，41（1）：39-44.
[41] 张永平，杨巧云. 梳棉机用固定盖板系统的发展及作用 [J]. 纺织器材，2019，46（1）：25-31.
[42] 费青. 高产梳棉机附加分梳件和尘刀吸杂装置的研究分析（上） [J]. 北京纺织，2004，25（3）：41-44.
[43] 费青. 高产梳棉机附加分梳件和尘刀吸杂装置的研究分析（下） [J]. 北京纺织，2004，52（4）：50-53.
[44] 任家智，马驰，张一风. 高效精梳技术探讨 [J]. 棉纺织技术，2012，40：20-23.
[45] 贾国欣，李留涛，任家智. 条并卷联合机棉卷加压机构对比及压力分析 [J]. 河南工程学院学报（自然科学版），2014，26：11-14.
[46] 张立彬. 精梳机变速锡林机构研究与设计 [D]. 郑州：中原工学院，2009.
[47] 陈飞. 精梳机钳板机构分析与控制系统研究 [D]. 北京：中国地质大学，2008.
[48] 孙慧敏，孙东生. 精梳机钛合金钳板制造技术研究 [J]. 纺织机械，2010，(4)：27-29.
[49] 任家智，马驰，张一风，等. 高效节能精梳技术的研究与应用 [J]. 纺织学报，2012，34：141-145.
[50] 任家智，尹燕芬. 棉精梳机分离罗拉传动机构分析 [J]. 中原工学院学报，2006，17：12-16.
[51] 钱雨时，陈慧芳，胡群培，等. 精梳准备工艺及相关技术浅析 [J]. 棉纺织技术，2001，29（8）：41-43.
[52] 刘荣清. 新型纺纱的发展和展望 [J]. 纺织器材，2015，42（4）：54-59.
[53] 章友鹤，赵连英. 环锭细纱机的技术进步与创新 [J]. 纺织导，2015（1）：52-57.
[54] 阎磊，宋如勤，郝爱萍. 新型纺纱方法与环锭纺纱新技术 [J]. 棉纺织技术，2014，42（1）：20-26.
[55] 陶肖明，郭滢，冯杰，等. 低扭矩环锭纺纱原理及其单纱的结构和性能 [J]. 纺织学报，2013（6）：120-125+141.
[56] 何春泉. 解读扭妥环纺 [J]. 上海毛麻科技，2010（2）：12-14.
[57] 马建辉，李双. 低扭矩纱性能和结构 [J]. 山东纺织科技，2014（2）：9-11.
[58] 钱军，余燕平，俞建勇，等. 须条与长丝间距对 Sirofil 成纱结构性能的影响 [J]. 东华大学学报（自然科学版），2004，30（1）：10-14.
[59] 邹专勇，虞美雅，陈建勇，等. 低扭矩环锭柔软纱加工现状与假捻技术的应用 [J]. 现代纺织技术，2018，26（03）：89-92+96.
[60] 申香英，唐文峰. 短流程嵌入式高支苎麻复合纺纱技术探索 [J]. 中国麻业科学，2016，38（3）：121-124.
[61] 谭钧鸿，王涛. 嵌入式复合纺纱的理解与探讨 [J]. 中国纤检，2015（9）：86-88.
[62] 田艳红，王键，李玲玲，等. 新型纱线的成纱机理、纱线结构与产品应用的分析与比较 [J]. 天津纺织科技，2014（1）：1-5.

[63] 夏治刚，徐卫林，叶汶祥. 短纤维纺纱技术的发展概述及关键特征解析 [J]. 纺织学报，2013，34 (6)：147-154.

[64] 郭滢，陶肖明，徐宾刚，等. 低扭矩环锭纱的结构分析 [J]. 东华大学学报（自然科学版），2012，38 (2)：164-169.

[65] 郭滢. 低扭矩环锭单纱的结构及性能 [D]. 东华大学，2011.

[66] 邹专勇，郑冬冬，卫国，等. 喷气涡流纺过程控制关键技术的进展 [J]. 纺织导报，2018 (6)：30-32+34.

[67] 沈浩. 喷气纺纱线的特点及其应用 [J]. 纺织导报，2018 (06)：42-44.

[68] 梅霞. 4 种纺纱技术的比较和分析 [J]. 上海纺织科技，2018，46 (2)：7-10+48.

[69] 袁龙超，李新荣，郭臻，等. 喷气涡流纺喷嘴结构对流场影响的研究进展 [J]. 纺织学报，2018，39 (1)：169-178.

[70] 陈彩红. 喷气涡流纺喷嘴内部流场及纤维成纱机理的研究 [D]. 浙江理工大学，2017.

[71] 李文雅. 摩擦纺彩色夹芯纱的纺纱工艺与生产实践 [J]. 毛纺科技，2015，43 (9)：6-9.

[72] 仲亚红. 基于不同几何形态的纤维喷气涡流纺成纱性能的研究 [D]. 青岛大学，2015.

[73] 宣金彦. 自捻纺成纱机理研究 [D]. 东华大学，2014.

[74] 林晓云，李楠楠. 平行纺无捻纱毛羽对针织物抗起毛起球性能的影响 [J]. 毛纺科技，2017，45 (10)：8-11.